国家科学技术学术著作出版基金资助出版

海洋生物资源开发利用高技术丛书

海洋生物资源评价与保护

张 偲 金显仕 杨红生 主编

科学出版社

北京

内 容 简 介

本书以海洋生物资源评价与保护为主题，从海洋微生物资源、植物资源、动物资源、生态系统资源等分类层次，对海洋生物资源的评价与保护技术进行全面的解析。全书共6章，分别为第一章概述，第二章海洋微生物资源评价与保护，第三章海洋植物资源评价与保护，第四章海洋动物资源评价与保护，第五章近海受损生境与生物资源恢复，第六章海洋生物资源评价与保护发展战略。

本书具有科学专著与工具书性质，可作为从事海洋环境资源保护与评价工作技术人员的参考用书，也可供高等院校、科研院所相关专业的师生、科研人员的教学、科研参考。

图书在版编目(CIP)数据

海洋生物资源评价与保护 / 张偲等编著. —北京：科学出版社，2016.8
(海洋生物资源开发利用高技术丛书)
ISBN 978-7-03-049606-5

Ⅰ. ①海… Ⅱ. ①张… Ⅲ. ①海洋生物资源—资源评价—研究②海洋生物资源—资源保护—研究 Ⅳ. ①P745

中国版本图书馆CIP数据核字(2016)第191180号

责任编辑：陈 露 文 茜
责任印制：谭宏宇 / 封面设计：殷 靓

科学出版社 出版
北京东黄城根北街16号
邮政编码：100717
http://www.sciencep.com
南京展望文化发展有限公司排版
上海叶大印务发展有限公司印刷
科学出版社发行 各地新华书店经销

*

2016年9月第 一 版 开本：787×1092 1/16
2016年9月第一次印刷 印张：18 1/2
字数：456 000

定价：130.00元

(如有印装质量问题，我社负责调换)

《海洋生物资源评价与保护》编委会

主　编

张　偲　金显仕　杨红生

编　委(按姓氏笔画排序)

龙丽娟　田新朋　向文洲　刘石林　许　强　孙丽娜
李　洁　杨红生　张　涛　张　偲　张立斌　张晓勇
张燕英　林承刚　金显仕　周　毅　单秀娟　徐勤增
黄思军　黄晓红　董俊德　漆淑华

Foreword | 丛书序

海洋是生物资源的巨大宝库,据估计,地球上约80%的物种生活在海洋,种类超过1亿种。种类多样的海洋生物除提供人类优质蛋白质以外,其独特的环境孕育了特有的生命现象。海洋生物在高渗、低温或低氧生境下生存并进化使得它们拥有与陆地生物不同的基因组和代谢规律,合成产生了一系列结构和性能独特、具有巨大应用潜力的功能天然产物,是开发海洋药物、生物制品、食品和其他功能产品的重要资源。

海洋生物技术是现代生物技术与海洋生命科学交叉的产物。现代海洋生物高技术的内涵包括海洋生物基因工程、细胞工程、蛋白质工程和发酵(代谢)工程等。当前,海洋生物高技术的快速发展,极大地推动了海洋生物资源的高效保护与利用以及海洋生物战略性新兴产业的形成与壮大,并已成为世界海洋大国和强国竞争最激烈的领域之一。

自20世纪80年代以来,美、日、俄等国以及欧盟分别推出了"海洋生物技术计划"、"海洋蓝宝石计划"、"极端环境生命计划"、"生物催化2021计划"等,投入巨资加大对海洋生物高技术的研究与应用力度。自2004年以来,国际上就接连批准了6个海洋药物,产值达到百亿美元;海洋生物制品已成为新兴朝阳产业,一批高性能海洋生物酶、功能材料、绿色农用制剂、健康食品等实现产业化,产值达到千亿美元。我国海洋生物资源丰富,在海洋生物资源开发利用方面具有较好的基础。近年来在国家863计划、国家科技支撑计划等的支持下,分别在海洋药物、海洋生物制品、海洋功能基因产品、海洋微生物技术与产品、海水产品加工与高值化利用、海洋渔业资源可持续利用等方面取得了明显的成绩,缩短了与发达国家的差距,为我国海洋生物技术的快速发展奠定了良好的技术、人才和产品基础。随着"建设海洋强国"战略的实施和面向海洋战略性新兴产业发展的国家需求,发展海洋生物高技术创新体系,建设高技术密集型海洋生物新兴产业,实施海洋生物资源高值化开发战略,是我国海洋生物高技术发展的必然之路。

《海洋生物资源开发利用高技术丛书》是在国家863计划海洋技术领域办公室、中国21世纪议程管理中心的领导下组织编写的。在唐启升、管华诗、戚正武、陈冀胜、徐洵、张偲等院士的指导下,丛书组成了强大的编写队伍,分别由"十二五"863计划海洋生物技术主题专家组成员和国内著名海洋生物科技专家担纲各分册主编。丛书共分6个分册,分别为《生物技术在海洋生物资源开发中的应用》、《海洋生物资源评价与保护》、《海洋天然产物与药物开发研究》、《海洋生物制品开发与利用》、《海洋生物功能基因开发与利用》和《海洋水产品加工与食品安全》。我们希冀本丛书的问世,为进一步推动我国海洋生物高技术的发展和海洋生物战略性新兴产业的壮大作出一定的贡献。

本丛书吸纳了国家海洋领域技术预测和国家"十三五"海洋科技创新专项规划战略研究部分成果。编委会对参与技术预测和规划战略研究专家所贡献的智慧一并表示诚挚的谢意!

863计划海洋生物资源开发利用技术主题专家组

2016年3月

Preface 前　言

海洋生物的资源性已经从食物、原料方面向更深更广的基因信息与生态环境资源方面发展。海洋生物是食物、工业原料、医药与活性产物的主要来源，在基因组与后基因组时代，人们对生物多样性的认识已经逐渐从物种向基因信息的方向发展，海洋生物蕴含的基因编码信息足以提供一个巨大的资源库，供人们去发掘可利用的蛋白质、化合物等分子产物。另外，海洋生物在维持海洋生态系统平衡中承担核心作用，海洋中物质与能量循环的每一个关键过程都有海洋植物、动物与微生物的参与，包括初级生产过程、次生生产过程、食物网的动力过程、生物泵过程、微食物环通路、有机物矿化等，海洋生物在生物地球化学循环中起主导作用。海洋生物群落结构的时空变化可能引发生态系统平衡状态的转变，并对海洋生物自身以及生物之间的关系产生重大的影响，在人类活动与全球变化的双重压力下，对海洋生物资源的评价与保护工作显得越发迫切与关键。

本书以海洋生物资源评价与保护为主题，从海洋微生物资源、植物资源、动物资源、生态系统资源等分类层次，对海洋生物资源的评价与保护技术进行全面的解析。论述了海洋微生物、植物、动物资源评价与保护技术的国内外发展现状与发展趋势，并详细介绍了最新的保护与评价技术；阐述了中国近海受损生境与生物资源的现状与评价保护技术，详细介绍了海草（藻）床、河口湿地、红树林、珊瑚礁、牡蛎礁等重要生境，以及贝类、海参、甲壳类、鱼类等重要资源的受损现状及恢复技术和措施；分析了海洋生物资源评价与保护的战略地位、体系构成、发展特征和战略意义，提出了海洋生物资源保护与开发利用的发展需求，从发展目标与思路、战略任务和发展路线等方面论述了海洋生物资源评价与保护的发展规划和战略布局，并提出了战略举措与支撑保障措施。

本书由中国科学院南海海洋研究所张偲院士、中国水产科学研究院黄海水产研究所金显仕研究员与中国科学院海洋研究所杨红生研究员等专家编写。全书共六章，分别为：第一章，概述；第二章，海洋微生物资源评价与保护；第三章，海洋植物资源评价与保护；第四章，海洋动物资源评价与保护；第五章，近海受损生境与生物资源恢复；第六章，海洋生物资源评价与保护发展战略。上述三个单位的科研人员参与了全书的编写,第一章由张偲、黄思军编写;第二章由张偲、漆淑华、黄晓红、田新朋、李洁、张晓勇、张燕英编写;第三章由龙丽娟、向文洲、董俊德编写;第四章由金显仕、单秀娟编写;第五章由杨红生、周毅、张涛、许强、张立斌、刘石林、孙丽娜、徐勤增、林承刚编写;第六章由杨红生、金显仕编写;黄思军博士和李洁博士协助主编对全书进行了统稿工作。

本书具有科学专著与工具书性质,可作为高等院校、科研院所相关专业的师生、科研人员的参考用书,以及从事海洋环境资源保护与评价工作的技术人员用书。

编　者

2016 年 5 月

Contents | 目　录

第一章

概　　述

第一节　海洋生物资源评价

一、海洋生物资源评价概述

1. 自然资源评价

资源评价是指根据资源类型、属性、形成原理和形成条件以及时空分布规律，从科学角度对其存在、数量、质量和可使用情况进行客观评述和估价（刘成武，2007）。

自然资源评价，指按照一定的评价原则或依据，对一个国家或区域的自然资源的数量、质量、地域组合、空间分布、开发利用、治理保护等进行定量或定性的评定或估价。自然资源评价以自然资源的考察研究工作为基础，是自然资源合理利用的前提条件和依据所在。目的是从整体上提示自然资源的优势和劣势，以及开发利用潜力的大小、限制性及其限制强度，并提出开发利用和治理保护的建议，为充分发挥自然资源的多种功能和综合效益提供科学依据（刘成武等，2007）。

自然资源评价可区分为单项自然资源评价和自然资源综合评价。根据评价侧重点不同，自然资源又可区分为以自然属性评价为主的自然资源质量评价、以经济属性评价为主的自然资源经济评价和两者兼顾的区域资源综合评价。根据评价的特定目的，可分为自然资源开发利用评价、自然资源治理改造评价、自然资源保护评价等（封志明，2004）。

2. 海洋生物资源评价

《生物多样性公约》（Convention on Biological Diversity）对"生物资源"有明确的定义，即"生物资源是指对人类具有实际或潜在用途或价值的遗传资源、生物体或其部分、生物群体或生态系统中任何其他生物组成部分"。而"海洋生物资源"即"生物资源"中海洋来源的部分，是指有生命的能自行繁殖和不断更新的海洋资源，是一类生活在海洋中可更新和再生的特殊资源，具有其自身特有的属性和变化规律。按其生物学特性不同，可分为海洋植物资源、海洋动物资源与海洋微生物资源。

海洋生物的资源性长久以来被狭义地理解为"实际或潜在用途或价值"，具体指向资源的现实可用性。然而，随着社会经济的发展与人类认识的进步，人们逐渐发现海洋生物的资源性不仅表现于可用性，同样也表现于维持海洋生态系统乃至整个地球生物圈层的生态平衡，它们是"生物群体或生态系统的组成部分"。海洋生物第二层的资源性意义是其功用性的基础。

根据朱晓东(2005)的定义,海洋资源评价的对象是一个国家或国家内部的某一区域由海岸带、近海及深海物质与空间组成的复杂的物质系统,以及人类在该系统中所进行的生产、生活活动所产生的社会经济系统。这一物质系统不仅包含地质时期地球各圈层之间相互作用的结果,更包含着人类与海洋相互作用的结果;社会经济系统则包含着人类对海洋资源的开发利用所产生的物质形态和经济效益。

开展海洋资源评价的目的,在于通过对各地海洋资源的数量、质量、结构和分布以及开发潜力等方面的评价,强化地域整体功能,明确各地区海洋资源的优势与劣势、优势资源在全局中的地位、制约优势资源开发的主要因素,揭示各种海洋资源在地域组合上、结构上及空间配置上合理和不合理、匹配和不匹配的关系,掌握各种海洋资源的分布特征及开发潜力,明确海洋资源开发的重点和海洋产业结构的布局,特别是占主导成分的、重要的海洋资源,为制定人类与海洋协调发展、海洋资源持续开发等战略决策提供全面的科学依据。简言之,海洋资源评价是为正确制定海洋资源开发利用和管理决策以及强化区域整体功能服务的。海洋资源评价是海洋资源开发与海洋产业结构布局必不可少的前期工作,对区域海洋经济发展及海洋产业布局是否合理有着深刻影响。因此,高度重视海洋资源评价、花费大量精力从事这项工作十分必要(谢高地等,2009;朱晓东,2005)。

3. 海洋生物资源评价方法

海洋各种资源之间联系紧密,相互之间影响很大,其评价应该以系统论为指导。应该坚持的原则有:① 整体性原则。首先在评价过程中要将优势资源类型和非优势资源类型紧密结合,其次要注意局部和全局的结合。② 实践性原则,即要坚持为国土规划服务的原则。③ 社会、经济和生态三种效益相统一的原则。在海洋资源的评价过程中,也要评价资源开发对社会、经济及生态系统的影响,并对其影响进行定量的评估,以便在开发利用过程中注意防范和治理。因此,在海洋资源评价中必须要进行资源开发的环境效应评价(谢高地等,2009;朱晓东,2005)。

海洋资源评价是在已有的海洋资源考察成果的基础上进行的。应该遵守的一般方法有:① 野外调查与室内评价相结合;② 单一成分评价与区域系统评价相结合;③ 纵向和横向对比相结合;④ 定量与定性相结合(谢高地等,2009;朱晓东,2005)。

二、海洋微生物资源评价

微生物的范畴包括了细菌(bacteria)、古菌(archaea)生命二域(domain)中的所有类别,以及真核生物域(eukaryote domain)中的原生生物(protist)与部分真菌(fungi);此外,一些学者认为病毒(virus)也属于微生物范畴,但学者们普遍接受病毒不是严格意义上的生命体。"海洋微生物资源"可以理解为"海洋来源"的"微生物资源",包括2亿~10亿物种,丰富多样、新奇独特的海洋微生物是发现新功能、新基因、新机制、新材料的理想资源。对海洋微生物资源的内涵可以从两方面理解,而这两方面都可以从上述"生物资源"的定义和已有研究中引申。

首先,从"实际或潜在用途或价值"方面,微生物的资源性显而易见,即我们传统意义上认识的微生物在工业、农业与医学上的利用。在这方面,微生物的资源性体现在三个层面。

① 微生物的细胞体本身具有利用价值。例如,某些菌体细胞的蛋白质含量高,因而具有高利用价值。② 微生物的代谢产物具有可利用性,这一层面也是目前微生物资源被集中开发利用的方面。例如,微生物产抗生素、氨基酸、有机酸、维生素、生物酶等物质。③ 微生物的生理代谢过程具有可利用性。例如,利用微生物的代谢过程转化化合物的结构,从而应用于药物制造;利用微生物代谢富集重金属,应用于冶金业;利用某些微生物的固氮能力,提高土壤肥力;利用病毒的裂解性控制病原微生物等。上述所有三个层面对"微生物资源"的理解都首先默认了一个基本事实,即这些具有资源性的微生物都首先获得了培养,未获得培养的微生物是难以被利用的。然而,由于分子生物学与基因工程技术的发展,人们已经能够利用开发未获得培养的微生物的遗传信息。例如,通过宏基因组与单细胞测序等手段,从而利用、改造、重组这些信息,应用于工业、农业与医学。因此,微生物的资源性应该还体现在第四个层面,即微生物的遗传信息具有可利用性,包括微生物的基因组、质粒、转录、表达信息等。

其次,从"生物群体或生态系统的组成部分"方面,微生物组发挥了重要作用,在维持生态系统平衡中具有重要意义。无论是陆地还是海洋生态系统,微生物在物质、能量循环中都扮演了关键的角色。① 改变微生物的生存环境、改变微生物的种群结构将造成严重的后果,从而影响环境、生态安全,造成重大损失。② 在某些被破坏的环境或生态系统中,通过微生物发挥的作用,能够改善或恢复环境的质量与生态系统的平衡,最终使社会或经济获益。

1. 海洋细菌资源评价技术

对海洋细菌的评价一般从资源多样性和功能两方面进行评价。海洋细菌资源的丰富度和物种多样性水平的评价,可通过菌株分离培养,结合细菌鉴定手段,从而掌握可培养细菌资源的物种多样性。主要的分离培养技术有选择性培养法、稀释培养法、扩散盒培养法、微包埋法。同时也可以采用不以分离培养为基础的免培养技术对环境中细菌的物种多样性及潜在功能进行全面评价。主要的分子生物学技术包括变性梯度凝胶电泳技术(DGGE)、限制性片段长度多态性技术(RFLP)、单链构象多态性分析(SSCP)、随机引物扩增多态性 DNA(RAPD)、荧光原位杂交(FISH)、环境基因组学技术等。同时还可以通过质谱和稳定性同位素探测技术(SIP)对微生物的多种成分和微生物的组成进行研究。

对获得的细菌菌株,通过理化性质的检测、酶功能的分析、产生次生代谢产物的多样性和活性分析以及功能基因的检测等,进一步评价菌株资源的功能和可利用性,筛选具有污染物降解能力或能产生具有抗菌、抗肿瘤新颖活性的代谢产物等特定性质的菌株。

2. 海洋古菌资源评价技术

对海洋古菌资源的评价从资源多样性和功能两方面进行评价。海洋古菌是海洋生物中的一大类群,是海洋生态系统中主要的原核细胞成分,广泛地生活在各类海域环境中,在海洋生态系统中扮演着重要的角色,然而绝大多数的古菌不能分离培养(任立成等,2006)。海洋古菌多样性研究主要应用的分子生物学方法包括核酸杂交技术、PCR 技术等。与细菌相比,绝大多数古菌还未能培养,但是要真正全面了解生活在复杂环境中的微生物的多样性,全面地保护、开发和利用,仍需对它们进行分离和培养,确定这些变化多样的未培养海洋古菌的新陈代谢多样性及营养需求的多样性。

3. 海洋真菌资源评价技术

海洋真菌对海洋中的物质和能量循环贡献极大,在营养更新的循环中起着重要作用。各国科学家在对海洋真菌的研究过程中,分离和鉴定了数千种活性物质。它们的特异化学结构是陆生天然活性物质所无法比拟的,其中有许多具有抗肿瘤、抗菌、抗凝血等药理活性作用,成为研制开发新药的基础。海洋真菌是新型生物活性物质和先导化合物的来源,是新药研究的起点。在生物修复方面,海洋真菌可以成为环境污染的指示生物,可降解海洋环境中的污染物,促进海洋自净。目前已报道可降解石油的海洋真菌有 18 个属。

海洋真菌可在新资源、生物活性(包括抗肿瘤、抗菌、抗氧化、酶抑制活性)、生物修复(环境污染的指示作用与污染降解能力)等方面进行评价。主要应用的评价技术包括真菌分离培养技术、鉴定技术、保藏技术、代谢产物纯化技术,以及真菌来源的活性物质的抗菌、抗肿瘤、抗氧化、酶活性鉴定等一系列微生物生理生化技术。

4. 海洋病毒资源评价技术

鉴于海洋病毒在海洋生态系统中的重要性,目前已发展了多种技术方法对海洋病毒从不同方面进行评价,包括病毒丰度及多样性测定、病毒生产力的评估及病毒对宿主多样性的影响等。

其中,对海洋病毒丰度的测定主要采用电子显微镜、荧光显微镜观察和流式细胞仪统计等方法(肖劲洲等,2014)。对海洋病毒多样性的研究则既有传统的分子生物学方法,也有近些年高速发展的宏基因组学技术。传统的技术包括脉冲场凝胶电泳(PFGE)、限制性片段长度多态性(RFLP)、变性梯度凝胶电泳(DGGE)、DNA 微阵列等检测技术。而随着测序技术的发展,利用宏基因组学方法研究海洋病毒使得这一方向取得了一系列重要进展。

对于病毒生产力和宿主死亡率的评估方法目前主要包括放射性标记技术、氰化物抑制法、稀释方法和电镜观察等。用电子显微镜观察、统计受感染细胞的死亡率是估算由病毒引起的宿主死亡率和病毒生产力最早的方法之一(Proctor et al., 1993)。关于海洋病毒对宿主多样性影响,尤其是对群落组成的影响,也是海洋病毒科学家重点关注的地方。现有评价方法是通过在存在和缺少病毒的情况下,测定宿主群落的多样性。

三、海洋植物资源评价

海洋植物是指生活在海洋水体中的植物,包括海洋低等植物和海洋高等植物两大类。海洋低等植物以海藻为主,包括浮游海藻和底栖海藻两大类;海洋高等植物以被子植物和蕨类植物为主,其中红树植物为海洋被子植物门中木本植物类群的代表。主要在热带和温带的滨海浅海水域分布的海草也是海洋高等植物的代表。海藻、海草和红树植物是蕴藏量巨大的海洋植物资源(林鹏,2006;李博,2000)。

首先,海洋植物具有显著的"实际或潜在用途或价值"。独特的海洋环境,使得海藻中含有独特、丰富的天然产物,目前,仅在微藻中检测到的新化合物已达 15 000 种以上,海藻代谢产物包括类胡萝卜素、多糖、蛋白质、海藻淀粉、油脂、海藻毒素、甾醇、不饱和脂肪酸等化学成分,因此在食品行业、饲料行业、保健品和药品行业以及化妆品行业都具有很高的应用价值(Tabatabaei et al.,2011;徐少琨等,2011)。海洋高等植物中的红树植物树皮中含有丰富的单宁,可做染料和提炼栲胶,是制革、墨水、电工器材、照相材料、医疗制剂的原料;木材纹理细微,颜色鲜艳美观,抗虫蛀,易加工,在建材、制药、造纸、制革方面具有广泛的用途;红树四季开花,果实富含淀粉,是制造啤酒的重要原料;红树林内的海鲜更肥美,所以在红树林内进行合理的海产养殖可提高经济效益,如果能充分利用红树林的枯枝落叶作为食物来源可节省饲养成本。同时,红树林还是重要的旅游资源,素有"海上森林"之称。

其次,从"生物群体或生态系统的组成部分"方面来讲,海洋植物在海洋生态中扮演着重要的角色,其中海洋微藻对整个地球的初级生产力的贡献接近50%,超过热带雨林的贡献(Behrenfeld and Falkowski, 1997)。赤潮的发生对海洋生态、海洋渔业以及海洋水体生态平衡都会带来重大的影响,目前已经成为人们普遍关注的世界性问题。海草可以通过光合作用,吸收 CO_2,释放 O_2 溶于水体,对溶解氧起到补充作用,改善渔业环境;海草作为"蓝色碳汇"的重要组成,能够缓解全球气候变化(范航清等,2009)。海草床生态系统内的凋落物、腐殖质和浮游生物较多,鱼、虾、海绵、牡蛎、蛤、螺、蟹、珍珠贝、藤壶和海星等海洋生物都能够在此生存,使得海草床成为众多海洋生物的重要栖息地、育苗场所和庇护场所,并为它们提供食物来源(黄小平和董良民,2008)。红树林生态系统处于海洋与陆地交界的滩涂上,具有特有的结构和生理机制,它既是海洋的初级生产者,还能调节热带气候,具有防止海岸侵蚀、抗污染和栖息生物等生态功能,在自然生态平衡中起着特殊的作用,是复杂且多样化的生态系统,是世界上生产力最高的海洋生态系统之一。

1. 海藻资源的评价技术

海藻资源的可持续利用是实现其资源保护的重要前提和技术关键。从资源利用的角度,海藻资源的评价技术包括分子分类鉴定及其多样性评价新技术、海藻化学成分的测定与评价技术、海藻产物的生物活性评价、海藻的生理特性评价技术等内容。

分子生物学方法鉴定海藻物种、研究微型浮游植物群落结构的方法主要包括构建环境基因或 cDNA 文库、变性梯度凝胶电泳(DGGE)、斑点杂交(dot hybridization)、荧光原位杂交(FISH)、实时定量 PCR(real time PCR)等。海藻中化学成分测定与评价主要包括海藻中矿物元素、蛋白质含量、脂类化合物、叶绿色、海藻类胡萝卜素以及海藻甾醇的测定与评价。海藻产物的生物活性测定与评价主要包括海藻抗氧化活性评价、抗肿瘤活性评价以及抗糖尿病活性评价。海藻重要生理过程的测定与评价包括对生长速率、光合作用、碳酸酐酶活性等方面的测定与评价。此外,对海藻抗性的评价研究越来越受到关注。具有优良抗逆性藻株可用于海藻养殖工业、生产提取生物活性物质以及废水处理等方面。

2. 海草资源的评价技术

海草生态系统是一个复杂的高生产力系统,其中蕴藏丰富的生物资源,在近海岸生态系统和地球物质化学循环中起重要的作用。发展海草植物资源的评价技术,能更好地保护海草床和维护其生态系统的健康。原则上应首先通过对海草床生态系统有一个全面的了解,然后针对处于不同健康状况的海草床生态系统,做好对海草床生态系统健康评价,最后制定相应的保护措施和政策。

海草资源的评价技术体系建立的原则有科学性(客观性)、整体性(全面性)、可操作性、指导性、动态性和稳定性、侧重性(官冬杰和苏维词,2006;严晓,2003)。在通过查阅历史资料和监测获得海草生态系统健康评价指标所需原始数据后,可根据理论模型建立对海草生态系统健康评价体系，例如，基于 PSR 海草生态系统健康评价方法、基于《近岸海洋生态健康评价指南》对海草生态系统健康评价方法等。

3. 红树资源的评价技术

做好红树林的健康状况评价是加强红树林保护的首要工作和根本保障。首先，应建立一套完整的红树生态系统健康评价体系，对全国红树林生态系统的健康状况有一个全面的了解，针对不同的健康状况制定相应的保护措施与政策以更好地维护红树林生态系统的健康，并且对红树林的健康状况进行实时监测，保证全国的红树林生态系统能够稳定而持续的发展。

在针对红树植物健康评价模型中主要用到的技术手段有：遥感技术、生态安全评价、层次分析法等。红树林生态安全状况是资源、环境、经济与社会四个子系统之间的冲突和协调的结果。不同的利益人群追求在资源利用和利益竞争中发生非协调的现象，从而使滨海湿地生态安全状态面临严峻的压力与挑战。从生态安全的可持续性出发，应从冲突与矛盾中探索协调发展的对策，长期利益优先，不能仅仅考虑湿地资源开发的短期效益。

四、海洋动物资源评价

在动物界的 34 个门类中，有 33 个门分布在海洋中，其中 15 个门为海洋生境所特有。海洋动物是人类早期开发和利用海洋的最主要、最直接的资源，为人类提供了大量优质动物蛋白。

作为海洋生物资源中的重要组成，海洋动物资源的“实际用途和价值”非常广泛和巨大。人类食用海洋动物的历史久远，对它们的药用价值的记载也已经有上千年的历史。目前对于海洋动物的天然产物和生物材料的研究是海洋研究的热点领域。随着科技的进步，海洋动物资源鱼、虾蟹、头足类和哺乳类在食品、医药、化妆品、环保、饲料、农药、农用肥料等行业都有着广泛的用途和良好的发展前景。

海洋动物包含了低营养级的浮游动物到高营养级的游泳动物，是生态系统中的主要消费者，在调节和维持生态平衡、维持海洋生物多样性、稳定环境等方面具有关键的作用。稳定的生态环境才能提供稳定的生物资源。目前世界上 17 个主要的渔场现在捕捞产量已达到或超过其渔业资源的承受能力，9 个渔场处于渔获量下降状态（FAO，1994）。海洋渔业资源的过度捕捞已造成海洋渔业资源衰退，海洋生物多样性减少等后果。保护海洋生态系统、维持海洋生态系统良性循环、保障海洋生物资源可持续利用，是摆在人类面前亟待解决的问题。

海洋动物资源监测调查与评估具有重大的意义，是科学预测海洋动物资源发展趋势、制定合理捕捞限额、维持近海渔业资源可持续利用及争取远洋渔业资源国际捕捞配额的基础。海洋动物资源评价技术在美国、欧洲、日本以及我国等海洋渔业发达地区取得了长足的进步，评价技术发展趋势主要体现在：数据的综合性、不确定性结果的预判、参考点的应用、包含更多的环境变动因子、采用时间序列方法、加强 Meta 分析等。

海洋动物资源常用到的评价技术有声学评估技术、拖网评估技术、数学评估建模等。渔业资源是海洋动物资源的最主要组成部分,其评估是个复杂的研究体系,不能用一个单一或简单的方法来描述,从发展的轨迹看,渔业资源评估模型逐渐向时空多维、信息多元、智能模拟、全面综合的方向发展。

第二节 海洋生物资源保护

一、海洋生物资源保护概述

1. 海洋生物资源保护的必要性和紧迫性

人类利用和开发海洋已有几千年的历史,从早期的沿海渔业、盐业等逐步向外海、远洋发展。20 世纪后随着全球环境的恶化,使能源、粮食和水危机的阴影重重笼罩在人们的头上,陆地已不堪重负,而海洋极有可能是人类第二个生存空间。20 世纪 70 年代开始,人类以高速发展的科学技术为载体,以进军的姿态走向海洋,开发利用海洋资源,这也被列入许多国家的发展计划。

从全球角度看,近 20 多年来,随着现代工农业的迅猛发展和海洋开发活动的深入与频繁,人类活动加剧了对海洋环境和海洋资源的冲击,海洋环境与资源正以惊人的速度加速退化。世界资源研究所(World Resources Insitute,WRI)的一项最新研究显示,世界上 51% 的近海生态环境因污染和富营养化处于显著的退化危险之中,其中 34% 的沿海地区正处于潜在恶化的高度危险,17% 处于中等危险。欧洲与亚洲是遭受退化威胁最严重的地区,分别有 86%、69% 的海岸线正处于高度或中等程度的退化危险之中。同时,海域生物多样性减少情况也相当严重。近 40 年,由于海洋环境污染、人为过度捕捞等不合理的开发活动,海洋生态系统发生明显的结构变化和功能退化,生物资源衰退、鱼类种群结构逐渐小型化和低质化。在联合国粮食及农业组织统计的 16 个海区中的 12 个,至少 70% 的种群被完全开发或过度开发,已经达到最大捕捞潜力,需要更为审慎和严格的管理措施。珊瑚礁、红树林、海草床等海洋生态系统的重要组成部分也遭到了惊人的破坏。世界海洋资源研究所对全球海洋珊瑚礁现状的调查结果显示,全球约 60% 的珊瑚礁遭到非法开发、过度捕捞和陆源污染等人类活动的破坏。水产养殖业盲目引进养殖品种,造成外来物种入侵,打破食物链平衡,土著生物的生产遭到威胁,造成对环境的破坏,对天然渔业资源产生巨大的不利影响。

2000~2014 年《中国海洋环境质量公报》显示,近年来海洋整体生境处于愈加恶化态势。受沿海地区废水排放与资源过度开发的影响,我国近岸海洋生态系统面临的严重生态问题包括:浮游动物和大型底栖生物多样性指数均呈下降趋势、近岸海域海水污染严重、生境丧失、外来生物入侵等。2014 年,春季、夏季和秋季,我国全海域劣于第四类海水水质标准的海域面积分别高达 52 280km^2、41 140km^2 和 57 360km^2,呈富营养化状态的海域面积分别为 85 710km^2、64 400km^2 和 104 130km^2,其中重度富营养化海域主要集中在辽东湾、长江口、杭州湾、珠江口等近岸区域;处于亚健康和不健康状态的海洋生态系统占 81%;全海域共发现赤潮 56 次,累计面积 7290km^2;绿潮的最大覆盖面积为 50 000km^2。

此外,中国海洋生物资源及生物生境的衰退还表现在:① 海洋生物多样性下降。我国近海由于长期过度捕捞,重要渔区的渔获物种类日趋减少,渔获物逐渐朝着低龄化、小型化、低质化演变,传统优质渔业种类资源大幅度下降,甚至难以形成渔汛。除鱼类外,我国许多珍稀濒危海洋生物种类数量也在日趋减少,有些已经濒临灭绝。② 海洋渔业资源衰退。例如,渤海渔业资源密度只有20世纪50年代的1/10,传统的捕捞对象,如带鱼、真鲷等资源枯竭,黄海、东海小黄鱼资源构成趋于小型化,大黄鱼野生种群近乎绝迹。③ 海洋生物的生境遭到严重破坏。被称为"地球之肾"的滨海湿地丧失严重;红树林生物多样性降低,生态结构和生态功能下降,呈现退化状态;珊瑚礁分布面积已经减少80%;海草床呈现老化、退化甚至消失趋势;海洋生物产卵场、育幼场遭到破坏(安晓华 a、安晓华 b,2003;谢高地等,2009;傅秀梅和王长云,2008)。

2. 海洋生物资源保护的理论基础

在海洋资源中,海洋生物资源的开发和利用是海洋开发的最主要内容之一。如何在开发和利用海洋生物资源基础上,对它进行合理有效的保护和管理,以达到可持续发展的目的,进而实现人类和海洋的和谐相处。这是历史赋予我们的责任,也是"功在当代,利在千秋"的大事。为了实现这一目的,人类进行了不懈的努力和探索,并提出了一些富有启发性的观点、思想和对策。其中,可持续发展理论和系统动力学理论,是主要的基础理论,对海洋生物资源的保护和管理的实践具有理论指导作用;生态系统理论、生态经济学理论、生态足迹理论和循环经济理论,是应用理论,可直接运用于保护和管理实践中(傅秀梅和王长云,2008;张坤民,1997;曲向荣,2010)。

3. 海洋生物资源保护的相关法律法规

海洋生物资源保护的相关法律法规的发展经历了一个漫长的历程。国际上,1958年第一次联合国海洋法会议对有关渔业资源和渔业生产活动进行了正式规范和管理,制定并通过了《邻海及毗连区公约》、《公海公约》、《捕鱼及养护公海生物资源公约》和《大陆架公约》;1973~1982年第三次联合国海洋法会议制定了《联合国海洋法公约》,于1994年生效;1992年9月,"预防性措施"这一概念于公海捕捞技术咨询会议上被正式提出。此后,有关组织先后通过了一系列的法律法规,主要包括《促进公海渔船遵守国际养护和管理措施的协定》(1993年11月)、《执行1982年12月10日联合国海洋法公约有关养护和管理跨界鱼类种群和高度洄游鱼类种群的规定的协定》(1995年8月)、《负责任渔业行为守则》(1995年10月)。

此外,具有综合性确定精神原则的国际法文件有:《人类环境宣言》(1972年6月)、《世界自然宪章》(1982年10月)、《里约热内卢环境与发展宣言》(1992年6月)、《21世纪议程》(1992年6月)、《生物多样性公约》(1992年6月)、《卡塔赫纳生物安全议定书》(2000年8月)等;针对某一区域或某种海洋生物的文件有:《捕鱼能力管理股评级行动计划》、《公海渔业及大西洋养护公约》、《西北大西洋渔业协定》、《东北大西洋渔业公约》、《北太平洋公海渔业国际公约》、《设立地中海渔业总理事会协定》、《黑海捕鱼公约》等一系列公约(傅秀梅和王长云,2008;苏文萍,2011)。

我国没有专门的海洋生物资源保护法,此方面的内容都是分散地规定于其他法律之中的。我国涉及海洋生物资源保护和海洋生物生境保护的法律法规有:《中华人民共和国环境保护法》、《中华人民共和国海洋环境保护法》、《中华人民共和国渔业法实施细则》、《中华人民共和国水生野生动物保护实施条例》、《中华人民共和国防止船舶污染海域管理条例》、

《中华人民共和国防止拆船污染环境管理条例》、《防治海洋工程建设项目污染损害海洋环境管理条例》、《防治海岸工程建设项目污染损害海洋环境管理条例》、《防治陆源污染物污染损害海洋环境管理条例》、《中华人民共和国自然保护区条例》等。

4. 海洋生物资源保护措施

根据全球现有的海洋生物资源管理和保护运行模式,建议采取以下几项措施对海洋生物资源进行有效保护。

1) 完善法律法规。建立更有针对性、更全面、更完善的海洋生物资源保护法律法规,全世界各国都要承担起保护海洋环境与海洋生物资源的责任。

2) 借鉴其他国家地区相对成熟的渔业管理措施保护海洋渔业资源。海洋渔业资源的保护一般从投入控制制度、产出控制制度两个方面进行。所谓投入控制制度是指通过入渔许可、禁渔区和禁渔期、渔具种类和规格、最低可捕标准、网目尺寸等规定来限制和调节捕捞努力量的一种间接控制制度,同时也是一种较为传统的渔业管理制度;产出控制制度由总可捕量制度和单船渔获量限制制度组成(傅秀梅和王长云,2008;曹世娟等,2002)。

3) 加强对海洋生物生境的保护。保护海洋的近岸上升流区、海岸带与海岸湿地、河口与盐沼、沿岸潮间带和沙滩、海岸红树林区、滨海湿地、珊瑚礁、海藻场和海草场等。一方面,提高人们的海洋环境保护意识,减少或避免对海洋生物生境不必要的破坏。另一方面,依赖科技的进步,加强对已经破坏海域的环境治理及生态修复。

4) 防治海洋环境污染。海洋环境的保护要做到全面规划、分工管理、加强合作、控制污染源、防治结合,既要开发海洋,又要保护海洋环境。对污染海洋的海洋工程、陆源污染物、海洋污染物做出相应规定和要求,对于重污染地区要逐步治理(刘成武等,2007)。

5) 保护生物多样性。在引进水产养殖品种的时候持慎重的态度,避免造成外来物种入侵,引起严重后果。

6) 建立海洋自然保护区。海洋生物资源保护的一项重要措施是建立海洋自然保护区。世界自然保护联盟(the International Union for Conservation of Nature,IUCN)将海洋自然保护区定义为:任何通过法律程序或其他有效方式建立的,对其中部分或全部环境进行封闭保护的潮间带或潮下带陆架区域,包括其上覆水体及相关的动植物群落、历史及文化属性。在我国的海洋功能区划指标体系中,海洋自然保护区定义为:海洋自然保护区是指为保护珍稀、濒危海洋生物物种、经济生物物种及其栖息地以及有重大科学、文化和景观价值的海洋自然景观、自然生态系统和历史遗迹需要划定的海域,包括海洋和海岸自然生态系统自然保护区、海洋生物物种自然保护区、海洋自然遗迹和非生物资源自然保护区、海洋特别保护区(刘兰,2006)。海洋自然保护区的建设为人类保护海洋环境与资源开辟了新的契机,可以较完整地保存海洋自然环境与资源,保护、恢复并发展海洋生物资源,维持并发展海洋生物多样性,减轻或消除人为负面影响(沈国英等,2011)。

7) 海洋空间规划。海洋空间规划(MSP)是分析和调整人类活动时空位置的公共过程,从而实现一般要通过行政程序才能达到的生态、经济及社会目标。它是一种实践方法,旨在更有效地组织海洋空间利用方式及各种方式之间的相互关系,平衡各种开发需求与海洋生态系统保护需求之间的关系,并以公开和有计划的方式来实现社会和经济目标(伊勒等,2010)。

海洋空间规划的基本技术路线是划分基本调查单元，运用地理信息系统（GIS）技术建立规划区域各种海域使用活动、海洋生态系统特征（非生物特征、重要生物和生境分布）分布图，然后将各种信息分布图进行叠加，运用情景分析法，制定有利于生态保护、经济社会发展的海洋空间规划。

近年来有关学者根据拟解决的环境管理问题陆续提出了不同的空间规划分区体系。颜利等（2012）在借鉴规划分区体系研究的基础上，以保护海洋生物多样性为目标，基于海岸带综合管理的理念，综合利用地理相关分析法、空间叠置法等空间规划分区方法，根据海域生态环境敏感性评价和海域生物多样性保护重要性评价结果，提出了海洋生物多样性保护空间规划分区体系，将规划海域及相关陆域划分为生物多样性重点保护区、生物多样性养护区和生物多样性保护重点监督区。

国家海洋局 2007 年颁布实施的《海洋功能区划管理办法》中也对功能区划的评估和修编做了程序上的规定，但还应在区划评估和修编的方法规范方面进一步加强（王权明等，2008）。

二、海洋微生物资源保护

1. 海洋细菌、古菌资源保护技术

资源短缺、新资源匮乏的问题是当前全球面临的亟待解决的问题。因现代海洋技术的跨越式发展，海洋资源尤其是深海资源正在快速地被发现与开采，同时海洋环境与资源遭受严重冲击与破坏。当前对海洋微生物资源的保护主要从 5 个方面进行：海洋微生物资源的法律保护（国际保护法、专利菌种及基因的保护）、原地保护、迁地保护（菌种保藏）、信息化管理与共享菌种资源、建立微生物基因资源库。

目前国际对海洋微生物的保护仍主要依赖于法律。《联合国海洋法公约》是第一部海洋宪章，以法典化的形式建立了当代国际海洋法的法律框架，它于 1982 年通过并于 1994 年生效。《生物多样性公约》也是海洋微生物多样性保护的主要依据。1980 年 7 月 29 日，美国专利局《专利公报》正式宣布经人工改造的微生物可以从此申请专利，不再禁止包括生物物质的微生物专利。

菌种保藏是一切微生物改造的基础。目前，菌种保藏的方法主要分为四大类：传代法、干燥法、冷冻法及冷冻干燥法。具体常用的方法主要有：斜面低温保藏法、液体石蜡保藏法、甘油保藏法、沙土管保藏法、滤纸保藏法、液氮超低温保藏法和真空冷冻干燥保藏法（具体将在本书第二章第三节进行详细介绍）。

微生物菌种资源数据库管理系统可分为菌种保藏管理、菌种销售管理、菌种质控管理、文档管理、资源管理、信息管理和系统管理等子系统（姚粟等，2008）。为了更好地保护保存微生物资源，微生物菌种保藏机构自身管理质量认证体系得到重视，国际上一些微生物菌种保藏机构已经完成了质量管理、实验室认证，如国际应用生物科学中心（CABI）、德国微生物菌种保藏中心（DSMZ）、美国模式培养物集存库（ATCC）等（顾金刚和姜瑞波，2008）。这些措施为微生物菌种资源的信息化管理的发展奠定了良好基础。

通过一定的交流平台实现微生物资源共享是一种良好的微生物资源保护方法。在现有

的网络技术条件下，研究和应用面向微生物资源信息的实用性强的数据管理、维护、查询和发布技术，建立统一的微生物资源信息管理平台，对微生物资源信息化发展及资源信息共享具有深远的意义。

2. 海洋真菌资源保护技术

随着海洋环境面临的不同程度的破坏，海洋真菌种属也大量减少和消失。海洋真菌资源的保护与其他生命形式一样可分为就地保护和迁地保护。

就地保护须与海洋生态保护同步，如设立自然保护区是就地保护的重要措施。这样可使得各类未被发现的海洋真菌自然生存在复杂的生境中，保持着自身以及赖以生存的生态系统的多样性和变异性。迁地保护（真菌资源保藏）就是对现有的海洋真菌进行保护，建立专门的资源保藏机构，并以细胞群体的纯培养（通常称为菌种）的形式，采用特殊的技术和方法加以保藏。

目前，对于真菌资源保藏技术大体可以分为三类：一是让真菌连续生长的保藏技术；二是利用干燥的载体吸附菌株的休眠体；三是利用抑制菌株代谢活性的办法达到长期保藏。

3. 海洋病毒资源保护技术

海洋病毒的生态学效应是通过病毒与宿主的相互作用来体现的，即病毒通过裂解宿主细胞释放有机物而参与生物地球化学循环，并以此方式调控海洋生态系统的结构与功能，维护海洋生态系统的稳定性（Markus et al.，2012）。

典型的病毒生命周期为病毒感染宿主至裂解宿主释放新病毒颗粒的整个过程，需要在宿主体内完成，其过程需要经过：病毒吸附到宿主细胞表面、病毒核酸的侵入、宿主 DNA 的分解和病毒核算的合成、病毒衣壳及尾部的合成、病毒颗粒的装配、宿主细胞裂解和病毒释放。因此海洋病毒的多样性与海洋生态系统中的物种多样性具有重要相关性，保护好海洋生态系统，海洋病毒的多样性才能够保持自身平衡而不被破坏。常见的病毒资源保护方法主要有“就地保护”和“迁地保护”。所谓“迁地保护”主要是指建立病毒保藏机构，如中国科学院武汉病毒研究所病毒保藏中心、中国典型培养物保藏中心等都具有保藏或保护病毒的能力（焦念志等，2006）。

三、海洋植物资源保护

1. 海藻资源保护技术

由于形态特征和生活习性的差异，针对大型海藻和海洋微藻的资源保护技术及策略略有不同，大型海藻的保护技术主要包括种质资源的保藏、制种和育苗、离岸（全）人工培养、海区人工养殖、海藻资源利用、海区人工增殖恢复等方面的技术。海洋微藻的保护技术主要包括种质资源的分离纯化、种质筛选和保藏、离岸（全）人工培养和资源利用等技术。

2. 海草资源保护技术

海草资源保护包括海草物种资源收集、整理与保存、功能基因克隆，海草生态环境与海洋自然资源保护与建设。海草生境具多样性、复杂性，因此海草资源保护技术需要综合考虑多种因素。海草资源保护技术分为：人工保护生境技术、人工再造生境技术、利用海洋群落演替规律与其他海岸工程有机结合复合生态保护技术。

3. 红树林资源保护技术

红树林资源评价是进行红树林资源保护的基础,其目标是根据评价指标建立合理的保护技术,确定全方位保护方案。目前保护红树林资源的方法主要有建立湿地自然保护区,从而有效保护真红树、半红树和红树伴生植物等。王玉图等(2010)以用于分析环境压力、现状与响应之间关系的压力-状态-响应模型(pressure-station-response model,PSR 模型)与层次分析法(analytical hierarchy process,AHP 法)为基础,建立了红树林生态系统健康评价体系,根据综合健康指数(comprehensive health index,CHI)值将红树林湿地健康状况分为很健康(CHI≥80)、健康(80≥CHI≥60)、亚健康(40≤CHI≤60)和不健康(CHI≤40)四个等级。当 CHI 值低于 40 时,表明人类活动对红树林生态系统的影响很大,红树林所受的外部环境压力非常大,急需对红树林生态系统进行生态修复与保护。

湿地恢复遵循的基本理论包括生态限制因子理论、生态位理论、中度干扰假说、生态系统演替理论、自我设计与设计理论、系统整体性和最优化理论等。根据目前国内外对各类湿地恢复项目研究的进展来看,可概括出以下几项技术:废水处理技术;点源、非点源控制技术;土地、湿地处理技术;光化学处理技术;沉积物抽取技术;先锋物种引入技术;土壤种子库引入技术;种群动态调控与行为控制技术;物种保护技术等(崔保山等,2006)。

四、海洋动物资源保护

由于我国沿海捕捞量过大,渔业资源环境恶化,海洋生态系统结构遭到不可逆的破坏,资源再生能力下降。因此,强化海洋动物资源的保护是关系人民福祉、经济社会发展的长远大计。

海洋动物资源保护技术应从以下几个方面进行开发与加强:渔业资源增殖放流及其效果评价技术;人工鱼礁与海洋牧场构建技术;海洋动物种质资源保护技术;海洋渔业管理技术;发展海洋动物资源生态友好型捕捞技术;海洋保护区技术;海洋动物资源监测与监管技术(详见本书第四章第三节)。

第三节 近海受损生境与生物资源的恢复

一、近海受损生境和生物资源现状

近年来,由于工农业活动产生的陆源污染物的无序排放、海洋矿产资源无节制开采造成的有机污染未能得到有效控制、渔业资源捕捞强度的不断增大、超容量海水养殖活动及其自身污染的加剧等原因,海洋生物资源和水域环境遭到严重破坏,水域生态荒漠化现象日益严重,珍贵水生野生动植物资源急剧衰退,水生生物多样性受到严重威胁。

生境退化首先体现在近海富营养化程度的不断加剧,主要是氮、磷等营养盐浓度严重超标,生物资源突出表现为渔业资源严重衰减。中国海洋信息网发布的《2015 年中国海洋环境质量公报》显示,我国近海 72 条河流入海的污染物量分别为:化学需氧量(COD_{Cr})1453 万 t,氨氮(以氮计)30 万 t,硝酸盐氮(以氮计)237 万 t,亚硝酸盐氮(以氮计)5.8 万 t,总磷

(以磷计)27 万 t,石油类 4.8 万 t,重金属 2.1 万 t。富营养化直接造成了近海生态灾害频发,2013 年全年有害赤潮发生 46 次,累计面积 4070km^2。

享有“海洋中热带雨林”美誉的珊瑚礁生态系统是一种稳定的海洋生态系统,同时也是所有海洋生态系统中生物多样性最高的海域(Bellwood et al.,2004;赵美霞等,2006)。但近年来因遭受海洋环境恶化而发生严重退化,全球范围内,约 20% 的珊瑚礁已消失,20% 以上的珊瑚礁发生严重退化且没有得到有效修复,其中减少最快的区域为亚洲东南部珊瑚礁与印度洋珊瑚礁,而仅有大洋洲澳大利亚周围的珊瑚礁生态系统处于健康状况(Wilkinson et al., 2004)。此外,红树林、海草床、河口湿地等海洋生态系统的重要组成部分也遭到了惊人的破坏,同时,海域生物多样性减少情况也相当严重。近 40 年来,由于人为过度捕捞、海洋环境污染和不合理的开发活动,导致海洋生态系统发生明显的结构单一化和功能退化现象,生物资源衰减、鱼类种群结构逐渐小型化和低质化。

我国的近海生境与生物资源受损更是状况堪忧,《2015 年中国海洋环境质量公报》表明,2014 年对我国 21 个海洋生态监控区的河口、海湾、滩涂湿地、红树林、珊瑚礁和海草床生态系统监测结果显示,我国近海生态系统处于亚健康和不健康的面积比例分别占到 71% 和 10%。近海多数传统优质鱼类资源量大幅度下降,已不能形成渔汛,低值鱼类数量增加,种间更替明显,优质捕捞鱼类不足 20%。有研究表明,自 20 世纪 80 年代以来,山东半岛南部和东海近岸产卵场鳀鱼卵显著变小,鳀鱼卵的自然死亡率有显著升高的趋势,是捕捞压力增大导致的鳀种群繁殖生物学改变长期适应性响应的结果。

二、近海受损生境修复和生物资源恢复的原理与技术

国际生态恢复学会认为,生态恢复是一个协助恢复已经退化、受损或破坏的生态系统并使其保持健康的过程,即重建该系统受干扰前的结构与功能及其有关的生物、物理和化学特征(SERI Science and Policy working group, 2004),从而促进生态系统的结构完整和功能齐备。生境修复和生物资源养护是对生态系统进行修复的两个途径。生境修复是指采取有效措施,对受损的生境进行恢复与重建,使恶化状态得到改善的过程;生物资源养护是指采取有效措施,通过自然或人工途径对呈现枯竭的某种或多种生物资源进行恢复和重建,使恶化状态得到改善的过程。

海洋生境资源恢复的关键设施有人工鱼礁、海珍品增殖礁及其增养殖设施等。人工鱼礁是人为放置在海底的一个或多个自然或者人工构造物,它能够改变与海洋生物资源有关的物理、生物及社会经济过程(Seaman, 2000),并可改善海域生态环境,营造海洋生物栖息的良好环境,为鱼类等提供繁殖、生长、索饵和避敌的场所,达到保护、增殖和提高渔获量的目的(陶峰等,2008)。根据增殖对象生物不同,人工鱼礁可分为藻礁、鲍礁、参礁等,而增殖海参、鲍等海珍品的礁体可统称为海珍品增殖礁,又称海珍礁(张立斌,2010)。由于礁体可以保护刺参、鲍等海珍品免受敌害侵扰(Ambrose and Anderson, 1990),并可为增殖海珍品提供食物来源和遮蔽场所(Chen,2004;陈亚琴,2007;秦传新等,2009),因此海珍礁广泛应用于中国的海珍品增养殖中(Chen, 2003)。

海洋生境修复技术主要包括:海草床修复技术、牡蛎礁修复技术、珊瑚礁修复技术、人

工鱼礁构建技术等。海洋生物资源恢复与养护的技术主要包括：人工增殖放流技术、多营养层次综合增养殖技术、海洋牧场建设技术等。

生态系统的监测是海洋生境资源恢复的关键部分，监测信息的收集是决定恢复生态系统管理方式的重要环节，通过监测可以确定修复工程是否向既定目标发展。监测主要分修复前监测和修复的长期监测。监测方法和技术的提高对于生境和资源修复效果的评价具有重要意义（Zedler and Callaway，2000）。

由于在复杂的环境条件作用下恢复的目标和效果可能会偏离既定的恢复轨道，因此需要对海洋生境修复效果进行评价。但当前对恢复和自然生态系统及其功能参数特征的变异性了解还不够深入，因此，海洋生境资源恢复效果的评价方法与技术手段也相对复杂（Borde et al.，2004）。生态修复效果评价的主要方法有直接对比法、属性分析法和轨道分析法。

海洋生境资源恢复的管理是海域管理的重要组成部分，涉及对海洋生态系统的全面了解以及对生境资源恢复的监测与研究。海洋生境和资源恢复的管理应该从规划开始，一直持续到修复效果达到预定目标结束。管理的目标是保障修复行动和修复效果的有效性。

目前，在典型生境的修复、关键物种的保护、修复效果的监测与评价、修复的综合管理等方面取得了较为显著的成效，对缓解海洋生态环境的持续恶化与生物资源的持续衰退起到了重要作用。然而，在重要原理的基础研究、设备与技术的研发方面开展的研究与实践工作相对较少，力量薄弱，生境修复与生物资源养护原理、生态高效型设施设备、生境修复与生物资源养护新技术、监测评价与管理模型、标准和规范等方面将成为未来研究工作的重点。

第四节　海洋生物资源评价与保护发展战略

一、战略地位与发展现状

海洋生物资源因具有巨大的经济、社会和生态价值而成为当前国际研究的热点，同时也是综合国力竞争的焦点之一。自20世纪60年代初，海洋生物资源成为世界各国关注的热点，许多沿海国家都加紧开发海洋生物，把利用海洋生物资源作为基本国策（张书军等，2012）。Robert Costanza（1997）对全球海洋在一年内对人类生态服务的价值进行了评估，其服务价值包括生境、营养盐循环、气体调节、干扰调节、垃圾处理、生物控制、食品产量、原材料、娱乐、文化等，结果表明全球海洋生态系统价值约为46.12万亿美元，每平方公里海洋为人类提供的生态服务价值约为5.77万亿美元。

作为海洋生态系统的主体，海洋生物资源对保持海洋生物多样性与海洋生态平衡具有举足轻重的意义。我国海域自北向南跨越温带、亚热带和热带，生态系统齐全，海洋生物资源具有特有程度高、物种与数量庞大等特点，是发展近海养殖业与海洋牧场的重要资源，为形成海洋食品、生物医药等供应基地提供重要保障。据《2014年中国海洋经济统计公报》，我国主要海洋生产总值为59 936亿元，海洋主要产业产值为25 156亿元，其中海洋渔业为4293亿元，分别同比增长7.7%、8.1%、6.1%。由此可见，海洋生物资源是我国社会经济可持续发展的重要物质基础之一，海洋生物资源评价与保护是实现资源环境持续利用的重要前提，对经济社会的长远发展具有重要意义。

发达国家在水产品加工和质量安全研究方面的研究基础扎实，加工仪器设备的自动化程度高，研究思路超前，高水平创新成果不断产生。随着全球变化和人类活动对海洋生态系统影响日趋增强，海洋环境污染、生物资源衰退等问题已经引起了世界各国的高度重视，海洋生物多样性研究也已成为研究热点之一。

我国海洋生物资源的评价与保护的工作已具有一定的基础，但我们对于海洋生物资源仍有很大的发展需求，主要表现在三方面：第一，海洋生物资源亟待评价、保护和发掘；第二，海洋生物资源开发利用技术亟待发展与创新；第三，海洋资源环境急需保护和改善（任大川等，2011；Beaumont，2008；陈尚等，2013；高乐华，2012）。

二、发展规划与战略举措

为提高国际竞争力，各国已相继发布了适合本国发展的“海洋战略”，2010 年 9 月欧洲科学基金会（European Science Foundation）发布的《欧洲海洋生物技术发展新的远景与战略行动报告》（*Marine Biotechnology: A New Vision and Strategy for Europe*）是迄今为止国际上最新的、最全面的和最详细的区域海洋生物发展战略之一。面对国际激烈竞争与挑战，我国积极发展海洋生物资源战略，863 计划、973 计划、国家自然科学基金、国家科技支撑计划、公益性行业科研专项等对海洋生物科技也给予了大力支持（“十一五”863 计划海洋技术领域总结报告）。我国海洋生物资源发展取得一定的成绩和优势，但我国海洋生物资源技术与世界先进水平整体上还有很大差距，相关方面仍面临很多挑战（韦兴平等，2011；杨娟等，2010）。

为应对我国面向资源环境、人口健康、农业领域的重大国家需求，为解决我国在海洋生物资源可持续利用与管理、食品和粮食安全、海洋创新药物开发与疾病治疗等多方面的挑战，我们的海洋发展规划应该包括：① 显著改善技术转移路径，夯实基础以支撑学术研究与产业间前瞻的和互利的互动合作，形成海洋生物资源的可靠获取通道和公平对等的利益分配机制；② 攻克一批海洋资源保护与高效、持续利用的核心和关键技术，开发一批具有显著海洋资源特色、拥有自主知识产权和安全且高效的海洋药物、食品等其他生物产品；③ 建立国际先进的海洋资源评价与保护技术、海洋生物资源开发利用技术、符合国际标准的产品创新体系、功能完善的产品研发技术平台；④ 落实具有国际竞争力的创新研发团队的建设。

目前亟待解决的主要问题和关键技术包括：重要生物遗传多样性监测、评价与保护技术；海洋关键物种资源监测、评价与保护技术；典型生境监测、评价与保护技术；海洋生物资源评价与保护技术研究平台。

为了实现我国的海洋生物资源发展规划，满足我国海洋生物资源战略需求，我们应采取多方面的举措来达成战略目标，具体包括：建立多渠道投融资体系，促进成果转化和应用；提高自主创新能力，完善创新管理机制；创建产业技术创新联盟，促进重大成果产业化；打造高层次和成果转化技术人才，加强创新团队建设；构建海洋生物技术研发共享平台，建设产业化示范基地。

参 考 文 献

863 计划海洋技术领域办公室. 2011. “十一五”863 计划海洋技术领域总结报告. 北京.

FAO. 1994. 世界渔业和水产养殖情况. 罗马.
安晓华. 2003a. 珊瑚礁及其生态系统的特征. 海洋信息,(3): 19 - 21.
安晓华. 2003b. 中国珊瑚礁及其生态系统综合分析与研究. 青岛: 中国海洋大学硕士学位论文.
曹世娟,黄硕林,郭文路. 2002. 渔业管理中的投入控制制度分析. 中国渔业经济,4: 10 - 12.
陈尚,任大川,夏涛,等. 2013. 海洋生态资本理论框架下的生态系统服务评估. 生态学报,33(19): 6254 - 6263.
陈亚琴. 2007. 刺参池塘养殖技术. 水产养殖,28: 19 - 20.
崔宝山,杨志峰. 2006. 湿地学. 北京: 北京师范大学出版社.
范航清,石雅君,邱广龙. 2009. 中国海草植物. 北京: 海洋出版社.
封志明. 2004. 资源科学导论. 北京: 科学出版社.
傅秀梅,王长云. 2008. 海洋生物资源保护与管理. 北京: 科学出版社.
高乐华. 2012. 我国海洋生态经济系统协调发展测度与优化机制研究. 青岛: 中国海洋大学博士学位论文.
顾金刚,姜瑞波. 2008. 微生物资源保藏机构的职能、作用与管理举措分析. 中国科技资源导刊,40: 53 - 57.
官冬杰,苏维词. 2006. 城市生态系统健康评价方法及其应用研究. 环境科学学报,26(10): 1716 - 1722.
黄小平,黄良民. 2008. 中国南海海草研究. 广州: 广东经济出版社.
焦念志. 2006. 海洋微型生物生态学. 北京: 科学出版社.
李博. 2000. 生态学. 北京: 高等教育出版社: 294 - 299.
李洪波,肖天,林凤翱. 2000. 海洋浮游病毒的研究方法. 海洋科学,34: 97 - 101.
李森,范航清,邱广龙,等. 2010. 海草床恢复研究进展. 生态学报,30(09): 2443 - 2453.
刘成武,黄利民. 2007. 资源科学概论. 北京: 科学出版社.
刘丹. 2011. 海洋生物资源国际保护研究. 上海: 复旦大学博士学位论文.
刘兰. 2006. 我国海洋特别保护区的理论与实践研究. 青岛: 中国海洋大学硕士学位论文.
刘兰,刘冬雁,等. 2006. 海岸带保护区建设探析. 海岸工程,25: 35 - 39.
林鹏. 2006. 海洋高等植物生态学. 北京: 科学出版社.
秦传新,董双林,牛宇峰,等. 2009. 不同类型附着基对刺参生长和存活的影响. 中国海洋大学学报,39(3): 392 - 396.
曲向荣. 2010. 环境保护与可持续发展. 北京: 清华大学出版社.
任大川,陈尚,夏涛,等. 2011. 海洋生态资本理论框架下海洋生物资源的存量评估. 生态学报,31(17): 4805 - 4810.
任立成,李美英,鲍时翔. 2006. 海洋古菌多样性研究进展. 生命科学研究,10(2): 67 - 70.
佘远安. 2003. 韩国依靠科技提高渔业产业竞争力的研究机制. 中国渔业经济,6(26): 43 - 47.
沈国英,黄凌风,郭丰,等. 2011. 海洋生态学. 北京: 科学出版社.
苏文萍. 2011. 海洋生物资源保护法律机制研究. 重庆: 西南政法大学硕士学位论文.
唐国建,崔凤. 2012. 国际海洋渔业管理模式研究述评. 中国海洋大学学报,(2): 8 - 13.
陶峰,贾晓平,陈丕茂,等. 2008. 人工鱼礁礁体设计的研究进展. 南方水产,4: 64 - 69.
王冠钰. 2013. 基于中加比较的我国海洋渔业管理发展研究. 青岛: 中国海洋大学博士学位论文.
王权明等. 2008. 国外海洋空间规划概况及我国海洋功能区划的借鉴. 海洋开发与管理,5 - 8.
王玉图,王友绍,李楠,等. 2010. 基于 PSR 模型的红树林生态系统健康评价体系——以广东省为例. 生态科学,29(3): 234 - 241.
韦兴平,石峰,樊景凤,等. 2011. 气候变化对海洋生物及生态系统的影响. 海洋科学进展,29(2): 241 - 252.
肖劲洲,孙国伟,王洪明,等. 2014. 海洋病毒荧光显微计数法的优化与应用. 微生物学通报,41: 776 - 785.
谢高地. 2009. 自然资源总论. 北京: 高等教育出版社.
徐少琨,向文洲,张峰,等. 2011. 微藻应用于煤炭烟气减排的研究进展. 地球科学进展,26(9): 8 - 17.
严晓. 2003. 天童地区常绿阔叶林的退化群落类型及其成因探讨. 上海: 华东师范大学硕士学位论文.
颜利,王金坑,蒋金龙,等. 2012. 海洋生物多样性保护空间规划分区体系构建及其在泉州湾的应用. 台湾海峡,31(2): 238 - 245.
杨金龙,吴晓郁,石国峰,等. 2004. 海洋牧场技术的研究现状和发展趋势. 生态养殖,48 - 50.
杨娟,屠强,刘宝林. 2010. 海滨生物地貌研究进展. 海洋科学进展,28(3): 398 - 407.

杨志，赵冬至，林元烧. 2011. 基于PSR模型的河口生态安全评价指标体系研究. 海洋环境科学，30：1，139－142.
姚粟，李辉，李金霞，等. 2008. CICC实验室信息管理系统LIMS的设计实践. 食品与发酵工业，34：95－100.
伊勒，道威尔. 2010. 海洋空间规划—循序渐进走向生态系统管理. 何广顺等译. 北京：海洋出版社.
张国胜，陈勇，张沛东，等. 2003. 中国海域建设海洋牧场的意义及可行性. 大连水产学院学报，18：141－144.
张坤民. 1997. 可持续发展论. 北京：中国环境科学出版社.
张立斌，许强，杨红生，等. 2009. 一种适用于浅海近岸海域的多层板式立体海珍礁：中国，CN1014441952010.
张立斌. 2010. 几种典型海域生境增养殖设施研制与应用. 青岛：中国科学院研究生院（海洋研究所）博士学位论文.
张书军，张艳丽. 2012. 欧洲海洋生物技术发展战略分析及对我国的启示. 海洋科学进展，30（3）：450－456.
张偲. 2012. 中国海洋微生物多样性. 北京：科学出版社.
赵美霞，余克服，张乔民. 2006. 珊瑚礁区的生物多样性及其生态功能. 生态学报，26（1）：186－194.
朱晓东. 2005. 海洋资源概论. 北京：高等教育出版社.
Ambrose R F, Anderson T W. 1990. Influence of an artificial reef on the surrounding infaunal community. Marine Biology, 107: 41－52.
Anantharaman K, Duhaime M B, Breier J A, et al. 2014. Sulfur oxidation genes in diverse deep-sea viruses. Science, 344: 757－760.
Balestri E, Piazzi L, Cinelli F. 1998. Survival and growth of transplanted and natural seedlings of *Posidonia oceanica* (L.) Delile in a damaged coastal area. Journal of Experimental Marine Biology and Ecology, 228(2): 209－225.
Beaumont N J, Austen M C, Mangi S C. 2008. Townsend M. Economic valuation for the conservation of marine biodiversity. Marine Pollution Bulletin, 56(3): 386－396.
Behrenfeld M J, Falkowski P G. 1997. Photosynthetic rates derived from satellite-based chlorophyll concentration. Limnol Oceanogr, 42: 1－20.
Bellwood D R, Hughes T P, Folke C, et al. 2004. Confronting the coral reef crisis. Nature, 429(6994): 827－833.
Borde A B, O'Rourke L K, Thom R M, et al. 2004. National Review of Innovative and Successful Coastal Habitat Restoration. Battelle Marine Sciences Laboratory Sequim, Washington.
Calumpong H P, Fonseca M S. 2001. Seagrass transplantation and other seagrass restoration methods. *In*: Short F T, Coles R G. (eds.). Global Seagrass Research Methods. Amsterdam, Netherlands: Elsevier Science Bv.
Certes A. 1884. On the culture, free from known sources of contamination, from waters and from sediments brought back by the expeditions of the Travailleur and the Talisman; 1882－1883. Seances Acad. Sci. 98: 690－693.
Chen J. 2003. Overview of sea cucumber farming and sea ranching practices in China. SPC Beche-de-mer Information Bulletin, 18: 18－23.
Chen J X. 2004. Present status and prospects of sea cucumber indus try in China. In: Lovatelli A, Conand C, Purcell S, Uthicke S, Hamel J-F, Mercier A eds. Advances in Sea Cucumber Aquaculture and Management. FAO Fisheries Technical Paper, Rome. 25－38.
Danovaro R, Corinaldesi C, Dell'anno A, et al. 2011. Marine viruses and global climate change. FEMS Microbiol Rev., 35: 993－1034.
Danovaro R, Dell'Anno A, Corinaldesi C, et al. 2008. Major viral impact on the functioning of benthic deep-sea ecosystems. Nature, 454: 1084－1087.
Ferguson R L, Buckley E N, Palumbo A V. 1984. Response of marine bacterio- plankton to differential filtration and confinement. Appl. Environ. Microbiol., 47: 49－55.
Frankland P, Frankland P. 1894. Micro-Organisms in Water: Their Significance, Identification and Removal. Longmans Green. and Co., London.
Fuhrman J A. 1999. Marine viruses and their biogeochemical and ecological effects. Nature, 399: 541－548.
Jannasch H W, Jones G E. 1959. Bacterial populations in sea water as determined by different methods of enumeration. Limnol. Oceanogr., 4: 128－139.
Jover L F, Effler T C, Buchan A, et al. 2014. The elemental composition of virus particles: implications for marine

biogeochemical cycles. Nat Rev Microbiol, 12: 519 - 528.

Marine Board-EAF. 2010. Marine Biotechnology: A new vision and strategy for Europe Marine Board-EAF Position Paper 15.

Weinbauer M G, Chen F, Wilhelm S W. 2012. Virus-mediated redistribution and partitioning of carbon in the global oceans, microbial carbon pump in the ocean. Science, 54 - 56.

Nakagawa A S. 1994. LIMS: Implementation and management. The Royal for chemistry, 7: 9 - 11.

Pitcher T J, Kalikoski D, Short K, et al. 2009. An evaluation of progress in implementing ecosystem-based management of fisheries in 33 countries. Marine Policy, (33): 223 - 232.

Proctor L M, Okubo A, Fuhrman J A. 1993. Calibrating estimates of phage-induced mortality in marine bacteria: Ultrastructural studies of marine bacteriophage development from one-step growth experiments. Microb. Ecol., 25: 161 - 182.

Rahghukumar C. 2012. Biology of Marine Fungi. New York: Springer Heideberg.

Robert Costanza, Ralph d'Arge, Rudolf de Groot, et al. 1997. The value of the world's ecosystem services and natural capital. Nature, 387(15): 253 - 260.

Salvanes A G V. 2001. Ocean Ranching. *In*: John H S, Karl K T, Steve A T. (eds.). Encyclopedia of Ocean Sciences. Oxford: Academic Press.

Seaman W. 2000. Artificial reef evaluation: with application to natural marine habitats. Boca Raton: CRC Press.

SERI (Society for Ecological Restoration International) Science and Policy Working group. 2004. The SER international primer on ecological restoration, Tucson, Society for Ecological Restoration International.

Suttle C A. 2007. Marine viruses — major players in the global ecosystem. Nat Rev Microbiol, 5: 801 - 812.

Tabatabaei M, Tohidfar M, Jouzani G S, et al. 2011. Biodiesel production from genetically engineered microalgae: Future of bioenergy in Iran. Renewable and Sustainable Energy Reviews, 15: 1918 - 1927.

Wilkinson, Clive R., ed., 2004. Status of Coral Reefs of the World 2004: Summary. Townsville: Australian Institute of Marine Science.

Zedler J B, Callaway J C. 2000. Evaluating the progress of engineered tidal wetlands. Ecological Engineering, 15: 211 - 225.

第二章

海洋微生物资源评价与保护

第一节　海洋微生物资源概述

一、海洋细菌资源

1. 海洋细菌资源类群

海洋细菌的研究始于19世纪末期，在那个时期研究者主要关注海洋细菌的分离和鉴定（Certes, 1884; Frankland and Frankland, 1894）。半个世纪之后，人们认识到仅有极少一部分海洋细菌能在标准微生物培养基上生长（Jannasch and Jones, 1959）。随着落射荧光显微镜的应用，对海水中总细菌的计数更容易实现，从而使研究者们认识到仅有约0.1%的细菌能在标准培养基上生长（Ferguson et al., 1984）。随着分子系统发育学的发展以及分子生物学技术的进步，在20世纪80年代末期，不依赖于分离培养技术进行细菌多样性研究的方法逐步建立起来。这些免培养技术也被广泛用于海洋微生物的研究，相关研究结果彻底改变了我们对海洋细菌多样性的认识。

细菌在各大海域均有分布。从河口到远洋，从表层水到深海环境，从热液口到海冰，从水体到沉积物到海洋动植物共附生环境均有细菌的身影。如图2-1所示，大部分细菌类群在海洋中都能检测到，这表明海洋细菌物种具有高度的生物多样性（Munn, 2004）。变形杆菌门5个纲，即α-变形杆菌纲（Alpha-proteobacteria）、β-变形杆菌纲（Beta-proteobacteria）、γ-变形杆菌纲（Gamma-proteobacteria）、δ-变形杆菌纲（Delta-proteobacteria）和ε-变形杆菌纲（Epsilon-proteobacteria）的成员在海洋环境均有分布，其中α-变形杆菌和γ-变形杆菌是海水浮游细菌中的重要类群。免培养方法揭示的细菌多样性远高于纯培养方法，同时也显示α-变形杆菌的代表类群是海水细菌的优势类群（Munn, 2004）。进化上属于α-变形杆菌类群的SAR11在远海环境广泛分布（Morris et al., 2002）。Rappé等（2002）利用极限稀释法和寡营养培养基等培养方法获得了SAR11类群的纯培养物，并命名为远洋杆菌属（*Pelagibacter*），典型种为遍在远洋杆菌（*Pelagibacter ubique*）。γ-变形杆菌是在分离培养时较容易获得的细菌类群，但在免培养研究中检测到的丰度相对较低。属于γ-变形杆菌的SAR86类群在免培养研究中普遍存在，但是它与其他可培养的γ-变形杆菌进化距离较远，可能和那些与海洋无脊椎动物共生的甲烷营养菌（methanotrophs）和化能无机营养菌（chemolithotrophs）在系统发育上有一定的关系（Munn, 2004）。接下来将对海洋细菌的一些代表性类群进行概述。

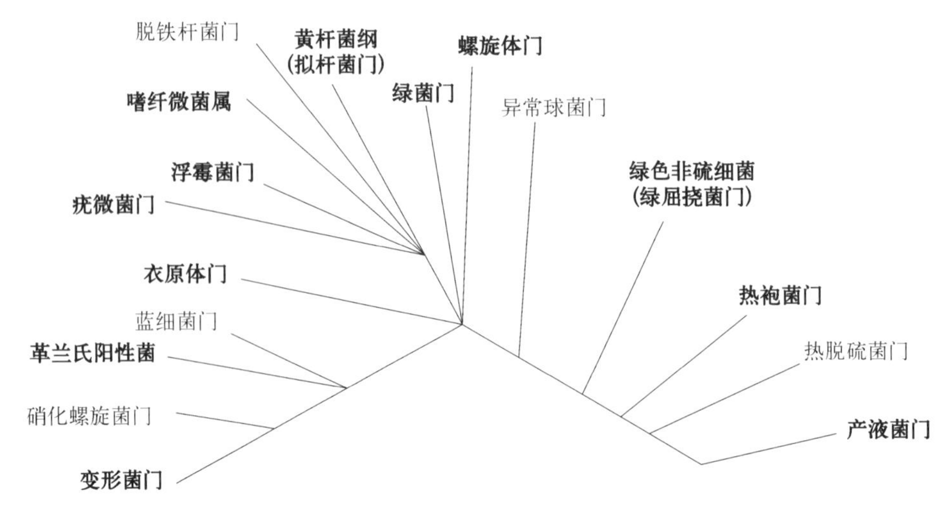

图 2-1 基于16S rRNA 基因序列构建的细菌进化树(Munn, 2004)

加粗字体表示该类群的成员在海洋环境有分布

(1) 不产氧光合细菌(anoxygenic phototrophic bacteria)

1) 紫色硫细菌和紫色非硫细菌(purple sulfur and nonsulfur bacteria)。紫色细菌形态多样,细胞短杆状、卵形、螺旋状,通常分布于α-变形杆菌纲、β-变形杆菌纲、γ-变形杆菌纲。与蓝细菌、藻类和植物不同,这些细菌在光合作用的过程中没有 O_2 参与。紫色光能营养菌(phototrophs)含细菌叶绿素(bacteriochlorophylls)作为光合色素,它与类胡萝卜素共同赋予了细菌不同的颜色。这些色素定位于细胞质膜,帮助细菌充分利用光源。紫色硫细菌能利用 H_2S 或其他还原型硫化物作为还原剂,将硫颗粒贮存于细胞中。紫色硫细菌都属于γ-变形杆菌,通常分布于无氧的浅湖底沉积物或含硫热泉中,然而一些类群,如荚硫菌(*Thiocapsa*)和外硫红螺菌(*Ectothiorhodospira*)也分布于浅海沉积物中(Woose et al., 1985; Overmann, 2001)。紫色非硫细菌属于α-变形杆菌和β-变形杆菌,能在黑暗有氧环境中生长,利用有机物或者 H_2 作为电子供体,有些能够利用 CO_2 和 H_2 进行光能自养,或者利用一些有机物作为碳源进行光能异养,分布于海洋环境的属有 *Rhodospirillum* 和 *Rhodomicrobium* 等(Munn, 2004)。

2) 玫瑰杆菌(*Roseobacter*)和赤杆菌(*Erythrobacter*)。属于α-变形杆菌的玫瑰杆菌属和赤杆菌属的好氧光能营养细菌广泛分布于海洋动植物表面或悬浮颗粒物上,它们在有氧条件下生长,不通过光合作用产氧。玫瑰杆菌簇(*Roseobacter* clade)包含可培养和未培养的种类,有光能营养型和非光能营养型的代表菌株。*Roseobacter* clade 中的许多成员既容易通过分离培养获得,也在免培养研究中呈现出较高的丰度(Gonzalez and Moran, 1997),它们广泛分布于各种海洋环境,如近岸和大洋水体、海冰、沉积物以及浮游动植物表面。该类群在近岸海水中占据细菌群落的约20%,在大洋混合层中占约15%,而在数百米水深处所占比例<1%(Buchan et al., 2005)。该类群多样化的代谢能力使其在营养循环中发挥重要作用,特别是在硫化物如 DMSP(dimethylsulfoniopropionate)转化中起重要作用(Gonzalez et al., 2000, 2003; Buchan et al., 2005)。

3）绿硫细菌（green sulfur bacteria）。绿硫细菌是变形杆菌中的一个独立进化分支，其代谢特征与紫硫细菌相似，但区别在于，硫产生于胞外而不是在胞内形成颗粒。除细菌叶绿素 a 外，绿硫细菌还含有细菌叶绿素 c、叶绿素 d 或叶绿素 e，这些色素包含在色素体（chlorosome）中。

（2）硝化细菌

硝化细菌能够利用还原型无机含氮化合物作为电子供体。在海洋环境中常分布于悬浮颗粒物、沉积物上层以及动植物共附生环境中，包括氧化铵为亚硝酸盐的 *Nitrosomonas* 和 *Nitrosococcus*，以及氧化亚硝酸盐为硝酸盐的 *Nitrosobacter*、*Nitrobacter* 和 *Nitrococcus*（Taylor et al.，2007）。氨氧化细菌是专性化能无机自养菌，还能通过卡尔文循环固碳。亚硝酸盐氧化细菌通常为化能无机自养菌，但是也能利用简单的有机物营异养生活。因而，硝化细菌在海洋氮循环中发挥重要作用，特别是在近岸浅水沉积物中和上升流区。16S rRNA 基因分析显示硝化细菌在变形菌门中形成多个进化分支，其中硝化螺菌（*Nitrospirae*）为独立的细菌门，它是一个世界广布的类群（Keuter et al.，2011）。免疫荧光法检测到 *Nitrosococcus oceani* 和其相似菌株广泛分布于海洋环境，浓度达到 10^3~10^4 cells/mL，该细菌被认为对大洋区氨氧化做出重要贡献（Zaccone et al.，1996；Ward and O'Mullan，2002）。

（3）硫氧化和铁氧化化能无机营养菌（sulfur- and iron-oxidizing chemolithotrophs）

1）硫杆菌（*Thiobacillus*）、贝氏硫菌（*Beggiatoa*）、丝硫菌（*Thiothrix*）、卵硫菌（*Thiovulum*）。许多变形杆菌为化能无机营养型，能利用还原型含硫化物作为电子来源，最终形成硫酸盐。短杆状的硫杆菌能利用 H_2S、S 或硫代硫酸盐作为电子供体。丝状细菌如贝氏硫菌、丝硫菌、卵硫菌也分布于海洋环境中。这些类群严格好氧，分布于数厘米的表层海洋沉积物中，也是热液口和冷泉区的重要细菌类群，以自由生活或与海洋动物共生的方式存在，形成食物链的基础（Teske et al.，1999）。

2）硫辫菌（*Thioploca*）和硫珠菌（*Thiomargarita*）。这些细菌为丝状硫氧化化能无机营养型，它们对无氧沉积物中硫化物的氧化起到重要作用。*Thioploca* spp. 是多细胞的丝状细菌，也是目前已知最大的细菌之一，细胞直径达到 15~40μm，丝状体可达数厘米长，包含上千个细胞（Otte et al.，1999）。20 世纪 90 年代末期，在美国南部太平洋沿岸上升流区发现了巨大的 *Thioploca* 群落。1999 年发现的 *Thiomargarita namibiensis* 是目前已知的最大的原核生物，其球状细胞直径通常为 100~300μm，有些直径达到 750μm，它们在 Namibia 近岸沉积物中分布广泛（Schulz and Jørgensen，2001；Schulz，2002）。

（4）好氧甲烷营养菌（methanotrophs）和甲基营养菌（methylotrophs）

这两个类群广泛分布于近岸和大洋环境，特别是海洋沉积物的上层，能够利用由厌氧产甲烷古菌产生的甲烷。甲基营养菌能利用各种 C1 化合物作为碳源和电子供体。许多细菌类群具备这一能力，包括十分常见的异养菌如弧菌和假单胞菌。有些 α-变形杆菌和 γ-变形杆菌为专性甲基营养型，仅利用 C1 化合物。除自由生活的类型外，甲烷营养菌还能与甲烷丰富的冷泉区附近的贻贝类共生，为动物提供营养（Tavormina et al.，2010）。

（5）固氮细菌

异养固氮细菌指进行异养生活，以适宜的有机碳化合物为碳源和能源，满足生活和固氮的需要。在沿岸沉积物和海水中，已经报道的海洋异养固氮细菌有脱硫单胞菌属

(*Desulfuromonas*)、鞘脂单胞菌属(*Sphingomonas*)、芽孢杆菌属(*Bacillus*)、地杆菌属(*Geobacter*)、德克斯氏菌属(*Derxia*)、脱硫弧菌属(*Desulfovibrio*)、暗杆菌属(*Pelobacter*)、慢生根瘤菌属(*Bradyrhizobium*)、产碱菌属(*Alcaligenes*)、肠杆菌(*Enterobacter*)、克雷伯氏菌属(*Klebsiella*)、氮单胞菌属(*Azomonas*)、固氮螺菌属(*Azospirillum*)、弧菌属(*Vibrio*)、固氮菌属(*Azotobacter*)、根瘤菌属(*Rhizobium*)、克氏杆菌属(*Klebstella*)、梭菌属(*Clostridium*)、假单胞菌属(*Pseudomonas*)、斯顿氏菌属(*Listonella*)、叶杆菌属(*Phyllobacterium*)等属中的一些种。

光能利用菌主要包括光合细菌中的红螺菌(*Rhodospirillum*)、绿硫菌(*Chlorobium*)、着色菌属(*Chromatium*)、无色硫细菌(*Achromatium*)等,它们主要是和其他生物联合固氮,可进行光合作用和化能合成作用。

化能无机营养细菌主要有自由生存的浮游厌氧性化能异养细菌,如 *Vibrio diazotrophicus*(Guerinot et al., 1982; Guerinot and Colwell, 1985; Urdaci et al., 1988),化能自养细菌包括 *Thiobacillus* 和 *Beggiatoa* 中的一些物种(Karl et al., 2002)。

(6)硫和硫酸盐还原菌(sulfur- and sulfate-reducing bacteria)

大多数的硫和硫酸盐还原细菌(SRB)属于 δ-变形杆菌纲,它们在缺氧海洋环境的硫循环过程中作用重大。SRB 通过利用有机物或氢作为电子供体,硫酸根或硫作为电子受体从而获取生长代谢所需的能量。SRB 产生 H_2S,H_2S 对于许多海洋生物有害,但可被化能营养型和光能营养型细菌利用。从海洋沉积物中分离获得了大量的 SRB,一些代表属有 *Desulfovibrio*、*Desulfomicrobium*、*Desulfobacula*、*Desulfobacter*、*Desulfobacterium*、*Desulfobacter*、*Desulfurella* 等。一些革兰氏阳性细菌和古菌也具有硫酸盐还原能力。SRB 可在动物共生体中与硫化物氧化细菌共存,也可与古菌共同出现在厌氧甲烷氧化作用过程中(Orphan et al., 2001)。

(7)弧菌及其他 γ-变形杆菌

弧菌科中的主要海洋类群有弧菌属和发光杆菌属(*Photobacterium*),它们广泛分布于近岸和大洋水体及沉积物中。该类群常在海洋动植物和悬浮的有机颗粒表面附着,对生物被膜的形成起重要作用,表现为共生菌或病原菌(Thompson et al., 2004)。发光细菌在海洋环境中普遍存在,它们以自由生活的方式生活于海水,或者以共生的方式生活于海洋动物肠道,或者与发光器官共生。最常见的物种有 *Photobacterium phosphoreum*、*Photobacterium leiognathi*、*Vibrio fischeri*、*Vibrio harveyi*.

其他已获得纯培养的海洋 γ-变形杆菌有 *Alteromonas*、*Pseudoalteromonas*、*Pseudomonas*、*Marinomonas*、*Shewanella*、*Glaciecola*、*Oceanospirillum*、*Colwellia* 等(Giovannoni and Rappé, 2000)。*Pseudomonas* 多分布于近岸海水中。*Shewanella* 常分离自海藻、水母、鱼类表面以及海洋沉积物。肠杆菌科的成员多为温血动物肠道病原菌,如 *Escherichia*、*Salmonella*、*Serratia*、*Enterobacter*。肠杆菌可从近岸受陆源污染的海水中分离得到,也在鱼类和海洋哺乳动物肠道中存在。

(8)螺旋菌(spirilla)

1)海洋螺菌属(*Oceanospirillum*)。海洋螺菌好氧,可运动,在海水营养物质的异养循环中起重要作用。该类群中的一些成员是硫循环的重要参与者,如能够降解 DMSP。一些物种具有降解碳氢化合物的功能,可被用于生物修复。该类群在生理特征上差异较大,如最适生长温度、嗜盐性和物质利用方面。

2）趋磁细菌（magnetotactic bacteria）。趋磁细菌的细胞中含有由 Fe_3O_4 和 Fe_3S_4 组成的磁小体，从而使细菌能在地球磁场中定位并利用极生鞭毛游泳。这些细菌利用这样的行为和趋氧反应，在沉积物中找到具有适于生长的 O_2 和硫化物浓度的区域。趋磁细菌广泛分布于盐沼和其他海洋沉积物环境中。分子生物学研究表明趋磁性不限于某一个小的特殊进化类群。将磁场与环境样品混合较容易分离获得趋磁细菌，但趋磁细菌的培养较为困难。人们认为在深海沉积物中发现的磁晶体微体化石来源于至少 5 亿年前的磁性细菌（Spring and Bazylinski, 2000）。

3）蛭弧菌（*Bdellovibrio*）。*Bdellovibrio* 是细胞较小的 δ - 变形杆菌，有时呈螺旋状，它们能捕食其他的革兰氏阴性细菌。该类群广泛分布于海洋环境中并很可能对于控制细菌群落起到重要作用（Taylor et al., 1974）。

（9）浮霉菌（*Planctomycetes*）

浮霉菌是细菌域中的一个独立分支，它与突柄变形杆菌（stalked proteobacteria）的区别在于，浮霉菌的柄状物为蛋白附属物，而不是细胞的延伸。与其他细菌不同，浮霉菌缺乏肽聚糖，由富含半胱氨酸和脯氨酸的蛋白构成 S 层。在免培养分析中发现了越来越多的浮霉菌，然而因其生长缓慢，较难分离培养（Fuerst, 1995; Fuerst et al., 1997）。尽管浮霉菌位于细菌域中的一个中心进化位置，但浮霉菌拥有一些与真核生物类似的特征。它们具有膜包裹的胞内分割区，将代谢和遗传组分分开，一些浮霉菌的核区由单位膜包裹，这与对原核细胞结构的传统认识不同（Lindsay et al., 2001）。

（10）革兰氏阳性细菌

1）内生孢子产生菌——芽孢杆菌属和梭菌属。厚壁菌门和放线菌门是两个主要的革兰氏阳性细菌类群。在厚壁菌门中，芽孢杆菌属和梭菌属的物种数量较多，通常认为它们是土壤腐生菌，但它们也是海洋沉积物中的主要成员。它们最突出的特征就是产生抗逆性强的内生孢子，能够耐受高温、辐射和干燥。芽孢杆菌通常是好氧的，而梭菌是严格厌氧菌。梭菌有多种发酵途径，能够产生有机酸、乙醇和氢，一些类群还能固氮。梭菌在缺氧海洋沉积物中的分解过程以及氮循环过程中起重要作用。

2）放线菌（*Actinobacteria*）。放线菌广泛分布于各类海洋环境中，如近岸、浅滩、海洋动植物体内、海水、深海沉积物、海雪、海底冷泉区、结核矿区等。小单孢菌、红球菌、链霉菌较容易从海洋环境中分离获得。研究人员（Goodfellow and Fiedler,2010；张偲等,2013）统计表明，目前已经发现 60 个海洋放线菌属级类群（表 2 - 1）。海洋放线菌主要的生态功能在于产生胞外水解酶类降解多糖、蛋白质和脂肪，参与物质循环，最为重要的是，它们能产生丰富新颖的次生代谢产物。

表 2 - 1　纯培养海洋放线菌类群统计表

46 个海洋环境中发现的已知放线菌属			
Actinoalloteichus	*Actinocorallia*	*Actinomadura*	*Actinomyces*
Actinoplanes	*Aeromicrobium*	*Aestuariimicrobium*	*Agrococcus*
Amycolatopsis	*Arsenicococcus*	*Arthrobacter*	*Brevibacterium*

续表

46 个海洋环境中发现的已知放线菌属			
Cellulomonas	*Corynebacterium*	*Dermacoccus*	*Dietzia*
Glycomyces	*Gordonia*	*Isoptericola*	*Janibacter*
Kineococcus	*Knoella*	*Kocuria*	*Marmoricola*
Microbacterium	*Microbispora*	*Microbulbifer*	*Micrococcus*
Micromonospora	*Mycobacterium*	*Nocardia*	*Nocardioides*
Nocardiopsis	*Nonomuraea*	*Phycicoccus*	*Prauserella*
Pseudonocardia	*Rhodococcus*	*Saccharopolyspora*	*Sanguibacter*
Streptosporangium	*Tessaracoccus*	*Streptomyces*	*Tsukamurella*
Verrucosispora	*Williamsia*		
14 个海洋来源放线菌新属			
Demequina	*Euzebya*	*Iamia*	*Marinactinospora*
Marisediminicola	*Miniimonas*	*Oceanitalea*	*Ornithinibacter*
Phycicola	*Salinibacterium*	*Salinispora*	*Sciscionella*
Serinicoccus	*Spinactinospora*		

资料来源：Goodfellow and Fiedler,2010；张偲等,2013

（11）拟杆菌门（Bacteroidetes）

拟杆菌门包括 5 个纲，即拟杆菌纲（Bacteroidia）、噬纤维菌纲（Cytophagia）、黄杆菌纲（Flavobacteria）、鞘脂杆菌纲（Sphingobacteria）和一个未定名纲（unclassified Bacteroidetes）。拟杆菌是海洋浮游细菌的重要类群，仅次于变形杆菌和蓝细菌（Glöckner et al., 1999; Kirchman, 2002）。该类群物种多样性丰富，分布于多种海洋环境如远洋水体、沉积物、热液口、海冰、动物肠道等（Alonso et al., 2007; Pommier et al., 2007）。细胞形态多样，好氧或兼性厌氧，为化能异养型细菌。该类群的细菌产生多种胞外酶，能够降解多聚物，如琼胶、纤维素和几丁质，这对于降解有机物质如浮游植物细胞壁等十分重要。一些物种是鱼类和无脊椎动物的病原菌；还有许多是嗜冷菌，通常分离自海冰等样品。

（12）超嗜热菌

1）产液菌属（*Aquifex*）。*Aquifex* 及其近缘类群在细菌进化树中形成了一个深度分支。*Aquifex* 的成员如 *Aquifex pyrophilus*、*Aquifex aeolicus* 是极端嗜热菌，化能无机营养型。它们在热液口的初级生产中起重要作用，能利用 H_2、硫代硫酸盐或硫作为电子供体，利用 O_2 或硝酸盐作为电子受体，通过还原性柠檬酸循环（reductive citric acid cycle）进行碳固定。该类群极端嗜热的特性也是生物技术领域关注的对象。

2）热袍菌属（*Thermotoga*）。*Thermotoga* 也在细菌域中形成了一个深度的进化分支。其核糖体的功能与其他细菌不同，不受利福平和其他影响蛋白质合成的抗生素影响。细胞革兰氏染色呈阴性，肽聚糖的氨基酸组成不同于其他细菌，脂质中具有独特的长链脂肪酸。*Thermotoga* 广泛分布于地热区域，在浅海和深海热液口中都存在。不同的物种最适生长温度不同，从 55℃ 以上的嗜热物种至 80～95℃ 的超嗜热物种都有，如 *Thermotoga maritima* 和 *Thermotoga neapolitana*。它们营厌氧化能有机营养，能利用多种碳水化合物，也能固氮，还可

还原硫为 H_2S。

2. 功能性细菌资源概述

海洋细菌资源因其独特的理化和代谢特征,如产生水解酶、活性次生代谢产物,降解或富集污染物等,在工业、农业、医药、环境等领域具有重要的应用价值。

(1) 水解酶产生菌

海洋生态系统中近岸及海底沉积环境存在大量的高分子有机聚合物,被认为是适宜大分子水解酶生产菌株生存的生境。海洋细菌能够产生具有优良特性的生物酶,如蛋白酶、脂肪酶、几丁质酶、琼胶酶、纤维素酶等。海洋细菌生产的蛋白酶对于海洋有机质的分解有重要贡献,在日化、食品等行业也有潜在的应用价值,因而被广泛研究。目前报道最多的海洋细菌蛋白酶主要来自 *Pseudoalteromonas*、*Alteromonas*、*Shewanella*、*Vibrio* 和 *Bacillus* 的成员,这些海洋细菌分泌的蛋白酶多具有耐盐和适应低温环境的特征,对大分子颗粒蛋白具有较高催化效率。几丁质在甲壳类动物中广泛存在。近年来,海洋微生物来源的几丁质酶逐渐被报道,如 *Vibrio fluvialis*、*Vibrio parahaemolyticus*、*Vibrio mimicus*、*Vibrio alginolyticus*、*Listonella anguillarum* 和 *Aeromonash ydrophila* 被报道产生几丁质酶(Osawa and Koga, 1995)。琼胶酶在分子生物学中可用于降解琼脂糖凝胶回收胶体中的 DNA,也用于生产琼胶低聚糖、琼胶寡糖。海洋微生物是琼胶酶的主要来源,海水及海洋沉积物中的许多微生物能产生琼胶酶,这些微生物包括 *Cytophaga*、*Bacillus*、*Vibrio*、*Alteromonas*、*Pseudoalteromonas*、*Agarivorans* 等(Zhang and Kim, 2010)。研究者报道从深海嗜冷假交替单胞菌中分离到嗜冷的水解糖苷第五家族纤维素酶 CelX(Zeng et al., 2006)。从海鞘共生的假交替单胞菌中分离到具有水解活性和转糖苷功能的纤维素酶(Kim et al., 2009)。一些海洋细菌如 *Aeromonas*(Lee et al., 2003)、*Bacillus*(Chakraborty et al., 2010)、*Photobacterium*(Ryu et al., 2006)、*Pseudoalteromonas*(Zeng et al., 2004)、*Pseudomonas*(Kiran et al., 2008)、*Psychrobacter*(Zeng et al., 2004;Chen et al., 2011)等能够产生低温脂肪酶。

(2) 具有污染物降解和环境修复能力的海洋细菌

1) 重金属移除及有机锡降解。重金属污染是最受关注的环境问题之一,其来源可以是自然的也可以是人为活动产生的。尽管许多物理或化学的方法可用于处理重金属污染,但由于其花费大、效能低,且处理过程产生新的污染性副产物,故使用受到限制(Wuana and Okieimen, 2011)。海洋细菌在处理重金属污染时可以在较低的重金属浓度下高效地进行,且不产生有害的副产物。哈维氏弧菌被报道具备很好的重金属镉的生物富集能力,其富集能力达到 23.3mg 镉/g 细胞干重(Abd-Elnaby et al., 2011)。通过向胞外分泌多糖物质螯合多种重金属离子的现象已在海洋细菌 *Enterobacter cloaceae* 中发现。一些紫色非硫海洋细菌如 *Rhodobium marinum* 和 *Rhodobacter sphaeroides* 也具有通过生物吸附和生物转化的方式移除铜、锌、镉、铅等重金属的能力。

有机锡由于其生物毒性在 20 世纪 60 年代被广泛应用于船舶的表面涂料以防止生物污损。随后的研究发现其毒性对于非靶标生物也十分显著。有研究显示一些假单胞菌对有机锡有一定富集作用,富集量可达生物体干重的 2%。革兰氏阴性菌 *Pseudomonas aeruginosa* 和 *Alcaligenes faecalis* 可以通过脱烷基过程降解有机锡(Dubey and Roy, 2003)。

2) 塑料降解。广泛使用的塑料制品如聚乙烯、聚丙烯、聚苯乙烯、聚对苯二甲酸乙二醇酯、聚氯乙烯废弃后最终会导致环境污染。微生物会产生相应的机制将塑料降解为非毒性的形式。Andrady 等(2011)发现 *Rhodococcus ruber* 在富集培养基中可在 30 天内降解 8% 的塑料。在深海中发现的希瓦氏菌属、嗜冷菌属和假单胞菌属的菌株也有降解 ε-已内酯的活性。一些红树共附生的细菌如微球菌属、莫拉菌属、假单胞菌属、链球菌属和葡萄球菌属等也具有降解塑料的生物活性(Kathiresan, 2003)。此外,一些海洋来源的细菌如短小芽孢杆菌、枯草芽孢杆菌、藤黄微球菌和副溶血性弧菌等,具有产生生物表面活性剂的能力,这些表面活性剂可以在塑料降解过程中起辅助作用。

3) 油污降解。由于油轮沉没、油井破裂或爆炸、输油管道等油品运输设施损坏、储油罐燃烧爆炸等引起的原油泄漏,会造成严重的海洋生物生命危险和一系列的后遗生态问题。专性的油污降解菌在处理原油泄漏事件中功不可没。自第一个石油降解菌被发现的近一个世纪以来,已有超过 500 个具备油污降解活性的海洋细菌被描述。报道较多的石油烃降解细菌有不动杆菌属(*Acinetobacter*)、食烷菌属(*Alcanivorax*)、芽孢杆菌属(*Bacillus*)、海杆菌属(*Marinobacter*)、假交替单胞菌属(*Pseudoalteromonas*)、假单胞菌属(*Pseudomonas*)、红球菌属(*Rhodococcus*)及弧菌属(*Vibrio*)等(张偲等,2013)。

(3) 新颖活性次生代谢产物产生菌

海洋细菌能够产生丰富的次生代谢产物。仅 2000~2012 年间,据漆淑华等统计,从海洋细菌中新增分离获得结构新颖的次生代谢产物 374 个,其中来源于放线菌的有 291 个,其结构类型主要包括大环内酯类、肽类、生物碱类、含卤素类以及其他类型的化合物(张偲等,2013)。这些细菌包括黏细菌、*Bacillus*、*Planococcus*、*Aeromonas*、*Pseudoalteromonas*、*Halomonas*、*Halobacillus*、*Thermoactinomyces*、*Thalassospira*、*Pseudomonas*、*Photobacterium*、*Brevibacillus*、*Tenacibaculum*、*Marinobacter* 等;放线菌则主要包括 *Streptomyces*、*Salinispora*、*Nocardiopsis*、*Marinactinospora*、*Saccharopolyspora*、*Saccharomonospora*、*Saccharothrix*、*Actinomadura*、*Pseudonocardia*、*Micromonospora*、*Actinoalloteichus*、*Verrucosispora*、*Marinispora* 等。这些菌株分离自沉积物、海水、海洋动植物共附生环境等,产生的化合物具有抗菌、抗肿瘤、抗病毒、驱虫、抗氧化等活性。

3. 海洋细菌的危害性

海洋生物污损对船舶、浮标、水下缆线和管道等设施设备造成极大危害。海洋细菌参与海洋生物污损过程,其可在材料表面附着并产生大量分泌物和形成生物被膜。当前一些新材料的使用可以减少海洋细菌在物体表面形成生物被膜。然而在涂料中加入的生物毒性物质在减少生物污损的同时也污染了环境,且可能诱发生物突变产生新的抗性菌,故开发和使用无毒新材料用于抗生物污损正在挑战人类的智慧和决心(Banerjee et al., 2011)。

海洋来源的细菌造成的感染也越来越多地被人们所认识。海洋细菌尤其是弧菌属造成伤口感染,大多数情况下是有先导病征的,如有肝脏疾病的人更易受到感染(Howard et al., 1986)。但也有一些海洋细菌会感染免疫功能正常的人群,如创伤弧菌(*Vibrio vulnificus*),其造成的感染可能是致死性的(Oliver, 2005)。海洋细菌物种丰富,我们在获取其生物资源的同时也应对海洋细菌可能给人类带来的疾病给予应有的重视和评估,并研发相应的治疗对策。同样海洋致病细菌感染人工养殖的鱼、贝造成渔业疾病暴发,会给海水养殖业带来巨大的经济损失。

因而，在合理利用海洋细菌生物资源的同时，认识到海洋细菌可能带来的负面影响并采取一定技术措施加以规避，有助于我们更好地开发海洋细菌资源。

二、海洋古菌资源多样性

1. 海洋古菌界定及多样性

古菌，也称为古细菌，属于生物界三域的古菌域，具有与真菌更近的亲缘关系，是研究生命发育与演化的良好模型。古菌域又分为广域古菌界（Euryarchaeota）和泉古菌界（Crenarchaeota）两个界。根据生理生态类型的不同，广域古菌界又可分为极端嗜热菌、产甲烷菌、嗜盐菌等，泉古菌界则有极端嗜热型古菌、硫酸盐还原型古菌等多个类群。分类学上将其分为 5 个门，即初古菌门（Korarchaeota）（2 个种，Barns et al.，1996）、纳古菌门（Nanoarchaeota）（Huber et al.，2002）、奇古菌门（Thaumarchaeota）、泉古菌门（Crenarchaeota）和广古菌门（Euryarchaeota）。古菌是生物圈极限生命的代表，其类群在地球上各种极端环境普遍且大量存在，如在高达 121℃高温环境、饱和的盐水环境、厌氧的甲烷环境、极酸碱环境、极寒环境、高压环境以及海洋环境等。因此，古菌在极端环境物质循环及能量流动中扮演非常重要的角色。

2. 海洋古菌的分布及特性

对于海洋古菌的研究，最早可以追索到 1951 年 Stadtman Barker 从海泥中分离获得的万氏甲烷球菌（*Methanococcus vannielii*），它被认为是第一个海洋古菌。随着分子生物学的发展，1992 年 Delong、Furhman 研究组首次通过免培养方法在太平洋及近岸海洋环境检测到未知古菌的存在，并发现部分类群如泉古菌门 Marine Group Ⅰ和广古菌门的 Marine Group Ⅱ在海洋环境中广泛分布。随着分子生物学技术的完善和成熟，2001 年，Karner 等发现，在部分海洋环境中古菌占海洋浮游微生物的优势地位，达 20% 的比例，而 Turich 等 2007 年估计在一些海洋环境中古菌占原核微生物比例达23%～84%。目前在海洋环境包括海水、沉积环境、河口及动植物共附生环境等均检测出古菌的存在，如 Karner 等统计亚热带太平洋海水中的古菌显示，泉古菌门在深海海水中普遍存在，0～1000m 深的海水中古菌细胞数量达到5×10^4个/mL，且随着深度和季节等有明显的规律性变化。沉积环境中热液和冷泉生态环境是海洋古菌类群研究较为集中的区域，该环境中古菌类群多样、生物量集中，且具有明显的甲烷相关生理特性，扮演该系统中整个食物链的“生产者”和“消费者”多重角色，驱动整个系统的良性循环。其中代表性的深海热液古菌纯培养物种如 *Methanocaldococcus jannaschii*，代时 26min，能够耐受 85℃生长；泉古菌海葡萄嗜热菌（*Staphylothermus marinus*）能够耐受 98℃高温；*Pyrobacterium abyssi* 能够耐受 pH4.7 和 110℃高温；坎德勒氏甲烷嗜热菌（*Methanopyrus kandleri*）耐 110℃高温，且耐高盐；另外，还有能耐受 113℃高温的延胡索酸火叶菌（*Pyrolobus fumarii*），2008 年又在太平洋发现该种的一个能在 121℃生长的菌株。2004 年，Schrenk 等（2004）第一次在大西洋中脊“失落之城”（Lost City）热液区发现热液样品表面覆盖一层几十微米厚的甲烷相关古菌生物膜，这些古菌呈直径 1～3μm 的球形聚集，通过环境样品测序发现很多是与甲烷相关的古菌类群，如广古菌界中与甲烷八叠球菌目（Methanosarcinales）相近的新类群以及泉古菌门的 Marine Group Ⅰ类群。

古菌不仅在海洋高温环境普遍存在,在海洋的多种低温环境如深海海底、南极海洋等也广泛存在。南极海洋营养贫乏,水温夏季在 -1.8~2℃,盐度在 3.35%~3.47%,其中古菌非常丰富,并随季节变化,冬末春初表层海水古菌较为丰富,且 500m 水深环境古菌比表层更丰富,而到夏季时,其丰富度降低。南半球海洋春季时泉古菌门的 Group Ⅰ类群较为丰富,而表层以广古菌门的 Group Ⅱ较为丰富(Aislabie and Bowman, 2010)。在南极海洋沉积环境中,近岸沉积环境主要类群为广古菌门的 Group Ⅲ或产甲烷古菌,深海沉积环境中主要为泉古菌门的 Group Ⅰ类群。在南极动植物共附生环境也发现了古菌,其中泉古菌门的 Group Ⅰ类群丰富。

3. 海洋古菌的类群

2010 年,Amaral-Zettler 等通过对海洋各种环境样品中的古菌类群进行分析,总结出海洋环境中最优势的前 20 位的古菌类群,其中泉古菌门所占比例最大,其次是广古菌门中的 MG-Ⅲ类群。优势广古菌门中的类群还包括 environmental samples-1 和 2, uncultured marine group Ⅰ crenarchaeote-1 和 2;泉古菌门的优势类群还有 Marine Group Ⅲ environmental、*Methanosarcinaceae*、*Archaeoglobaceae Archaeoglobus*、uncultured marine group Ⅱ euryarchaeote-1、*Methanococcaceae Methanococcus aeolicus*、uncultured marine group Ⅱ euryarchaeote-2、*Thermoplasmatales* environmental samples, uncultured marine group Ⅱ euryarchaeote-3,*Methanomicrobia Methanosarcinales*,environmental-1,2,3,4,5,6。这些古菌类群广泛分布在深远海海水、沉积物及珊瑚、海绵等海洋动植物共附生环境。

MCG(miscellaneous crenarchaeota group)古菌是迄今为止发现分布最为广泛的一类未培养古菌,被认为是海底深部生物圈中最丰富,并且最活跃的类群之一,很可能在全球物质和能量循环过程中发挥了重要的作用。我国科学家王风平教授领导的研究小组发现 MCG 古菌在系统发育上处于一个深的分支,代表了一类自然界较古老的古菌,显著不同于目前分类已确定的所有古菌门类,并提议将 MCG 古菌归类于一个全新的门类,命名为深古菌门(Bathyarchaeota)。据悉,这是目前首个由中国学者提议的古菌门的分类,是古菌和生命起源及演化研究的重要进展之一,也将对本领域的科学研究起到积极推动作用(Meng et al., 2014)。

虽然分子生物学方法检测到大量古菌类群在海洋环境广泛分布,但目前获得纯培养的海洋古菌仍然非常稀少。2009 年张晓华主编的《海洋原核生物名称》可能是目前统计最全面的海洋古菌的文献,涉及古菌的 67 个属中 189 个物种(张晓华等,2009;张偲,2013 年)。江苏大学食品微生物研究中心崔恒林课题组运用基于小分子有机酸盐的低营养培养技术,从黄海沿岸江苏区段的南通海门盐场、如东盐场、连云港台南盐场、台北盐田、山东威海港西盐田以及大连水产养殖场共分离嗜盐古菌 1000 株,其中疑似新属 12 个、新种 28 个,各种产酶菌株 300 多株,显示出海洋高盐环境可培养嗜盐古菌多样性较为丰富,且新资源较多。上海交通大学肖湘建设完成的深海环境模拟培养系统,历时 11 年终成功培养深海嗜压古菌。对海洋古菌的研究,目前仍旧有很多条件的限制,其纯培养物的获得,仍旧是其深入工作的开始。

三、海洋真菌资源多样性

海洋真菌是海洋微生物的一个主要分支,是指从海洋环境或海洋相关环境中分离到的真菌的总称。尽管150年前就发现和描述了最早的海洋真菌 *Spaeria posidoniae*,但真正科学、严肃地收集海洋真菌的工作始于1944年Barghoorn对新西兰和加利福尼亚两地淹没在海水中木材上的25种海洋栖息真菌的研究。1961年,Johnson和Sparrow出版了 *A Treatise on Fungi in Oceans and Estuaries* 一书,从分类学、生理学和生态学的角度详细阐述了海洋真菌情况,从此揭开了海洋真菌研究的序幕。1966年在德国举行了第一届国际海洋真菌学大会,以后每6年举行一次的国际海洋真菌大会对海洋真菌的研究产生着深远的影响。1986年,Moss组织编写了 *The Biology of Marine Fungi* 一书,该书详细描述了海洋真菌的生理生化、分类、鉴定及系统学、生长、进化、生态分布、病原真菌以及生理地理学等多方面的内容,为后来海洋真菌的研究提供了详尽的科学资料。最近由印度学者Rahghukumar主编(2012),由Springer出版社出版的 *Biology of Marine Fungi* 一书,是最详尽的海洋真菌学研究著作,该书从海洋真菌资源、多样性、可培养与免培养及生理学和生态学等多个方面全面分析了海洋真菌目前研究的现状,并指出海洋真菌学及生态学研究发展的紧迫性和现实意义。

1. 海洋真菌的界定及其多样性

海洋真菌界定问题争议较多,1954年,Ritchie曾就"海洋真菌是否包括陆生真菌"这一问题在 *Science* 上阐明了自己的观点。1979年,Kohlmeyer Kohlmeyer Jan和Kohlmeyer Erika在专论 *Marine Mycology: The higher fungi* 中也第一次综述了海洋真菌的系统发育、个体发育、生理、垂直分布、地理分布和生态群等。根据海洋真菌生长对海水理化性质的适应和需求,把一些来源于海洋并能在海洋生境中生长与繁殖的真菌称为专性海洋真菌,如2002年由Purushothaman和Jayalakshmi从大洋洲波喜汤草中发现的一个真菌被称为第一个专性海洋真菌。随后发现的沙生菌属(*Arenariomyces*)、花冠菌属(*Corollosphora*)、海壳目(Halosphaeriales)等类群也是专性海洋真菌。另一些来源于陆地或淡水,但能在海洋生境中生长与繁殖者,称兼性海洋真菌。几乎所有真菌都可在小于海水中氯化钠浓度的条件下生长,因此耐盐性不能作为区分海洋真菌与陆地真菌的标志。

Hawksworth(1991)估计现存的真菌约有150万种,但所发现和描述的不足10万种,其中海洋真菌的数量和种类更少。Schaumann估计海洋环境中真菌物种数目达6000个(Jones et al., 2009),但缺乏数据支撑。目前大约有1500个海洋真菌名在文献中出现,但大多数未详尽描述,有些为兼性陆生或者与已描述的同名。Jones等(2009)统计了1840~1940年的100年间,共发现和描述了海洋真菌51种;1940~1980年40年间共发表了166种;1980~1989年发表了135种;1990~1999年发表了156种;2000~2009年共发表了43种。迄今为止,有描述的海洋真菌超过321个属级类群的551种(Dupont et al., 2009)。表2-2总结了不同时期描述的海洋真菌的种属数量(Jones et al., 2009)。

表 2-2 不同时期描述的海洋真菌的种属数量

主要门类	1979		1991		2000		2009	
	属个数	种个数	属个数	种个数	属个数	种个数	属个数	种个数
子囊菌纲	62	149	115	255	177	360	251	426
担子菌纲	4	4	5	6	7	10	9	12
腔孢纲	15	22	16	21	23	28	23	34
丝孢纲	25	34	25	39	28	46	42	79
总　计	106	209	161	321	235	444	325	551

资料来源：Jones et al.，2009

我国海洋真菌资源丰富，在 1991 年成立了"中国海洋生物多样性保护行动计划工作组"，对中国海洋生物多样性进行了广泛、深入的调查，编辑出版了《中国海洋生物种类与分布》（黄宗国，1994）一书，书中记录了中国各种海洋生物（包括海洋真菌）的种类，报道了厦门以北海域子囊菌 12 种、半知菌 5 种；厦门以南海域分离鉴定 60 种子囊菌、2 种担子菌和 48 种半知菌，共计 127 种海洋真菌。2005 年，"海洋微生物菌种资源整理整合与共享试点"子项目开始启动。在牵头单位国家海洋局第三海洋研究所，参与单位国家海洋局第一海洋研究所、中国极地科学研究中心、中国海洋大学等 8 家单位的努力下，历经 3 年，分离鉴定并标准化整理整合了来自大洋深海、南北极以及近海多种环境的近万株海洋真菌资源，其中包括丝状真菌 42 属 254 种和酵母菌 31 属 102 种。

2. 海洋真菌资源的分布

（1）海洋丝状真菌类群及分布

海洋真菌在北极楚科奇海和白令海峡站位的检出率高达 94%，甚至在 1000m 深的地方也发现了一些降解纤维素的海洋真菌的踪迹。Raghukumar 在 5904m 深的印度洋海沟沉积物中仍然发现了大量的可培养真菌。海洋真菌的地理分布很广，可以出现在所有的气候和所有的盐浓度，在盐度为 50～100ng/L 的死海中甚至也发现到真菌的踪迹。根据海洋真菌的栖生习性将其划分为木生真菌，主要源于漂浮木和潮间带木；红树林内生真菌；附生藻体真菌，主要寄生在褐藻、红藻及绿藻上；寄生动物体真菌，如寄生在珊瑚、海绵和贝壳等海洋动物上的真菌。

Barghoorn 和 Linder（1944）从海洋漂浮木中分离并鉴定了 10 个新属及海洋子囊菌和半知菌的 25 个新种，引起海洋真菌学家的兴趣。同时，他们研究了 pH、温度和盐度对一些特殊海洋真菌生长的影响，开创了海洋真菌生态生理学研究的先河。Grasso 等（1985）用特殊的木材做诱培，分离到 13 个属的海洋木生真菌 254 株，此后在海滨、潮间带等木质生物或漂浮物上分离到大量的海洋真菌菌株，并发现海洋真菌，如海花冠菌、海涛旋孢（*Zalerion maritimum*）、佛罗里达路霉（*Lulworthia floridana*）等有很强的分解木材的能力。Gold 和 Hughes 等报道了不同海洋环境中木生真菌的群落，以及温度、盐度、pH、溶解氧和离子对海洋真菌生长的影响，并发现一些特殊生理需求的海洋真菌类群。大量的研究发现海壳目为木生海洋真菌常见类群，而在潮间带红树林木生真菌为假球壳目。1979 年的资料显示，海洋木生真菌已经有 107 种，其中子囊菌类 76 种，半知菌 29 种，担子菌类 2 种。印度的 Prasannarai 和 Sridhar（2001）从印度海滨木生样品中分离到 47 个属的 88 个种，其中放射鱼雷孢菌(*Torpedospora radiata*)广泛分布在各种样品采集环境。

红树林湿地是世界自然环境现存重要的生物基因库,蕴藏着大量的菌物资源。Cribb 是第一个开展红树林海洋真菌研究的真菌学家,先后在昆士兰地区的海岸线采集海藻和腐木标本,描述了新属 *Lulworthia* 子囊壳和子囊孢子的形态特征,这个属最早曾被 Linder 作为 *Halophiobolus* 报道过,Cribb 比较了 2 个属的形态特征和寄主差异,指出 2 个属在子囊壳孔口和喙的宽度、长度上有较大差别,将 *Halophiobolus* 属的相关种归到 *Lulworthia* 属下,并将 *Halophiobolu* 属下的种名进行纠正,有关种作为同种异名处理。此期间 Cribb 等开展工作,报道了新属 *Mycophycophia* 和 *Zignoella valoniopsidis* 等诸多的新纪录种。从 1967 年开始,Kohlmeyer 开展红树林海洋真菌资源和生态学研究工作,是世界上发现和报道红树林海洋真菌比较多的真菌学家之一。他发现了 *Aigialus grandis* 和 *Ascocratera manglicola* 等一系列新种。Sarma 等列举了从正红树中分离到的 61 种红树林海洋真菌,其中有 22 种是 Kohlmeyer 或与其合作者共同命名的新种。Maria 和 Sridhar 在印度红树林中分离到真菌 91 种,隶属于 68 个属。Hyde 和 Jones 在 1988 年总结红树林真菌研究结果中认为,已报道的红树林真菌有 89 种,其中子囊菌 62 种,担子菌 2 种和无性态真菌 25 种。此后,红树林海洋真菌受到各国真菌学家和生态学者的关注。2001 年曾会才等新发现了泡囊海疫霉(*Halophytophthora esicular*)和刺囊海疫霉(*Halophytophthora spinosa*)。徐婧在中国广东湛江高桥红树林滩涂的淤泥中采集样品 550 份,分离获得 274 个菌株,鉴定得到 20 属 39 种,其中 *Talaromyces helicus* 为中国新纪录种。早期大多数的研究集中在红树林真菌的分类和鉴定,这个时期不断有新属、新种和新纪录种在红树林湿地环境中被发现。贡献比较大的有 Kohlmeyer、Hyde、Jones 和 Meyers 等。此后,较多的学者相继开展了相关研究,主要在红树林海洋真菌资源的调查方面开展工作。2003 年,Schmit 等列举了与红树林有关的 625 种真菌,这些种类分别从滩涂淤泥、沉积物和红树林树上采集得到。2009 年,Jones 等列举了 530 种高等海洋真菌,分别属于子囊菌门、担子菌门和无性态真菌。其中,子囊菌种类数量最多,约占总数的 70%。

藻栖真菌也是一类非常普遍的海洋真菌,如 Zuccaro 等(2003)报道,在齿缘墨角藻共附生环境中发现了子囊菌门 6 个目的 84 个物种,其中座囊菌目(Dothideales)和肉座菌目(Hypocreales)是该环境最优势的两个真菌类群,其比例都达到了 33%。Loque 等(2009)从南极附近的小腺藻、叉分酸藻、小掌形藻三种海藻分离到 75 个海洋真菌,主要为 *Geomyces*、*Antarctomyces*、*Oidiodendron*、*Penicillium*、*Phaeosphaeria*、*Aureobasidium*、*Cryptococcus*、*Leucosporidium*、*Metschnikowia* 和 *Rhodotorula* 共 10 个属级类群。另外,在海草等植物体内经常有真菌的发现。Jones(2011)列出了从海草分离到的最常见腐生真菌类群有 11 种,包括 *Flamingomyces ruppiae*、藻生枝孢菌(*Cladosporium algarum*)、海花冠菌(*C. maritima*)、*Halotthia posidoniae*、*Lindra thalassiae*、沙栖小树状霉(*Dendryphiella arenaria*)、*Pontopreia biturbinata*、*Papulospora halima*、*Varicosporina ramulosa* 等。此外,还有许多关于沙栖真菌的报道,目前已描述的物种大约有 40 个,其中子囊菌类的沙生菌属、*Carbosphaerella*、花冠菌菌属和有丝分裂孢子真菌物种 *Varicosporium ramulosa*,是沙栖环境中最常见的类群。

海绵由于通体密布小孔,因此是微生物栖居的良好环境。每毫升海绵含微生物细胞达 10^9 个,海绵全重的 30%~70% 都是微生物。对海绵共附生微生物研究较多,但海绵共附生真菌的研究报道较少。2008 年,Li 等从 3 种海绵中分离到可培养真菌 235 株,通过形态学分类并用分子生物学的方法对其保守区域进行扩增,将其归为26个属。2009年,Li和Wang报道在美国夏威夷海绵中分离到8目26属的235株真菌,其中有25属子囊菌,为优势类群。2011年,Zhou等分离并鉴定了来源于我国南海的海绵共附生真菌177株,分别属于子囊菌门下4个目的10个属,其中青霉属和曲霉属是优势种群。

珊瑚主要生长在热带、亚热带海洋中,其黏液层、骨架以及组织都容纳着大量微生物。目前对珊瑚共附生细菌群落的研究较多,对珊瑚共附生真菌的研究较少。Koh等(2000)研究了新加坡附近柳珊瑚上真菌多样性,其中青霉属、曲霉属、枝孢属和木霉属最为常见,其次还有少量*Tritirachium*、黏鞭霉属(*Gliomastix*)和齿梗孢属(*Scolecobasidium*)的物种。Wang等(2011)从中国南海海域的柳珊瑚上分离得到53株共附生真菌,覆盖18个属,除常见种属外还分离到链格孢属(*Alternaria*)、黑孢霉(*Nigrospora*)及丛赤壳属(*Nectria*)等。Zhang等(2012a,2012b)从中国南海柳珊瑚和黑角珊瑚上分离了145株真菌,分别属于25个属的45种。

对于深海环境真菌的研究,始于Roth等(1964)。他们第一次从大西洋海底4450m的深水中分离到真菌。在随后的40年,有少量的报道。Kohlmeyer(1977)从水深1000m的海底获得*Bathyascus vermisporus*、*Oceanitis scuticella*、次深海小阿氏霉菌(*Allescheriella bathygena*)和深海黑团孢菌(*Periconia abyssa*)4个新物种,但这些菌种由物理方式分离发现,并非培养获得。Ragghukumar等(1992)从孟加拉湾965m深海采集的沉积物中分离到真菌,并通过模拟深海环境展示了焦曲霉(*A. ustus*)孢子萌发的现象。Zaunstoch和Molitoris(1995)通过模拟深海静水压和温度条件也观察到深海真菌孢子萌发的现象。Takami等(1997)从马里亚纳海沟10 500m深的沉积物样品中发现了酵母菌和丝状真菌。最近20年,深海真菌的报道越来越多,包括采用培养技术和免培养技术获得的类群。Stoeck和Epstein(2003)用分子方法检测到深海环境中具有全新的真菌高级类群。Damre等(2006)从印度洋中央海盆分离得到181株深海真菌,通过压力和温度等的深海环境模拟实验,他们推断早期的陆生真菌在进入深海沉积物环境后,最初受深海环境的抑制,但它们慢慢地适应了这种极端条件。Lai等通过免培养方法调查中国南海深海真菌多样性,发现大部分真菌可能为新物种。Dupont等(2009)从太平洋1000m水深环境发现并描述了深海发现的海洋真菌新属*Alisea*和*Oceanitis*。Zhang等(2013,2014)通过可培养和免培养方法调查中国南海北部和东印度洋深海沉积物样品中的真菌多样性,发现40种可培养真菌和45个真菌OTUs。Nagahama和Nagano综述了近20年深海来源真菌的种类。目前通过可培养方法获得真菌超过120个种,主要属于子囊菌门下的5个目(Dothideomycetes、Eurotiomycetes、Leotiomycetes、Saccharomycetes、Sordariomycetes),担子菌门下的8个目(Agaricomycetes、Cystobasidiomycetes、Entorrhizomycetes、Exobasidiomycetes、Microbotryomycetes、Tremellomycetes、Ustilaginomycetes、Wallemiomycetes)和壶菌门(Chytridiomycota)下的1个目(Chytridiomycetes)。

(2)海洋酵母菌类群

酵母菌并非系统演化分类的单元,它是对一些单细胞真菌的统称。根据酵母菌产生孢子(子囊孢子和担孢子)的情况,可将酵母分成三类,形成孢子的株系属于子囊菌和担子菌,不形成孢子而主要通过出芽繁殖的称为不完全真菌,或称为“假酵母”。目前大部分酵母属于子囊菌门类群。酵母菌也是海洋环境中真菌的一个重要类群。海洋酵母菌是指分离自海洋环境，具有较高耐盐度，并且在海水里存活时间比在淡水里存活时间长，或者在海水培养基中比在淡水培养基中生长好的酵母与类酵母类群。

海洋酵母菌广泛分布在海水、海洋沉积环境及海洋动植物共附生环境。在近海每升海水中有10个至上千个酵母菌细胞，而在寡营养的大洋表层海水至深海中，每升仅10个甚至更少的酵母存在。或许是因为其数量相对较少的缘故，对海洋酵母菌的研究不是非常普遍。

目前大约有1500种海洋酵母被发现，其中红树林生态区是其良好的栖息环境。Statzell Tallman等(2008)报道从3个红树林生态区分离到55个子囊菌门和58个担子菌门类酵母，50%的这些类群都是第一次在该环境中发现。Jones(2011)统计了2008~2011年在海岸沼泽地、珊瑚礁和红树林区发现的海洋酵母菌新属级分类单元。其中子囊菌类群酵母的德巴利酵母(*Debaryomyces*)、担子菌酵母中的隐球酵母(*Cryptococcus*)、红酵母(*Rhodotorula*)和掷孢酵母(*Sporobolomyces*)，都是在海洋环境普遍存在的典型酵母类群。在海草和海藻共附生环境发现了假丝酵母(*Kandida endomycopsis*)、克鲁维酵母菌属(*Kluyveromyces*)、梅奇酵母(*Metschnikowia*)、毕赤酵母(*Pichia*)、红酵母、红冬孢酵母(*Rhodosporidium*)、掷孢酵母、球拟酵母(*Torulopsis*)和丝孢酵母属(*Trichosporon*)共11个属级类群。通常担子菌酵母在营养贫瘠的海水中占绝对的优势，而部分喜寒的酵母，如假丝酵母、白冬孢酵母(*Leucosporidium*)和合轴酵母(*Sympodiomyces*)只在大西洋海水环境中发现，现被认为是专性或者土著海洋酵母。在墨西哥太平洋酵母的调查中发现锁掷孢酵母(*Sporobolomyces*)和布勒掷孢酵母(*Bullera*)是最优势的类群，而这两个菌属是典型的陆生叶面栖息菌。Kutty和Philip(2008)统计海水、沉积环境、海洋动植物共附生环境发现的酵母菌，结果显示在太平洋海水环境发现了假丝酵母、隐球酵母、德巴利酵母、白冬孢酵母、红冬孢酵母、红酵母、合轴酵母、球拟酵母等类群。在大西洋海水环境中发现了隐球酵母、克鲁维酵母菌属、梅奇酵母、球拟酵母属、梗孢酵母属(*Sterigmatomyces*)、圆酵母(*Torula*)等类群。另外，在东印度洋印度海洋专属经济区海水环境中发现了隐球酵母、德巴利酵母、德克酵母(*Dekkera*)、*Dipodascus*、*Filobasidium*、*Geotrichum*、*Hormoascus*、克鲁维酵母菌属、*Leueosporidium*、*Lippmyces*、*Lodderomyces*、*Mastigomyces*、*Oosporidium*、*Puhia*、红酵母、覆膜孢酵母属(*Saccharomycopsis*)、裂殖酵母(*Schizosaccharomyces*)、孢圆酵母(*Torulaspora*)、拟威尔酵母(*Williopsis*)等海洋酵母类群。

在海洋沉积环境，酵母菌主要分布在沉积物表层几厘米处，浓度可达到2000个细胞/g，且沉积物软泥环境细胞浓度比沙质沉积环境大。深海沉积环境酵母较少，在最深的马里亚纳海沟沉积环境发现了假丝酵母、德巴利酵母、克鲁维酵母菌属、毕赤酵母、红酵母、覆膜孢酵母、拟威尔酵母7个属级类群。在深海沉积环境中的类酵母，如普鲁兰酵母(*Aureobasidium pullulans*)是最优势的类群。Nagahama在深海环境中发现了贻贝酵母(*Calyptogena* spp.)、圆红酵母(*Rhodosporidium sphaerocarpum*)、埃切德巴利酵母(*Williopsis saturnus*)、拟朗比可假丝酵母(*Candida pseudolambica*)、不发酵克鲁维酵母(*Kluyveromyces nonfermentans*)、近梨形红冬孢酵母(*Rhodosporidium diobovatum*)和黏质红冬孢酵母(*R. mucilaginosa*)、毕赤酵母(*Pichia anomala*)、有孢汉逊酵母(*Hanseniaspora uvarum*)、担孢酵母属(*Erythrobasidium*)以及隐球酵母属等多种海洋酵母(高玲美，2007)。

四、海洋病毒资源多样性

海洋病毒是海洋生态系统中丰度最高的一类生物体，据估算海洋中的病毒数量达到 10^{30}。可以说，如果将病毒一个一个连接起来，其总长度将超过 60 个银河系。而且，每秒钟还有 10^{23} 次病毒感染事件发生(Suttle et al.，2007)。目前对海水中病毒的丰度一般通过病毒样颗粒数进行表征。研究表明，海水表层的病毒数量高达 10^{10}/mL，而在寡营养海域可能会降低到 10^{9}/mL，但是病毒的总数量仍然为细菌数量的 5～25 倍(Fuhrman et al.，1999)。而且，由于海洋生物的多样性及其病毒侵染宿主具有专一性的特点，导致了海洋病毒的物种多样性。根据宿主种类的不同，目前可以将海洋病毒分为海洋动物病毒、海洋植物病毒、真核藻类病毒(藻病毒)、原核藻类病毒(噬藻体)、噬菌体等。

在已发现和报道的海洋病毒中，海洋噬菌体种类最丰富。尽管海洋噬菌体具有极高的多样性，然而如果从形态上对其分类，并不是很多。大多数海洋噬菌体具有头和尾结构的复合形态，核酸为线型双链 DNA。根据其尾部形态特征的不同，可以分为肌病毒科(Myoviridae)、长尾病毒科(Siphoviridae)和短尾病毒科(Podoviridae)(Suttle et al.，2005)。肌病毒科噬菌体的典型特征是通常含有一个粗壮且可以伸缩的尾部，这些病毒多数有较强的裂解宿主细胞的能力，即为裂解性感染。肌病毒科成员宿主范围比较广泛，因此最容易从海水中分离得到。短尾病毒科噬菌体多数情况下含有一个短且不可伸缩的尾部，病毒也具有较强的裂解宿主细胞的能力，然而它们的宿主范围非常有限。短尾病毒科噬菌体感染的宿主多数情况下具有严格专一性，所以此类噬菌体从海水中分离比较困难。长尾病毒科噬菌体，则通常具有一个长长的尾部，但与肌病毒科噬菌体不同的是，它们的尾部往往不能伸缩。而且此类病毒对宿主菌的裂解能力较弱，多数为温和性噬菌体，在感染宿主菌时，不能马上引起宿主菌的裂解，而是将其自身的基因组整合到宿主基因组中，随着宿主菌的繁殖而完成它们自身的增殖。长尾病毒科成员的宿主范围介于肌病毒科与短尾病毒科噬菌体之间，是一类相对比较容易从海水中分离出来的噬菌体(杨小茹等，2005；张永雨等，2011；Suttle et al.，2005)。

除了种类丰富的海洋噬菌体，海洋病毒还能够以原核生物蓝藻为宿主进行增殖。这些能够侵染蓝藻的病毒被称为噬藻体或者蓝藻病毒。现已报道的噬藻体多数为双链 DNA 病毒，根据其形态，国际病毒学分类委员会(ICTV)仿效噬菌体的分类方式，将噬藻体也分为 3 个科：肌病毒科，以 AS－1 为代表种，宿主为组囊藻(*Anacysttis*)和聚球藻(*Synechococcus*)；长尾病毒科，以 S－1 为代表种，宿主为聚球藻(*Synechococcus*)；短尾病毒科，以 LPP－1 为代表种，宿主为主鞘丝藻(*Lynbya*)、席藻(*Phormidium*)和织线藻(*Plectonema*)等。由于蓝藻有两种基本形态，包括丝状蓝藻，如颤藻(*Oscillatoria*)、筒胞藻(*Cylindrospermum*)和念珠藻(*Nostoc*)等，以及单细胞蓝藻如微囊藻(*Microcystis*)、组囊藻(*Anacystis*)等，故有时也将蓝藻病毒分为两类，即丝状蓝藻病毒和单细胞蓝藻病毒。这两类蓝藻细胞的新陈代谢差异比较大，因此病毒在不同蓝藻细胞中的感染和复制特征也存在显著差异。病毒感染丝状蓝藻细胞后，宿主会产生一种由类囊体内陷形成的“病毒生长基质空间”，病毒在此繁殖；而宿主细胞 DNA 被降解，CO_2的固定也被抑制。不同的是，病毒侵染单细胞蓝藻后，其复制是在核质中完成的。而且单细胞蓝藻病毒的复制时间相对较长,而丝状蓝藻病毒一般在3~5h内完成感染、复制并释放出病毒粒子(杨小茹等,2005)。

真核藻类病毒的研究目前相对较少,主要是受到多个方面因素的限制,如一个真核藻纲中通常只有一种或几种藻含有病毒或者病毒样颗粒;或者病毒只存在藻细胞的某一个生活阶段。此外,很多真核藻类病毒不具有感染性。总之,真核藻类病毒与蓝藻病毒有很大差异,多数为比蓝藻病毒大得多的dsDNA病毒,分类学上属于藻类病毒科(Phycodnaviridae),包括寄生藻病毒属,代表种为寄生藻病毒SP1(*Micromonas pusilla* virus SP1);金藻病毒属,代表种为金藻病毒PW1(*Chrysochromulina brevifilum* virus PW1);褐藻病毒属,代表种为褐藻病毒1(*Ectocarpus siliculosis* virus 1);针晶藻病毒属,代表种为赤潮异弯藻病毒01(*Heterosigma akashiwo* virus 01);颗石藻类病毒属,代表种为艾氏赫胥黎颗石藻病毒86(*Emiliania huxleyi* virus 86)(Dunigan et al., 2006)。

此外在对海洋动物和植物病毒的研究中发现,一些海洋病毒不仅对海洋动植物的生存造成了重要影响,而且对世界海水养殖业带来了重大经济损失,如对虾白斑综合征病毒(white spot syndrome virus,WSSV)、海龟疱疹病毒(chelonid herpesvirus 1)等。甚至还有一部分海洋病毒能够感染海洋哺乳动物及人类,如疱疹病毒(herpesviruses)、腺病毒(adenoviruses)等。

除了以上概述的海洋DNA病毒,近年来,海洋病毒学家也逐渐重视对海洋RNA病毒的研究。目前已经分离鉴定的海洋RNA病毒包括,正义单链RNA病毒:赤潮异弯藻(*Heterosigma akashiwo*)病毒,感染石斑鱼、牙鲆等的神经坏死病毒,圆鳞异囊藻(*Heterocap sacircularisquama*)病毒,刚毛根管藻(*Rhizosolenia setigera*)病毒,角毛藻(*Chaetoceros tenuissimus*)病毒,聚生角毛藻(*Chaetoce rossocialis*)病毒,假单胞菌(*Pseudomonas*)噬菌体等。负链RNA病毒:感染大西洋鲑鱼(Atlantic salmon)等的传染性鲑鱼贫血症病毒ISAV;双链RNA病毒:细小微单胞藻(*Micromonas pusilla*)病毒,地中海岸蟹(Mediterranean shore crab)病毒等(Culley et al., 2007; Lang et al., 2009)。

正是因为海洋中存在数量巨大、种类丰富的病毒,科学家们不断发现它们在参与海洋生态系统内种群大小和群落结构调节、调控海洋微食物链的物质循环、介导微生物间遗传物质的传递、影响海洋生物地球化学循环以及全球气候变化等方面发挥着重要作用(Danovaro et al., 2005, 2011;Anantharaman et al., 2014; Jover et al., 2014)。在海洋生态系统调节方面,海洋病毒被认为是细菌生物量出现大规模减少的主要原因之一。病毒通过侵染宿主引起疾病和死亡来调节生物种群的大小,可以说海洋病毒对微食物环中各环节的生物种群的数量都具有显著的影响。海洋病毒的裂解作用除了显著影响宿主的丰度,还能够使种群结构发生改变,导致生物群落的演替。Mühling等的研究发现,红海亚喀巴湾(gulf of Aqaba)海域聚球藻种群结构与其共生病毒的数量和多样性具有重要的关联性,说明聚球藻的种群演替与噬菌体的侵染和裂解有关(Mühling et al., 2005)。

在调控海洋微食物链的物质循环方面,早期认为异养浮游细菌将溶解有机物(dissolved organic matter,DOM)摄取,进行微生物二次生产,形成异养浮游细菌、原生动物以及桡足类动物的微食物链。而对海洋病毒的研究丰富了这种微食物链的内容,即病毒裂解浮游植物和异养细菌使颗粒性有机物质(paticulate organic matter,POM)转化为溶解性有机物质DOM,

从而影响海洋生态系统中的物质循环。如 Gobler 等在实验室条件下研究发现,病毒介导的金藻裂解造成溶解性有机碳(dissolved organic carbon,DOC)浓度增加了约 20%,而 DOC 的增加又导致培养液中细菌数量增加了 10 倍,这些数据表明,病毒对浮游植物的裂解使有机碳从浮游植物以 DOC 的形式转移到异养细菌(王慧等,2009)。

在病毒和宿主长期共进化过程中,海洋病毒参与并介导了遗传物质的转移。一方面,病毒裂解宿主细胞,由于错误剪切使病毒携带有部分宿主基因,病毒基因组由于获得了宿主基因,再去感染其他宿主时,就产生了转导现象;另一方面,宿主细胞在裂解过程释放的大量基因片段游离于水体中,转化进入另一种宿主细胞,从而导致其遗传物质组成发生改变。同时,由于病毒侵染的压力,宿主细胞为了自身生存,会通过改变部分自身基因,来抵抗病毒的侵染(王慧等,2009)。

近年来,对海洋病毒的深入研究发现,病毒甚至间接参与了气候调控。因为海洋病毒通过裂解宿主细胞产生的二甲基硫丙酸(Dimethylsulfoniopropionate,DMSP)被释放到水体中,而由细菌产生的 DMSP 降解酶降解产生二甲基硫(DMS),当 DMS 释放入大气层后,便在参与全球气候调节中扮演十分重要的角色(王慧等,2009)。海洋病毒除了在上述事件中发挥着重要作用,最近的研究发现,病毒可能在防治赤潮的暴发中有着重要的潜在应用价值。Bratbak 等的研究表明,病毒在由海洋藻类引起赤潮的消亡中发挥着极其重要的作用,在溶解细胞内和四周发现自由病毒颗粒和病毒样颗粒存在,赤潮在消退过程中病毒数量出现增多的现象。因此藻病毒被认为是赤潮的主要控制因子(杨小茹等,2005)。

第二节　海洋微生物资源评价技术

一、海洋细菌资源评价技术

1. 资源多样性水平的评价

对海洋细菌资源的丰富度和物种多样性水平的评价,可通过菌株分离培养,结合细菌鉴定手段,从而掌握可培养细菌资源的物种多样性。同时也可以采用不基于分离培养的免培养技术对环境中细菌的物种多样性及潜在功能进行全面评价。

(1)分离培养技术

可培养海洋细菌资源多样性的评价,是在分离培养获得大量菌株的基础上进行的。通过形态、生理生化、系统发育、化学分类特征等分析对菌株进行物种鉴定。此外,可进一步对纯培养菌株的遗传及代谢特征进行分析。

1)选择性分离培养法。根据某一类或者某一种微生物对营养物质的偏好或者物理和化学抗性的不同,如营养成分、酸碱度、氧气含量、温度等,通过选择不同的培养基和培养条件,利用培养基营养物质和培养条件的区别将所需的微生物从混杂的微生物中分离出来。

2)稀释培养法。在利用固体培养基分离细菌时,少数优势细菌能够迅速利用培养基中丰富的营养物质大量繁殖,而多数的寡营养微生物由于受到竞争作用而不能生长。1993 年,Button 首次利用稀释培养法(dilution culture)把海水中的微生物无限稀释使寡营养微生物不受优势物种的拮抗竞争干扰,提高了寡营养微生物的可培养性(Button et al., 1993)。

Connon 等(2002)在稀释培养法的基础上提出高通量培养技术(high throughput culturing, HTC),该方法是将样品细胞浓度稀释至10^3个/mL 后,采用 48 孔细胞培养板分离培养微生物。通过高通量培养技术可将样品中 14% 的细胞纯培养出来,远高于传统分离技术所培养的微生物数量。在培养出的微生物中有 4 种以前未被培养的海洋变形杆菌类群,即 SAR11、OM43、SAR92 和 OM60/OM241(Connon et al., 2002)。Cho 等(2004)采用高通量培养技术从太平洋的近岸和深海中培养出 44 株新菌。

3)扩散盒法。为了让海洋微生物在原位条件下富集生长,最终得到纯培养的微生物,Kaeberlein 等(2002)设计开发了扩散盒(diffusion chamber)培养技术,该扩散盒由一个环状的不锈钢垫圈和两侧的 0.03μm 滤膜组成,将海洋微生物样品加至封闭的扩散盒中,在模拟采样点环境的玻璃缸中进行培养。滤膜可使化学物质在盒内和环境之间进行交换,但阻止了细胞的自由移动。该方法能最大程度上模拟微生物所处的自然环境,环境中化学物质可以自由交换,微生物之间可以相互联系,保证微生物生存环境的原位性,从而提高微生物的可培养性(张秀明等,2009;冀世奇,2011)。

4)微包埋法。微包埋法利用具有一定通透性和生物相容性的包埋材料,如海藻酸钠、琼脂糖、卡拉胶和结冷胶等通过乳化法、挤出法和微流体法等方法将微生物包埋在微囊中,在经过一段时间的共培养后利用流式细胞仪分选,从而达到分离微生物的目的。这是另一种高效、高通量的海洋微生物分离培养技术。Zengler 等(2002)将海水和沉积物样品中的微生物进行稀释后与溶化的琼脂糖混合,制成包埋单个微生物细胞的琼脂糖微囊,然后将微囊装入凝胶柱内用培养液进行流动培养,凝胶柱进口端用 0.1μm 滤膜封住,防止细菌进入污染凝胶柱,出口端用 8μm 滤膜封住,防止微囊随培养液流出,最后利用流式细胞仪进行检测。由于包埋材料具有一定的通透性,代谢产物和信号分子可互相进行交换,使自然状态下的共生关系得到恢复(Zengler et al., 2002)。Bruns 和 Gich 利用微包埋技术和原位环境培养技术,对海水、海底沉积物、珊瑚共附生微生物进行微包埋培养,明显提高了海洋微生物在实验室条件下的可培养性(Gich et al., 2001, Bruns et al., 2003)。

(2)菌株鉴定

基于包括形态学、生理生化特性、化学分类指标的分析(包括胞壁氨基酸、全细胞糖组分、磷脂组分、醌组分、脂肪酸组分、基因组 DNA G+C 含量、蛋白质组分等),以及 16S rRNA 基因系统发育分析、DNA-DNA 分子杂交等方法对菌株进行鉴定和分类学的研究工作,从而确定菌株的分类地位。

(3)分子生物学技术

1)变性梯度凝胶电泳技术(denatured gradient gel electrophoresis, DGGE)。变性梯度凝胶电泳最初主要用来检测 DNA 片段中的点突变。Muyzer 等在 1993 年首次将其应用于微生物群落结构分析,该技术是利用不同序列的 DNA 片段在具有变性剂梯度的凝胶上迁移率不同,从而可以分离 DNA 片段,最后通过分析图谱上条带的数目和所处的位置辨别微生物的种类和数量,进而可粗略分析该样品中微生物的多样性。DGGE 法优点是可以同时进行多个样品的分析,回收分离所得的目的片段经过纯化后可直接用于测序分析。其缺点是 DGGE 技术有效检测 DNA 的片段长度在 100~500bp,不能够对微生物种类进行精确的鉴定,而且该技术只能用于检测环境样品中的优势菌群。

近20年来,DGGE技术已被广泛地应用于各种海洋生态环境的微生物资源研究,如大洋水体(Riemann et al., 1999; Ling et al., 2011, 2012)、海洋沉积物(Ferris et al., 1996; Lai et al., 2006)、红树林生态系统(Zhang et al., 2008, 2009)、造礁石珊瑚(Rohwer et al., 2001; Bourne et al., 2005; Guppy and Bythell, 2006)、海绵(Li et al., 2006)等,在研究海洋微生物群落结构组成中发挥了重要作用。

2)限制性片断长度多态性技术(restriction fragment length polymorphism,RFLP)。限制性片断长度多态性最早于1980年由人类遗传学家Bostein提出,该技术利用限制性酶切位点上碱基的插入、缺失、重排或点突变导致酶切片段的长度、数量不同,从而利用限制性酶图谱对群落中的微生物进行区分。由于其高度重复性和对微生物群落结构及动态的精确研究,已被广泛地运用于各种海洋环境微生物资源的发掘(王海舟等,2009;李祎等,2013)。Olson(2009)应用该技术对夏威夷蔷薇珊瑚组织共附生固氮菌固氮酶基因多态性进行研究,结果显示其共附生固氮菌多样性丰富,包括变形杆菌门、厚壁菌门、蓝藻门,而且这些固氮酶基因的最近源序列多来自环境样品中的未培养物种。

3)单链构象多态性分析(single stranded conformation polymorphism,SSCP)。单链构象多态性技术于1989年由Orita等最早应用于人类基因分析,其原理是根据与碱基序列有关的二级结构的不同将DNA片段进行分离。SSCP在对细菌rRNA基因进行分析时经常与PCR结合。PCR产物经过变性后,碱基序列不同的单链DNA在非变性聚丙烯酰胺凝胶上分离开,得到的条带可以回收进行后续的再扩增、克隆和测序,凝胶可以用于印记试验。由于该技术灵敏度极高,能鉴别一个碱基的差异,使用设备简单,价格低廉,操作比较简便,是很好的微生物分类工具(臧红梅等,2006)。缺点是该技术只对小片段的PCR产物高度灵敏,其检测结果受电泳条件影响很大,存在假阴性结果(王海舟等,2009)。

4)随机引物扩增多态性DNA(random amplified polymorphic DNA,RAPD)。随机引物扩增多态性DNA是1990年由Williams和Welsh的两个研究小组同时发展起来的检测DNA多态性的技术。该技术利用一系列不同的随机排列碱基序列的寡聚核苷酸单链为引物(通常为10bp),对基因组DNA进行PCR扩增,利用PCR扩增产物片段多态性指示基因组DNA多态性。该技术的优点在于所需模板DNA的量极少,只要其中有特定的DNA片段,就可扩增该片段,无需专门设计反应引物、多态性高、操作简单、易实现自动化、成本低。RAPD技术可用于细菌种间、亚种间乃至菌株间的亲缘关系分析,以及未知菌株快速鉴定调查等。但同时也存在重复性差、易产生假阳性条带等缺点。

5)荧光原位杂交(fluorescence in situ hybridization,FISH)。荧光原位杂交技术结合了分子生物学的精确性和显微镜的可视性信息,能够在自然的微生境中监测和鉴定不同的微生物个体,同时对微生物群落进行评价。其方法是通过人工合成能与某类群微生物特征基因序列互补的寡聚DNA或RNA探针(16~24bp),并以荧光标记该探针,使标记的探针与目的序列相结合,通过荧光显微镜或流式细胞仪检测标记物来鉴定物种群落结构。荧光原位杂交技术可用于对难培养和未被培养的海洋微生物进行有效的检测和评价(臧红梅等,2006)。

6)环境基因组学技术。环境基因组学又称宏基因组学、元基因组学(metagenomics),最早于1998年由Handelsman等(1998)提出,是以环境中全部微生物DNA为研究对象,利用分子生物学手段来揭示微生物的群落结构、生态功能和相互关系。为全面深入地认识和探索海洋微生物基因库提供了一个有效的途径。该技术是将环境样品中的总 DNA 提取出来，克隆到可培养的宿主细胞中，构建宏基因组文库，然后利用高通量和高灵敏度的方法对基因组文库进行分析和筛选。Venter 等（2004）通过构建宏基因组文库，发现了马尾藻海表层海水样本中的 1800 多种海洋微生物新种及 120 万个新基因，极大地丰富了人们对海洋微生物遗传多样性的认识。宏基因组学技术在海洋微生物代谢多样性及新型酶的研究中也起到重要的促进作用（Kennedy et al.，2010）。近年来，随着高通量基因测序、功能基因芯片、代谢基因筛选和稳定同位素标记等分析及筛选技术的完善和发展，环境微生物基因组学技术在海洋微生物资源研究中得到广泛应用。

（4）质谱

质谱分析技术可以对微生物的多种成分（包括蛋白质、多肽、脂类、脂多糖和 DNA）进行分析，在微生物鉴定中得到应用。该技术的原理是根据被测样品离子质荷比不同进行离子的分离，在离子检测器中采集放大离子信号，绘制成质谱图进行分析。优点是分析时间短、鉴定准确率高、重复性好、通量高（周军芳，2010）。通过对海洋微生物的研究，发展了新的多重同位素显像质谱（MIMS）技术。Lechene 等（2007）利用该技术对海洋无脊椎动物古琴船蛆属共生固氮细菌的数量、分布及其固氮作用过程进行了研究。Yang 等（2011）利用显像质谱技术，发现了海洋细菌（*Promicromonosporaceae*）分泌的一种氨基酸通过含铁细胞的响应，能改变枯草芽孢杆菌的运动能力。利用显像质谱技术对海洋微生物进行研究，可以使我们更清楚地了解海洋微生物特殊的代谢和功能特征（何建瑜等，2012）。

（5）稳定性同位素探针技术

稳定性同位素探测技术（stable isotope probing，SIP）将稳定同位素标记技术同分子生物学技术相结合，其原理是将微生物样品暴露在稳定同位素富集的基质中，样品中的微生物以基质中的稳定同位素为碳源或氮源进行物质代谢来满足微生物自身生长的需要，基质中的稳定性同位素被吸收同化进入微生物体内，参与微生物体内物质（如 PLFA、DNA 和 RNA）的合成，通过提取、分离、纯化、分析这些微生物体内稳定性同位素标记的生物标志物，可获取微生物代谢和遗传特征，从而将微生物的组成与其功能联系起来（葛源等，2006）。

2. 功能评价

对获得的细菌菌株，通过进行理化性质的检测、水解酶功能的分析、产生次生代谢产物的多样性和活性分析、功能基因的检测等，进一步评价菌株资源的功能和可利用性。

（1）具有特殊理化性质细菌资源评价

对纯培养菌株进行生理特性分析，如温度耐受、压力耐受、pH 耐受、重金属耐受等，从而判断菌株是否具备特殊的生理特性，如嗜热、嗜冷、嗜压、嗜酸、嗜碱、耐受重金属等，从中选择特色菌株进一步研究。通过对菌株生化特性的分析，如采用 API 试剂条、BIOLOG 分析系统等，对菌株的代谢特征进行分析，从中选择具有特殊代谢能力的菌株资源做进一步开发利用。

（2）产酶细菌资源评价

从海洋环境获取具有生产水解酶能力的微生物资源主要依赖平板筛选。将蛋白质、纤维素、淀粉、油脂等大分子物质添加至培养基中，产酶微生物在平板上生长的同时向胞外分泌水解酶，大分子聚合物被水解酶降解，进而直接观察透明圈（如蛋白质水解等），或者利用刚果红(检测纤维素水解)或碘液(检测淀粉水解)等染料处理平板,被分解的大分子聚合物无法被染色,形成水解斑。获得的产酶菌株在一定条件下发酵培养后对目标酶进行分离纯化,利用国标或其他权威检测方法对其发酵产酶能力及产酶特性进行评价。由于大分子有机聚合物缺乏精确定量方法,其水解酶的评价主要是检测水解产物的生成速率。蛋白酶的活性使用福林试剂检测酶解液中游离含酚基的酪氨酸或色氨酸含量,根据酶解液中氨基酸含量增加速率评价其水解蛋白质的能力。纤维素酶、淀粉酶、几丁质酶的活性检测主要利用3,5-二硝基水杨酸试剂测定酶解液中还原糖的生成量。脂肪酶可将甘油三酯水解成脂肪酸、甘油二酯、甘油单酯、甘油,滴定法检测酶解液中脂肪酸的含量增加的速率,可用于评价脂肪酶的活性。对于一些小分子有机污染物水解酶的筛选,如农药、藻毒素、石油烃水解酶等,则利用有机污染物作为唯一碳氮源的培养基进行特异营养控制方式筛选,具有有机污染物分解酶的微生物可吸收利用污染物,能在设计的培养基上形成菌落,挑选出形成的菌落在含有机污染物的液体培养基中发酵,色谱检测发酵液中小分子污染物的含量变化,进而对微生物有机污染物水解酶的水解能力进行评价。

(3)产活性次生代谢产物的细菌资源评价技术

传统微生物次生代谢产物筛选是基于产物生物活性的筛选,如抗菌、抗肿瘤活性等。活性示踪筛选能够有效地对某些活性化合物进行分离,但随着大量已知化合物数量的不断增加,化合物排重工作也愈发困难,分离筛选结果往往得到已知化合物,因此,需要不断发展新的筛选模型并从作用机制上对已知化合物进行排除。

为克服生物活性筛选导致高比例已知化合物的重复发现的弊端,以化合物结构新颖性为导向的化学筛选方法得到了越来越多的重视。最初,采用薄层层析(TLC)获得菌株次生代谢产物指纹图谱,并在构建标准化 TLC 检测体系和数据库的基础上,建立统一的评判标准以提高新化学结构代谢产物的发现概率。但由于 TLC 技术本身的局限性,该方法已被具有更强客观性和结果可比性的 HPLC-DAD-MS 联用等检测技术取代,通过分析特定液相色谱条件下的代谢产物 HPLC 图谱、紫外光谱和分子质量等数据,确定目标化合物的结构新颖性。目前,该方法已成为用于微生物代谢产物排除相同化合物、寻找新化合物的常用手段之一。另外,一些其他联用技术方法,如 LC-NMR-MS、LC-MS/MS 和 LC-DAD-ELSD-MS 等也已成功用于微生物次生代谢产物筛选(屈晶等,2008)。基于生物筛选和化学筛选策略的特点,将两者有机结合,即以抗菌/抗肿瘤活性为导向,综合发酵产物 HPLC-DAD-MS 分析和天然产物数据库检索等联用技术,已在微生物次生代谢产物筛选中发挥了重要作用,发现了许多结构新颖的活性代谢产物。

随着基因组研究、组合化学和高通量筛选技术的迅猛发展,作为先导化合物重要来源的微生物次生代谢产物研究迎来了难得的发展机遇,如何采用现代分子生物学技术来发掘微生物代谢产物已然成为开发微生物药物的重点研究领域。基于结构相似次生代谢产物的合成基因簇也有一定程度相似性的假设,通过基因筛选寻找新化合物的方式已成为热点(Ayuso et al., 2005; Hornung et al., 2007;陈亮宇等,2013)。通过将特定基因作为靶标,可以在基因水平上评估菌株特定活性物质产生能力,从而筛选到在初始条件下菌株低表达或不表达的活性物质;另外,通过对次生代谢合成相关基因簇进行生物信息学分析,可以初步预测产物结构,达到早期去除重复化合物的目的。目前,已成功开展了微生物聚酮类

(Ayuso-Sacido and Genilloud, 2005)、非核糖体多肽类(Zhang et al., 2009)、萜类(Cane and Ikeda, 2012)、聚醚类(Wang et al., 2011)、多烯类(Hwang et al., 2007)等化合物的基因筛选工作。

近年来快速发展的高通量筛选技术在创新型微生物类新药研发过程中得到了广泛应用,高通量筛选技术弥补了传统筛选方法的不足,能够快速而高效地在数量庞大的微生物次生代谢产物库中发现新目标化合物(沈辰等,2012)。高通量筛选包括分子水平的筛选模型,如受体筛选、酶筛选、离子通道筛选;以及细胞水平的筛选。通过高通量筛选,可获得产生活性功能物质的菌株。针对菌株亦可直接进行高通量筛选,利用多重检测技术测定目标产物或菌株理化指标,从而获得具有特定性质的菌株。

(4) 功能基因检测技术

序列分析技术通过提取海洋微生物样品基因组 DNA,利用特定功能基因引物进行 PCR 扩增,得到的功能基因序列经 DGGE、RFLP 分析后进行基因测序,从而对环境样品中相关功能基因的多样性进行分析;也可利用高通量测序技术对功能基因序列进行分析,进而分析功能微生物群落。

微生物功能基因芯片(GeoChip)是一种高通量基因芯片,该基因芯片包括了编码参与碳、氮、磷、硫循环,各种金属抗性,抗生素抗性,有机污染物降解和能量传递等的微生物酶类的寡聚核苷酸探针。利用该芯片技术可分析海洋环境样品中微生物群落的代谢途径和微生物对生态系统的影响。

功能性筛选技术以活性测定为基础,通过建立和优化合适的方法从基因组文库中获得特殊功能的克隆。该方法有两种:一种是对具有特殊功能的克隆子进行直接检测,如利用其在选择性培养基上的表型特征进行筛选;另一种方法是基于异源基因的宿主菌株与其突变体在选择性条件下功能互补生长的特性进行筛选。

代谢相关基因或酶基因通常在有底物诱导条件下才表达,反之则不表达。在这种情况下,可应用底物诱导基因表达筛选(substrate-induced gene-expression screening,SIGEX)技术,利用各种底物诱导,通过分解代谢型基因表达进行功能基因筛选。这种方法的优点是不需要对底物进行修饰,可以从底物来推断未知基因功能,缺点是对目标基因的结构和适应性很敏感,无法用于分析不能进入细胞质的底物。

由于许多物质可以用稳定同位素来标记,将稳定性同位素技术与分子生物学技术相结合可以用于鉴定和分析复杂样品中具有特定代谢功能的微生物。这种技术通过对环境中某种活性微生物的核酸进行富集,构建一个吸收了特定基质后执行特定代谢功能的微生物宏基因组文库,从而对环境中的功能微生物进行分析。

二、海洋古菌资源评价技术

海洋古菌与细菌在细胞结构、生理功能特性等方面均有很大相似之处,因此在资源评价技术方面可参见本节“海洋细菌资源评价技术”部分,这里不再赘述。由于目前海洋古菌资源的研究用到了非常规手段,如高温、高盐、高压、低 pH、甲烷诱导、二氧化碳诱导、硫降解等多种手段,目前只能获得极少量的海洋环境的纯培养古菌,海洋古菌纯培养资源还相当稀缺。因此，海洋古菌资源的调查主要是通过核酸水平的分子评价，包括物种多样性评价、功能基因的评价、基因组水平的评价等。另外，古菌膜脂是古菌与细菌的不同的重要特征之一，对古菌膜脂的检测是评价古菌资源及多样性的一个相对比较特殊的评价手段（姚鹏等，2010）。

三、海洋真菌资源评价技术

1. 海洋真菌资源多样性评价技术

海洋真菌的种类和数量随着环境的不同而变化，环境条件的多样化，造就生存繁殖的真菌种类的多样化。近年来，从海洋环境中分离鉴定真菌的新种或亚种数目越来越多，仅在2009~2012年，共发现或更正种属超过34个，见表2-3。迄今为止，有效描述的海洋真菌超过321个属级类群的551种（Dupont et al.，2009）。海洋真菌的分离及鉴定技术是海洋真菌资源多样性评价的基础。

表2-3 2009~2012报道海洋真菌新属新种名称

新种名称	类群	出处
Candida rhizophorensis		Fell et al., 2010
Candida sharkiensis		Fell et al., 2010
Candida spencermartinsiae		Statzell-Tallman et al., 2010
Candida taylorii		Statzell-Tallman et al., 2010
Ceriosporopsis intricata	Halosphaeriaceae	Sakayaroj et al., 2010
Cryptococcus mangaliensi		Fell et al., 2010
Gesasha pediatus	Halosphaeriales	Abdel-Wahab and Nagahama, 2011
Gesasha unicellularis	Halosphaeriales	Abdel-Wahab and Nagahama, 2011
Gesasha mangrovei	Halosphaeriales	Abdel-Wahab and Nagahama, 2011
Glomerulispora mangrovis	TBM clade	Abdel-Wahab et al., 2010
Halokirschsteinionthelia maritima	Mytilinidiaceae	Boonmee et al., 2012
Halazoon fuscus	Lulworthiales	Abdel-Wahab et al., 2010
Halazoon melhae	Lulworthiales	
Halosarpheia japonica	Halosphaeriales	Abdel-Wahab and Nagahama, 2011
Hydea pygmea Kohlm	Lulworthiales	Abdel-Wahab et al., 2010
Kochiella crispa	Halosphaeriales	Sakayaroj et al., 2010
Matsusporium tropicale	Lulworthiales	Abdel-Wahab et al., 2010
Moheitospora adarca	TBM clade	Abdel-Wahab et al., 2010
Moheitospora fruticosa		Abdel-Wahab et al., 2010
Moleospora maritima	Lulworthiales	Abdel-Wahab et al., 2010
Moromyces varius	Lulworthiales	Abdel-Wahab et al., 2010
Sediecimiella taiwanensi	Hypocreales	Pang et al., 2010
Halomassasrina thalassiae	Trematosphaeriaceae	Suetrong et al., 2009
Morosphaeria velatospora	Morosphaeriaceae	Suetrong et al., 2009
Morosphaeria ramunculicola	Morosphaeriaceae	Suetrong et al., 2009
Nohea delmarensis	Hlaopshaeriale	Abdel-Wahab, 2011
Nohea spinibarbata	Halosphaeriales	Abdel-Wahab, 2011
Neomassariosphaeria typhicola	Amniculicolaceae	Zhang et al., 2009

续表

新种名称	类群	出处
Pseudozyma abaconensis		Statzell-Tallman et al. , 2010
Rhodotorula cladiensis		Fell et al. , 2010
Rhodotorula evergladiensis		Fell et al. , 2010
Rimora mangrovei	Aigialaceae	Suetrong et al. , 2009
Toriella tubulifera	Halosphaeriaceae	Sakayaroj et al. , 2010
Tubakiella galerita	Halosphaeriaceae	Sakayaroj et al. , 2010

（1）分离培养技术

1）培养基的选择。目前,海洋真菌的分离培养基主要是对陆地真菌的分离培养基进行改良。改良分离培养方法时应包括以下内容：直接选用天然海水或人工海水,尽量与海洋环境缩小差异;传统的培养方法中营养物质的添加刺激了某些真菌种群的生长,但是却抑制了大部分海洋真菌种群的生长,营养物浓度一般选择为陆地培养基的1/2~1/16倍;海洋生物的一个普遍特点是其共生关系复杂,如果在实验室环境下未考虑到这个因素,很可能只是分离到一些常规或兼性海洋真菌;抑制剂种类的选择与分离陆地真菌区别不大,但由于海洋真菌数量较少、浓度较低,因此,使用的抑制剂浓度比分离陆地真菌时使用的浓度要低很多;分离一些耐压、耐盐和低温的真菌时,要设计高压、高盐和低温的培养条件(杨道茂等,2004)。

2）稀释培养法与极限稀释培养法。所谓稀释培养法(dilution culture)指将原始样品稀释到溶液里含细胞个数为$1\sim10^3$个。极限稀释培养法(extinction culture)与稀释培养法相似,区别在于稀释程度为1~10cells/mL,然后通过流式细胞仪检查它们可能存在的菌落数(Serphanie et al. , 2002)。稀释培养法适用大部分海洋样品的真菌分离。

3）粒子涂布法和富集法。分离海洋沉积物中的真菌还可采用粒子涂布法(particle plating techniques)(Bills and Polishook, 1994)。Zhang等(2013,2014)结合稀释涂布和粒子涂布法从南海北部和印度洋深海沉积物样品中分离到几十个种属的真菌菌株。另外,海洋介质的真菌数量很低时,可采用液体培养基富集后进行稀释涂布。当然,富集后的涂布会改变海洋介质原有真菌的种群结构,从而导致某些弱势种群消失。

（2）菌种鉴定技术

1）点植培养法。真菌菌落形态观察,一般采用点植培养法。接种针从斜面上蘸取少量的孢子,点植在真菌培养基平板,28℃培养3~14天,观察不同时间菌落的颜色、质地、表面文饰、生长速度等特征并记录。由于真菌是极易变异的菌种,传代次数的增加和鉴定培养基不同都可影响到菌株具体形态的变化,使同种的菌株在一些形态上有区别。所以在鉴定时,应尽量减少传代次数,持续用同种培养基培养观察其典型特征。

2）载片培养法。对于菌种显微形态观察,一般采用载片培养法。用接种针将孢子悬液小心接种在放于载片中央的小四方块琼脂周围,然后将已灭菌的盖玻片覆盖在琼脂片上,载片培养可以放于一个具有2~3mL无菌的20%甘油液平皿中,用一U形棒支撑,这样可以形成湿室载片培养,可以在不同的时间取出,用显微镜进行观察(张志华等,2009)。

3）生理生化特征法。以生理生化特征为依据研究真菌采用的指标较多。大多真菌鉴定使用的生理生化指标以碳源同化为主,酵母鉴定中碳源同化是一个必需的生理测定,但有丝真菌仍以形态特征为主,碳源同化可作为辅助特征。利用 BIOLOG 微生物鉴定系统能快速分析碳源同化的特点,从而对所研究的菌株提供生理生化方面的辅助特征。

4) 分子生物学技术。近几十年来,真菌鉴定中常用的分子生物学技术有 DNA G + C 含量测定、核酸杂交技术、限制性酶切片段长度多态性分析、电泳核型分析、随机扩增多态性 DNA 分析、核酸序列分析等。这些技术在真菌的分类鉴定中有各自的特点和实际应用价值。例如,核酸序列分析是通过测定核酸一级结构中核苷酸序列的组成来比较同源分子之间相关性的方法,它能为物种提供最直接、最为准确的信息,利用它不仅可直接地研究物种间的亲缘关系而且对了解基因及其产物、基因表达以及分子进化等方面具有重要意义。

真菌的 18S rDNA 和 ITS(internal transcribed spacer)序列都可应用于属、种间分类阶元。18S rDNA 是在系统发育中种级以上的良好标记,一般适用于较高水平类群间的系统分析。ITS 广泛适用于较低分类阶元,在绝大多数的真核生物中表现出了极为广泛的序列多态性,可用于属内种间或种内群体的系统学研究(张志华等,2009)。

2. 海洋真菌资源功能评价技术

(1) 生物活性评价

各国科学家对海洋真菌进行了广泛的研究,从中分离和鉴定出了数千种天然活性物质。它们的特异化学结构是陆生天然活性物质所无法比拟的,其中有许多具有抗肿瘤、抗菌、抗凝血等药理活性作用,成为研制开发新药的基础。海洋真菌是新型生物活性物质和先导化合物的来源,是新药研究的起点。它所产生的生物活性物质,能通过发酵进行胞外生产,与现代的微生物技术相结合,较容易实现工业化生产,再通过分子的化学改造,则可能获得许多更加高效、更加安全的新药。目前国际上许多大药业已投巨资于海洋真菌的实验室及工业化大规模培养。

1) 抗肿瘤评价。据估计,2020 年全球恶性肿瘤新发病人数将达 2000 万,而死亡病例将达到 1200 万。癌症将成为人类健康的第一杀手,并成为全球最大的公共卫生问题。恶性肿瘤流行现状应该得到大家的关注。随着对海洋真菌的深入研究,从不同来源、不同种属的海洋真菌中发现了许多抗肿瘤活性天然产物,这些活性物质结构新颖、生物活性广泛。研究表明,从海洋真菌分离的化合物有超过 67% 具有细胞毒性,且大部分的化合物用于研究其抑制肿瘤细胞生长及治疗白血病和癌症等方面。

目前,抗肿瘤活性评价技术用得较多的是四甲基偶氮唑盐(MTT)法,它是一种检测细胞存活和生长的方法。其原理为活性细胞线粒体中的琥珀酸脱氢酶能使外源性 MTT 还原为水不溶性的蓝紫色结晶甲臜并沉积在细胞中,而死细胞无此功能。二甲基亚砜能溶解细胞中的甲臜,用酶联免疫检测仪在 490nm 波长处测定其光吸收值,可间接反映活细胞数量。在一定细胞数范围内,MTT 结晶形成的量与细胞数成正比。自 1983 年 Mosmann 创立了 MTT 法以来,由于其经济、无放射性污染等特点,该方法已广泛用于大规模的抗肿瘤药物筛选、细胞毒性试验以及肿瘤放射敏感性测定等。但在使用 MTT 法测试细胞活性时,需要使用裂解液溶解甲臜晶体沉淀,可能遇到颗粒不完全溶解,以及在吸取上清的操作中也极易带走部分细胞等问题,导致 MTT 法的检测稳定性不佳,对于重复性实验,结果容易出现较大差异。为克服 MTT 法的不足,近年来,出现了另外一些检测试剂,如 XTT 试剂、MTS 试剂、WST-1 试剂和 Cell Counting Kit－8(简称 CCK－8)。就试剂而言,CCK－8 是一种综合指标较好的细胞活性检测试剂,利用 CCK－8 试剂检测细胞活性的方法,其检测原理与常用的 MTT 法略有差异,检测条件也不尽相同。在使用 CCK－8 试剂时,由于生成的甲臜物具有高度水溶性,不需要使用裂解液溶解沉淀,同时也不需要吸取上清,不容易造成细胞的丢失,因而数据稳定。另外,也有用图像法检测细胞活性的方法(熊建文等,2005)。其原理就是利用正常细胞、凋亡细胞和坏死细胞在形态学特征上的差异,使用圆度和半径比率 2 个物理量来表征细胞活性状态,并运用微分干涉相衬显微镜获得待测细胞图像,结合图像识别软件,提出了一种基于细胞形态学特征的细胞活性无损检测方法,测得了与细胞活性相关的有关参数。该方法应用于氨乙酰丙酸的光动力疗法后,白血病细胞的活性检测得出的结论与使用 MTT 法检测得出的结论基本一致。该方法也可检测出死亡细胞中凋亡、坏死的比例;在对细胞测试的过程中不需对细胞进行染色等预处理,是一种无损检测方法。

就近 20 年发现具有抗肿瘤活性的海洋真菌资源来看,曲霉属和青霉属占大部分。

Lu 等从红树林真菌 *Penicillium expansum* 的发酵液中分离到的化合物 expansol B 对 A549 和 HL－60 细胞系具有增殖抑制作用,IC_{50}值分别为 1.9mmol/L 和 5.4mmol/L(Lu et al., 2010)。Song 等从海洋来源真菌 *P. aurantiogriseum* 的发酵产物中分离到 1 个新的细胞毒性生物碱类化合物 auranomides B,对 HEPG2 细胞株的 IC_{50}值为 0.097μmol/mL(Song et al., 2012)。Sun 等从南海柳珊瑚共附生真菌 *P. oxalicum* 的静置发酵的代谢产物中分离到一个结构新颖二氢噻吩并色原酮的细胞毒性化合物 oxalicumone A,对多株肿瘤细胞株都显示了很好的活性(Sun et al., 2013)。

Cui 等从分离自日本海底泥的真菌 *Aspergillus fumigatus* BM 399 中先后分离到一系列结构新颖的活性化合物,其中化合物 tryprostatins B、demethoxyfumitremorgin C、cyclotryprostatin A 能够将小鼠 tsFT210 细胞生长周期抑制在 G_2/M 期,IC_{50}值分别为 4.4μmol/L、0.45μmol/L 和 5.6μmol/L(Cui et al., 1996, 1997)。Wei 等从海洋沉积物来源真菌 *A. candidus* IF10 的代谢产物中分离到化合物 prenylterphenyllin,对 KB3－1 细胞系显示出一定的细胞毒活性,IC_{50}值为 8.5μg/mL(Wei et al., 2007)。Wang 从青岛海参分离到的真菌 *A. fumigatus* 代谢产物中分离到的 spirotryprostatins E、fumitremorgin B 的两个衍生物,以及 13－oxoverruculogen 对 HL－60 都显示了很好的细胞毒活性,IC_{50}值分别为 2.3μmol/L、3.4μmol/L、5.4μmol/L 和 1.9μmol/L(Wang et al., 2008)。Lu 等从红树林来源真菌 *A. ustus* 的代谢产物中分离到化合物 ustusorane E,对 HL－60 细胞系显示了很好的细胞毒活性,IC_{50}值为 0.13μmol/L(Lu et al., 2009)。Sun 等从海绵共附生真菌 *Aspergillus* sp. 的发酵产物中分离到 2 个有细胞毒性的化合物 disydonols A 和 disydonols C,这两个化合物对 HepG－2 细胞株显示出一定的细胞毒活性,IC_{50}值分别为 9.31μmol/L 和 2.91μmol/L(Sun et al., 2012)。Huang 等从海洋来源真菌 *Aspergillus* sp. SCSIO F063 的发酵代谢产物中分离到一个细胞毒活性的蒽醌类化合物6－*O*－methyl－7－chloroaveratin,该化合物对肿瘤细胞株 SF－268、MCF－7 和 NCI－H460 的 IC_{50}值分别为 7.11μmol/L、6.64μmol/L 和 7.42μmol/L(Huang et al., 2012)。He 等从海洋来源真菌 *A. terreus* SCSGAF0162 的发酵提取物中分离到 1 个细胞毒活性的环四肽化合物 asperterrestide A,对肿瘤细胞株 U937 和 MOLT4 的 IC_{50}值分别为 6.4μmol/L 和 6.2μmol/L (He et al., 2013)。Wang 等从来源于红树林真菌 *A. flavus* 092008 的发酵提取物中分离到

的化合物 aflatoxin B_{2b} 对 A549、K562 和 L－02 细胞株均显示出一定的细胞毒活性，IC_{50} 值分别为 8.1μmol/L、2.0μmol/L 和 4.2μmol/L(Wang et al.，2012)。Gao 等从来源于红树林真菌 *A. effuses* H1－1 的发酵产物中分离到一个细胞毒性化合物 cryptoechinuline D，对 P388 细胞株显示了一定活性，IC_{50} 值为 3.43μmol/L(Gao et al.，2013)。

除了海洋来源的曲霉菌和青霉菌，*Acrostalagmus*、*Acremonium*、*Aigialus*、*Alternaria*、*Chaetomium*、*Gymnasella* 和 *Phomopsis* 等属的海洋真菌也具有抗肿瘤活性。表 2－4 列举了近 20 年发现的具有抗肿瘤活性的真菌种属、来源、产生的抗肿瘤活性物质及其作用的肿瘤细胞株。

表 2－4 具有抗肿瘤活性的海洋真菌及其活性化合物

真菌种属	来 源	产生的化合物	肿瘤细胞株
Acrostalagmus luteoalbus	沉积物	luteoalbusins A、B	SF－268、MCF－7、NCI－H460
Acremonium persicinum	沉积物	cordyheptapeptides C、E	SF－268、MCF－7、NCI－H460
Aigialus parvus	沉积物	hypothemycin	P388、L1210、A549
Alternaria sp.	软珊瑚	alterporriols P	PC－3、HCT－116
Aspergillus aculeatus	软珊瑚	aculeatusquinones B、D	HL－60
Aspergillus candidus	沉积物	prenylterphenyllin	KB3－1
Aspergillus effuses	红树林	dihydrocryptoechinulin D	P388
Aspergillus effuses	红树林	cryptoechinuline D	P388
Aspergillus flavipes	红树林	cytochalasins Z17	A549
Aspergillus flavus	红树林	aflatoxin B_{2b}	A549、K562
Aspergillus fumigates	鱼	fumiquinazolines A	P388
Aspergillus fumigatus	鱼	cephalimysin A	P388、HL－60
Aspergillus fumigatus	沉积物	tryprostatins B	tsFT210
Aspergillus fumigatus	海参	13－oxoverruculogen	HL－60
Aspergillus fumigatus	海参	gliotoxin	U937
Aspergillus fumigatus	绿藻	fumigaclavine C	MCF－7
Aspergillus glaucus	红树林	aspergiolide A、B	A－549、HL－60、P388
Aspergillus niger	红树林	nigerapyrone E	SW1990、A549
Aspergillus niger	海绵	asperazine	
Aspergillus ochraceus	海藻	7－Nor－ergosterolide	NCI－H460
Aspergillus sp.	海绵	disydonols A、C	HepG－2
Aspergillus sp.	沉积物	ophiobolin O	P388
Aspergillus sp.	沉积物	6－*O*－methyl－7－chloroaveratin	SF－268、MCF－7
Aspergillus sulphureus	沉积物	decumbenone C	SK－MEL－5
Aspergillus terreus	柳珊瑚	asperterrestide A	U937、MOLT4
Aspergillus terreus	柳珊瑚	beauvericin	MCF－7、A549、Hela、KB
Aspergillus terreus	红树林	botryosphaerin F	MCF－7、HL－60
Aspergillus ustus	红树林	ustusolates C、E	HL－60
Aspergillus wentii	海藻	asperolides A、B	Hela、HepG2、MCF－7
Beauveria bassiana	海绵	globosuxanthone A	Jurkat
Bionectria ochroleuca	红树林	pullularins A、C、D	L5178Y
Chaetomium globosum	鲻鱼	chaetomugilin A、C、I、K、N	P388、HL－60、L1210、KB
Chaetomium globosum	孔石莼	cytoglobosins C、D	A549
Chondrostereum sp.	珊瑚	chondrosterin A	A549、CNE2、LoVo
Cladosporium sp.	海藻	sporiolides A、B	L1210

续表

真菌种属	来 源	产生的化合物	肿瘤细胞株
Clonostachys sp.	海绵	IB－01212	SK－BR3、HT29、Hela
Cryptosphaeria sp.	海鞘	cryptosphaerolide	HCT－116
Emericella variecolor	海绵	evariquinone	KB、NCI－H460
Emericella variecolor	沉积物	6－epi－ophiobolin G、N	Neuro 2A
Epicoccum sp.	海参	aspergilone A、diaporthins B	KB、KBv200
Eurotium herbariorum	海藻	cristatumin E	K562
Gliocladium sp.	海藻	gliocladin C	P388
Gliocladium sp.	沉积物	gliocladride	A375－S2
Gymnasella dankaliensis	海绵	dankasterones A、B	P388
Gymnascella dankaliensis	海绵	dankastatin C、demethylincisterol A_3	P388
Myrothecium roridum	海绵	12,13－deoxyroridin E	HL－60、L1210
Myrothecium sp.	海绵	roridin R	L1210
Paecilomyces sp.	红树林	paeciloxocin A	HepG2
Paraconiothyrium sp.	海绵	epoxyphomalin A、B、D	PC3M、BXF1218L
Penicillium aurantiogriseum	海绵	auranomides B	HEPG2
Penicillium expansum	红树林	expansol B	A549、HL－60
Penicillium oxalicum	柳珊瑚	oxalicumone A	BGC823、K562、Molt4
Penicillium paneum	沉积物	penipacids A、E	RKO
Penicillium purpurogenum	沉积物	purpurogemutantidin	K562、HL－60
Penicillium sp.	海藻	communesins A、B	P388
Penicillium sp.	红树林	penicinoline	95－D、HepG2
Penicillium sp.	绿藻	penochalasins A～H	P388
Penicillium sp.	沉积物	gliotoxin、gliotoxin G	P388
Penicillium sp.	沉积物	breviones I	MCF－7
Penicillium sp.	红树林	furanocoumarin	KB、KBV200
Penicillium sp.	沉积物	prenpenicillide、penicillide	HepG2
Penicillium sumatrense	红树林	sumalarins A～C、dehydrocurvularin	Du145、HeLa、Huh7
Penicillium terrestre	沉积物	chloctanspirones A	P388、A－549、HL－60
Periconia byssoides	海兔	pericosines A、B、D	P388
Phialocephala sp.	沉积物	trisorbicillinone A	HL－60、P388
Phomopsis sp.	红树林	naphtho－γ－pyrone	HEp－2、HepG2
Phomopsis sp.	绿藻	11′－deoxyverticillin A	HCT－116
Scopulariopsis brevicaulis	海绵	scopularides A、B	HT29
Scytalidium sp.	海藻	scytalidamides A	HCT－116
Spicaria elegans	沉积物	cytochalasins Z7、Z9	P388、A549
Trichoderma virens	海鞘	trichodermamides B	HCT－116
Xylaria cubensis	红树林	cytochalasin D	KB
Zygosporium masoni	蓝藻	zygosporamide	SF－268、RXF393

2）抗菌活性评价。头孢菌素是1945年从意大利的撒丁岛分离到的一株海洋真菌顶头孢霉菌（*Cephalosporiumacr emonium*）所产生的。第一个代表物是头孢霉素C，但其抗菌效力低，无法用于临床。头孢霉素C经过水解，得到称为头孢烯的母核，以此母核为材料，可合成一系列的衍生物，从中开发出一代又一代的新的头孢霉素类抗生素，国内称为先锋霉素。这类抗生素优于青霉素类和链霉素类，具有耐酸、耐酶、毒性低、抗菌谱广的特点，对许多革兰氏阳性球菌，特别对金黄色葡萄球菌感染的疾病都有较好的疗效。此外对革兰氏阴性杆菌

所感染的疾病也有效。

目前抗菌活性的测定方法有很多种,常用的有琼脂平板孔穴扩散法、稀释梯度法、比浊法等。稀释梯度法和比浊法操作烦琐、条件要求高,而琼脂平板孔穴扩散法操作简便、直观、快捷。一般实验条件都可用于抗菌物质的活性检测,在抗菌物质的分离纯化中经常使用。但在分离纯化过程中,随着抗菌物质的不断纯化,其有效成分也不断损失,浓度变低,最后往往由于经过纯化后的抗菌物质的有效成分不足而导致活性作用微弱,一般的活性检测方法不奏效或难于辨别而无法得到分离的活性组分。廖富蘋等(2004)采用了一种新的活性测定方法——胰大豆汤双层琼脂平板孔穴扩散法。该测定方法的抑菌活性的原理与琼脂平板孔穴扩散法相同,都是抗菌物质以点样孔为中心向周围培养基均匀渗透扩散,凡抗菌物质所能达到之处抑制或杀死指示菌,使其不能生长,因而形成透明的抑菌范围,称为"抑菌圈",抑菌圈的有无或大小可反映抗菌物质的有无和活性强弱。但在胰大豆汤双层琼脂平板孔穴扩散法的培养基中加入了吐温-20 成分,另外以磷酸缓冲液为溶剂。吐温-20 是一种表面活性剂,也有叫乳化剂,它既有亲脂性,也有亲水性,在培养基中加入该成分,推测可以有利于抗菌物质在培养基中的扩散速度和范围,吐温-20 也可以影响菌体细胞壁和细胞膜,使壁膜结构松散,有助于抗菌物质的渗透,这样又可以提高抗菌物质的抑菌效果。同时,培养基中的磷酸缓冲液,为抗菌物质提供稳定的环境条件,在一定程度上避免抗菌物质的极性作用,从而提高抗菌物质的活性。胰大豆汤双层琼脂平板孔穴扩散法适合用于色谱法分离纯化抗菌活性物质的后期阶段,即用 HPLC 作多次上样层析,样品已经得到很好的纯化,但活性组分已经很难检测时,用该法进行检测,可以得到较理想的检测效果(黄旭华等,2007)。Wang 等(2009)从中国青岛盐田的游泥中分离到一株真菌 *Alternaria* sp.,从其发酵液中分离到 3 个脑苷脂类化合物 Alternaroside A ~ C,它们对大肠杆菌、枯草芽孢杆菌和白色念珠菌都有一定的抗菌活性。Silva 等(2009)从新西兰褐藻内生真菌 *Penicillium* sp. 发酵液中分离到 1 个吡啶类化合物,对枯草芽孢杆菌显示出抑制活性。Pruksakorn 等(2010)从海绵真菌 *Trichoderma* sp. 中分离得到 3 个新的氧基脂肽类化合物,对分枝杆菌有明显的抑制活性。Wei 等(2010)从南海柳珊瑚共附生真菌 *Aspergillus* sp. 的发酵液中分离到 3 个含有酚环的倍半萜类化合物,对金黄色葡萄球菌具有抑制活性。

3) 抗氧化活性评价。自由基与癌症、衰老、各种心血管疾病等急性和慢性疾病密切相关。寻找自由基清除活性的天然抗氧化剂已经成为国内外医学、药学、生物学等学科领域的研究热点。目前,抗氧化活性评价技术主要包括化学评价方法和基于细胞模型的生物评价方法。对于前者,主要包括:FRAP(ferricion reducing antioxidant power)法(Benzie et al.,1996)、TEAC(trolox equivalent antioxidant capacity)法(Miller et al.,1993)、DPPH(2,2-diphenyl-l-picrylhydrazyl radical scavenging capacity)法(Brand et al.,1995)、ORAC(oxygen radical absorbance capacity)法(Cao et al.,1993)、TRAP(total peroxyl radical-trapping antioxidant parameter assay)法(Ghiselli et al.,1995)、TOSC(total oxyradical scavenging capacity)法(Winston et al.,1998)和 F-C(Folin-Ciocalteu)法(Singleton et al.,1999)。以上化学评价方法的共性特点是:先在体外模拟生成活性氧,包括羟自由基、超氧阴离子自由基、过氧化氢、单线态氧等,然后针对活性氧的类型选择测定方法,用以测定相应的抗氧化剂的活性。单独测定抗氧化剂清除某一种自由基的能力,虽然有时操作上相对较为简单,但是

仅仅反映出它对此种自由基的清除能力强弱,并不能全面反映组织的抗氧化能力。我们表征一种抗氧化剂的抗氧化强弱,更希望通过测定其总抗氧化能力来体现。同时,由于化学分析法是体外模拟生成活性氧,与机体的细胞水平有很大的差距,无法考虑抗氧化样品的吸收,代谢和药效等因素。因此,人们考虑使用生物方法评价抗氧化物质的抗氧化活性。目前使用较多的生物学方法有 CAP - e(cell-based antioxidant protection in erythrocytes)法和 CAA(cellularantioxidant activity)法。这两种方法操作方法简便、灵敏,可以高通量分析,然而所需仪器昂贵,荧光标记物较敏感(韩飞等,2009)。

Chen 等(2008)从海洋真菌 *Penicillium terrestre* 分离得到 9 个新的 gentisyl alcohol 类化合物,它们都有较好的清除 DPPH 自由基活性,其 IC_{50}值在 2.6~8.5μmol/L。Zhao 等(2009)从海绵内生菌 *Xylaria* sp. 中分离得到一个结构新颖的化合物 Xyloketal B,当浓度在 12.5~800μmol/L 能清除 DPPH 自由基,从而保护 PC-12 细胞,防止缺氧缺糖损伤。*Sargassum kjellmanianum* 是从海洋褐藻中分离得到一株真菌,在其对发酵产物的活性筛选中,发现苯二氮卓类化合物 2-hydroxycircumdatin C 具有较好的 DPPH 清除活性,其 IC_{50}为 9.9μg/ml(Cui et al., 2009)。Julianti 等(2011)报道从海绵共附生真菌 *Acremonium strictum* 的发酵液中分离到骨架新颖的三环内酯化合物 acremostrictin,对 DPPH 有较好的自由基清除活性。

4) 酶抑制活性评价。酶抑制剂可用于许多疾病的防治,例如,抗血管紧张素酶抑制剂可抵抗糖尿病和肾病,端粒酶抑制剂可抗癌,神经氨酸酶抑制剂可抗流感等。对于不同的酶,有不同的酶抑制活性测定方法。目前,较通用的测定方法主要有紫外分光光度法和高效液相色谱法。

Alvi 等(1998)从 Peleliu 采集的浮木中分离到真菌 *Corollospora pulchella*,得到一个简单的内酰胺化合物 pulchellalactam,它能抑制 CD45 蛋白酪氨酸磷酸酶活性。Osterhage 等(2000)从绿藻中分离得到真菌 *Ascochyta salicorniae*,从其培养液中得到 Ascosslipyrrolidinone A,具有较好抑制酪氨酸激酶活性。Ui 等(2001)从海绵中得到真菌 *Aspergillus niger* FT-0554,从其发酵液中分离到一个新的 NADH-延胡索酸还原酶抑制剂 nafuredin,它对酪氨酸激酶 p56 有抑制作用。Uchida 等(2001)从海洋真菌 FOM-8108 的培养液中分离得到一个新的中性鞘磷脂酶抑制剂 chlorogent-isylquinone。Lin 等(2001)从中国南海红树林分离到一株真菌 *Xylaria* sp. (No. 2508),从其培养液中得到化合物 xyloketals A,它对乙酰胆碱酯酶有抑制活性。

Yamad 等(2007)报道从海兔中分离得到一株真菌 *Periconia byssoides*,从其发酵液中得到化合物 pcricosine,当浓度为 100μg/mL 时,对蛋白激酶 EGFR 有 40%~60% 的抑制活性。此外,该化合物对拓扑异构酶Ⅱ有一定的抑制活性,IC_{50}值为 100~300mmol/L。Abdel-Lateff 等(2008)从海洋真菌 *Ghaetomium* sp. 发酵液浸膏中分离得到 1 个新化合物 chaetominedione,当浓度在 200μg/mL 时,能显著的抑制 p56 酪氨酸激酶,抑制率达到 93.6%。Qiao 等(2011)从海洋红藻中分离得到真菌 *Aspergillus* sp.,并从该菌的发酵液中分离鉴定了 2 个新化合物 oxylipin 和 steroid,浓度为 100μg/mL 时,两个化合物都有微弱的 AChE 抑制活性,抑制率分别为 10.3% 和 5.5%。Chen 等(2012)从采自中国海域的沉积物样品中分离得到真菌 *Pmicillium terrestre*,并从其发酵液中分离鉴定了 1 个新骨架化合物 sorbiterrin A,它对 AChE 有一定程度的抑制活性,其 IC_{50}为 25μg/mL。

（2）生物修复活性评价

1）环境污染的指示。刘苗苗等(2008)对生物气溶胶分布特征进行分析发现,秋季青岛近海海源真菌浓度高于陆源真菌,海源微生物对青岛近海生物气溶胶具有重要影响。研究表明在不同污染元素影响下,半知菌生物学特征会发生显著的变化。沈敏等(2007)通过梯度嵌合平板法将一株青霉菌株培养在不同浓度的铅、铜、铬和镉离子等培养基上,研究不同浓度的重金属离子对青霉形态的影响。结果表明,青霉形态的变化与金属离子浓度的变化呈一定的相关性,随着离子浓度的增加,菌株的生长能力越来越弱,铜对青霉菌株生长具有明显的抑制作用。利用半知菌酶类的变化则可更灵敏和准确地预测周围环境的变化。时全义等(2009)从胶州湾近海沉积物中分离优势半知菌,并研究宛氏拟青霉、产黄青霉、灰黄青霉、棘孢曲霉对铜和锌污染的响应,结果表明半知菌可作为重金属铜和锌的污染指标。

2）去除污染活性评价。海洋石油及其产品的污染是目前世界性的严重的海洋污染现象。石油泄漏事故、沿岸石油化工的发展以及战争等原因使局部海域受到严重的石油污染,对生态环境造成了灾难性的破坏。据估计,全世界每年流入大海的石油就有 10^7t,我国每年有60多万吨原油进入环境,污染土壤、地下水、河流和海洋,造成污染海域在短期内溶解氧的缺乏,对近海海域及沙滩等造成污染。目前报道能够降解石油的海洋真菌有18个属,分别为:青霉属(*Penicillium*)、曲霉属(*Aspergillus*)、枝孢霉属(*Ramulispura*)、交链孢属(*Alternaira*)、镰刀菌属(*Fusarium*)、头孢霉属(*Cephalosporium*)、木霉属(*Trichoderma*)、毛霉属(*Mucor*)、卷霉属(*Sircinella*)、假丝酵母属(*Candida*)、红酵母属(*Rhodorotula*)、德巴利酵母属(*Debaryomyces*)、汉逊氏酵母属(*Hansenula*)、隐球酵母(*Cryptococcus*)、毕赤氏酵母属(*Pichia*)、球拟酵母属(*Torulopsis*)、丝孢酵母属(*Trichos*)和掷孢酵母属(*Sporobolomyces*)。秦晓等报道某些真菌区系可以在海洋溢油上生长,它们直接从石油污染盐碱土中分离降解石油的耐盐真菌,制备成菌剂。李宝明(2007)将真菌用于石油污染土壤的修复工作,采用镰刀霉、青霉、曲霉和木霉处理原油污染的土壤,在添加营养元素的条件下,取得了78%~94%的油污去除率。

近年来,国内外科学工作者对海洋真菌次生代谢产物的兴趣激增。从世界范围来说,由于对海洋真菌的生物学、生物化学知识仍然很缺乏,相当数量的真菌还没有被认识和分离,但已有的研究结果表明,海洋真菌资源将是今后新药开发的重要宝库之一。今后对于海洋微生物生物活性物质研究的重点将是:继续通过加深对海洋微生物尤其是非可培养菌的生态分布规律及其多样性的了解,寻找和发现新型化合物;确定活性物质的初级和次级代谢的遗传、营养和环境因素,作为开发新的、高级产品的基础;鉴定具有生物活性的化合物,并确定它们的作用机理和天然功能,为一系列新的、有选择的活性物质在医药和化工上的应用提供模型。

四、海洋病毒资源评价技术

鉴于海洋病毒在海洋生态系统中的重要性,目前已发展了多种技术方法对海洋病毒的不同方面进行评价,包括病毒丰度及多样性测定、病毒生产力(virus production)的评估、病毒对宿主多样性的影响等。

1. 病毒丰度及多样性测定

对海洋病毒丰度的测定主要采用电子显微镜、荧光显微镜观察和流式细胞仪统计等方法。荧光显微镜计数技术简要包括：将样品中的病毒颗粒截留在滤膜上，用高效荧光染料如DAPI或荧光标记物SYBR Green Ⅰ进行染色后，在荧光显微镜下可观察到散发荧光的病毒颗粒，这样便可计算出不同样品中病毒颗粒的数量。因此荧光显微计数法被认为是一种经济、简便、可靠的病毒计数方法，并被海洋病毒学家广泛应用（肖劲洲等，2014）。电子显微镜观察海洋病毒主要是利用超速离心机和电子显微镜，即将病毒颗粒由戊二醛固定的水样沉降到铜网上。通常可以利用两种方法收集海水中的病毒：一种是选择将海水样品进行超滤浓缩，然后洗涤、收集并转移到铜网上；另一种是直接利用超速离心机将样品进行离心，直接收集到铜网上。最后将铜网放置于电镜下观察，这样既可以观察到海洋病毒的不同形态结构，方便后续的病毒鉴定，同时又可以对病毒数量进行统计。应用电镜观察海洋病毒的缺点是时间周期较长。近年来，流式细胞仪（flow cytometry）也被开发用于海洋病毒的定量分析。样品中的病毒粒子被核酸染料染色，然后流式细胞仪通过收集病毒粒子所携带的荧光物质激发后的荧光信号，将病毒群进行分类，自动检测分析出病毒群的种类和数量。流式细胞仪不仅能够快速检测大量病毒，获取数据易于进行分析，而且由于检测灵敏度的改善，使得获取数据的准确性得到提高。随着新型荧光标记物如SYBR Green Ⅰ的研发使用，流式细胞仪在病毒检测及数量统计中的应用也相应大大加强（李洪波等，2010）。

在对病毒数量进行统计的基础上，对海洋病毒多样性的研究既有传统的分子生物学方法，也有近些年高速发展的宏基因组学技术。传统技术包括脉冲场凝胶电泳（PFGE）、限制性片段长度多态性（RFLP）、变性梯度凝胶电泳（DGGE）、DNA微阵列等检测技术。应用PFGE技术，能够根据可识别条带阐明海洋病毒基因组的大小、丰度及病毒与环境因素之间的相互关系。Sandaa等应用PFGE技术研究了挪威近海病毒群落的特征，发现该海域病毒多样性十分丰富，而且呈现出动态的季节性变化；发现基因组大小在26～500kb的共29种病毒种类，其中病毒种群在260～500kb的主要感染自养型微型真核生物，并具有相似的动力学变化特征（Sandaa et al.，2006）。尽管PFGE是一种快速检测病毒种群的方法，但是应用PFGE检测多样性又存在一些缺点，即PFGE不能将相似大小基因组的海洋病毒有效地分离开来，从而导致病毒多样性指数降低。

RFLP技术主要是利用不同DNA片段被特定限制性内切酶酶切之后会产生不同大小的限制性DNA小片段，从而通过电泳可以分开。目前RFLP技术已经被广泛应用到不同环境中微生物群落包括细菌及病毒群落结构的研究。应用*Acc* Ⅰ和*Hap* Ⅰ这两个内切酶，Jiang等对靠近南加利福尼亚某海域的噬菌体多样性及其垂直分布进行了研究，结果表明感染同一种弧菌C4a的16种噬菌体有14个不同RFLP形式，但是从表层海水和850m以下水位都得到了能感染不同种弧菌C4b、C6a和C6b的同一株噬菌体，且通过RFLP聚类分析表明，感染相同宿主的噬菌体一般具有更高的相似性（Jiang et al.，2003）。

DGGE技术则是首先采用PCR方法对病毒保守目的基因进行扩增，然后利用DGGE将不同碱基组成的序列分开。按照条带所在位置的不同回收相应条带，通过测序分析病毒分布的多样性及动态变化。尽管DGGE在研究海洋病毒多样性实验中被广泛使用，但是由于多使用兼并引物而有缺陷（陈章然等，2012）。国内学者王芳等采用DGGE技术对北黄海和青岛近海藻类 DNA 病毒群落多样性进行调查。结果发现尽管北黄海和青岛近海存在着一些共同的藻类 DNA 病毒,但不同海域藻类 DNA 病毒多样性不同,表现为在北黄海较丰富,而在青岛近海较低。此外同一海域不同站位藻类 DNA 病毒多样性及优势种也存在差异(王芳等,2010)。

随着测序技术的发展,高通量测序逐渐被广泛应用。从宏基因组学角度研究海洋病毒使得海洋病毒学取得了一系列重要进展。2006 年,Angly 等对全球四大海域的 68 个站点的海水进行海洋病毒多样性分析,宏基因组学测序分析发现,全球海洋病毒的多样性相当丰富,达到成千上万种,而且区域性的富集程度从南到北呈梯度分布;其中噬藻体和一种单链 DNA 噬菌体在北大西洋中部马尾藻海(sargasso sea)为优势种,而前噬菌体(prophage)样病毒在北冰洋为优势种(Angly et al., 2006)。最近,研究人员从西班牙阿利坎特海岸 50m 深处取得海水,构建了 fosmid 文库,采用 Illumina PE 进行测序,发现了 208 种新的海洋噬菌体,这些基因组的多样性非常显著,产生了 21 个有尾噬菌体基因组群,其中有 10 个是全新的(Mizuno et al., 2013)。总之,海洋病毒的多样性非常丰富,对于海洋病毒种类的深入研究还需要更多科学家的加入。

2. 测定海洋病毒生产力和宿主死亡率

对于病毒生产力和宿主死亡率的评估方法目前主要有以下几种,包括放射性标记技术、氰化物抑制法、稀释方法和电镜观察等。其中放射性标记技术最开始用于分析估算水生生态环境中细菌生产力。后来 Steward 等通过改进方法,用于现场估计病毒生产力。该方法的基本原理就是用 ^{3}H 或 ^{32}P 等放射性同位素标记病毒的核酸,然后通过闪烁计数来计算宿主裂解后,结合到病毒核酸或蛋白上的放射性标记物的量,进而估算病毒的生产力。这种方法会因为受细菌存在和转换系数的影响而产生一定的误差(Steward et al., 1992;李洪波等,2010)。

氰化物抑制法则是假定病毒丰度保持相对稳定,那么病毒生产终止后就可以从病毒移除率中估算病毒生产力(李洪波等,2010)。稀释技术于 2002 年也被应用于估计海水中病毒的生产力。该方法操作相对简单,已在较多科研方面得到应用。具体方法如下:把一定量海水样品通过切向流超滤系统分离开细菌和病毒,然后用等量不含病毒颗粒的超滤海水把滤膜上的细菌重新悬浮起来,并在同温度下培养,通过稀释海水中的病毒,分时间点取样,检测病毒丰度在这一过程中的变化,从而计算病毒的生产力(Wilhelm et al.,2002;李洪波等,2010)。对海洋底泥中的病毒生产力的研究,Dell'Anno 等总结了一种基于稀释技术的简易且方便的方法:即首先用无病毒海水稀释底泥并孵育不同时间,然后收集病毒,用荧光染料染色病毒基因组,并在荧光显微镜下观察统计病毒个数,最终得到病毒的生产力(Dell'Anno et al., 2009)。

3. 海洋病毒对宿主多样性的影响

关于海洋病毒对宿主多样性影响,尤其是对群落组成的影响,也是研究海洋病毒的科学家重点关注的地方。现有评价方法是通过在存在和缺少病毒的情况下,测定并比较宿主群落的多样性。简述如下:接种体用 0.6μm 聚碳酸酯核孔滤膜过滤的自然海水;培养体包括两种,一种是用 0.02μm 核孔氧化铝滤膜过滤不含病毒的海水,另一种是用 0.2μm 核孔滤膜过滤的包含病毒的海水;培养 2~4 天,然后检测细菌群落组成变化(Schwalbach et al., 2014;李洪波等,2010)。

第三节 海洋微生物资源保护技术

海洋是人类赖以生存的未来环境,越来越受到当代人的重视。由于当代社会正在面临资源短缺、新资源匮乏的危机,随着现代开采技术和深海技术的跨越式发展及先进探海设备的出现并应用于海洋特别是深海环境,海洋这块处女地正逐步从尘封的年代一点点地被现代化机器所唤醒。大量的生物资源、矿产资源、油气资源等被发现和开采,正推动着当代经济发展,同时也颠覆着传统海洋资源开发模式和海洋资源可持续利用的平衡规律。特别是近年来沿海城市正在逐步从大城市向超级城市跃进,沿海城市承载的人口数量巨大,吃住行等每天制造巨量的污染物、生物垃圾、化学物质等,以及沿海工厂、渔港等的工业废水、重金属等的无节制排放等,直接影响着近岸甚至深海环境。导致海洋生态系统结构破坏、功能退化、系统失衡、物种多样性减少等"不理性"开发带来的严重问题日益凸显,甚至严重影响到沿海及内陆人民的健康。因此,依据科学的发展思路,维护海洋生态系统"给"与"产"协调发展,早已经被人们所认识和呼吁。

早期狭义的海洋生物资源的概念是指鱼类资源、无脊椎动物资源、脊椎动物资源和藻类植物,并不包括海洋微生物资源。因此,海洋微生物资源的保护是依附于海洋经济动植物保护的形式和方法。对于微生物资源的定义也是多种多样的,笔者认为海洋微生物资源可以定义为海洋环境中微生物个体、微生物来源的所有生物质及生物学信息、微生物之间联系的物质基础等。目前对海洋生物资源的保护主要有两个方面,其一是通过立法的形式实现对海洋生物资源的保护和养护,如海洋生物资源国际保护法《联合国海洋法公约》以及各个临海国家颁布的各种生物资源保护法等;其二,是利用现代生物技术合理开发、利用、管理、保护、保藏等方法,实现对海洋生物资源的保护,目前对海洋生物资源的保护仍然停留在方法研究上,实际的应用保护技术非常缺乏。对于海洋微生物资源的保护目前尚未有明确的组织,但目前有一些国际海洋生物多样性的组织正在实施海洋微生物多样性名目编撰、海洋微生物多样性调查等大型国际合作项目,有望在这些国际性项目和组织的运作下,逐步明确和制定海洋微生物资源保护的相关文件或立法建议(刘丹,2011)。

从陆生微生物资源的保护来看,我国著名的放线菌资源学家姜成林、徐丽华研究员早期就呼吁人们对微生物资源进行保护,并总结提出了一些保护的方法如专利菌株的法律保护、对天然微生物资源的保护(如保护微生物的原始栖息地、分离保藏微生物资源、从环境中分离提取遗传物质建立环境微生物基因保护库,直接开发利用微生物资源也是一种微生物的保护措施),他们还呼吁国家制定明确的微生物资源保护的法律法规,同时呼吁大力宣传,提升人们对微生物资源的保护意识等(姜成林等,2003;徐丽华等,2004)。下面分别从海洋生物资源的保护法和现代生物技术对生物资源的保藏、管理等方面分别展开讨论海洋微生物资源的保护问题。

一、海洋微生物资源的法律保护

1. 海洋微生物资源国际保护法

海洋微生物是一个分布极其广泛、极其微小,且依赖于大环境而随时变化的一个类群。

保护海洋微生物就需要保护其栖息环境或保护微生物本身。保护微生物自身就是挖掘出微生物,并通过现有的保藏手段对其进行多种形式的保藏和共享,以达到对其保护的目的。而对其栖息环境的保护,因海洋微生物存在于海洋环境中任何角落,海洋环境的污染或外部因素的干扰等都会不同程度地影响其中海洋微生物种群结构的变化。因此,海洋微生物资源的保护受到多因素的限制,致使其无法实施。对于海洋微生物的国际保护方面,目前还主要依赖于国际上对海洋生物资源的保护立法,特别是对海洋动植物的立法保护、渔业保护法以及海洋环境保护法等,均在一定程度上实现了对海洋微生物资源的保护。

于1982年通过于1994年生效的《联合国海洋法公约》是全面建立新的包括海洋生物资源养护制度在内的现代国际海洋法律秩序的框架性一揽子协议,目前已经获得150多个国家的批准,我国全国人民代表大会常务委员会于1996年通过了关于《联合国海洋法公约》的决定。该公约作为国际上的第一部“海洋宪章”以法典化的形式建立了当代国际海洋法的法律框架,集中规定了当代国际海洋法的主要内容,是较为全面实施国际海洋生物资源养护与利用、环境保护、生态保护等海洋保护的法律依据。该部法律也主要对海洋渔业资源的保护与养护以及利用的问题进行了对应性的保护立法。该法出台后,各个临海国家纷纷划分各自的200海里海洋专属经济区及渔区,并颁布相关的捕捞及保护措施。因此,《联合国海洋法公约》虽然没有具体的对海洋生物多样性每个部分进行详细的立法,但它仍然是一部世界性、最具海洋特色的海洋生物资源保护性法律。随着人们对全球环境及海洋资源认识的加深,对生物多样性的保护逐步受到人们的重视。1992年6月颁布了继《联合国海洋法公约》后第一个有关生物多样性养护方面的全球性公约——《生物多样性公约》,全国人民代表大会常务委员会11月批准《生物多样性公约》的决定。《生物多样性公约》第二条将生物多样性(biological diversity or biodiversity)定义为:所有来源的形形色色生物体,这些来源包括陆地、海洋和其他水生生态系统及其所构成的生态综合体,这包括物种内、物种之间和生态系统的多样性。明确指出生物多样性有10个方面的价值,包括生物多样性的内在价值,生态、遗传以及社会、经济、科学、教育、文化、娱乐、美学方面的价值,还包括它对进化、对维护生物圈生命系统的重要意义。确定了生物多样性对进化和保护生物圈的生命维持系统的重要性,确认保护生物多样性是全人类共同关注的问题(刘丹,2011)。

《生物多样性公约》是一项有法律约束力的公约,旨在保护濒临灭绝的植物和动物,最大限度地保护地球上的多种多样的生物资源,以造福于当代和子孙后代。公约认为,生态系统、物种和基因必须用于人类的利益,但这应该以不会导致生物多样性长期下降的利用方式和利用速度来获得。公约确认保护生物多样性需要实质性投资,但是同时强调,保护生物多样性应该带给我们环境的、经济的和社会的显著回报。其中生物多样性公约第2次一般性会议(1995年)强调海洋和海岸生物多样性、遗传资源的获得、生物多样性的保护和可持续利用及生物安全。这些法律的启动受到多个国家的认可,是对海洋生物资源包括海洋微生物资源保护的一种非常有效的、宏观的、系统的方法。

我国海洋自然保护区的建设最早可追溯到1963年在渤海划定的蛇岛自然保护区。大规模的兴建始于1988年底国家海洋局制定了《建立海洋自然保护区工作纲要》之后。国家海洋局于1995年5月29日颁布了《海洋自然保护区管理办法》。它为我国建立、建设海洋自然保护区提供了法律保证和行为方式,对我国海洋自然保护区发展、建设提供了契机(崔凤等,2006)。中国海洋信息网上信息显示,目前国家设置了20个国家级的海洋自然保护区和20个地方级的海洋自然保护区。保护区的建立是对海洋微生物栖息地的保护,是生物资源保护的一种"就地保护"措施,也是保护海洋微生物资源的良好的方法。

2. 专利菌种及基因的保护

第一个微生物有机体的专利诞生于1980年,是由美国专利局经过与美国关税上诉法院、美国联邦最高法院等多次的辩证人工改造的微生物本身是否可以申请美国专利法下的专利保护,历经8年才获得授权。美国专利局于1980年7月29日在美国专利局《专利公报》上正式通告宣布微生物发明可以从此申请专利,不再禁止包括生物物质的微生物专利。其他一些工业发达的国家如苏联、日本、英国等,也相继打开了这一禁区。但因涉及专利公开的问题,而微生物发明不能或不能完全表达清楚而公开,因此必须提交微生物菌株的样品才能进行专利的申请,这样给专利局和发明人带来了麻烦。为了解决这个问题,用于专利程序的微生物保存就提到议事日程上来了。1973年由英国首先提出,后来越来越多的国家希望能缔结条约,共同承认一个能够交存微生物菌种的国际机构;只要向这个机构提交一次样品,就能向所有的缔约国的专利局申请微生物发明专利。最终于1977年4月27日在布达佩斯正式通过了一个有20条条款的条约《国际承认用于专利程序的微生物保存的布达佩斯条约》。此条约已于1980年8月19日生效实施,解决了上述问题。缔约国中的发明者,只要向一个国际微生物保存机构交存一次菌种,取得保存号,随即就能向所有缔约国的专利局办理申请专利的程序。这样就大大地减少了申请者的麻烦。目前大多数专利菌种库保藏专利菌株时需要提交一定的专利菌株保护费,可以实施30年期限的安全保藏,有效实施了对微生物资源的保护(相阳,1984)。

目前海洋微生物资源也申请了很多的专利保护,如海洋专属放线菌 *Salinispora* 菌株产生的 Salinisporamide A 等系列化合物,中国科学院南海海洋研究所 *Marinactinospora thermotolerans* 菌种产生的系列化合物等等,相信在未来新颖的海洋微生物资源将越来越多地受到法律的保护。但目前海洋微生物资源的保护受到多种因素的影响,其专利的保护性质受到很多国家专利保护机构的质疑。如来自新华网2009年11月2日《西报"深海微生物专利之争愈演愈烈"》为题报道了西班牙《国家报》10月27日发表文章"海底专利之争"的观点,文章指出新的基因排序技术使破解海洋生物秘密的速度越来越快,2004~2009年的6年时间里注册的与海洋生物资源有关的专利超过了此类专利总数的一半。在这种情况下,海洋资源丰富的国家纷纷要求制定更明确的规则。联合国《生物多样性公约》虽然规定海洋微生物位于距离海岸200海里以内的专属经济区,该国将对相关生物基因资源享有主权,而对海洋生物的基因排序信息无法进行权利的保护。典型的例子就是海洋微生物基因资源研究领域被称为"人类基因组之父"的克雷格·文特尔率领的"魔法师二号"考察项目,从2003年开始文特尔等人已经在全球海域完成了追踪调查,探测到大量的微生物新物种、新基因、新蛋白、新途径,其中新基因600多万个。他们虽然一直声称没有商业动机,其所有新发现的微生物DNA序列都将免费公开。他们还与有关国家依据联合国《生物多样性公约》签署了解释性协议,确保这些国家对基因资源的主权。但在实际操作中,尽管专利法不允许为基因本身申请专利,但基因应用技术和制成品不在此列。若不签署解释性协议,有关国家在要求获得本国海域特有的微生物的权益时就会遇到困难。此外,欧洲8个公立机构和3家企业正在共同研究海洋微生物的医学应用技术，他们的研究重点是利比亚和西西里岛之间水深 3500m 的地中海海底。据科学家介绍，这一区域海水含盐量很大，微生物的新陈代谢和产生酶的机制非常特别，对于生物医药研究具有重要意义。

虽然这些海洋微生物保护的知识产权仍然存在着这样或那样的问题，但从全人类的角度来讲，发现这些微生物，利用这些海洋微生物宝贵资源，其本身就是对微生物资源的一种保护。况且一旦某种微生物或其生物质特性被人类所利用，它可能会惠及全人类，虽然部分国家拥有绝对的主权，这种主权也仅仅保护了其经济利益，并不限制其利用价值的共享范围。虽然目前的法律法规尚不能给予微生物资源更好的保护，但相信随着研究和关注的加深，人类完全能够制定更加完善的法律法规规定、保护和更好地利用宝贵的海洋微生物资源。

总体来讲，立法是微生物资源保护的重要手段，制定微生物资源保护的相关法律法规，使微生物资源保护纳入法制化轨道是亟待解决的问题。对它们的保护不仅与当事人的经济利益有关，对整个微生物资源保护事业也有着积极的影响。但到目前为止，除专利菌种外，缺乏对普通微生物资源进行保护的相关法规。除此之外，微生物资源的重要性和保护微生物资源的必要性的全民意识还远远没有形成，大力普及微生物资源知识、宣传微生物资源的重要性、提升人们的保护意识等也势在必行。

二、海洋原核微生物的保护

迄今为止，人类所认识的微生物物种数量远不及动植物，其数目不超过实际存在种数的 10%，而得到开发利用的更是不超过 1%（程东升，1992）。究其原因，对微生物物种认识上的欠缺一方面是因为微生物自身的特点，培养困难，导致自然界中仍有大量的原核微生物资源尚未被掌握；另一方面与资源调查工作的力度和深度不够也存在关系。然而这一现象也充分显示微生物物种资源有着巨大的开发利用潜力和价值。

海洋作为地球上最大的生态系统，蕴藏着丰富的微生物资源，已然成为微生物资源研究的热点。海洋原核微生物包括细菌、古菌，是海洋生态系统的重要组成部分，是地球化学物质循环、能量转换等过程的重要参与者，对于维护海洋生态系统平衡起重要作用。然而，长期以来人们将更多的注意力放在对海洋微生物资源的开发利用上，对海洋微生物资源的保护并未给予足够的重视。但我们不得不承认海洋微生物多样性的丧失会带来严重的后果，不仅会影响海洋动植物的生存，还会导致海洋生态系统物质循环和能量流动的失调，并且因此我们很可能失去一些极具开发利用价值的物种资源。当前，一个严峻的事实是，一些海区的环境遭到盲目地开发和破坏，原本栖息在该环境中的很多微生物甚至在我们还未发现和认识之前就可能已经消亡殆尽。所以，为更好地实现对海洋微生物资源的开发利用，必须加强对资源的有效保护，这是对其进行开发利用的基础和前提。与其他生命形式的保护一样，海洋原核微生物资源的保护可分为“就地保护”和“迁地保护”。

海洋原核微生物与海洋环境及环境中其他生物在长期演化中形成了特定的生态关系，造就了各不相同的微生物群落，因此原始环境对于海洋细菌的种类和系统演化具有特别重要的意义。海洋中存在诸多的天然极端环境，在长期的进化过程中，那里孕育了独特的微生物区系,生存着特殊的细菌、古菌物种,这些微生物可能存在巨大的开发利用价值和理论研究价值。然而,原始的海洋环境一旦遭到破坏,随之而来的便是微生物生存条件的改变,这种改变可能导致微生物群落趋于单调化、多样性减少和物种的丧失(徐丽华,2010)。海洋微生物资源的"就地保护"必须与自然生态保护同步,保护海洋生态系统就同时保护了其中的微生物资源。根据不同的气候类型、地质条件和生态系统类型,选择具有代表性的原始生境保护起来,如将一些典型的红树林、海草床、微藻垫、珊瑚礁等生态系统设立为自然保护区,使这些生态系统尽量保持自然状态,不过多受到人类活动的影响,使各类微生物自然生存在其"天然"生境中,保持自身及生态系统的多样性和变异性。这是就地保护的重要措施,有助于研究海洋原核微生物资源家底,保护海洋原核微生物种质资源。

海洋微生物资源的"迁地保护"主要依赖于建立专门的微生物资源保藏机构,采用适宜的保藏方法对海洋微生物菌种资源和基因资源加以保藏。这种保护方法克服了地域限制,实现资源的规范管理和保藏,有利于开展可持续的研究和利用。这是当前微生物资源保护的一种有效的重要形式。"迁地保护"需要在统一规划下,通过微生物学、生态学、信息学等多学科协作研究,利用先进方法和技术手段进行广泛的调查、收集、鉴定、保存菌种,进行海洋微生物资源本底调查,整理、编目分离到的菌种资源,建立资源库。

目前只有极少部分的海洋微生物能够在实验室条件下进行培养,如何有效地分离培养海洋环境中的未培养微生物资源,是深入研究海洋微生物生态学及海洋微生物开发利用和保护的关键。尽管应用基于分子生物学技术的非培养手段分析海洋环境中的微生物物种和基因资源多样性,避免了传统微生物培养的一些局限,可采集大量的信息,但是菌株的纯化和培养、菌种资源库的建立对于微生物资源的保护、利用、研究和开发具有重大意义。近年来,一些新的分离培养方法不断地被开发出来,如本章第二节介绍的稀释培养法、近自然环境培养法、微囊包埋法等。通过分离培养方法的改进或创新,才能获得更多的海洋微生物实体资源;而鉴定及分类学技术手段的进一步完善,可助我们摸清海洋微生物资源家底,从而更好地实现海洋微生物资源的"迁地保护"。

1. 菌种保藏方法

菌种保藏是一切微生物研究工作的基础,对资源保护意义深远。通常保藏的菌种有些是从自然环境分离获得的,有些则是经过生物技术改造的,是后续研究、开发和利用的源泉。菌种保藏的目的是使菌种被保藏后不死亡、不变异、不被杂菌污染,并保持其优良性状,以利于生产和科研应用。为了长期保持菌种的优良特性,必须降低菌种变异率,而菌种的变异主要发生于微生物旺盛生长、繁殖过程,因此必须创造一种环境(如低温、干燥和隔绝空气等)使微生物处于新陈代谢最低水平,生长繁殖不活跃状态。目前,菌种保藏的方法主要分为四大类:传代法、干燥法、冷冻法及冷冻干燥法。具体常用的方法主要有:斜面低温保藏法、液体石蜡保藏法、甘油保藏法、沙土管保藏法、滤纸保藏法、液氮超低温保藏法和真空冷冻干燥保藏法。不同类型或不同种属的细菌可根据生理特性选用不同的保藏方法。接下来将对几种常用的方法进行介绍。

(1)斜面低温保藏法

将菌种接种在适宜斜面培养基上,待菌长好,用牛皮纸包扎好,移至0~4℃低温保藏。菌种保藏的时间及温度依据细菌种类进行调整,例如,细菌每月移种一次,产孢放线菌保藏

2~4个月移种1次。

此法为实验室和工厂菌种室常用保藏法，操作简单，使用方便，不需特殊设备，能随时检查所保藏的菌株是否死亡、变异与污染等。缺点是菌株易变异，多次传代可能会改变其代谢特征，影响微生物的性状，污染杂菌的机会较多。

（2）液体石蜡保藏法

液体石蜡装于三角瓶内，塞上棉塞，牛皮纸包扎，121℃灭菌30min，置于恒温箱中使水分蒸发，呈完全透明后可用。将需要保藏的菌种，接种于适宜斜面培养基，培养获得健壮的菌体或孢子。

无菌条件下，用灭菌吸管取液体石蜡，注入已长好菌的斜面试管，液面高出斜面顶端1cm为宜，以隔绝空气。试管塞用牛皮纸包裹后，将试管置于低温0~4℃保藏，或置于低温干燥处保藏。保藏过程中需及时补充无菌液体石蜡，保证其覆盖培养基。

此法制作简单，无需特殊设备，无需经常移种，保藏效果较好。通常放线菌和产芽孢的细菌可保藏两年以上，其他细菌可保藏一年左右。缺点是保存占用位置较大，不便携带。

（3）甘油保藏法

配制15%~30%（m/v，也可以用100%）的甘油放入菌种保存管，灭菌，取待保存菌株适量菌体于管中，-70℃（或-20℃）保存。

（4）沙土保藏法

取河沙加入10%稀盐酸，煮沸30min，除去有机质，自来水冲洗至中性，烘干，过40目筛子，去掉粗颗粒，备用。另取黄土或红土，自来水洗涤至中性，烘干，碾碎，过100目筛子。将处理好的土和沙以1∶3比例混匀，装入安瓿管（1g/管），塞上棉塞，灭菌，烘干，备用。抽样进行无菌检查，每10支沙土管抽一支，将沙土倒入肉汤培养基中，37℃培养48h，若仍有杂菌，则需全部重新灭菌，再做无菌试验，直至证明无菌，方为可用。取已培养好的菌种，用无菌水制成菌悬液，每支沙土管中加入0.5~1.0mL菌悬液，置于真空干燥器内，快速干燥。每10支抽取一支，用接种环取出少数沙粒，接种于适宜的培养基上，进行培养，观察生长情况和有无杂菌生长，如出现杂菌或菌落数很少或根本不长，则说明制作的沙土管有问题，尚须进一步抽样检查；若经检查没有问题，火焰封口，放冰箱或室内干燥处保存。

此法多用于保藏能产生孢子的微生物如放线菌，因此在抗生素工业生产中应用最广，效果较好，菌种可保存约两年时间；对营养细胞保存效果不佳。

（5）滤纸保藏法

将滤纸剪成0.3cm×1.0cm的小条，安瓿管塞以棉塞，均121℃灭菌30min，备用。

将待保存菌种，接种于适宜固体培养基培养，充分生长后，取灭菌脱脂牛奶2~3mL加入到斜面培养基中，混匀，制成菌悬液。

用无菌镊子取滤纸条浸入菌悬液，使其吸饱，放至安瓿管中，塞上棉塞。

将安瓿管放入真空干燥器，快速干燥，火焰封口，保存于冰箱或室内低温环境。该方法保存细菌可达两年左右。

（6）液氮冷冻保藏法

待保藏菌种用无菌10%~20%的甘油制成菌悬液，装入已灭菌的冻存管内（0.1~0.2mL），旋紧管盖；将冻存管以冷却速度为1℃/min进行预冻，至-30℃（若细胞急剧冷冻，则在细胞内会形成冰晶,降低存活率);将已预冷冻存管置于液氮内保存。恢复培养时,将取出的冻存管立即放入约37℃的水浴中急速解冻,直至完全融化后取保存的菌体于适宜的培养基上培养。

(7) 冷冻干燥保藏法

将安瓿管用2%盐酸浸泡10~12h后,用蒸馏水洗净至pH呈中性,干燥后塞好棉塞,121℃灭菌30min,备用。用灭菌脱脂牛奶将已培养好的菌体制成浓菌液,每支安瓿管分装约0.2mL菌液。将装有菌悬液的安瓿管放于低温冰箱中冷冻,温度可达-80~-70℃。将冷冻过的安瓿管置于真空干燥仪内,冷冻真空干燥。取出已干燥的安瓿管,接在封口用的玻璃管上,继续抽气,并于真空状态下,火焰封口,封口的安瓿管保存于低温环境。

该方法适于菌种的长期保存,通常可保存数年至10余年。

2. 菌种资源信息化管理与共享

微生物资源通过规范的交流平台实现共享,也是微生物资源保护的良好方式。微生物菌种资源数据库管理系统,利用动态网页和数据库相结合,在数据库端存储各种微生物菌种信息,Web端进行实时的信息处理及发布,提供便捷、准确的微生物资源网络信息查询与服务,同时可利用网络平台有效地整理、整合微生物菌种实物资源成为信息网络资源,从而提高资源利用率。采用数据库技术和计算机网络,构建基于互联网的资源数据库管理和查询系统,可促进资源的保护与共享。

根据实验室信息管理系统(laboratory information management system, LIMS)设计原则(Nakagawa, 1994),微生物菌种资源数据库管理系统可分为菌种保藏管理、菌种销售管理、菌种质控管理、文档管理、资源管理、信息管理和系统管理等子系统(姚粟等,2008)。随着技术的发展,为更好地保护保存微生物资源,微生物菌种保藏机构自身管理质量认证体系得到重视,国际上一些微生物菌种保藏机构已经完成了质量管理、实验室认证,如CABI、DSMZ、ATCC等(顾金刚等,2008)。这些措施为微生物菌种资源信息化管理的发展奠定了良好的基础。

依据菌种名称、菌种类型、编号、命名人、序列信息、生物学特征、关键词、来源方向等排列和检索数据库,近年来发展了条形码化检验信息标签(肖倩茹等,2004)、图像检索系统(冷冰等,2007)、电子标签保藏方法(李宇哲等,2013)等新的网络管理方法。各个数据库对于菌种的信息都有专门的添加入口,并提供记录、查询和编辑服务。微生物菌种资源共性描述数据等自动导入数据库后,数据库平台提供基于Web菌种的多媒体信息的有效检索和信息共享。而且随着平台建设的完善,可以提供菌种实物的共享。

应世界菌种保藏联合会(World Federation for Culture Collections, WFCC)建设微生物资源信息的全球微生物资源网络的倡导,许多国家的菌种保藏机构已完成数据库网络的建设,一些地区的菌种保藏机构的共享网络已经形成,如欧洲培养物保藏网络、www. cabri. org、亚太地区的微生物网络已经完成了数据库的制定(顾金刚等,2008)。

在现有的网络技术条件下,研究和应用面向微生物资源信息的实用性强的数据管理、维护、查询和发布技术,建立统一的微生物资源信息管理平台,对微生物资源信息化发展及资源信息共享具有深远的意义。

3. 国内外菌种保藏机构介绍

菌种保藏机构和组织规范化地保存和管理菌种资源,一方面可有效地保护菌种资源,为资源开发利用提供可靠的保证，另一方面有助于菌种资源在世界范围内进行广泛的交流。一些国际上著名的保藏机构，如美国典型培养物保藏中心（American Type Culture Collection，ATCC）成立于1925年，保藏人类及动植物细胞株、动植物病毒、酵母菌、真菌、原生动物、细菌，其中保藏细菌菌株超过18 000株，此外还保存了800万个基因克隆子。德国微生物及细胞培养物保藏中心（Leibniz Institute DSMZ - German Collection of Microorganisms and Cell Cultures）是世界上最大的生物资源中心之一，目前保藏了约40 000份资源，包括细菌约20 000株、真菌5000株、人类及动物细胞株700份、植物细胞株800份、植物病毒及抗血清1000份，以及4800份不同细菌基因组DNA。其他还有如美国农业部菌种保藏中心（Agricultural Research Service Culture Collection，ARS）、英国国家微生物菌种保藏中心（The United Kingdom National Culture Collection，UKNCC）、英国国家工业、食品和海洋细菌菌种保藏中心（National Collections of Industrial，Food and Marine Bacteria，NCIMB）、荷兰细菌菌种保藏中心（The Netherlands Culture Collection of Bacteria，NCCB）、比利时微生物菌种保藏中心（Belgian Coordinated Collections of Microorganisms，BCCM）、法国巴斯德研究所菌种保藏中心（Collection de IcInstitut Pasteur，CIP）、日本国家技术与评价研究所生物资源中心（NITE Biological Resource Center，NBRC）、日本微生物菌种保藏中心（Japan Collection of Microorganisms，JCM）、日本海洋生物技术研究所微生物保藏中心（Marine Biotechnology Institute Culture collection，Japan，MBIC）、韩国典型培养物保藏中心（Korean Collection for Type Cultures，KCTC）等。国际微生物学会于1963年成立了“菌种保藏分会”，1970年在墨西哥城举行的第10届国际微生物学代表大会上将其改组为“世界菌种保藏联合会”（World Federation for Culture Collections，WFCC），并建立了世界微生物数据中心（World Data Centre for Microorganisms，WDCM），目前已有近62个国家的476个保藏机构加入。据WDCM统计显示，目前世界范围内保存微生物2 365 799株，其中细菌1 020 206株，真菌646 758株，病毒36 791株，细胞株31 178份。

中国于1979年成立了中国微生物菌种保藏管理委员会（简称CCCCM，北京）。中国普通微生物菌种保藏管理中心（China General Microbiological Culture Collection Center，CGMCC）于1979年组建，致力于为微生物资源的保护、共享和持续利用提供服务和支持。作为国家知识产权局指定的专利微生物保藏中心，1995年7月获批具有布达佩斯条约国际保藏中心的资格。目前保藏各类微生物资源超过5000种，46 000余株，用于专利程序的生物材料7100余株，微生物元基因组文库约75万个克隆。国内另一个获布达佩斯条约微生物国际保藏单位资格（international depository authority，IDA）的是位于武汉大学的中国典型培养物保藏中心（China Center for Type Culture Collection，CCTCC）。迄今，CCTCC保藏有来自22个国家或地区的各类培养物19 000株；其中专利培养物3800多株、非专利培养物15 000多株、微生物模式菌株1000多株、动物细胞系1000多株、动植物病毒300多株。

2003年，我国启动了国家微生物菌种资源共享平台的建设。目前，国家微生物资源平台运行服务的9个核心机构除中国普通微生物菌种保藏管理中心、中国典型培养物保藏管理中心之外，还有中国农业微生物菌种保藏管理中心（Agricultural Culture Collection of China，ACCC），负责全国农业微生物菌种资源的收集、鉴定、评价、保藏、供应及国际交流任务；中国医学细菌保藏管理中心（National Center For Medical Culture Collections，CMCC），现拥有79属

475种10 202株230 000多份国家标准医学菌(毒)种,涵盖几乎所有疫苗等生物药物的生产菌种和质量控制菌种;中国药学微生物菌种保藏管理中心(China Pharmaceutical Culture Collection,CPCC),收藏菌种以放线菌为特色,至2011年底,保藏各类微生物菌种数达38 000余株,具有抗病毒、抗真菌、抗耐药菌、抗结核、抗肿瘤和酶抑制剂等多种生物活性;中国工业微生物菌种保藏管理中心(China Center of Industrial Culture Collection,CICC),保藏国内外各类工业微生物菌种10 153株,30余万备份,其中细菌4445株、酵母菌3222株、霉菌2220株、大型真菌266株,共计212属839种,基本覆盖了食品与发酵行业各类生产和科研用微生物;中国兽医微生物菌种保藏管理中心(China Veterinary Culture Collection Center,CVCC),保藏菌种达230余种,3000余株;中国林业微生物菌种保藏管理中心(China Forestry Culture Collection Center,CFCC),保藏各类林业微生物菌株16 200余株,包括苏云金芽孢杆菌模式菌株等细菌、食用菌等大型真菌、林木病原菌、菌根菌、病虫生防菌、木腐菌、病毒和植原体类等;中国海洋微生物菌种保藏管理中心(Marine Culture Collection of China,MCCC),保藏海洋微生物16 000多株,其中细菌518属1973种、酵母38属128种、真菌90属170种,来源于我国近海、三大洋及南北极,包括嗜盐菌、嗜冷菌、活性物质产生菌、重金属抗性菌、污染物降解菌、模式弧菌、光合细菌、海洋放线菌、海洋酵母以及海洋丝状真菌等。这些平台的建设,有助于加强微生物资源的保护,促进菌种资源工作的标准化,实现菌种资源安全管理和高效共享。

海洋原核微生物是一个巨大的基因资源库,通过基因组学等手段来了解环境中的细菌功能,并将其基因组或是单基因保存,建立资源基因库,从而以此种形式实现细菌资源的保护。由于海洋环境中绝大部分的细菌仍不能用现有的手段获得纯培养物,因此仅依靠"就地保护"和菌种保藏的手段来保护细菌资源远远不够。提取环境中的混合基因组DNA,构建宏基因组文库,保藏克隆文库,从而在一定程度上对暂时未可培养的微生物资源的遗传信息进行保藏,也是实现资源保护的重要方式。

对海洋细菌资源保护的目的在于利用,对资源进行合理开发利用才能最终实现资源保护的意义。因此,我们既要加强对海洋微生物的基础研究,在对资源正确有效地评价基础上更好地实现保护,并且为人类开发和利用海洋细菌资源提供借鉴和参考;同时利用现代生物技术实现海洋微生物资源的高效利用。

三、海洋真菌资源保护技术

1. 海洋真菌资源保护

随着大规模地对海洋资源的开发利用,越来越多的海洋资源不断被发现和利用。然而,在开发和利用的同时,海洋环境也面临不同程度的破坏,势必导致海洋真菌种属的大量减少和消失。海洋真菌资源的保护与其他生命形式一样可分为就地保护和迁地保护。就地保护须与海洋生态保护同步,如设立自然保护区就是就地保护的重要措施。这样可使得各类未被发现的海洋真菌自然生存在复杂的生境中,保持着自身以及赖以生存的生态系统的多样性和变异性。珊瑚礁和红树林湿地是两个完整而独特的生态系统,同时也是海洋真菌的主要来源。然而,很多地方的珊瑚礁和红树林都遭到了严重的破坏。为保护这些独特的生态系统(包括真菌资源),1990年,中国在海南三亚建立珊瑚礁国家级自然保护区。2013年,在中国广西的钦州茅尾海建立全球第一个红树林与生态利用的战略示范基地。这些自然保护区，在保护海洋生态系统的同时也保护了海洋真菌的资源。

海洋真菌资源保护的另一种形式是迁地保护（真菌资源保藏），就是对现有的海洋真菌进行保护，建立专门的资源保藏机构，并以细胞群体的纯培养（通常称为菌种）的形式，采用特殊的技术和方法加以保藏。此种保护方法不受地域限制，便于对菌种的管理、保藏与研究，是就地保护的继续与发展，是真菌物种资源保护的重要形式。

2. 真菌资源保藏技术

海洋真菌研究及其生物工业的发展必然与安全、长效的真菌资源保藏技术联系紧密。对于有重要经济价值的菌株来说，保藏技术和保藏过程中生理、基因性状的损害、变异，将会带来巨大损失。真菌种类的多样性异常丰富，据估计全世界存在150万种真菌，但仅有不到5%的真菌被描述，这其中只有较少的种类有合适保藏的工艺技术，且保藏效果存在菌株水平上的差异性。

目前，真菌资源保藏技术大体可以分为三类。一是让真菌连续生长的保藏技术，这一类的保藏技术的特点是不断地将菌株移植在新鲜的培养基上，并在合适的条件下生长，随后置于一个低温的环境中，一般是4~10℃，这类保藏技术主要包括斜面移植、隔绝空气和蒸馏水保藏技术等。二是利用干燥的载体吸附菌株的休眠体，如分生孢子、厚垣孢子等，干燥载体选用的基质可以是硅胶、土壤、沙子、滤纸、有空玻璃珠和脱水明胶等。三是利用抑制菌株代谢活性的办法达到长期保藏，一般是通过脱水降低细胞内水分或低温冷冻，此过程关键环节是避免和降低冰晶对细胞造成的伤害，这类保藏技术包括冷冻干燥、超低温冷冻干燥、固定化保藏技术等（顾金刚等，2007）。

（1）斜面移植技术

斜面移植技术是将菌种定期接种到适宜菌株生长的培养基上，然后放入室温或4℃保藏，该技术是真菌保藏最常用的技术。它可用于实验室中各类真菌的保藏，简单易行，且不要求任何特殊的设备。斜面移植技术需要耗费大量的时间和人力，而当收集和保藏的菌种数量较大时很难按照其要求进行定期的转接。斜面移植技术适用于少量菌株的短期保藏或经常使用的菌种，不适宜大量菌株的长期保藏。一般酵母菌于4℃保藏，每4~6个月移接1次；丝状真菌于4℃保藏，每6个月移接1次。斜面移植技术在保藏的过程中易发生培养基干枯、基因突变、菌株污染等现象。所以原则上每次转接过程中都要检查菌种是否发生变异。同时为了尽可能地避免对菌种形成定向选择，尽量不要使用同一种培养基连续转接。同时在保藏过程中尽量选择使用营养贫瘠的培养基更替使用，如马铃薯胡萝卜琼脂培养基和粪草培养基等（桑军军等，2014）。

（2）隔绝空气技术

隔绝空气技术是指利用经过灭菌并除尽里面水分的矿物油、甘油、液体石蜡等对菌株生长无害的基质覆盖在长满菌丝的培养物上，密封于干燥室温下保藏。具体操作如下：将琼脂斜面或液体培养物浸入灭菌的矿物油（或甘油、液体石蜡），矿物油的用量以高出培养物1cm为宜，并以橡皮塞代替封口，竖直放置于室温下或4℃冰箱中保藏。菌种保藏期间，应该定期检查矿物油的挥发情况。如矿物油挥发较多，已经不能完全覆盖培养基的话，要及时补充矿物油。隔绝空气技术保藏菌种的时间一般为1~2年。Santos等（2003）观察了矿物油保藏对伞枝犁头霉(*Absidia corymbifera*)和布氏犁头霉(*A. blakesleeana*)形态学的影响,结果发现矿物油不影响其营养和无性生殖形态。英联邦真菌研究所(CMI)用此技术保藏了2000株真菌长达10年,结果只有55株死亡。要注意的是,某些菌株能利用液体石蜡为碳源,还有些菌株对液体石蜡保藏敏感。所有可以利用基质或对基质敏感的菌株应避免用此种方法保藏。此方法简便有效,不需要特殊的设备,不需要经常传种,可用于很多真菌的保藏,特别对难于冷冻干燥的丝状真菌和难以在固体培养基上形成孢子的担子菌等的保藏更为有效。但是保存时,需要直立放置,所占空间较大,且不便于携带和转移;转接培养时生长较慢,而且一般需要转接2~3次,才能得到干净菌丝,使菌种恢复正常生长。

(3) 蒸馏水保藏技术

蒸馏水保藏技术是指将长有菌丝体的培养物置于除菌后的蒸馏水中密封保藏。具体操作如下:取培养成熟的试管菌落,加入无菌蒸馏水约4mL,用无菌棉签轻轻洗下菌落,形成均匀的菌悬液,倒入经灭菌的小瓶中,在严格无菌的条件下加盖密封,注明菌种、编号、日期,置室温保存。移种时,可在无菌条件下启开瓶盖,吸取0.3mL左右的菌悬液于沙堡琼脂斜面培养。Castellani(1939)首次通过蒸馏水保藏技术对病原真菌进行保藏。随后该技术被广泛应用于真菌的保藏。Bueno等(1998)观察了曲霉等26种丝状真菌在蒸馏水中的保藏情况,在2年内全部都有活性,未发生明显的形态学变化。Borman等(2006)对保藏在蒸馏水中2个月至21年的179株真菌进行了复苏,其复苏率达到了90%。Zhang等(1998)对用蒸馏水保藏技术保藏的78株菌株的保藏情况进行评价,12年后其生存率为89.7%。Richter(2008)在对69株用蒸馏水保藏技术保藏20年的担子菌纲的菌株进行复苏,82.6%的菌株仍然具有很强的活力。Fernandez等(2012)对102株用蒸馏水保藏技术保藏10年后的组织胞浆菌(*Histoplasmay*)和隐球菌(*Cryptococcus*)进行复苏,荚膜组织胞浆菌(*H. capsulatum*)、新生隐球菌(*C. neoformans*)和格特隐球菌(*C. gattii*)的成活率分别为64.3%、79.1%和100%。蒸馏水保藏技术简单易行并适用于大部分真菌菌种的保藏(Borman et al., 2006)。蒸馏水保藏技术是简单、廉价和可靠的保藏方法,用蒸馏水保藏真菌可以达1~20年,对于条件有限的实验室,蒸馏水保藏技术是一个经济有效的长期保藏菌株的方法。但是也有研究显示,菌株在蒸馏水中长期保藏,其某些性状可能会发生改变,如形态和一些酶类的改变。Bacelo等(2010)对白色念珠菌在常温蒸馏水保藏180天前后进行形态学和酶学方法的鉴定,发现其形态及酶的产生均有所改变。蒸馏水保藏技术对长期保藏的菌种形态、生理以及基因的影响还有待进一步研究。

(4) 载体吸附保藏技术

载体吸附保藏技术是将真菌吸附在适当的载体,如土壤、沙子、硅胶、滤纸、有孔玻璃珠、脱水明胶上,而后进行干燥,以保藏菌种(Stielow et al., 2012)。此法适用于产孢子或芽孢的微生物的保藏。以沙土保藏法和滤纸保藏法为例。沙土保藏法是将真菌孢子悬液加入灭菌的沙土中,经真空干燥后,于低温或常温保藏,保存期可长达10年。滤纸保藏法是将要保藏的真菌孢子吸附在灭菌滤纸上,干燥后冷藏。其方法是将滤纸剪成小条,放入干燥的培养皿中灭菌。将培养好的菌种用灭菌脱脂乳或奶粉复原乳制成孢子悬液,用灭菌镊子将准备好的滤纸条在无菌操作下浸入菌悬液中,取出后放入灭菌小试管中,在真空干燥机上抽干,冷藏。Ferreti等(2001)观察了沙土保藏法对双相真菌的活性、形态和二态性的影响,发现双相真菌很难在沙土中长期保藏。

（5）冷冻干燥保藏技术（Freeze drying）

冷冻干燥保藏技术是指在减压条件下，将冷冻状态的培养物或孢子悬液以真空干燥，利用升华现象除去水分，使真菌在非剧烈、避免细胞直接损伤的情况下处于干燥、缺氧状态，使细胞的新陈代谢减慢，从而达到长期保存的目的（Smith et al.，2008）。真菌的冷冻干燥保藏技术主要分三步，一是培养物冷冻阶段；二是冷冻状态下的减压干燥，干燥过程必须避免液体状态，温度应保证在 -15℃以下，避免温度反复起伏，控制培养物的水分到5%左右为宜；最后进行真空密封，在低温、避光的环境下保藏。冷冻干燥过程中的重要环节是避免低温伤害，低温伤害在冷冻和干燥时段都有发生，其原理可能是细胞膜上液体的结晶体向胶体阶段转变的时候，引起细胞膜流动镶嵌结构的损害（Tan et al.，1991）。在冷冻干燥的过程中为了尽量减少细胞损伤，加入保护剂十分必要。保护剂可分为小分子保护剂（如低聚糖类、醇类、缓冲盐类、氨基酸和维生素类）和大分子保护剂（如蛋白质、多肽类和多糖类）。作为小分子保护剂，一般具有很强的亲水性，分子结构含有3个以上氢键，在冷冻或干燥过程中，可与菌体细胞膜磷脂中的磷酸基团或菌体蛋白质极性基团形成氢键，保护细胞膜和蛋白质结构与功能的完整性。而大分子保护剂通过“包裹”形式保护菌体，同时，促进低分子保护剂发挥作用（Palmfeldt et al.，2003）。保护剂类型的选择主要取决于菌株。目前用得较多的保护剂包括血清、脱脂乳、肌糖、海藻糖以及蛋白胨等。采用该技术保藏的真菌菌株有分发时不用事先开启、便于包装、降低运输过程的泄漏危险等优点。

冷冻干燥保藏技术适用于一些产孢子的真菌，特别是一些能够产生子囊孢子和分生孢子的真菌，保藏周期可达到20～40年（顾金刚等，2007）。Croan 等（2000）对线浅孔菌、霉拟蜡孔菌、淡黄木层孔菌等热带木腐类担子菌进行了冷冻干燥研究，结果发现1年后菌种的成活率为100%。英国国家酵母菌保藏中心（NCYC）的 Bond（2007）认为真空冷冻干燥保藏法适用于绝大多数酵母。荷兰菌种保藏中心（CBS）的 Tan 等已用冷冻干燥保藏法对近50 000株菌株进行了保藏。冷冻干燥保藏法是真菌菌种长期保藏的最为有效的方法之一，大部分微生物菌种可以在冻干状态下保藏10年之久而不丧失活力，而且经冻干后的菌株无需进行冷冻保藏，便于运输。

然而，冷冻干燥保藏技术对菌丝体细胞的保藏成活率往往很低。Tan 等（1991）采用该技术对真菌的菌丝进行保藏复活研究，大多数情况下，得不出满意的结果。另外，冷冻干燥保藏法对真菌形态、生理以及基因水平的影响有待进一步研究。Cavalcante 等（2007）用形态学、生物化学和随机扩增多态性 DNA（RAPD）标记的方法对8株冷冻干燥保藏的隐球菌进行了比较，发现其形态，荚膜大小以及 RAPD 条带均有变化。

（6）超低温保藏技术

超低温保藏技术（cryopreservation）是将菌株放入低温保藏的方法，可分为低温冰箱保藏法（-20℃、-40℃、-80℃）、干冰保藏法（约 -70℃）和液氮保藏法（-196℃）。通过冷冻，将真菌体内水分凝结，从而降低其代谢速度，达到长期保藏的目的。Hwang 等（1960）首次将此技术应用于真菌的保藏。

超低温保藏技术有3个关键环节影响真菌的保藏效果。一是冷冻温度，一般而言，冷冻温度越低，效果越好，但是在冷冻的过程中，会出现冻伤的现象。冻伤来源于 pH 的改变、缓冲液的凝结、溶解的气体、电解质浓度变化、细胞内结晶、菌体收缩等因素。水凝结的物理效应可以破坏细胞膜(Simth et al., 2012),低温过程中冰晶的产生可能会给细胞带来致命的伤害。所以在保藏过程中,要控制降温速率。理论上保藏前的降温速率控制越慢越好,1℃/min降温速率已完全能够适合大多数真菌的保藏(Simth et al., 2012)。二是复活过程中保藏物快速升温到最适温度,目前处理的方法是将保藏的冻存管快速置于37~45℃水浴中,放置1~2min。三是保护剂的种类和浓度选择,常用的保护剂有甘油、海藻糖、DMSO等。

Gujjari等(2010)研究了啤酒酵母在4种保护剂(DMSO、甘油、山梨醇、蔗糖)两种温度(-80℃和-196℃)下菌株保藏情况。8种不同保藏模式下的菌株分别在5个时间点(0、6、20、40、55个月)取出。以山梨醇为保护剂在-80℃保藏的菌株在20个月后,活力下降了90%,其余7种模式,都很好地保持了菌株的活力,这说明山梨醇不适合作为啤酒酵母的保护剂,甘油、DMSO、蔗糖都可以作为有效的保护剂。为了验证不同保藏模式对菌种DNA的可能影响,Gujjari(2010)观察了一个营养缺陷株在保藏过程中回复突变的比例,结果发现-80℃保藏40个月和55个月后,其回复突变率显著增高,而且突变率与活性的降低呈正相关性变化。液氮保藏时则回复突变没有随时间有明显的变化,液氮保藏优于-80℃保藏。Ryan和Smith(2003)在对*Phytophthora*的保藏研究中,比较了10%的DMSO及降温速率1℃/min和10%甘油保护剂及降温速率10℃/min两种保藏工艺,在10%的DMSO及降温速率1℃/min的试验中,67个菌株中的65个具有活性,存活率达92.5%;而在10%的甘油及降温速率10℃/min的试验中,保藏后检测到了卵孢子和厚垣孢子的形成,没有卵孢子形成的菌株依然有菌丝的生长。Ryan和Smith(2003)将10%甘油保护剂及降温速率10℃/min的保藏工艺用于*Diploccarpon rosae*和*Moniliophthora roreri*时,保藏的成活率低于50%。为了提高*M. roreri*菌株的孢子产量,所有的菌株在进行超低温保藏前事先放在冰箱中低温处理21天,在此后的活性检测中,成活率达到了91%,比先前的成活率提高了41%。Ryan和Smith(2003)用不同的保护剂,如海藻糖、甘油、DMSO、肌糖、蛋白胨等,对*Serpula lacrymans*进行了保藏处理,各保护剂处理保藏效果的差异不明显,DMSO的保藏效果最好,成活率达到了89%。

超低温保藏技术目前认为是最有效的保藏技术,但对于一些真菌来说,虽然在保护剂和降温速率控制方面进行了较多的研究,但保藏效果依然不好,如一些担子菌类以及*Straminipila*、*Phytophthora*和*Saprolegnia*等。另外,超低温保藏技术不适用于某些不耐低温的菌株,如蛙粪霉属以及毛癣菌属的部分真菌(*Trichophyton concentricum*和*T. schoenleinii*)等。

超低温保藏技术,特别是液氮超低温保藏技术,存活率高、突变率低、保藏时间长,是世界培养物保藏协会(WFCC)推荐的方法之一,但是其缺点是培养物运输较困难,需要低温冰箱、液氮罐等特殊设备。

(7)固定化保藏技术

固定化保藏技术(immobilisation)是将真菌菌株事先包裹在藻酸钙中并进行超低温保藏的一种保藏技术。固定化的技术方法已用于真菌酶制剂、生防菌株、生物降解等多个方面的研究。用藻酸钙诱捕固定真菌也有多方面的报道(Daigle and Cotty, 1997)。Abdullah等(1995)发现固定化的技术并不对真菌的菌丝造成伤害,可以将固定化技术应用于真菌的长期保藏。

固定化保藏真菌技术基本过程包括,第一步制备真菌的孢子或菌丝的藻酸盐的悬浮液;第二步是滴入藻酸钙的溶液中,此时真菌孢子或菌丝体会包裹在形成的藻酸钙的小球中,并放置一段时间;第三步将菌丝或孢子小球转移到高渗溶液中进行脱水;第四步可以按照真菌保藏的一些常规方法保藏,如液氮超低温保藏、油管保藏、蒸馏水保藏等。

Gilson 等(1990)注意到将固定化的小球在藻酸钙的溶液中放置一段时间,可以防止小球破裂。Abdullah 等(1995)用固定化的技术对 8 株担子菌的菌丝进行了保藏,一年后检测仍有活性。Ryan(2001)用固定化的方法处理 *S. lacrymans* 菌丝,分别做了在 -20℃ 冰箱和 20℃ 蒸馏水保藏两种处理,保藏一个月后,经过固定化处理的菌丝活性显著高于对照处理。Wood 等(2000)报道用固定化技术和超低温保藏相结合的方法对 *Dactylorhiza fuchsia* 和 *Anacampis morio* 的种子以及种子上附带的担子菌 *Ceratobasidium cornigerum* 菌丝进行保藏处理,保藏效果良好。

真菌保藏技术研究方向是提高菌株的存活率和稳定性,开拓保藏范围,特别是对不能培养的专性寄生菌,如锈菌、*Halophythora*、*Saprolegnia* 和 *Aphanomyces* 的菌种,以及 *Basidiomycota* 和 *Glomeromycota* 中一些种开展保藏技术研究。Ryan 和 Ellison(2002)用原位结合超低温保藏的技术方法对 *Puccinia spegazzinii* 菌株进行了保藏处理,经过保藏后的菌株依然有产生担孢子的能力,虽然对寄主侵染能力下降,在叶柄的侵染没有成功,但显示了固定化和超低温保藏结合对保藏一些不易保藏真菌有应用的潜力,如内生真菌、地衣、菌根菌、不能培养的真菌等。多数的研究者专注于真菌分类学、酶学、分子生物学等学科进展,专注于发现新的功能基因、生物大分子,以及基因、生物大分子的代谢调控功能等,而忽视研究菌株的稳定性、基因完整性的安全长期保藏,一旦由于管理或保藏技术的原因,致使菌株丢失、变异、退化,其先前的研究成果也就不复存在,将重要菌株通过一定的手续存放于专业的菌种保藏机构是可行的一种选择(顾金刚等,2007)。

根据世界培养物保藏协会(WFCC)的指南,不同的微生物要根据其自身特点选择适宜的保藏方法以保持其最佳活性和纯度。为了最大限度地减少菌种丢失的可能性,每个菌株至少用两种方法保藏,其中至少有一种保藏方法为冷冻干燥保藏或者保藏到液氮中或 -140℃的超低温保藏。与菌株保藏相关的工作也十分重要。每一个菌株要分配一个唯一的编码,用形态学的方法或者 ITS 测序鉴定到种,尽量包含更多的信息,如生长曲线、显微照片、代谢资料、基因指纹图谱等。保藏之前必须要检测其纯度,菌株的活力应该在保藏前、保藏中和复活后进行检测并记录。为了确保没有生理学或基因水平的改变,可以对生长速率、形态、代谢和基因水平进行评估(Smith and Ryan,2008)。虽然目前超低温保藏法和冷冻干燥保藏法是长期保存微生物菌种的最安全、可靠的方法,但是不同种属的菌种又有其特异性。Crespo 等(2000)观察了 -80℃保藏、冷冻干燥法、蒸馏水保藏法、传代法对马拉色菌保藏的效果,结果发现只有 -80℃保藏能成功地复活所有的菌株。Deshmukh(2003)对 239 株真菌通过斜面传代法、蒸馏水悬浮法、矿物油法、二氧化硅干燥法、土壤保藏法以及冷冻干燥保藏法进行了对比,结果说明一些简单的方法如蒸馏水悬浮法、斜面接种法等复活率也达到了令人满意的效果。各个单位和实验室保藏条件也不尽相同,要根据自己的实际情况选择最科学、经济和有效的保藏方法(桑军军等,2014)。

四、海洋病毒保护

海洋病毒是海洋生态中非常重要的一类海洋微生物，对其研究具有重要的意义。因此，对海洋病毒的保护也应该引起重视。由于海洋病毒和其他哺乳动物病毒一样，也需要在宿主中增殖才能完成自己的生命周期，因此海洋病毒的多样性和海洋生态系统中的物种多样性具有重要的关联性。因此可以说保护好海洋生态系统，海洋病毒的多样性才能够保持自身平衡而不被破坏。如上所述的“就地保护”策略也适用于海洋病毒的保护。另外，海洋病毒不同于海洋其他微生物资源，其具有很强的专一性特点，因此保护病毒侵染后的专一性宿主，也是保护病毒的一种良好的手段。

除“就地保护”外，对病毒也可进行“迁地保护”，如建立病毒保藏机构等，如中国科学院武汉病毒研究所病毒保藏中心、中国微生物菌种保藏管理委员会普通病毒保藏中心、中国典型培养物保藏中心等都具有对病毒的保藏与保护的能力。由于海洋病毒数量较多，但专一性很强，对于海洋病毒的分离、繁殖传代等技术难度较高，因此，目前对海洋病毒的保护仍然处于初期阶段。因海洋病毒重要的生态功能及其对水产等的经济影响较大，相信海洋病毒株的分离发现数量将会逐年增加，对其保护的研究及保护方法会有相应的改善和提升。

五、海洋微生物基因资源保护

目前世界范围内仍旧有90%甚至99%的微生物尚未获得纯培养。而一个微生物个体，如细菌，它大概有5000~10 000个编码蛋白的基因，有20~50个基因簇与次生代谢产物合成有关系（徐丽华等，2010）。国家海洋局第三海洋研究所的邵宗泽指出“深海沉积物也是一个巨大的、天然的DNA资源库，仅位于深海沉积物顶部的10cm空间，据估算约含有4.5亿t脱氧核糖核酸（DNA）”，因此海洋环境中的微生物基因资源庞大，应用潜力不可估量。但是海洋环境中的核酸会随着时间和环境的变化逐步的降解消亡，因此，对海洋微生物基因资源的保护也应受到重视。

邵宗泽同时强调，“目前基因组测序技术与生物信息技术的发展，大大加速了海洋微生物基因资源的发现与发掘速度。人类对海洋生物基因资源知识产权的拥有量每年在以12%的速度快速增长，目前有超过18 000个天然产物和4900个专利与海洋生物基因有关，说明它不再只是个应用远景，而是一类现实的可商业利用的重要生物资源”。因此，随着宏基因组、组合生物合成技术、蛋白质组技术、转录组技术等的发展成熟，从海洋环境样品中克隆功能基因（组），通过测序的方式实现其信息的永久保藏，并通过基因合成和表达技术等实现对海洋环境未培养微生物基因资源及其产物的获取，将是一种非常好的对海洋未培养微生物基因资源的保护。

参考文献

陈亮宇，王玉梅，赵心清. 2013. 基因组挖掘技术在海洋放线菌天然产物研究开发中的应用及展望. 微生物学通报，40：1896－1908.

陈章然,郑伟,郑天凌.2012.海洋藻类病毒多样性研究的现状与展望.地球科学前沿,2:172-182.
程东升.1992.资源微生物学.哈尔滨:东北林业大学出版社.
崔凤,刘变叶.2006.我国海洋自然保护区存在的主要问题及深层原因.中国海洋大学学报(社会科学版),2:12-16.
韩飞,周孟良,钱健亚,等.2009.抗氧化剂抗氧化活性测定方法及其评价.粮油食品,17:54-57.
黄旭华,廖富蘋,林健荣,等.2004.介绍一种新的抗菌活性测定方法.广东蚕业,41:33-35.
黄宗国.1994.中国海洋生物种类与分布.北京:海洋出版社.
高玲美.2007.高蛋白海洋酵母的初步研究.青岛:中国海洋大学博士学位论文.
葛源,贺纪正,郑袁明,等.2006.稳定性同位素探测技术在微生物生态学研究中的应用.生态学报,26:1574-1582.
顾金刚,姜瑞波.2008.微生物资源保藏机构的职能、作用与管理举措分析.中国科技资源导刊,40:53-57.
顾金刚,李世贵,姜瑞波.2007.真菌保藏技术研究进展.菌物学报,26:316-320.
何建瑜,赵荣涛,陈永妍,等.2012.海洋微生物多样性研究技术进展.生命科学,24:526-530.
姜成林,徐丽华.2003.加强微生物资源的开发利用与保护的宣传,专题:传媒与公共卫生报道.
冀世奇.2011.海洋微生物高通量培养和分选技术的建立及应用.青岛:中国海洋大学博士学位论文.
冷冰,李晓娟.2007.基于微生物菌种资源库的图像智能检索系统研究.计算机应用研究,24:286-288.
李宝明.2007.石油污染土壤微生物修复的研究.北京:中国农业大学博士学位论文.
李洪波,肖天,林凤翱.2010.海洋浮游病毒的研究方法.海洋科学.34:97-101.
李祎,郑伟,郑天凌.2013.海洋微生物多样性及其分子生态学研究进展.微生物学通报,40(4):655-668.
李娟,黄倢,唐学玺.2005.病毒:海洋生态动力学和疾病学研究的创新点.海洋湖藻通报,2:19-87.
李宇哲,叶丽.2013.电子标签(RFID)技术在医药微生物菌种保藏中的应用.教育教学论坛,17:162-164.
廖富蘋,山川稔,朝冈爱,等.2004.柞蚕抗菌肽CA1的分离.中国生物工程杂志,24:85-88.
刘丹.2011.海洋生物资源国际保护研究.上海:复旦大学博士学位论文.
刘苗苗,祁建华,高冬梅,等.2008.青岛近海秋季生物气溶胶分布特征.生态环境,17:565-571.
屈晶,方唯硕,石山,等.2008.新型结构活性天然产物的识别与获取新方法.中国天然药物,1:6-12.
桑军军,邓淑文,郭凯,等.2014.医学真菌菌株保藏方法概述.中国真菌学杂志,9:107-110.
沈辰,郑珩,顾觉奋.2012.高通量筛选在微生物制药中的应用进展.中国医药生物技术,7:449-452.
沈敏,胡健,刘意,等.2007.重金属对青霉形态影响研究.安徽农业科学,35:1282-1283.
时全义,白树孟,田黎,等.2009.胶州湾近岸污染与半知菌群体关系的研究.海洋学报,31:135-140.
肖劲洲,孙国伟,王洪明,等.2014.海洋病毒荧光显微计数法的优化与应用.微生物学通报,41:776-785.
熊建文,肖化,张镇西.2007.MTT法和CCK-8法检测细胞活性之测试条件比较.激光生物学报,16:559-562.
徐丽华,等.2010.微生物资源学.北京:科学出版社.
王芳,汪岷,等.2010.应用DGGE技术分析北黄海和青岛近海藻类DNA病毒遗传多样性.海洋与湖沼,4:519-523.
王慧,柏仕杰,蔡雯蔚,等.2009.海洋病毒——海洋生态系统结构与功能的重要调控者.微生物学报,49:551-559.
徐丽华,崔晓龙,李文均,等.2004.微生物资源的保护,微生物学通报,31(4):131-132.
肖倩茹,万海英.2013.条形码化检验信息标签在临床实验室中的应用.检验医学,19:125-127.
相阳.1984.微生物专利浅谈.微生物学通报,1984(03):128-130.
姚鹏,于志刚.2010.海洋沉积物中现存微生物化学标志物完整极性膜脂研究进展.地球科学进展,25(5):474-483.
姚粟,李辉,李金霞,等.2008.CICC实验室信息管理系统LIMS的设计实践.食品与发酵工业,34:95-100.
杨小茹,郑天凌,苏建强,等.2005.海洋病毒——一种新的、潜力巨大的赤潮防治工具.应用与环境生物学报,11:651-656.
臧红梅,樊景凤,王斌,等.2006.海洋微生物多样性的研究进展.海洋环境科学,35:96-100.
张秀明,张晓华.2009.海洋微生物培养新技术的研究进展.海洋科学,33(6):99-104.
张偲等.2013.中国海洋微生物多样性.北京:科学出版社.
张晓华,陈皓文.2009.海洋原核生物名称.北京:科学出版社.
张永雨,黄春晓,杨军,等.2011.海洋微生物与噬菌体间的相互关系.科学通报,14:1071-1079.
周军芳.2010.质谱技术及其在临床微生物鉴定中的应用.中国中医药咨讯,2(9):52-53.

曾会才,郑服丛,贺春萍.2001.海南红树林生境中海疫霉种的分离与鉴定.菌物系统,20:310－315.

Abd-Elnaby H, Abou-Elela G M, El-Sersy N A. 2011. Cadmium resisting bacteria in Alexandria Eastern Harbor (Egypt) and optimization of cadmium bioaccumulation by Vibrio harveyi. African Journal of Biotechnology, 10: 3412－3423.

Abdel-Wahab M A, Nagahama T. 2011. Gesasha (Halosphaeriales, Ascomycota), a new genus with three new species from Gasashi mangroves in Japan. Nova Hedwiia, 92: 497－812.

Abdel-Aziz F A. 2010. Marine fungi from two sandy Mediterranean beaches on the Egyptian north coast. Bot Mar, 53: 283－289.

Aislabie J, Bowman J. 2010. Archaeal diversity in Antarctic ecosystems. *In*: Bej AK, Aislabie J, and Atlas R (eds) Polar microbiology: the ecology, biodiversity and bioremediation potential of microorganisms in extremely cold environments: 31－59. Boca Raton, CRC Press.

Alonso C, Warnecke F, Amann R, et al. 2007. High local and global diversity of Flavobacteria in marine plankton. Environ. Microbiol., 9: 1253－1266.

Alvi K A, Casey A, Nair B G. 1998. Pulchellalactam, a CD45 protein tyrosine phosphatase inhibitor from the marine fungus *Corollospora pulchella*. J Antibiot, 51: 515－517.

Amaral-Zettler L, Artigas L F, Baross J. 2010. A Global Census of Marine Microbes. In Life in the World's Oceans: Diversity, Distribution, and Abundance. ed. by: McIntyre, A. D.; UK, Wiley-Blackwell: 223－245.

Andrady A L. 2011. Microplastics in the marine environment. Mar Poll Bull, 62: 1596－1605.

Anantharaman K, Duhaime M B, Breier J A, et al. 2014. Sulfur oxidation genes in diverse deep-sea viruses. Science, 344: 757－760.

Ayuso A, Clark D, González I, et al. 2005. A novel actinomycete strain de-replication approach based on the diversity of polyketide synthase and nonribosomal peptide synthetase biosynthetic pathways. Appl Microbiol Biotechnol, 67: 795－806.

Ayuso-Sacido A, Genilloud O. 2005. New PCR primers for the screening of NRPS and PKS-I systems in actinomycetes: Detection and distribution of these biosynthetic gene sequences in major taxonomic groups. Micribial Ecology, 49(1): 10－24.

Arvanitidou M, Kanellou K, Vagiona D G, 2005. Diversity of Salmonella spp. and fungi in northern Greek rivers and their correlation to fecal pollution indicators. Environ Res, 99: 278－284.

Angly F E, Felts B, Breitbart M, et al. 2006. The marine viromes of four oceanic regions. PLoS Biol. Nov, 4(11): e368.

Abdel-Lateff A. 2008. Chaetominedione, a new tyrosine kinase inhibitor isolated from the algicolous marine fiingus *Chaetomium* sp. Tetrahedron Lett, 45: 6398－6400.

Abdullah N, Iqbal M, Zafar S I. 1995. Potential of immobilized fungi as viable inoculums. Mycologis, 9: 168－171.

Bacelo K L, Da C K R, Ferreira J C, et al. 2010. Biotype stability of *Candida albicans* isolates after culture storage determined by randomly amplified polymorphic DNA and phenotypical methods. Mycoses, 53: 468－474.

Banerjee I, Pangule R C, Kane R S. 2011. Antifouling Coatings: Recent Developments in the Design of Surfaces That Prevent Fouling by Proteins, Bacteria, and Marine Organisms. Advanced Materials, 23: 690－718.

Bardhoorn E S, Linder D H. 1944. Marine fungi, their taxonomy and biology. Farlowia, 1: 395－467.

Barns S M, Delwiche C F, Palmer J D, et al. 1996. Perspectives on archaeal diversity, thermophily and monophyly from environmental rRNA sequences. Proc Natl Acad Sci USA, 93: 9188－9193.

Benzie I F, Strain J J. 1996. The ferric reducing ability of plasma (FRAP) as a measure of "antioxidant power": the FRAP assay. Analytical Biochemisty, 239(1): 70－76.

Bond C. 2007. Freeze-drying of yeast cultures. Methods Mol Biol, 368: 99－107.

Boonmee S, Ko T W K, Chukeatirote E, et al. 2012. Two new Kirschsteiniothelia species with a Dendryphiopsis anamorph cluster in Kirschsteiniotheliaceae fam. nov. Mycologia, 10: 698－714.

Borman A, Szekely A, Campbell C, et al. 2006. Evaluation of the viability of pathogenic filamentous fungi after prolonged storage in sterile water and review of recent published studies on storage methods. Mycopathologia, 161: 361－368.

Bourne D G, Munn C B. 2005. Diversity of bacteria associated with the coral Pocillopora damicornis from the Great Barrier Reef. Environmental Microbiology, 7: 1162－1174.

Brand-Williams W, Cuvelier M E, Berset C. 1995. Use of a free radical method to evaluate antioxidant activity. Lebensmittel-

Wissenschaft and Technology, 28(1): 25 - 30.

Bruns A, Hoffelner H, Overmann J. 2003. A novel approach for high throughput cultivation assays and the isolation of planktonic bacteria. Fems Microbiol Ecol, 45: 161 - 171.

Breitbart M. 2012. Marine viruses: truth or dare. Ann Rev Mar Sci, 4: 425 - 448.

Buchan A, Gonzalez J M, Moran M A. 2005. Overview of the marine Roseobacter lineage. Appl. Environ. Microbiol, 71: 5665 - 5677.

Bueno L, Gallardo R. 1998. Filamentous fungi preservation in distilled water. Rev Iberoam Micol, 15: 166 - 168.

Button D K, Schut F, Quang P. 1993. Vialibity and isolation of marine bacteria by dilution culture: theory, procedures, and initial results. Appl Environ Microbiol, 59(3): 881 - 891.

Cane D E, Ikeda H. 2012. Exploration and mining of the bacterial terpenome. Acc Chem Res., 45(3): 463 - 472.

Cao G, Alessio H M, Cutler R G. 1993. Oxygen-radical absorbance capacity assay for antioxidants. Free Radical Biology and Medicine, 14(3): 303 - 311.

Castellani A. 1939. Viability of some pathogenic fungi in distilled water. J Trop Med Hyg, 42: 225 - 226.

Cavalcante S C, Freitas RS, Vidal M S, et al. 2007. Evaluation of phenotypic and genotypic alterations induced by long periods of subculturing of Cryptococcus neoformans strains. Mem Inst Oswaldo Cruz, 102: 41 - 47.

Certes A. 1884. On the culture, free from known sources of contamination, from waters and from sediments brought back by the expeditions of the Travailleur and the Talisman; 1882 - 1883. Seances Acad. Sci., 98: 690 - 693.

Chakraborty K, Vijayagopal P, Chakraborty R D, et al. 2010. Preparation of eicosapentaenoic acid concentrates from sardine oil by Bacillus circulans lipase. Food Chem., 120: 433 - 442.

Chen R P, Guo L Z, Dang H Y. 2011. Gene cloning, expression and characterization of a cold-adapted lipase from a psychrophilic deep-sea bacterium Psychrobacter sp. C18. World J Microbiol Biotechnol, 27: 431 - 441.

Chen L, Fang Y C, Zhu T J, et al. 2008. Gentisyl alcohol derivatives from the marine-derived fungus *Penicillium terrestre*. J Nat Prod, 71: 66 - 70.

Chen L, Zhu T J, Ding Y Q. et al. 2012. Sorbiterrin A, a novel sorbicillin derivative with cholinesterase inhibition activity from the marine-derived fungus *Penicillium terrestre*. Tetrahedron, 53: 325 - 328.

Cho J C, Giovannoni S J. 2004. Cultivation and growth characteristics of a diverse group of oligotrophic marine γ - proteobacteria. Appl Environ Microbiol, 70(1): 432 - 440.

Connon S A, Giovannoni S J. 2002. High-throughput methods for culturing microorganisms in very-low-nutrient media yield diverse new marine isolates. Appl Environ Microbiol, 68(8): 3878 - 3885.

Crespo M J, Abarca M L, Cabanes F J. 2000. Evaluation of different preservation and storage methods for *Malassezia* spp. J Clin Microbiol, 38: 3872 - 3875.

Croan S C. 2000. Lyophilization of hypha-forming tropical wood-inhabiting Basidiomycotina. Mycologia, 92: 810 - 817.

Cui C M, Li X M, Li C S, et al. 2009. Benzodiazepine alkaloids from marine-derived endophytic fungus *Aspergillus ochraceus*. Helv Chim Acta, 92: 1366 - 1370.

Cui C B, Kakeya H, Osada H. 1996. Novel mammalian cell cycle inhibitors, tryprostatins A, B and other diketopiperazines produced by *Aspergillus fumigatus*. II. Physico-chemical properties and structures. J Antibiot, 6: 534 - 540.

Cui C B, Kakeya H, Osada H. 1997. Novel mammalian cell cycle inhibitors, cyclotroprostatins A-D, produced by *Aspergillus fumigatus*, which inhibit mammalian cell cycle at G2/M phase. Tetrahedron, 53: 59 - 72.

Culley A I, Steward G F. 2007. New genera of RNA viruses in subtropical seawater, inferred from polymerase gene sequences. Appl Environ Microbiol, 73: 5937 - 5944.

Daigle D J, Cotty P J. 1997. The effect of sterilization on the preoaration of alginate pellets. Biocontrol Sci Techn, 7: 3 - 10.

Damare S, Raghukumar C, Raghukumar S. 2006. Fungi in deep sea sediments of the Central Indian Basin. Deep Sea Res I, 53: 14 - 27.

Danovaro R, Corinaldesi C, Dell'anno A, et al. 2011. Marine viruses and global climate change. FEMS Microbiol Rev, 35: 993 - 1034.

Danovaro R, Dell'Anno A, Corinaldesi C, et al. 2008. Major viral impact on the functioning of benthic deep-sea ecosystems. Nature, 454: 1084 - 1087.

Dell'Anno A, Corinaldesi C, Magagnini M, et al. 2009. Determination of viral production in aquatic sediments using the dilution-based approach. Nat Protoc, 4(7): 1013 - 22.

Delong E F. 1992. Archaea in coastal marine environments. Proc Natl Acad Sci USA, 89: 5685 - 5689.

Deshmukh S K. 2003. The maintenance and preservation of keratinophilic fungi and related dermatophytes. Mycoses, 46: 203 - 207.

Dupont J, Magnin S, Rousseau F, et al. 2009. Molecular and ultrastructural characterization of two ascomycetes found on sunken wood off Vanuatu Islands in the deep Pacific Ocean. Mycol Res, 113: 1351 - 1364.

Dubey S K, Roy U. 2003. Biodegradation of tributyltins (organotins) by marine bacteria. Applied Organometallic Chemistry, 17: 3 - 8.

Dunigan D D, Fitzgerald L A, Van Etten J L. 2006. Phycodnaviruses: a peek at genetic diversity. Virus Res., 117: 119 - 132.

Dunlap D S, Ng T F, Rosario K, et al. 2013. Molecular and microscopic evidence of viruses in marine copepods. Proc Natl Acad Sci USA, 110: 1375 - 1380.

Fell J W, Statzell-Tallman A, Scorzetti G, et al. 2011. Five new species of yeasts from fresh water and marine habitats in the Florida Everglades. Antonie Van Leeuwenhoek, 99: 533 - 549.

Ferguson R L, Buckley E N, Palumbo A V. 1984. Response of marine bacterioplankton to differential filtration and confinement. Appl. Environ. Microbiol., 47: 49 - 55.

Fernandez A C C, Diaz S L A, Ilnait Z M T, et al. 2012. Preservation of high risk fungal cultures of *Histoplasma* and *Cryptococcus*. Rev Cubana Med Trop, 64: 49 - 54.

Ferris M, Muyzer G, Ward D. 1996. Denaturing gradient gel electrophoresis profiles of 16S rRNA-defined populations inhabiting a hot spring microbial mat community. Applied and Environmental Microbiology, 62(2): 340 - 346.

Ferreti-de-Lima R, de-Moraes-Borba C. 2001. Viability, morphological characteristics and dimorphic ability of fungi preserved by different methods. Rev. Iberoam Micol, 18: 191 - 196.

Frankland P, Frankland P. 1894. Micro-Organisms in Water; Their Significance, Identification and Removal. Longmans Green.

Fuerst J A. 1995. The planctomycetes: emerging models for microbial ecology, evolution and cell biology. Microbiology, 141: 1493 - 1506.

Fuerst J A, Gwilliam H G, Lindsay M, et al. 1997. Isolation and molecular identification of planctomycete bacteria from postlarvae of the giant tiger prawn, Penaeus monodon. Appl. Environ. Microbiol., 63: 254 - 262.

Fuhrman J A. 1999. Marine viruses and their biogeochemical and ecological effects. Nature, 399: 541 - 548.

Gao H, Liu W, Zhu T, et al. 2012. Diketopiperazine alkaloids from a mangrove rhizosphere soil derived fungus *Aspergillus effuses* H1 - 1. Org Biomol Chem, 10: 9501 - 9506.

Ghiselli A, Serafini M, Maiani G. 1995. A fluorescence — based method for measuring total plasma antioxidant capability. Free Radical Biology and Medicine, 18(1): 29 - 36.

Gich F, Garcia-Gil J, Overmann J. 2001. Previously unknown and phylogenetically diverse members of the green nonsulfur bacteria are indigenous to freshwater lakes. Arch Microbiol, 177: 1 - 10.

Gilson C D, Thomas A, Kwakes F R. 1990. Gelling mechanism of alginate beads with without immobilized yeast. Process Biochemistry International, 6: 104 - 108.

Giovannoni S J, Rappé M. 2000. Evolution, diversity, and molecular ecology of marine prokaryotes. *In*: Kirchman D. L. (ed.), Microbial Ecology of the Oceans, 1st edn. New York: John Wiley & Sons. 47 - 84.

Glöckner F O, Fuchs B M, Amann R. 1999. Bacterioplankton compositions of lakes and oceans: a first comparison based on fluorescence in situ hybridization. Appl Environ Microbiol, 65: 3721 - 3726.

Gonzalez J M, Covert J S, Whitman W B, et al. 2003. Silicibacter pomeroyi sp. nov. and Roseovarius nubinhibens sp. nov., dimethylsulfoniopropionate-demethylating bacteria from marine environments. Int. J. Syst. Evol. Microbiol., 53: 1261 - 1269.

Gonzalez J M, Sima R, Massana R, et al. 2000. Bacterial community structure associated with a dimethylsulfoniopropionate-producing North Atlantic algal bloom. Appl. Environ. Microbiol. , 66: 4237 - 4246.

Gonzalez J M, Moran M A. 1997. Numerical dominance of a group of marine bacteria in the alpha-subclass of the class Proteobacteria in coastal seawater. Appl. Environ. Microbiol. , 63: 4237 - 4242.

Goodfellow M, Fiedler H P. 2010. A guide to successful bioprospecting: informed by actinobacterial systematics. Antonie Van Leeuwenhoek, 98: 119 - 142.

Grasso S, Ferla RL, Jones EBG. 1985. Lignicolous marine fungi in a harbor environment (Milazzo). Bot Mar, 28: 259 - 264.

Guerinot M L, Colwell R R. 1985. Enumeration, isolation, and characterization of N2 - fixing bacteria from seawater. Appl Environ. Microbiol. , 50: 350 - 355.

Guerinot M L, West P A, Lee J V, et al. 1982. Vibrio diazotrophicus sp. nov. , a marine nitrogen-fixing bacterium. Int. J. Syst. Bact. , 32: 350 - 357.

Gujjari P, Muldrow T, Zhou J J. 2010. Effect of cryopreservation protocols on the phenotypic stability of yeast. CryoLetters, 31: 261 - 267.

Guppy R, Bythell J C. 2006. Environmental effects on bacterial diversity in the surface mucus layer of the reef coral Montastraea faveolata. Marine Ecology Progess Series, 328: 133 - 142.

Handelsman J, Rondon M R, Brady S F. 1998. Molecular biological access to the chemistry of unknown soil microbes: a new frontier for natural products. Chemistry and Biology, 5: 245 - 249.

Hawksworth DL. 1991. The fungal dimension of biodiversity: magnitude, significance and conservation. Mycol Res, 95: 641 - 655.

He F, Bao J, Zhang X Y, et al. 2013. Asperterrestide A, a cytotoxic cyclic tetrapeptide from the marine-derived fungus *Aspergillus terreus* SCSGAF0162. J Nat Prod, 76: 1182 - 1186.

Hornung A, Bertazzo M, Schneider K, et al. 2007. A genomic screening approach to the structure-guided identification of drug candidates from natural sources. Chembiochem, 8: 757 - 766.

Howard R, Brennaman B, Lieb S. 1986. Soft tissue infections in Florida due to marine Vibrio bacteria. J Fla Med Assoc, 73: 29 - 34.

Huang H, Wang F, Luo M, et al. 2012. Halogenated anthraquinones from the marine-derived fungus *Aspergillus sp* SCSIO F063. J Nat Prod, 75: 1346 - 1352.

Huber H, Hohn M J, Rachel R, et al. 2002. A new phylum of Archaea represented by a nanosized hyperthermophilic symbiont. Nature, 417: 63 - 67.

Hwang Y B, Lee M Y, Park H J, et al. 2007. Isolation of putative polyene-producing actinomycetes strains via PCR-based genome screening for polyene-specific hydroxylase genes. Process Biochemistry, 42(1): 102 - 107.

Hwang S W. 1960. Longterm preservation of fungus cultures with liquid nitrogen refrigeration. Appl Microbiol, 14: 784 - 788.

Hyde K D, Jones E B G. 1988. Marine mangrove fungi. Mar Ecol, 9: 5 - 35.

Jannasch H W, Jones G E. 1959. Bacterial populations in sea water as determined by different methods of enumeration. Limnol. Oceanogr. , 4: 128 - 139.

Jiang S, Fu W, Chu W, et al. 2003. The vertical distribution and diversity of marine bacteriophage at a station off Southern California. Microb Ecol, 45(4): 399 - 410.

Johnson T W, Sparrow F K. 1961. Fungi in oceans and estuaries. J. Cramer, Weinheim, Germany, 1 - 668.

Jones E B G, Sakayaroj J, Suetrong S, et al. 2009. Classification of marine ascomycota, anamorphic taxa and basidiomycota. Fungal divers, 35: 1 - 187.

Jones E B G. 2011. Fifty years of marine mycology. Fungal Divers, 50: 73 - 112.

Jover L F, Effler T C, Buchan A, et al. 2014. The elemental composition of virus particles: implications for marine biogeochemical cycles. Nat Rev Microbiol, 12: 519 - 528

Julianti E, Oh H, Jang K H. 2011. Acremostrictin, a highly oxygenated metabolite from the marine fungus Acremonium strictum. J Nat Prod, 74: 2592 - 2594.

Kaeberlein T, Lewis K, Epstein S S. 2002. Isolating "uncultivable" microorganisms in pure culture in a simulated natural environment. Science, 296: 1127 - 1129.

Karl D, Michaels A, Bergman B. 2002. Dinitrogen fixation in the world's oceans. Biogeochemistry, 57: 47 - 98.

Kathiresan K. 2003. Polythene and Plastics-degrading microbes from the mangrove soil. Rev. Biol. Trop, 51: 629 - 634.

Karner M B, DeLong E F, Karl D M. 2001. Archaeal dominance in the mesopelagic zone of the Pacific Ocean. Nature, 409: 507 - 510.

Kennedy J, Flemer B, Jackson S A, et al. 2010. Marine metagenomics-new tools for the study and exploitation of marine microbial metabolism. Mar Drugs, 8(3): 608 - 628.

Keuter S, Kruse M, Lipski A, et al. 2011. Relevance of Nitrospira for nitrite oxidation in a marine recirculation aquaculture system and physiological features of a Nitrospira marina-like isolate. Environmental Microbiology, 13: 2536 - 2547.

Kim D, Baik K S, Park S C, et al. 2009. Cellulase production from Pseudoalteromonas sp. NO3 isolated from the sea squirt Halocynthia rorentzi. J. Ind. Microbiol. Biot., 36: 1375 - 1392.

Kiran G S, Shanmughapriya S, Jayalakshmi J, et al. 2008. Optimization of extracellular psychrophilic alkaline lipase produced by marine Pseudomonas sp. MSI057. Bioprocess Biosyst Eng, 31: 483 - 492.

Kirchman D. 2002. The ecology of Cytophaga-Flavobacteria in aquatic environments. FEMS Microbiol. Ecol., 39: 91 - 100.

Koh L L, Tan T K, Chou L M, et al. 2000. Fungi associated with gorgonians in Singapore. Proc 9th Int Coral Reef Symp, 1: 521 - 526.

Kohlmeyer J, Schatz S. 1985. Aigialus gen. nov. (Ascomycetes) with two new marine speices form mangroves. Transactions of the British Mycological Society, 85: 699 - 707.

Kohlmeyer J. 1977. New genera and species of higher fungi from the deep sea (1615 - 5315m). Rev Mycol, 41: 189 - 206.

Kohlmeyer J, Kohlmeyer Erika. 1979. Marine Mycology-The Higher Fungi. New York, London: Academic: 1 - 690.

Kutty S N, Philip R. 2008. Marine yeast-a review. Yeast, 25: 465 - 483.

Lai X T, Zeng X F, Fang S, et al. 2006. Denaturing gradient gel electrophoresis (DGGE) analysis of bacterial community composition in deep-sea sediments of the South China Sea. World J Microbiol Biotechnol, 22: 1337 - 1345.

Lai X, Cao L, Tan H, et al. 2007. Fungal communities from methane hydrate-bearing deep-sea marine sediments in South China Sea. The ISME J, 1: 116 - 121.

Lang A S, Rise M L, Culley A I, et al. 2009. RNA viruses in the sea. FEMS Microbiol Rev, 33: 295 - 323.

Lechene C P, Luyten Y, McMahon G, et al. 2007. Quantitative imaging of nitrogen fixation by individual bacteria within animal cells. Science, 317(5844): 1563 - 1566.

Lee H K, Ahn M J, Kwak S H, et al. 2003. Purification and characterization of cold active lipase from psychrotrophic Aeromonas sp. LPB4. J. Microbiol, 41: 22 - 27.

Li Z Y, He L M, Wu J, et al. 2006. Bacterial community diversity associated with four marine sponges from the South China Sea based on 16S rDNA-DGGE fingerprinting. Journal of Experimental Marine Biology and Ecology, 329: 75 - 85.

Li Q Z, Wang G Y. 2009. Diversity of fungal isolates from three Hawaiian marine sponges. Microbiol Res, 164: 233 - 241.

Lin Y, Wu X, Feng S, et al. 2001. Five unique compounds: xyloketals from mangrove fungus Xylaria sp. from the South China Sea coast. J Org Chem, 66: 6252 - 6256.

Lindsay M R, Webb R I, Strous M, et al. 2001. Cell compartmentalization in planctomycetes: novel types of structural organization for the bacterial cell. Arch. Microbiol., 175: 413 - 429.

Ling J, Zhang Y Y, Dong J D, et al. 2011. Spatial variation of bacterial community composition near the Luzon strait assessed by polymerase chain reaction-denaturing gradient gel electrophoresis (PCR-DGGE) and multivariate analyses. African Journal of Biotechnology, 10(74): 16897 - 16908.

Ling J, Zhang Y Y, Dong J D, et al. 2013. Spatial variability of cyanobacterial community composition in Sanya Bay as determined by DGGE Fingerprinting and Multivariate Analysis, Chinese Science Bulletin, 58(9): 10191 - 1027.

Loque C P, Medeiros A O, Pellizzari F M, et al. 2009. Fungal community associated with marine maroalgae from Antarctica. Polar Biol, 33: 641 - 648.

Lu Z, Wang Y, Miao C, et al. 2009. Sesquiterpenoids and benzofuranoids from the marine-derived fungus *Aspergillus ustus* 094102. J Nat Prod, 72: 1761 - 1767.

Lu Z, Zhu H, Fu P, et al. 2010. Cytotoxic polyphenols from the marine-derived fungus *Penicillium expansum*. J Nat Prod, 73: 911 - 914.

Maria G L, Sridhar K R. 2003. Diversity of filamentous fungi on woody litter of five mangrove plant species from the southw est coast of India. Fungal Divers, 14: 109 - 126.

Meng J, Xu J, Qin D, et al. 2014. Genetic and functional properties of uncultivated MCG archaea assessed by metagenome and gene expression analyses. The ISME Journal, 8: 650 - 659.

Miller N J, Rice-Evans C, Davies M J. 1993. A novel method for measuring antioxidant capacity and it s application to monitoring the antioxidant status in premature neonates. Clinical Science, 84(4): 407 - 412.

Mizuno C M, Rodriguez-Valera F, Kimes N E, et al. 2013. Expanding the marine virosphere using metagenomics. PLoS Genet, 9(12): e1003987. doi: 10.1371/journal.pgen.1003987.

Morris G M, Rappe M S, Connon S A, et al. 2002. SAR11 clade dominates ocean surface bacterioplankton communities. Nature, 420: 806 - 810.

Moss S T. 1986. The biology of marine fungi. Carbridge: Carbridge university press.

Munn C B. 2004. Marine Microbiology: Ecology and Application. Garland Science/BIOS Scientific Publishers.

Mühling M, Fuller N J, Millard A, et al. 2005. Genetic diversity of marine Synechococcus and co-occurring cyanophage communities: evidence for viral control of phytoplankton. Environ Microbiol, 7: 499 - 508.

Muzyer G, De-Waal E C, Uitterlinden A G. 1993. Profiling of complex microbial populations by denaturing gradient gel electrophoresis analysis of polymerase chain reaction-amplified genes coding for 16s rRNA. Appl Envir Microbiol, 59(3): 695 - 700.

Nakagawa A S. 1994. LIMS: Implementation and Management. The Royal for Chemistry, 7: 9 - 11.

Oliver J D. 2005. Wound infections caused by Vibrio vulnificus and other marine bacteria. Epidemiol Infect, 133: 383 - 391.

Olson N D, Ainsworth T D, Gates R D, et al. 2009. Diazotrophic bacteria associated with Hawaiian Montipora corals: Diversity and abundance in correlation with symbiotic dinoflagellates. Journal of Experimental Marine Biology and Ecology, 371: 140 - 146.

Orphan V J, House C H, Hinrichs K U, et al. 2001. Methane-consuming archaea revealed by direct coupled isotopic and phylogenetic analysis. Science, 293: 484 - 487.

Osawa R, Koga T. 1995. An Investigation of Aquatic Bacteria Capable of Utilizing Chitin as the Sole Source of Nutrients. Lett. Appl. Microbiol., 21: 288 - 291.

Otte S, Kuenen J G, Nielsen L P, et al. 1999. Nitrogen, carbon, and sulfur metabolism in natural thioploca samples. Appl. Environ. Microbiol., 65: 3148 - 3157.

Overmann J. 2001. Diversity and ecology of phototrophic sulphur bacteria. Microbiol Today, 28: 116 - 118.

Palmfeldt J, Radstrom P, Hahn-Hagerdal B. 2003. Optimisation of initial cell concentration enhances freeze-drying tolerance of *Pseudomonas chlororaphis*. Cryobiology, 47: 21 - 29.

Pang K L, Alias S A, Chiang M W L, et al. 2010. *Sedecimella taiwanensis* gen. et sp. nov., a marine mangrove fungus in the Hypocreales (Hypocreomycetidae, Ascomycota). Bot Mar, 53: 493 - 498.

Pommier T, Canback B, Riemann L, et al. 2007. Global patterns of diversity and community structure in marine bacterioplankton. Mol. Ecol., 16: 867 - 880.

Prasannarai K, Sridhar K R. 2001. Diversity and abundance of higher marine fungi on woody substrates along the west coast of India. Current Science, 81: 304 - 311.

Proctor L M, Okubo A, Fuhrman J A. 1993. Calibrating estimates of phage-induced mortality in marine bacteria: Ultrastructural studies of marine bacteriophage development from one-step growth experiments. Microb. Ecol., 25: 161 - 182.

Pruksakorn P, Arai M, Kotoku N, et al. 2010. Trichoderins, novel aminolipopeptides from a marine sponge-derived Trichoderma sp., are active against dormant mycobacteria. Bioorg Med Chem Lett, 12: 3658 - 3663.

Purushothaman A, Jayalakshmi S. 2002. Bacteria and fungi. In biodiversity in mangrove ecosystems: 179 - 196.

Qiao M F, Ji N Y, Miao F P, et al. 2011. Steroids and an oxylipin from an algicolous isolate of *Aspergillus flavus*. Magn Reson Chem, 6: 366 - 369.

Rahghukumar C. 2012. Biology of Marine Fungi. New York: Springer Heideberg.

Ragghukumar C, Raghukumar S, Sharma S, et al. 1992. Endolithic fungi from deep sea calcareous substrata: isolation and laboratory studies. *In*: Desai B N. Oceanography of the Indian Ocean. New Delhi: Oxford and IBH Publication.

Rahghukumar C, Rahghukumar S, Heelu G, et al. 2004. Buried in time: culturable fungi in a deep-sea sediment core from the Chagos Trench, Indian Ocean. Deep-Sea Res I, 51: 1759 - 1768.

Rappé M S, Connon S A, Vergin K L, et al. 2002. Cultivation of the ubiquitous SAR11 marine bacterioplankton clade. Nature, 418: 630 - 633.

Richter D L. 2008. Revival of saprotrophic and mycorrhizal basidiomycete cultures after 20 years in cold storage in sterile water. Can J Microbiol, 54: 595 - 599.

Riemann L, Steward G F, Fandino L B, et al. 1999. Bacterial community composition during two consecutive NE Monsoon periods in the Arabian Sea studied by denaturing gradient gel electrophoresis (DGGE) of rRNA genes. Deep Sea Research Part II: Topical Studies in Oceanography, 46: 1791 - 1811.

Rohwer F, Breitbart M, Jara J, et al. 2001. Diversity of bacteria associated with the Caribbean coral Montastraea franksi. Coral Reefs, 20: 85 - 91.

Roth F J, Orpurt P A, Ahearn D J, et al. 1964. Occurrence and distribution of fungi in a subtropical marine environment. Can J Bot, 42: 375 - 383.

Ryan M J, Smith D. 2003. Preserving a microorganism's capacity to produce active biomolecules. *In*: Biological Resource Centres and the Use of Microbes (N. Lima & D. Smith, eds): 197 - 216. Livraria Minho, Braga, Portugal.

Ryan M J. 2001. The use of immobilization for the preservation of Serpula lacrymas. Mycologis, 15: 65 - 67.

Ryan M J. Ellison C A. 2002. Development of cryopreservation protocol for the microcyclic rust-fungus Puccinia spegazzinii. Cryoletters, 24: 43 - 48.

Ryu H S, Kim H K, Choi W C, et al. 2006. New cold-adapted lipase from Photobacterium lipolyticum sp. nov. that is closely related to filamentous fungal lipases. Appl. Microbiol. Biotechnol, 70: 321 - 326.

Santos M J, de Oliveira P C, Trufem S F. 2003. Morphological observations on *Absidia corymbifera* and *Absidia blakesleeana* strains preserved under mineral oil. Mycoses, 46: 402 - 406.

Sakayaroj J, Pang K L, Jones E B G. 2010. Multi-gene phylogeny of the Halosphaeriaceae: its ordinal status, relationships between genera and morphological character evolution. Fungal Divers, 46: 87 - 109.

Sandaa R A, Larsen A. 2006. Seasonal variations in virus-host populations in Norwegian coastal waters: focusing on the cyanophage community infecting marine Synechococcus spp. Appl Environ Microbiol, 72(7): 4610 - 8.

Sarma V V, Vittal B P R. 2000. Biodiversity of mangrove fungi on different substrata of Rhizophora apiculata and Avicennia spp. from Godavariand Krishna deltas, east coast of India. Fungal Divers, 5: 23 - 41.

Schmit J P, Shearer C A. 2004. Geographic and host dist ribution of lignicolous mangrove microfungi. Bot Mar, 47: 496 - 500.

Schrenk M O, Kelley D S, Bolton S A, et al. 2004. Low archaeal diversity linked to subseafloor geochemical processes at the Lost City Hydrothermal Field, Mid-Atlantic Ridge. Environ Microbiol, 6(10): 1086 - 1095.

Schulz H N. 2002. Thiomargarita namibiensis: giant microbe holding its breath. ASM News, 68: 122.

Schulz H N, Jørgensen B B. 2001. Big bacteria. Ann Rev Microbiol, 55: 105 - 137.

Schwalbach M S, Hewson I, Fuhrman J A. 2004. Viral effects on bacterial community composition in marine plankton microcosms. Aquat Microb Ecol, 34: 117 - 127.

Silva B F D, Rodrigues-Fo E. 2010. Production of a benzylated flavonoid from 5, 7, 3′, 4′, 5′-pentamethoxyflavanone by Penicillium griseoroseum. J Mol Catal B-Enzym, 67: 184 - 188.

Silva E D, Geiermann A S, Mitova M I, et al. 2009. Isolation of 2 - pyridone alkaloids from a new Zealand marine-derived *Penicillium* species. J Nat Prod, 72: 477 - 479.

Singleton V L, Orthofer R, Lamuela-Raventos R M. 1999. Analysis of tot al phenols and other oxidation substrates and antioxidants by means of Folin-Ciocalteu reagent. Methods in Enzymology, 299: 152 - 178.

Smith D, Ryan M J. 2008. The impact of OECD best practice on the validation of cryopreservation techniques for microorganisms. CryoLetters, 29: 63 - 72.

Smith D, Ryan M. 2012. Implementing best practices and validation of cryopreservation techniques for microorganisms. Scientific World Journal, 2012: 805659.

Song F, Ren B, Yu K, et al. 2012. Quinazolin-4 - one coupled with pyrrolidin-2 - iminium alkaloids from marine-derived fungus *Penicillium aurantiogriseum*. Mar Drugs, 10: 1297 - 1306.

Spring S, Bazylinski D A. 2000. Magnetotactic bacteria. *In*: Dworkin, M. (ed). The Prokaryotes: an evolving electronic resource for the microbiological community, 3rd edition. New York: Springer-Verlag.

Statzell-Tallman A, Scorzetti G, Fell J W. 2010. Candida spencermartinsiae sp. nov., *Candida taylorii* sp. nov. and *Pseudozyma abaconensis* sp. nov., novel yeasts from mangrove and coral reef ecosystems. Inter J Syst Evol Microbiol, 60: 1978 - 1984.

Statzell-Tallman A, Belloch C, Fell J W. 2008. Kwoniella mangroviensis gen. nov., sp. Nov. (Tremellales, Basidiomycota), a teleomorphic yeast from mangrove habitats in the Florida Everglades and Bahamas. FEMS Yeast Res, 8: 103 - 113.

Steward G F, Wikner J, Smith D C, et al. 1992. Estimation of virus production in the sea. I. Method development. Mar Microb Food Webs, 6: 57 - 78.

Stielow J B, Vaas L A, Goker M, et al. 2012. Charcoal filter paper improves the viability of cryopreserved filamentous ectomycorrhizal and saprotrophic Basidiomycota and Ascomycota. Mycologia, 104: 324 - 330.

Stoeck T, Epstein S. 2003. Novel eukaryotic lineages inferred from small-subinit rRNA analyses of oxygen-depleted marine environments. Appl Environ Microbiol, 69: 2657 - 2663.

Suetrong S, Schoch C L, Spatafora J W, et al. 2009. Molecular systematics of the marine *Dothideomycetes*. Studies Mycol, 64: 155 - 173.

Sun H F, Li X M, Meng L, et al. 2012. Asperolides A-C, tetranorlabdane diterpenoids from the marine alga-derived endophytic fungus *Aspergillus wentii* EN-48. J Nat Prod, 75: 148 - 152.

Sun Y L, Bao J, Liu K S, et al. 2013. Cytotoxic dihydrothiophene-condensed chromones from marine-derived fungus *Penicillium oxalicum*. Planta Med, 79: 1474 - 1479.

Suttle C A. 2007. Marine viruses--major players in the global ecosystem. Nat Rev Microbiol, 5: 801 - 812.

Suttle C A. 2005. Viruses in the sea. Nature, 437: 356 - 361.

Sullivan M B, Waterbury J B, Chisholm S W. 2003. Cyanophages infecting the oceanic cyanobacterium Prochlorococcus. Nature, 424: 1047 - 1051.

Takami H, Inoue A, Fuji F, et al. 1997. Microbialflora in the deepest sea mud of Mariana Trench. FEMS Microbiol Lett, 152: 279 - 285.

Tan C S, Stalpers J A, van Ingen C W. 1991. Freeze-drying of fungal hyphae. Mycologia, 83: 654 - 657.

Tan C S, van Ingen C W, Stalpers J A. 2007. Freeze-drying fungi using a shelf freeze-drie. Methods Mol Biol, 368: 119 - 125.

Tavormina P L, Ussler III W, Joye S B, et al. 2010. Distributions of putative aerobic methanotrophs in diverse pelagic marine environments. The ISME Journal, 4: 700 - 710.

Taylor M W, Radax R, Steger D, et al. 2007. Sponge-associated microor-ganisms: evolution, ecology, and biotechnological potential. Microbiol. Mol. Biol. Rev., 71: 295 - 347.

Taylor V I, Baumann P, Reichelt J L, et al. 1974. Isolation, enumeration, and host range of marine bdellovibrios. Archives of Microbiology, 98: 101 - 114.

Teske A, Sogin M L, Nielsen L P, et al. 1999. Phylogenetic Relationships of a Large Marine Beggiatoa. Systematic and Applied Microbiology, 22: 39 - 44.

Thompson F L, Iida T, Swings J. 2004. Biodiversity of vibrios. Microbiol. Mol. Biol. Rev., 68: 403 - 431.

Turich C, Freeman K H, Bruns M A, et al. 2007. Lipids of marine Archaea: Patterns and provenance in the water-column and sediments. Geochim Cosmochim Acta, 71: 3272 - 3291.

Uchida R, Tomoda H, Arai M, et al. 2001. Chlorogentisylquinone, a new neutral sphingomyelinase inhibitor produced by a marine fungus. J Antibiot, 54: 882 - 889.

Ui H, Shiomi K, Yamaguchi Y, et al. 2001. Nafuredin, a novel inhibitor of NADH-fumarate reducetase produced by Aspergillus niger FT-0554. J Antibiot, 54: 234 - 238.

Urdaci M C, Stal L J, Marchand M. 1988. Occurrence of nitrogen fixation among Vibrio spp. Arch. Microbiol, 150: 224 - 229.

Venter J C, Remington K, Heidelberg J F, et al. 2004. Environmental genome shotgun sequencing of the Sargasso sea. Science, 304(5667): 66 - 74.

Wang F, Fang Y, Zhu T, et al. 2008. Seven new prenylated indole diketopiperazine alkaloids from holothurian-derived fungus *Aspergillus fumigatus*. Tetrahedron, 64: 7986 - 7991.

Wang H, Liu N, Xi L J, et al. 2011. Genetic screening strategy for rapid access to polyether ionophore producers and products in actinomycetes. Applied and Environmental Microbiology, 77: 3433 - 3442.

Wang W L, Wang Y, Tao H W, et al. 2009. Cerebrosides of the halotolerant fungus Alternaria raphani isolated from a sea salt field. J Nat Prod, 72: 1695 - 1698.

Ward B B, O'Mullan G D. 2002. Worldwide Distribution of Nitrosococcus oceani, a Marine Ammonia-Oxidizing γ - Proteobacterium, Detected by PCR and Sequencing of 16S rRNA and amoA Genes. Appl. Environ. Microbiol, 68: 4153 - 4157.

Wei H, Inada H, Hayashi A, et al. 2007. Prenylterphenyllin and its dehydroxyl analogs, new cytotoxic substances from a marine-derived fungus *Aspergillus candidus* IF10. J antibiot, 60: 586 - 590.

Wei M Y, Wang C Y, Lin Q A, et al. 2010. Five sesquiterpenoids from a marine-Derived fungus *Aspergillus* sp. isolated from a gorgonian *Dichotella gemmacea*. Mar Drugs, 8: 941 - 949.

Wilhelm S W, Brigden S M, Suttle C A. 2002. A dilution technique for the direct measurement of viral production: a comparison in stratified and tidally mixed coastal waters. Microb Ecol, 43(1): 168 - 73.

Winston G W, Regoli F, Dugas A J. 1998. A rapid gas chromatographic assay for determining oxyradical scavenging capacity of antioxidant s and biological fluids. Free Radical Biology and Medicine, 24(3): 480 - 493.

Woese C R, Weisburg W G, Hahn C M, et al. 1985. The Phylogeny of Purple Bacteria: The Gamma Subdivision. Systematic and Applied Microbiology, 6: 25 - 33.

Wommack K E, Colwell R R. 2000. Virioplankton: viruses in aquatic ecosystems. Microbiol Mol Biol Rev, 64: 69 - 114.

Wood C B, Pritchard H W, Miller A P. 2000. Simultaneous preservation of orchid seed and its fungal symbiont using encapsulation-dehydration is dependent on moisture content and storage temperature. Cryoletters, 21: 125 - 136.

Wuana R A, Okieimen F E. 2011. Heavy metals in contaminated soils: a review of sources, chemistry, risks and best available strategies for remediation. ISRN Ecol, 2011: 1 - 20.

Yamada T, Iritani M, Ohishi H, et al. 2007. Pericosines, antitumour metabolites from the sea hare-derived fungus *Periconia byssoides*. Structures and biological activities. Org Biomol Chem, 24: 3979 - 3986.

Yang Y L, Xu Y, Kersten R D, et al. 2011. Connecting chemotypes and phenotypes of cultured marine microbial assemblages by imaging mass spectrometry. Angew Chem Int Ed Engl, 50(26): 5839 - 5842.

Zaccone R, Caruso G, Azzaro M. 1996. Detection of Nitrosococcus oceanus in a Mediterranean lagoon by immunofluorescence. J. Appl. Bacteriol., 80: 611 - 616.

Zaunstoch B, Molitoris H P. 1995. Germination of fungal spores under deep-sea conditions. Abstr. VI International Marine Mycology Symposium, Univ. Portsmouth, England.

Zeng R Y, Xiong P J, Wen J J. 2006. Characterization and gene cloning of a cold-active cellulase from a deep-sea psychrotrophicbacterium Pseudoalteromonas sp. DY3. Extremophiles, 10: 79 - 82.

Zeng X, Xiao X, Wang P, et al. 2004. Screening and characterization of psychrotrophic, lipolytic bacteria from deep-sea sediments. J. Microbiol. Biotechnol, 14: 952 - 958.

Zengler K, Toledo G, Rappe M, et al. 2002. Cultivating the uncultured. Proc Natl Acad Sci USA, 99(24): 15681 - 15686.

Zhang C, Kim S K. 2010. Research and application of marine microbial enzymes: status and prospects. Mar. Drugs, 8:

1920 - 1934.

Zhang Q Q, Wu J J, Li L. 1998. Storage of fungi using sterile distilled water or lyophilization: comparison after 12 years. Mycoses, 41: 255 - 257.

Zhang Y Y, Dong J D, Yang B, et al. 2009. Bacterial community structure of mangrove sediments in relation to environmental variables accessed by 16S rRNA gene-denaturing gradient gel electrophoresis fingerprinting. Scientia Marina, 73 (3): 487 - 498.

Zhang Y Y, Dong J D, Yang Z H, et al. 2008. Phylogenetic diversity of nitrogen-fixing bacteria in mangrove sediments assessed by PCR- Denaturing Gradient Gel Electrophoresis. Archives of Microbiology, 190(1): 19 - 28.

Zhang W, Li Z Y, Miao X L, et al. 2009. The Screening of Antimicrobial Bacteria with Diverse Novel Nonribosomal Peptide Synthetase (NRPS) Genes from South China Sea Sponges. Marine Biotechnology, 11(3): 346 - 355.

Zhang Y, Wang H K, Crous P W, et al. 2009. Towards a phylogenetic clarification of Lophiostoma/Massarina and morphologically similar genera in the Pleosporales. Fungal Divers, 38: 225 - 251.

Zhang X Y, Bao J, Wang G H, et al. 2012a. Diversity and antimicrobial activity of culturable fungi isolated from six species of the South China Sea gorgonian corals. Microb Ecol, 64: 617 - 627.

Zhang X Y, Sun Y L, Bao J, et al. 2012b. Phylogenetic survey and antimicrobial activity of culturable microorganisms associated with the South China Sea black coral Antipathes dichotoma. FEMS Microbiol Lett, 336: 122 - 130.

Zhang X Y, Zhang Y, Xu X Y, et al. 2013. Diverse deep-sea fungi from the South China Sea and their antimicrobial activity. Curr Microbiol, 67: 525 - 530.

Zhao J, Li L, Ling C, et al. 2011. Marine compound Xyloketal B protects PC12 cells against OGD-induced cell damage. Brain Res, 1302: 240 - 247.

Zhao Y, Temperton B, Thrash J C, et al. 2013. Abundant SAR11 viruses in the ocean. Nature. 494: 357 - 360.

Zhou K, Zhang X, Zhang F L, et al. 2011. Phylogenetically diverse cultivable fungal community and polyketide synthase(PKS), non-ribosomal peptide synthase(NRPS) genes associated with the South China Sea sponges. Microb Ecol, 62: 644 - 654.

Zuccaro A, Schulz B, Mitchell J I. 2003. Molecular detection of ascomycetes associated with Fucus serratus. Mycol Res, 107: 1451 - 1466.

第三章

海洋植物资源评价与保护

第一节 海洋植物资源概述

一、海藻资源概述

1. 海藻资源的主要特性与重要性

海藻是地球上最原始的植物,也是海洋中最主要的植物资源。海藻与其他植物的主要区别是个体结构原始、简单,虽然部分大型海藻具有假根、假叶和假茎结构,但没有形成真正的根、茎、叶器官的分化,甚至大多数海藻物种为单细胞生物。海藻根据其形体大小分为大型海藻和微型海藻(海洋微藻),后者指个体形态无法用肉眼,而必须借助显微镜才能观察的海藻,个体(或细胞)大小在1~10μm,最小的直径仅有0.5μm。

光合作用是绿色地球最具有标志性、意义最为重大的生命现象。海洋蓝藻起源于35亿年前,是地球最古老的先驱生物类群之一。以光合放氧为标志的海藻植物的起源与演化,是地球生命演化历程中至关重要的历史事件。海藻作为植物光合作用演化的活化石,它不仅是最早的放氧光合生物,而且还涵盖原核细胞(蓝藻)到真核细胞(真核藻类)的共生进化这一重大生命进程。正是在海藻起源与演化的基础上,开启了陆地低等苔藓到高等植物间所有植物的演化,进而为地球所有动物提供赖以生存的氧气、基础性食物(初级生产力)和能量,推动海洋、陆地其他生命形态包括人类的繁衍生息和演化。海藻通过吸收水体中的无机碳源,经过光合作用将无机碳转变为有机物并释放出氧气,为海洋生态系统提供初级生产力和进化动力,从而逐步改变了原始地球的恶劣生态环境,为地球生物快速演化创造了必要的条件(如氧气、食物、并形成吸收紫外线的臭氧层等);当今,海藻仍是维持地球生态平衡主要贡献者。远古海藻还是化石能源(石油、天然气)的主要贡献者之一。

现存的海藻在地球生态系统中仍然起着十分重要的作用。其中海洋微藻广泛分布于整个海洋的真光层,是海洋初级生产力最主要的贡献者,对整个地球的初级生产力的贡献接近50%,甚至超过了热带雨林的贡献,是决定海洋生态系统的功能和容量的关键,并对维护全球生态平衡起到了至关重要的作用(Behrenfeld et al., 1997)。大型海藻主要分布于近海与岛礁潮间带、浅海底层和浅层海山顶部,形成了独特的"海底森林"景观,对维护近海的生态平衡和海洋环境安全起到重要作用。海藻除了通过光合作用吸收利用碳、氮、硫、磷、铁等无机元素,相当一部分海藻(主要是微藻)还可通过异养作用吸收利用碳、氮、磷有机物,在海洋生态系统的物质循环、能量传递和海洋环境安全的维护中起到极为重要的作用,海藻通过调节大气中二氧化碳的浓度从而对全球气候变化产生重大影响(高亚辉等,2011)。

作为高效利用转化并贮存太阳能的最原始生命形态,海藻生长速度快,适应能力强,整个藻体含有大量生物活性物质、营养物质及新材料成分,可充分地被利用开发。这些特性决定了海藻具有重要的资源利用和保护价值。

海洋面积占地球面积的70%以上,全球几乎98%的水体为海水,在剩余的2%当中,仅有0.4%为工农业和人类生活所能使用的淡水。随着全球陆地(土地、淡水等)资源的日益衰竭,全球性环境问题的日益突出,海藻的资源评价、保护和利用开发备受关注。海洋环境的污染导致微藻暴发式增长繁殖,形成赤潮灾害,并引发次生灾害,对海洋生态系统和人类安全产生严重威胁,也是国际上长期关注的热点。我国发现的赤潮藻至少有150多种,其中有毒赤潮藻类30余种,甲藻、硅藻类的赤潮藻类占了其中的绝大多数,各有70余种(赵冬至等,2010)。

由于生存环境特殊,海藻中含有独特、丰富的天然产物。目前,仅在微藻中检测到的新化合物已达15 000种以上,而大型海藻作为食品和医药原料已具有悠久的历史,褐藻胶、琼胶、卡拉胶三大海藻胶已形成十分庞大的产业,并得以广泛应用。海藻代谢产物包括类胡萝卜素、多糖、蛋白质、海藻淀粉、油脂、海藻毒素、甾醇、不饱和脂肪酸等化学成分,在食品、医药保健、化妆品、能源、动物饲料等诸多领域具有高值化开发前景(Tabatabaei et al.,2011;徐少琨等,2011)。

海藻生物多样性十分丰富,其中大型海藻有近1万种,主要为绿藻(1500多种)、褐藻(1800多种)和红藻三类(6000多种);而海洋微藻物种数量庞大,生物多样性极其丰富,据估计海洋微藻物种数量可能高达20万~80万种。开展规模化商业利用的物种不过几十种,其中海洋微藻不过3种。因此,海藻特别是海洋微藻无疑是尚未充分开发的资源宝库,开展海藻资源的评价与保护,对促进海洋资源的可持续利用、保护海洋乃至整个地球的生态环境意义重大。

2. 海藻资源的生物多样性

在生物学分类系统上,海藻按照传统分类概念,被分为蓝藻门、绿藻门、原绿藻门、红藻门、褐藻门、硅藻门、甲藻门、金藻门、隐藻门、裸藻门(眼虫藻门)和黄藻门11个门(钱树本等,2005)。随着分子生物学的飞速发展和真核细胞共生理论的建立,藻类的系统分类结构几乎发生了天翻地覆的变化,但由于这些分类地位的变化存在广泛争论,缺乏公认的分类标准,分子分类数据库现有数据有限,因此,本文仍然沿袭传统分类结构简要介绍各个门类的海藻植物多样性和分类学特征。

(1)蓝藻

蓝藻(Cyanophyta)又称蓝绿藻,属原核生物,为蓝藻门的藻类,蓝藻门的藻类均为微藻。蓝藻无论是从细胞学还是分子生物学角度,都属于真细菌,因此也称为蓝细菌(Cyanobacteria)。根据真核生物的共生起源理论,蓝藻是最原始的具有放氧光合作用的生物系统学单元,通过共生过程,蓝藻演化为真核藻类和陆地植物色素体或叶绿体(共生体),因此,蓝藻是所有光合放氧生物的始祖。海洋蓝藻均为微型海藻,个体形态多为球状单细胞或丝状体,呈游离或群体状态,丝状体多为多细胞,不分枝、分枝或假分枝,一些多细胞丝状体蓝藻出现细胞分化,如形成厚壁孢子和异形胞。蓝藻含叶绿素a和藻胆蛋白,但不含叶绿素b。

常见的海洋蓝藻包括集胞藻(*Synechocystis*)、螺旋藻(*Spirulina*)、节旋藻(*Authospira*)、束毛藻(*Trichodesmium*)、植生藻(*Richelia*)、节球藻(*Nodularia*)、束丝藻(*Aphanizomenon*)、念珠藻(*Nostoc*)、聚球藻(*Synechococcus*)、鱼腥藻属(*Anabaena*)、眉藻(*Catothri*)、颤藻(*Oscillatoria*)和鞘丝藻属(*Lyngbya*)等。聚球藻是大洋初级生产力的主要贡献者(Scanlan et al., 2009)。束毛藻、植生藻易形成赤潮(Hoffmann, 2010)。

许多蓝藻具有极强的抗高温、低温、高盐、高碱、干旱、强电离辐射等极端适应能力,因而在热泉、沙漠、极地等极端环境下均有广泛分布。蓝藻的极端适应特性研究不仅在探索生命系统和光合作用等生命机制的起源演化上具有重要的理论意义,利用蓝藻可望开发具有抗氧化、抗辐射的高值化产品,在医药保健和辐射防护上应用前途广阔。螺旋藻是优良的商业藻种,已实现大规模产业化开发,已成为食品、饲料、医药保健以及化妆品等轻化工行业的优质生物原料(吴华莲,2007)。

(2) 原绿藻门

原绿藻门(Prochlorophyta)藻类为原核生物,目前仅有3个属,包括单细胞的原绿藻属(*Prochloron*)和原绿球藻属(*Prochlorococcus*),以及多细胞丝状体的原绿丝藻属(*Prochlorothrix*),均为微型海藻。该门类藻类不含藻胆色素。原绿藻含有叶绿素a和叶绿素b或叶绿素a和b的二乙烯基衍生物,二乙烯基叶绿素a如同叶绿素a一样,具有光合中心色素的功能。最早发现的原绿藻门物种为原绿藻(*Prochloron didemni*),该物种以与海鞘类动物共生的方式生存,目前尚不能人工培养,主要分布在南太平洋岛屿、西沙群岛和三亚市近海等热带海域。16S rDNA测序结果表明原绿藻属于蓝藻中更原始的分支,因此在光合作用演化和真核藻类的起源上具有重要意义(Lewin,2005)。海洋原绿球藻(*Prochlorococcus marinus*)是原绿藻门的另一个重要物种,是大洋区初级生产力的主要贡献者。我国南海、东海和黄海小部分海区均有分布(焦念志和杨燕辉,2002)。

(3) 红藻

红藻门(Rhodophyta)藻类绝大部分海生,海生物种绝大部分为大型海藻,仅有约10种为单细胞微型海藻。红藻含有大量藻红蛋白和少量藻蓝蛋白,故常呈红色或紫色。红藻门的大型海藻包括紫菜、石花菜、江蓠、麒麟菜等种属,单细胞微型海藻海水种属包括紫球藻属(*Porphyridium*)、蔷薇藻属(*Rhodella*)、*Cyanidioschyzon*和*Dixoniella*等(张艳燕等,2008;Scott et al., 2011)。单细胞红藻*Cyanidioschyzon merolae*是首个完成基因组测序的藻类物种,是目前结构最简单的光合真核生物之一,可望成为研究细胞器分裂机制的良好模式材料(Matsuzaki et al., 2004)。红藻是三大海藻胶中的卡拉胶和琼胶的重要资源,同时也是藻胆蛋白、胞外多糖等生物活性物质的良好资源。紫菜属、石花菜属、江蓠属、麒麟菜属的许多大型海藻已实现大规模人工养殖,我国的紫菜养殖规模仅次于海带,近年来,龙须菜和麒麟菜的养殖在南方地区得到了快速发展。

(4) 绿藻门

海洋绿藻(Chlorophyta)含有叶绿素a和叶绿素b,呈绿色,以淀粉为贮藏物质,淀粉多以淀粉粒或蛋白核的形式存在,细胞壁含纤维素,与高等植物极为相似,因而认为是高等植物的直接祖先。绝大多数种类产于淡水,少数产于海水。繁殖方式为无性繁殖或有性繁殖。单细胞绿藻无性繁殖方式以似亲孢子繁殖为主,有性繁殖为等世代交替,可形成游动孢子

(Palmer et al. , 2004)。

海洋中分布有许多绿藻门的大型海藻,常见的种属包括石莼(*Ulva*)、浒苔(*Enteromorpha*)、礁膜(*Monostroma*)等。海水中单细胞绿藻的常见种属有杜氏藻(*Dunaliella*)、小球藻(*Chlorella*)、扁藻属(*Platymonas*)、*Picochlorum*、*Nannochlorum* 等,此外海水中还有蚝球藻(*Ostreococcus*)、青绿球藻(葱绿藻,*Prasinococcus*)、密球藻(*Pycnococcus*)、青绿皮藻(*Prasinoderma*)、微胞藻(*Micromonas*)、微绿球藻(*Nannochloris*)、栅藻(*Scenedesmus*)(姚鹏,2005; Keeling, 2007; 左云龙等,2011)。近些年来,原来几乎只有大型物种的石莼纲绿藻也相继发现了不少单细胞种类。

海水小球藻(*Chlorella*)和盐生杜氏藻(*Dunaliella*)已实现大规模工厂化培养,前者主要为水产养殖提供饵料,后者主要用于β-胡萝卜素的高值化利用与开发。许多微型海洋绿藻是开发生物柴油、优质饲料、营养食品和功能保健品的优良资源。

(5) 褐藻

褐藻门(Phaeophyta)藻类为多细胞藻类,几乎全部是海水物种,个体形态包括异丝体和叶状体,叶状体褐藻形成了假根、假茎、假叶的分化,有的甚至具有气囊构造,如马尾藻属的藻类,可协助藻体漂浮在海面上。除少数丝状体藻类外,多为大型海藻。细胞壁由纤维素和褐藻胶组成。色素体1至多个,具蛋白核。细胞贮藏产物主要是褐藻淀粉和甘露醇。藻细胞可大量富集碘。褐藻除了墨角藻目的褐藻种类生活史中仅有双倍体的孢子体世代外,其他褐藻在整个生活史中都有双倍体的孢子体世代和单倍体的配子体世代交替现象,世代交替明显,减数分裂都在孢子囊形成孢子时的第一次分裂时进行。它们的世代交替有等世代交替和不等世代交替2种类型,前者孢子体和配子体形状、大小相同,如水云属、网地藻属的褐藻;后者生活史中的配子体和孢子体无论形态还是大小均不相同,如海带。褐藻门藻类繁殖方式有营养繁殖、无性孢子繁殖和有性繁殖3种方式。精子和游动孢子具2条不等长侧生鞭毛,分别为向前、较长的茸鞭型和向后、较短的尾鞭型鞭毛,运动细胞具有眼点结构。

褐藻的主要种属包括海带(*Laminaria*)、巨藻(*Macrocystis*)、裙带菜(*Undaria*)、昆布(*Ecklonia*)、马尾藻(*Sargassum*)、墨角藻(*Fucus*)、鹿角菜(*Pelvetia*)、泡叶藻(*Ascophyllum*)、水云(*Ectocarpus*)等,主要分布于寒带和温带海洋,生长在低潮带和潮下带的岩石上。

褐藻直接作为药用,在我国已有上千年的历史,据《本草纲目》记载,海带、昆布和羊栖菜主治瘿瘤、结气、瘘症和水肿等。褐藻是生产褐藻胶、甘露醇、碘、海藻肥料、水产饲料、褐藻淀粉、海藻化妆品的重要原料。目前已有海带属、裙带菜属、巨藻属和马尾藻属的10多种褐藻实现了规模化人工养殖,其中海带是目前国际上养殖产量最大的海藻。

(6) 硅藻

在近海海洋环境中,硅藻(Diatom)是海洋微藻的主要类群,为沿海水域初级生产力的主要贡献者。据估计海洋中有20万种不同的硅藻种类,然而,目前已被记录的地球上的硅藻种类估计只有11 200种(Kooistra et al. , 2007)。

硅藻细胞壁为硅质壳体,由上壳下壳套合而成,其大小从几微米到几毫米不等,以单细胞或多细胞连接的链状群体的形式存在,按传统分类系统的硅壳花纹特征,硅藻类分为花纹辐射对称的中心硅藻类和花纹左右羽纹硅藻类。硅藻常见分裂方式为二分裂,硅壳越分越小,最后通过复大孢子繁殖方式恢复原有大小,复大孢子形成有无性和有性两种方式。常见种属包括褐指藻(*Phaeodactylum*)、菱形藻(*Nitzschia*)、拟菱形藻(*Pseudonitzschia*)、角毛藻(*Chaetoceros*)、圆筛藻(*Coscinodiscus*)、舟形藻(*Navicula*)、小环藻(*Cyllotella*)、盒形藻属(*Biddulphia*)、骨条藻(*Skeletonema*)、桥弯藻(*Cymbella*)等。

海洋硅藻每年固定的有机碳和地球上热带雨林固定的有机碳相当(高亚辉等,2011)。海洋中种类多样化程度最高的微藻是硅藻,海洋硅藻既是赤潮生物的主要类群之一,也是海洋动物的重要饵料生物。

(7) 甲藻

甲藻门(Dinoflagellata)藻类是海洋单细胞藻类,是近海海域的海洋微藻的优势种群之一,也是主要的赤潮藻类种群之一。甲藻细胞通常呈黄绿色或棕黄色,通常有一条横沟和一条纵沟。其重要特征之一是有两根鞭毛,故又称双鞭藻。甲藻繁殖有无性繁殖和有性繁殖两种方式。

甲藻种类繁多,全世界已记录的有115~131个属,1400~1800种(Gómez et al., 2004),其中数十种已发现具有产毒特性。我国目前发现赤潮甲藻种类70种,已引发赤潮的物种至少有18种,其中以热带种类为主(赵冬至等,2010)。我国已报道的海洋甲藻物种有卡氏前沟藻(*Amphidinium carterae*)、墨西哥原甲藻(*Prorocentrum mexicanum*)、暹罗蛎甲藻(*Ostreopsis siamemsis*)、克氏前沟藻(*Amphidinium klebsii*)、利玛原甲藻(*Prorocentrum lima*)、有毒冈比甲藻(*Gambierdiscum toxicus*)、*Coolia monotis* 等,其中多为产毒物种。

随着大规模甲藻赤潮的频繁暴发、海鲜中毒等危害人类生命安全事件时有发生,水产品安全及人类生命安全保障问题日益受到重视。甲藻毒素具有抗肿瘤等生物活性,已成为海洋生物活性先导化合物研究中进展最为迅速的领域之一。甲藻毒素的诊断试剂开发也具有极高的商业开发价值。但是,由于甲藻难以人工培养,有毒甲藻的培养技术及其产毒机制是其应用开发的关键。

(8) 金藻

金藻(Chrysophyta)为单细胞或单细胞群体微藻,主要为淡水种,运动或不运动,外观多呈金黄色,色素体1~2个,片状、侧生;光合色素包含叶绿素a、叶绿素c、胡萝卜素、叶黄素和岩藻黄素等;贮存产物为金藻昆布糖和脂肪。具1或2条鞭毛;运动的种类细胞大多无细胞壁;有细胞壁的种类,细胞壁形成鳞片或囊壳结构。以细胞分裂、群体断裂方式进行营养繁殖,也以形成内壁孢子(静孢子)的方式进行繁殖。

海洋金藻在近岸和大洋中均有分布。海洋金藻主要种属有锥囊藻(*Dinobryon*)、等鞭金藻(*Isochiysis*)、金色藻(*Chrysochromulina*)、钙板金藻、硅鞭金藻、小三毛金藻、微拟球藻(*Nannochloropsis*)、簇游藻属(*Corymbellus*)、桥石藻(*Gephyrocapsa*)、棕囊藻(*Phaeocystis*)、普林藻(*Prymnesium*)等(钱树本等,2005;胡晓燕,2005)。许多金藻物种具有DHA、EPA和生物柴油开发潜力。

(9) 隐藻

隐藻门(Cryptophyta)藻类有100多种,均为单细胞微藻,淡水和海水中均广为分布。多数种类具2条鞭毛(茸鞭型、片羽型各1条)。细胞壁无纤维素。类囊体具双层、四重套膜,为真核藻类次级共生进化的遗存结构。光合作用色素有叶绿素a、叶绿素c、β-胡萝卜素及藻胆色素,藻胆色素有藻蓝蛋白、藻红蛋白、别蓝藻蛋白3种组分。以纵分裂或游动孢子方式繁殖。

海洋隐藻类微藻多为广盐性种类,在近岸海域分布较多。少数物种可形成赤潮。主要海水种属有隐藻(*Cryptomonas*)、红胞藻(*Rhodomona*)、蓝隐藻(*Chroonomas*)、半片藻(*Hemiselmis*)、斜片藻(*Plagioselmis*)、全沟藻(*Teleaulax*)等(邢小丽等,2008)。隐藻类海洋微藻可望作为DHA、藻胆蛋白及水产饵料生物的优良资源。

(10) 黄藻

黄藻门(Xanthophyta)藻类大多为淡水种。为单细胞、群体、多核管状或丝状体微藻,黄藻的细胞壁常由相互叠合呈"H"形的两半组成,细胞壁含多量果胶质,多数由相等或不相等的"H"形的2节片套合组成。运动的个体和动孢子具有2条不等长鞭毛,极少数具1条鞭毛。贮藏养分为油类,色素体中含有叶绿素a、叶绿素c、β-胡萝卜素及叶黄素,叶绿体中β-胡萝卜素的含量较高,运动细胞具不等长鞭毛,多以动孢子和休眠孢子等方式行无性繁殖,有性繁殖少见(钱树本等,2005)。

我国已报道的黄藻门海水单细胞主要物种有异胶藻(*Heterogloea* sp.)、绿色海球藻(*Halosphaera viridis*)和赤潮异弯藻(*Heterosigma akashiwo*),异胶藻可作为海水养殖育苗中的饵料生物,赤潮异弯藻常形成有害赤潮。

(11) 裸藻门

裸藻门(Euglenophyta)海藻无纤维素细胞壁,大多是具鞭毛游动型的单细胞体。许多种类可行变形运动。贮藏物质均为裸藻淀粉。大多物种具色素体,色素体中有1个眼点。全世界有1000多种,分布较广,仅少数产于海水和半咸水。

裸藻门的海水物种有绿色裸藻(*Euglena viridis*)、钝顶裸藻(*Euglena obtusa*)、膝曲裸藻(*Euglena geniculate*)、静裸藻(*Euglena deses*)、梭形裸藻(*Euglena acus*)、盐生裸藻(*Euglena salina*)、细小裸藻(*Euglena gracilis*)、密盘裸藻(*Euglena wangi*)等(Guiry et al.,2011;钱树本,2005)。

裸藻营养方式有植物性、动物性或腐生性。不同程度富营养水体中常生长特有的种类,可利用其作为鉴别有机污染程度的指示生物或净化水质。

二、海草资源概述

海草(seagrass)是一类在全球的温带、亚热带和热带浅水域具有广泛分布的单子叶草本植物,一般分布在潮下带6m以上(少数可深达50m)的沙湾、泥滩、泻湖区和河口区,其在水中完成生命史,是唯一可以适应海洋环境并且开花的单子叶植物(林鹏,2009;李博,2000)。

据初步粗略估计,全球海草的总面积为$6\times10^5km^2$,相当于近海面积的10%或全球海洋面积的0.15%。全球海草分布可分为6大区系(图3-1):北大西洋温带区系、热带大西洋区系、地中海区系、北太平洋温带区系、热带印度洋-太平洋区系、南部温带海洋区系,共6科,12属,72种。其中大叶藻科(Zostreraceae)19种,波喜荡草科(Posidoniaceae)8种,丝粉藻科(Cymodoceaceae)17种,水鳖科(Hydrocharitaceae)20种,眼子菜科(Potamogetonaceae)6种,角果藻科(Zannichelliaceae)2种,其中10属在南北半球均有分布,根枝草属(*Amphibolis*)只分布在南半球,虾海藻属(*Phyllospadix*)只分布在北半球(表3-1)。海草在我国沿海分布范围较广，其中，我国亚热带和热带海草床位于西太平洋温带区系和印度太平洋区系的重叠区，在生物地理学研究上具有特殊意义。

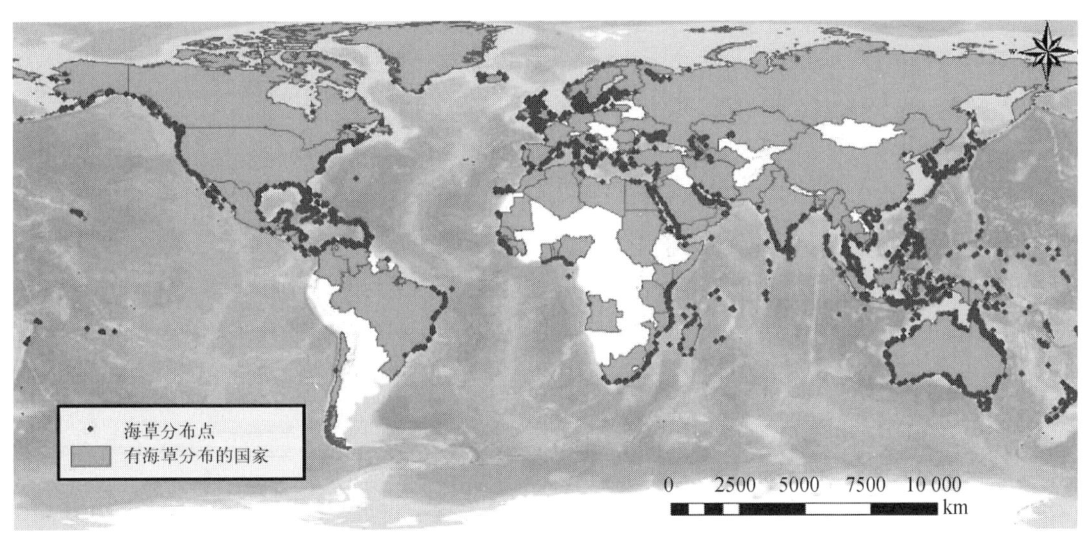

图 3-1 世界海草种类分布图(引自 Murray et al., 2011)

表 3-1 世界海草种类分布(IUCN,2014)

区 域	国家和地区	种 类
温带		
北美洲	北美洲海岸	大叶藻 *Zostera marina*(优势)
		川蔓藻 *Ruppia maritima*
		二药藻 *Halodule wrightii*(仅北卡罗来纳州)
欧洲	北卡罗来纳州	*Z. marina*(优势)
		大叶藻 *Z. noltii*
		川蔓藻 *R. maritima*
		丝粉藻 *Cymodocea nodosa*
热带		
大西洋	加勒比海和墨西哥湾	泰来藻 *Thalassia testudinum*(优势)
		丝粉藻 *Syringodium filiforme*(优势)
		二药藻 *Halodule wrightii*(优势)
		H. bermudensis(仅百慕大群岛)
		二药藻 *Halodule beaudettei*
		喜盐草 *Halophila baillonii*
		喜盐草 *Halophila decipiens*
		喜盐草 *Halophila engelmanni*
		喜盐草 *Halophila johnsonii*(仅佛罗里达)
		喜盐草 *Halophila stipulacea*(格林纳达引入种)
		川蔓藻 *Ruppia maritima*
	巴西	二药藻 *Halodule wrightii*(优势)
		二药藻 *Halodule marginata*
		喜盐草 *Halophila baillonii*

续表

区　域	国家和地区	种　　类
		喜盐草 *Halophila decipiens*
		川蔓藻 *Ruppia maritima*
		波喜荡草 *Posidonia oceanica*(优势)
地中海	地中海	丝粉藻 *Cymodocea nodosa*
		川蔓藻 *Ruppia cirrhosa*(as spiralis)
		川蔓藻 *Ruppia maritima*
		大叶藻 *Zostera marina*
		大叶藻 *Zostera noltii*
		喜盐草 *Halophila stipulacea*(引入)
	大西洋非洲西北部加那利群岛	丝粉藻 *Cymodocea nodosa*
		二药藻 *Halodule wrightii*
		喜盐草 *Halophila decipiens*
		大叶藻 *Zostera noltii*
		大叶藻 *Zostera marina*
	黑海	大叶藻 *Zostera noltii*
		眼子菜 *Potamogeton pectinatus*
		川蔓藻 *Ruppia maritima*
		川蔓藻 *Ruppia cirrhosa*(as spiralis)
	里海和咸海	大叶藻 *Zostera noltii*
		大叶藻 *Zostera marina*(优势)
	亚洲海岸	虾海藻 *Phyllospadix iwatensis*
温带 北太平洋		
		虾海藻 *Phyllospadix japonicus*
		川蔓藻 *Ruppia maritima*
		大叶藻 *Zostera asiatica*
		大叶藻 *Zostera caespitosa*
		大叶藻 *Zostera caulescens*
		大叶藻 *Zostera japonica*
		喜盐草 *Halophila ovalis*(仅日本)
		喜盐草 *Halophila euphlebia*(仅日本)
		大叶藻 *Zostera marina*(优势)
	北美洲海岸	虾海藻 *Phyllospadix scouleri*
		虾海藻 *Phyllospadix serrulatus*
		虾海藻 *Phyllospadix torreyi*
		川蔓藻 *Ruppia maritima*
		大叶藻 *Zostera asiatica*
		大叶藻 *Zostera japonica*(引入)
		二药藻 *Halodule wrightii* Mexico only
		喜盐草 *Halophila decipiens* Mexico only
		泰来藻 *Thalassodendron ciliatum*(东非优势种)
热带 印度—太平洋	红海与东非	喜盐草 *Halophila stipulacea*(红海优势种)
		丝粉藻 *Cymodocea rotundata*
		丝粉藻 *Cymodocea serrulata*
		海菖蒲 *Enhalus acoroides*
		二药藻 *Halodule uninervis*

续表

区 域	国家和地区	种 类
		二药藻 *Halodule wrightii*
		喜盐草 *Halophila decipiens*
		喜盐草 *Halophila minor*
		喜盐草 *Halophila ovalis*
		针叶藻 *Syringodium isoetifolium*
		泰来藻 *Thalassia hemprichii*
		大叶藻 *Zostera capensis*
		二药藻 *Halodule uninervis*
	波斯湾	喜盐草 *Halophila ovalis*
		喜盐草 *Halophila stipulacea*
		针叶藻 *Syringodium isoetifolium*
		丝粉藻 *Cymodocea serrulata*(优势)
	印度	二药藻 *Halodule uninervis*(优势)
		二药藻 *Halodule pinifolia*(优势)
		泰来藻 *Thalassia hemprichii*(优势)
		泰来藻 *Cymodocea rotundata*
		海菖蒲 *Enhalus acoroides*
		喜盐草 *Halophila beccarii*
		喜盐草 *Halophila decipiens*
		喜盐草 *Halophila minor*
		喜盐草 *Halophila ovalis*
		喜盐草 *Halophila stipulacea*
		川蔓藻 *Ruppia maritima*
		针叶藻 *Syringodium isoetifolium*
		喜盐草 *Halophila decipiens*
	越南	喜盐草 *Halophila ovalis*
		针叶藻 *Syringodium isoetifolium*
		泰来藻 *Thalassia hemprichii*
		大叶藻 *Zostera japonica*
		丝粉藻 *Cymodocea rotundata*
	东南亚	丝粉藻 *Cymodocea serrulata*
		海菖蒲 *Enhalus acoroides*
		二药藻 *Halodule pinifolia*
		二药藻 *Halodule uninervis*
		喜盐草 *Halophila beccarii*
		喜盐草 *Halophila decipiens*
		喜盐草 *Halophila minor*
		喜盐草 *Halophila ovalis*
		喜盐草 *Halophila ovata*
		喜盐草 *Halophila spinulosa*
		川蔓藻 *Ruppia maritima*
		针叶藻 *Syringodium isoetifolium*
		泰来藻 *Thalassia hemprichii*
		泰来藻 *Thalassodendron ciliatum*
		丝粉藻 *Cymodocea rotundata*
	菲律宾	丝粉藻 *Cymodocea serrulata*

续表

区　域	国家和地区	种　　类
		海菖蒲 *Enhalus acoroides*
		二药藻 *Halodule pinifolia*
		二药藻 *Halodule uninervis*
		喜盐草 *Halophila beccarii*
		喜盐草 *Halophila decipiens*
		喜盐草 *Halophila minor*
		喜盐草 *Halophila ovalis*
		喜盐草 *Halophila ovata*
		喜盐草 *Halophila spinulosa*
		川蔓藻 *Ruppia maritima*
		针叶藻 *Syringodium isoetifolium*
		泰来藻 *Thalassia hemprichii*
		泰来藻 *Thalassodendron ciliatum*
		丝粉藻 *Cymodocea rotundata*
	日本南部	丝粉藻 *Cymodocea serrulata*
		海菖蒲 *Enhalus acoroides*
		二药藻 *Halodule pinifolia*
		二药藻 *Halodule uninervis*
		喜盐草 *Halophila decipiens*
		喜盐草 *Halophila minor*
		喜盐草 *Halophila ovalis*
		川蔓藻 *Ruppia maritima*
		针叶藻 *Syringodium isoetifolium*
		泰来藻 *Thalassia hemprichii*
		大叶藻 *Zostera japonica*
		喜盐草 *Halophila hawaiiana*
	夏威夷	喜盐草 *Halophila decipiens*
		川蔓藻 *Ruppia maritima*
		丝粉藻 *Cymodocea rotundata*
	澳大利亚东北部	丝粉藻 *Cymodocea serrulata*
		海菖蒲 *Enhalus acoroides*
		二药藻 *Halodule pinifolia*
		二药藻 *Halodule uninervis*
		喜盐草 *Halophila capricorni*
		喜盐草 *Halophila decipiens*
		喜盐草 *Halophila minor*
		喜盐草 *Halophila ovalis*
		喜盐草 *Halophila spinulosa*
		喜盐草 *Halophila tricostata*
		川蔓藻 *Ruppia maritima*
		针叶藻 *Syringodium isoetifolium*
		针叶藻 *Thalassia hemprichii*
		针叶藻 *Thalassodendron ciliatum*
		大叶藻 *Zostera muelleri*(*capricorni*)
		丝粉藻 *Cymodocea angustata*
	澳大利亚西北区	丝粉藻 *Cymodocea rotundata*

续表

区　域	国家和地区	种　　类
		丝粉藻 *Cymodocea serrulata*
		海菖蒲 *Enhalus acoroides*
		二药藻 *Halodule pinifolia*
		二药藻 *Halodule uninervis*
		喜盐草 *Halophila decipiens*
		喜盐草 *Halophila minor*
		喜盐草 *Halophila ovalis*
		喜盐草 *Syringodium isoetifolium*
		泰来藻 *Thalassia hemprichii*
		泰来藻 *Thalassodendron ciliatum*
		根枝草 *Amphibolis antarctica*
温带 南大洋	澳大利亚东南部和塔斯马尼亚	喜盐草 *Halophila australis*
		喜盐草 *Halophila decipiens*
		喜盐草 *Halophila ovalis*
		大叶藻 *Zostera tasmanica*(*Heterozostera tasmanica*)
		Lepilaena cylindrocarpa†
		波喜荡草 *Posidonia australis*
		川蔓藻 *Ruppia megacarpa*
		大叶藻 *Zostera muelleri*(*capricorni*；*mucronata*)
		大叶藻 *Zostera muelleri*(*capricorni*；*novazelandica*)
	新西兰	波喜荡草 *Posidonia australis*(优势)
	澳大利亚西南部	根枝草 *Amphibolis antarctica*(优势)
		根枝草 *Amphibolis griffithii*(优势)
		喜盐草 *Halophila australis*
		喜盐草 *Halophila decipiens*
		喜盐草 *Halophila ovalis*
		Lepilaena marina†
		波喜荡草 *Posidonia angustifolia*
		波喜荡草 *Posidonia sinuosa*
		波喜荡草 *Posidonia ostenfeldii complex*
		波喜荡草 *Posidonia coriacea*
		波喜荡草 *Posidonia denhartogii*
		波喜荡草 *Posidonia kirkmanii*
		波喜荡草 *Posidonia robertsoniae*
		川蔓藻 *Ruppia megacarpa*
		川蔓藻 *Ruppia tuberosa*
		针叶藻 *Syringodium isoetifolium*
		泰来藻 *Thalassodendron pachyrhizum*
		大叶藻 *Zostera tasmanica*(*Heterozostera tasmanica*)
		大叶藻 *Zostera tasmanica*(*Heterozostera tasmanica*)
	智利	川蔓藻 *Ruppia maritima*
		川蔓藻 *Ruppia maritima*
	阿根廷	大叶藻 *Zostera capensis*(优势)
	南非	喜盐草 *Halophila ovalis*
		川蔓藻 *Ruppia maritima*
		泰来藻 *Thalassodendron ciliatum*

中国现有海草种类4科10属22种(表3-2),大叶藻科的大叶藻属、虾海藻属,波喜荡草科的波喜荡草属,丝粉藻科的丝粉藻属、二药藻属、全楔草属、针叶藻属,水鳖科的海菖蒲属、泰莱藻属和喜盐草属,约占全球海草种类总数的30%(范航清等,2009)。海草在中国主要分为南海海草分布区和黄渤海海草分布区两大区。南海海草分布区有海草9属15种,其中海南海域分布的种类最多,达到14种;台湾以12种位居次席,其次为广东(11种)、广西壮族自治区(8种)、香港(5种)和福建(3种)。喜盐草(*Halophila ovalis*)是南海海草分布区中分布最为广泛的种类,同时也是中国亚热带海草群落的优势种,其次是泰来藻(*Thalassia hemprichii*);海菖蒲为海南独有的海草种类(图3-2)。黄渤海海草分布区的海草有3属9种,其中大叶藻(*Zostera marina*)、丛生大叶藻(*Zostera caespitosa*)、红纤维虾海藻(*Phyllospadix iwatensis*)和黑纤维虾海藻(*Phyllospadix japonicus*)的分布最为广泛,且大叶藻是黄渤海区的优势种(郑凤英等,2013)。

表3-2 中国及全球海草科属组成(郑凤英等,2013)

科	属	属内中国种数(属内全球种类)
丝粉藻科 Cymodoceaceae	根枝草属 *Amphibolis*	0(2)
	丝粉藻属 *Cymodocea*	2(4)
	二药藻属 *Halodule*	2(7)
	针叶藻属 *Syringodium*	1(2)
	全楔草属 *Thalassodendron*	1(2)
水鳖科 Hydrocharitaceae	海菖蒲属 *Enhalus*	1(1)
	泰来藻属 *Thalassia*	1(2)
	喜盐草属 *Halophila*	4(17)
波喜荡草科 Posidoniaceae	波喜荡草属 *Posidonia*	0(8)
大叶藻科 Zosteraceae	虾海藻属 *Phyllospadix*	2(5)
	大叶藻属 *Zostera*	5(14)
	川蔓藻属 *Ruppia*	3(6)
角果藻科 Zannichelliaceae	*Lepilaena*	0(2)

A

B

图3-2 海南三亚新村泰来藻(A)和海菖蒲(B)

中国海草总面积约为8.761hm^2,南海海草分布区在海草床数量和面积上都明显高于黄渤海海草分布区。南海海草分布区主要分布在海南(主要是黎安港海草床、新村港海草床、龙湾海草床和三亚湾海草床)、广东(主要是流沙湾海草床、湛江东海岛海草床和阳江海陵岛海草床)和广西(主要是合浦海草床和珍珠港海草床),其面积分别占全国海草总面积的64%、11%和10%,具体位于海南省东部、广东湛江市、广西北海市和台湾东沙岛沿岸。而黄渤海区的海草主要分布在山东荣成市和辽宁长海县沿海区域(黄小平等,2008;郑凤英等,2013)。

海草是海洋沉水高等植物,属于典型的根茎克隆植物,一般可以分为地上部分(叶)和地下部分(根状茎、直根和须根等)两个部分(郑凤英等,2012),其详细结构如图3-3所示。

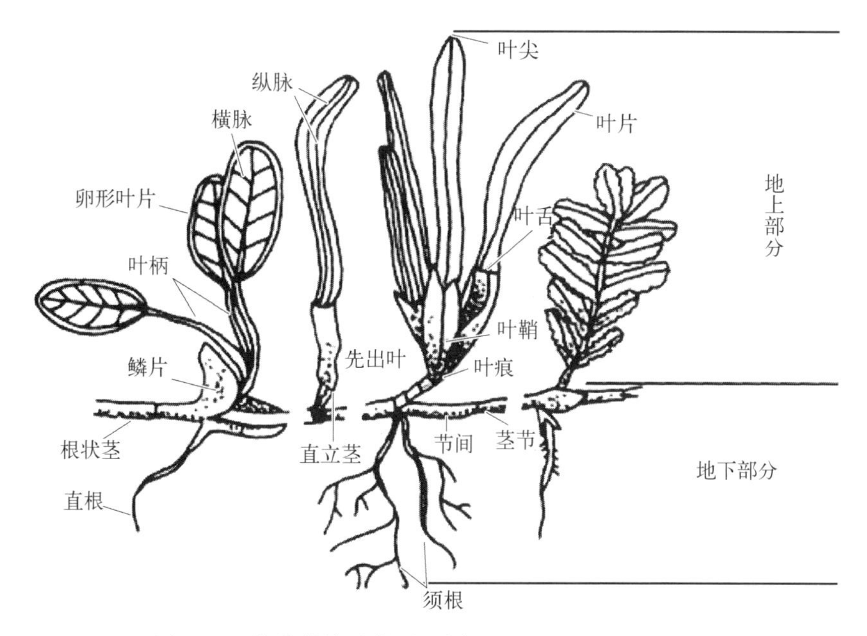

图3-3 海草结构示意图(引自 Kuo and McComb,1989)

海草生态系统是典型的海洋生态系统,与红树林生态系统、珊瑚礁生态系统并称为三大典型的海洋生态系统,具有极高的生产力和生物多样性,在全球的碳、氮、磷循环中发挥着重要作用。尽管海草面积不到全球海洋面积的0.2%,但其贮存的碳量约占海洋总储碳量的10%(Fourqurean et al., 2012)。海草的生物量一般会随着纬度的变化而变化,海草在温带海区的平均生物量(干重)接近$500g/m^2$,而在热带海区其平均生物量(干重)超过$800g/m^2$;而海草生态系统的生产力也受到经纬度的影响,温带海草生产力为每年$120 \sim 600g\ C/m^2$,而在热带海区高达每年$1000g\ C/m^2$(林鹏,2006)。

海草植株的根系非常发达,从而能够稳定基质而抵御风浪的侵蚀,亦可以在一定程度上保护生态系统中的底栖生物。海草可以通过光合作用,吸收二氧化碳,释放氧气溶于水体,对溶解氧起到补充作用,改善渔业环境;海草作为"蓝色碳汇"的重要组成,能够缓解全球气候变化(Unsworth et al.,2008;范航清等,2012)。海草床生态系统内的凋落物、腐殖质和浮游生物较多,鱼、虾、海绵、牡蛎、蛤、螺、蟹、珍珠贝、藤壶和海星等海洋生物都能够在此生存,使得海草床成为众多海洋生物的重要栖息地、育苗场所和庇护场所,海草还是很多海洋生物的直接食物来源;龙虾、鲑鱼、蓝蟹、海马和牡蛎等具有较高经济价值的生物在此繁衍;一些海草床中,还有国家一级保护动物儒艮和二级保护动物绿海龟(黄小平,2009)。

大叶藻属海草和虾形藻属海草等晒干后,是良好的隔音材料和保温材料。此外,海草本身含有藻胶酸和多糖等化学成分,性味咸、寒,功效软坚化痰,能够应用于瘿瘤结核、疝瘕、水肿和脚气等疾病的治疗。有研究表明,一些海草中含有的藻胶酸能与实验小鼠体内的放射性物质如锶和镉结合,成为不溶解的化合物,从而有预防白血病的作用。一些海草植株内所含的多糖物质对胃癌细胞有抑制作用。此外,海草还可以作为反映环境不同程度污染情况的指示计。

由于全球变化和人类开发活动的过度与无序,以及对海草生态系统的重要经济价值和生态功能认识不足,全球海草床出现退化趋势。海草与陆生高等植物相比其种类极其稀少,全球已知种类只有 72 种,其中 15 种已经处于濒危或者灭绝状态(Short et al., 2011);Waycott 等(2009)对全球 215 个监测点自 1879 年以来的数据进行分析,发现 58% 左右的海草都处于衰退状态,海草面积消失的速度正随时间在加快,从 1940 年之前的不到 1% 到自 1990 年的 7%,自 1879 年以来,全球海草面积消失了 51 000km^2。栖息地消失、生物多样性的降低和全球气候变化等都是重要原因,因此加大对海草床的生态功能研究力度和扩大海草床的研究领域显得尤为重要(Short et al., 2011)。2003 年出版的《世界海草地图集》显示,1993~2003 年,全世界已经有约 26 000km^2 的海草床消失,达到总数的 15%(Green and Short, 2003)。全世界的海草面积在减少,海草的覆盖度在降低(Huang et al., 2006),其生态系统的生物多样性的降低,使得生态系统的结构变得不完整、功能不健全甚至丧失(Green and Short, 2003)。海草生态系统的衰退和大面积缩减现象亟须一些有效的保护和管理计划及行动来切实解决海草的问题。目前越来越多的科学家、资源战略制定者和环境意识比较强的民众都开始关注海草生态系统的健康状况。

三、红树林资源概述

1. 红树林的概念及其地理分布

红树林(mangrove forest)是生长在热带、亚热带地区的海岸潮间带或河流入海口、以红树科植物为主组成的、受周期性海水浸淹的木本植物群落(Nybaken, 1991)。全世界的红树林大致分布于南、北回归线之间,主要分布在印度洋及西太平洋沿岸,113 个国家和地区的海岸有红树林分布(FAO, 2007)。若以子午线为分界线,可将世界红树林分成东方和西方两大分布中心:一是分布于亚洲、大洋洲和非洲东海岸的东方群系,以印度尼西亚的苏门答腊岛和马来半岛的西海岸为中心;二是分布于北美洲、西印度洋群岛和非洲西海岸的西方群系。前者种类丰富,后者种类贫乏。两大类型的交界处在太平洋中部的斐济和汤加群岛。离赤道带越远,红树林越矮,最后成为灌木矮林,种类也逐渐减少。印度—马来半岛地区被认为是世界红树植物生物多样性最为丰富的地区,澳大利亚为第二大生物多样性中心(王文卿和王瑁,2007)。

世界上红树林面积较大的国家分别是印度尼西亚、巴西、澳大利亚、墨西哥、尼日利亚(FAO,2007)。世界上面积最大的红树林位于孟加拉湾,面积达 100 万 hm^2,其次是非洲的尼罗河三角洲,面积达 70 万 hm^2。

我国红树林属于东方类群(即印度-西太平洋类群)的亚洲沿岸和东太平洋群岛区(即印度—马来西亚区)的东北亚沿岸。我国红树林自然分布于海南、广东、广西、福建、台湾、香港、澳门等省(区)(林鹏,1997;王文卿和王瑁,2007;王友绍,2013)。我国红树林面积曾达25万hm^2。20世纪50年代为4万hm^2左右,由于人类不合理的开发活动,近年来红树林的破坏越来越严重,面积也在不断减少(王友绍,2013)。

海南岛是中国红树种类最多、分布最广和保存面积较大的区域之一,主要分布在东北部的东寨港、清澜港和南部的三亚港以及西部的新英港等,全省红树林面积3930.3hm^2,其中东寨港和清澜港是海南最大的红树林分布区。1980年,东寨港被批准为中国第一个红树林自然保护区,1986年升级为国际级保护区,1992年成为列入国际重要湿地的7块中国湿地之一,具有重要的研究价值和保护价值。三亚市红树林植株高大,嗜热型种类多,是海南省典型的热带红树林。由于人类经济活动的影响,三亚地区大面积的红树林已绝迹,现存的红树林是次生林或人工防护林。一些嗜热种类如瓶花木、水椰、红榄李、红树等仅出现于东部(王友绍,2013)。

广东红树林主要分布在湛江、深圳、珠海等地,总面积9084.0hm^2。广东是全国红树林面积最大的省份,占全国红树林面积的近40%。分布优势种是秋茄、白骨壤、桐花树、木榄、红海榄等(王文卿和王瑁,2007)。

广西的红树林主要分布在英罗湾、丹兜海、铁山港、钦州湾、北仑河口、珍珠湾、防城港等地,总面积8374.9hm^2,面积仅次于广东,以白骨壤、桐花树、红海榄、秋茄和木榄为主。英罗湾是大陆沿海红树林保存最好的地段(王文卿和王瑁,2007)。

福建省是中国红树林自然分布的北限,在沿岸河口的海湾分布着大面积的红树林。从南端的云霄到最北端的福鼎都有红树林的分布,且由南向北,面积和种类均呈减少趋势,以秋茄、桐花树、白骨壤为主(王文卿和王瑁,2007)。

台湾红树林主要分布在台北淡水河口、新竹红毛港至先脚石海岸,总面积278hm^2,以秋茄、白骨壤为主(王文卿和王瑁,2007)

香港的红树林主要分布于深圳湾米埔、大埔丁角、西贡和大屿山岛等地,总面积380hm^2,主要以秋茄、桐花树、白骨壤最为常见。

澳门红树林主要分布在凼仔跑马场外侧,凼仔与路环之间的大桥西侧等地的海滩,总面积约10hm^2,主要是桐花树、白骨壤和老鼠簕。

2. 红树林植物种类特征

红树植物是受周期性海水浸淹的木本植物,它们是陆地显花植物进入海洋边缘演化而成,适应于特殊环境从而具有特殊化的形态结构和生理生态特性(Nybaken,1991;王伯荪等,2003)。由于红树科植物通常富含单宁,在空气中氧化后呈红褐色,而这类植物的树皮和木材被割破或砍伐后经常呈现红褐色,因而称为“红树”。红树林植物包括木本植物、藤本植物和草本植物。就类别而言,红树林植物分为红树植物(包括真红树植物和半红树植物)、同生植物和伴生植物。真红树植物是指专一性生长在潮间带的木本植物,它们只能在潮间带环境生长繁殖,在陆地环境不能够繁殖,其特征是胎萌、呼吸根与支柱根、泌盐组织和高渗透压。半红树植物指“既能在潮间带生存,并可在海滩上成为优势种,又能在陆地环境中自然繁殖的两栖木本植物”。它们在陆地和潮间带上均可生长和繁殖后代,一般在大潮时才偶然浸到陆缘潮带，无适应潮间带生活的专一性形态特征，具两栖性。另外，红树林还有伴生植物和同生植物。伴生植物是那些偶尔出现于能被不规则高潮浸淹到的红树林最内缘或边缘地带的海岸、海滨的盐生甚至陆生植物，它们或被认为是红树林的边缘种类及非典型种类，它们在红树林的出现反映出边缘分布。伴生植物包括偶尔出现在红树林中，但不成为优势种的木本植物，以及出现于红树林下的附生植物、藤本植物和草本植物。同生植物也称“红树的同生者”（mangrove commemsal），是指专一性生长于红树林生境的草本植物、藤本植物以及红树植物的专一性寄生植物、附生植物。它们既不能归为红树植物（包括真红树植物和半红树植物），也不同于既可生于林缘又可生长于海岸边的伴生植物，因而特称之为同生植物。目前中国红树植物共有21科25属35种，包括11科15属25种真红树植物和10科10属11种半红树植物（林鹏，1997）。红树林湿地是具有复杂完整结构和功能的生态系统，包含了三大生物功能类群：生产者、消费者和分解者（林鹏，1997）。热带、亚热带海岸潮间带的高盐、淹水、土壤缺氧和潮水冲击等不良环境因子导致了红树植物在形态、生理和生态方面的特异性，如其独特的胎生现象、多样化的呼吸根和支柱根、拒盐泌盐组织等。反过来这些特化出来的组织，又使红树林给海岸潮间带提供有力的保护成为可能。

3. 红树林作用

红树林具有重要的自然和社会价值，可净化海水、御风消浪、护堤护岸、护滩促游、消除污染、美化海岸、保护农田村庄、保护生物多样性和创造良好的近海环境，特别是在御风消浪、护堤护岸、变侵蚀型海岸为稳定型海岸或游涨型海岸方面发挥的作用，更是工程措施无法取代的。具体功能如下。

1）物质生产的功能：红树林大多数种类的红树植物树皮含有丰富的丹宁，可做染料和提炼栲胶，是制革、墨水、电工器材、照相材料、医疗制剂的原料；木材纹理细微，颜色鲜艳美观，抗虫蛀，易加工，可供建材、柱材、家具用材及薪炭材；红树四季开花，果实富含淀粉，是制造啤酒的重要原料；红树林内的海鲜比海滩的更肥美，所以在红树林下进行合理的海产养殖可提高经济效益；同时如果能充分利用红树林的枯枝落叶作为食物来源可节省饲养成本。

2）旅游功能：红树林是重要的旅游资源，素有“海上森林”之称，为热带海岸独有的地理景观，红树林湿地生物多样，景观亦多样。红树林的旅游功能有助于解决部分人的工作问题，如保护和管理湿地的工作人员，从而减轻人类对红树林湿地的开发、利用、污染、破坏的压力。

3）生态功能：红树林生态系统是由红树林群落与其所处的生境相互作用而组成的有机整体。红树林生态系统处于海洋与陆地交界的滩涂上，作为独特的海陆边缘生态系统，其在结构与功能上既不同于陆地的生态系统，也不同于海洋生态系统；在自然生态平衡中起着特殊的作用，是最为复杂且多样化的生态系统。红树林湿地在维护海岸带水生生物物种多样性方面具有举足轻重的作用。国内外的大量研究表明，红树林生态系统中的动植物种类更加丰富，水生生物的物种多样性远远高于其他海岸带水域生态系统。红树林内部产生的凋落物不仅为近海动物提供丰富的食物，而且经微生物分解又变为红树林植物的营养物质，促进红树林群落的良性发展；再加上河口、海湾近岸富含营养的水体，为大量的藻类、无脊椎海洋动物和鱼类等提供了理想的生境。红树林是海洋鸟类的天然栖息地，红树林广阔的滩涂和丰富的底栖动物为鸟类觅食、歇息、恢复体力提供条件。

红树植物能产生胎生幼苗，它们从母树上脱落，在红树林带的前沿定植生长、成熟，胎生苗再定植，逐渐扩大林区的面积；红树植物的根系不断向外延伸，淤泥不断增加，土壤逐渐形成，使沼泽不断升高，于是林区的土壤逐渐变干，土质变淡，最终成为陆地。红树林具备这一使沧海变陆地的生态功能。

红树林又被誉为"地球之肾"，其在净化水源，保护环境中的作用非常大。红树植物抗污染机制是多方面的，其中很重要的一个方面就是其体内富含丹宁，使得红树林在较为严重污染的环境下仍能生存。当红树吸收重金属离子后，体内大量的丹宁分子能与其发生化学反应，使其失去毒性。红树林生态系统是一个红树—细菌—藻类—浮游动物—鱼类等生物群落构成的兼有厌氧—需氧的多级净化系统，红树林通过吸附沉降、植物的吸收等作用降解和转化污染物从而使水体质量得到改善，红树林中的微生物能分解林内的污水中的有机物和吸收有毒的重金属，释放出来的营养物质可供给红树林生态系统内的各种生物，从而起到净化环境的作用。

红树林生态系统是蕴藏着丰富的生物资源和物种多样性的典型的热带亚热带滨海湿地生态系统，是生物海岸的一个基本组成类型，同时它也是自然界中生产力最高的生态系统之一。红树林是一种自持的可更新的生物资源，并且具有高生产力的特性。

4. 红树林的压力

红树林是我国海岸湿地生态系统的重要类型之一。红树林生态系统具有防浪护岸、维持海岸生物多样性、提供生物栖息地等诸方面的生态功能和生态服务价值，但由于其直接的经济价值不高，许多重要的生态服务功能被低估。在过去的几十年中，中国红树林资源及环境遭受了严重的破坏。20 世纪 60 年代以来的毁林围海造田、毁林围塘养殖、毁林围海造地等不合理开发活动，使中国红树林面积剧减，其提供多种服务功能的能力逐渐变弱。

根据对中国红树林生态系统服务的能值货币价值评估的结果表明，中国红树林生态系统服务的能值货币价值每年 1.26×10^{9}元，每公顷价值 9.24×10^{4}元，其中，凋落物的价值 2.8×10^{7}元、木材价值 1.2×10^{7}元、栖息地价值 6.39×10^{8}元、抗风消浪价值 1.05×10^{8}元、污染物处理价值 4.76×10^{8}元、科学研究价值 2.06×10^{6}元。根据能值理论和生态系统服务的时间尺度，提出了生态系统服务流量价值和存量价值的概念，并应用于中国红树林生态系统的计算。这方面的量化研究为保护红树林生态系统及其服务的可持续利用提供了科学依据。

红树林分布于近 30 年来我国经济高速发展的高强度的开发地区，部分滨海区域的资源过度开发，环境污染严重影响了滨海湿地区域资源的可持续利用。高密集度的养殖方式导致养殖区域水质污染和生态系统失衡。大面积的围垦造陆造成红树林面积减少，使其生境质量变差，生态功能减退。海岸的不合理建设引起海岸带的海水入侵、海岸侵蚀、海岸线后退和湿地生境破坏。过度开发资源将不可避免地引起区域内经济利益与生态保护的冲突、政府监管与市场行为的冲突、资源分配上短期效应与长期利益之间的冲突以及区域不同的利益主体间资源抢夺的冲突等。不同的利益人群在追求资源利用和利益竞争中发生不协调的现象，从而使滨海湿地生态安全状态面临严峻的压力与挑战。

有效管理、保护红树林资源及环境，对近海生态系统和环境的健康、持续发展具有重要意义。对此，我们必须进行几点协调：① 资源环境与经济发展之间关系的协调：滨海湿地生态环境安全和资源、经济与社会系统之间协调发展,是实现区域经济可持续发展的最佳方式。② 市场行为主体与政府监管之间关系的协调:由于市场行为主体的活动受其经济规律的影响,在具体的实施过程中,其经济活动会因为过度追求经济效益而造成一定失控。政府及各管理部门应以经济和生态协调可持续发展为长期目的,对滨海湿地区域各政府管理部门进行统筹和安排。③ 长期利益和短期效益的协调:人类在追求健康富裕生活时,存在人类需求不断增长与资源有限性之间的矛盾。从生态安全的可持续性出发,应从冲突与矛盾中探索协调发展的对策,长期利益优先,不能仅仅考虑湿地资源开发的短期效益。资源系统在不断退化,不能采取破坏生态和污染环境等极端方式追求利益。

第二节　海洋植物资源评价技术

一、海藻资源评价技术

海藻资源的可持续利用是实现其资源保护的重要前提和技术关键。近年来,由于人类面临越来越严重的人口、能源、环境、粮食以及淡水问题,海藻资源的开发利用技术得到了前所未有的关注。在自然海域、滩涂、盐碱荒漠土地,可以充分利用取之不尽、用之不竭的太阳能及海水资源,大规模养殖海藻,成为陆地农作物资源的补充,生产开发食品、医药、保健品、饲料、化妆品、轻化工材料、生物质能源、肥料等生物制品。海藻培养中可直接利用(耦合)CO_2废气以及废水资源作为肥料,实现高效减排。因此,海藻资源的开发利用将有效缓解或避免为解决能源和环境问题形成的与农争地、与民争粮的困境,最终实现海藻资源可持续利用与海藻资源保护的良性循环甚至融合。

本小节主要从资源利用的角度,介绍海藻资源的评价技术,包括分子分类鉴定及其多样性评价新技术、海藻化学成分的测定与评价技术、海藻产物的生物活性评价、海藻的生理特性评价技术等内容。

1. 海藻分子鉴定及其多样性评价新技术

分子分类学或分子系统学(molecular phylogeny)因PCR和DNA测序技术的成熟而广泛应用于快速有效鉴定物种。分子分类法以DNA序列或功能基因翻译后的氨基酸序列的差别为基础,主要应用的目标基因为核糖体RNA基因(rDNA),包括小核糖体RNA基因、核糖体基因间隔区(ITS1,ITS2),以及Rubisco酶大亚基基因(*rbcL*)、光合基因*psbA*等。

rRNA存在于所有生物细胞中,具有稳定的功能,因此常用于系统发育分析。绝大部分蓝藻(蓝细菌)的rRNA基因以16S rRNA－23S rRNA－5S rRNA的顺序操纵子的形式存在于基因组中,每一种rRNA基因被ITS(internally transcribed spacer)隔开,16S rRNA和23S rRNA之间的ITS序列长度和组成变化多样(Srivastava et al., 1990)。16S rRNA在原核生物中相对的高保守性和存在广泛性使其成为研究不同原核生物系统发育关系的最佳基因,也能用于蓝藻的分子鉴定(Bryant et al., 1994; Vandamme et al., 1996)。根据16S rRNA的序列,已经有一系列通用引物设计出来用以扩增16S rRNA基因片段(Stackebrandt et al., 1991),但属以下不能用这种方法区分(Li et al., 2000; Fox et al., 1992)。同时位于16S rRNA和23S rRNA之间的ITS区不但能区分属,而且属以下的类别也能被区分开来。利用

16S rRNA 区分出了波罗的海中节球藻属(*Nodularia*)中形态上有差异的两簇(cluster),即无毒性和伪空泡的节球藻、具毒性和伪空泡的节球藻(Leht et al., 2000)。Moffitt 等(2001)通过比较 21 种节球藻 16S rRNA 基因序列,也得到了相似的结果,并通过 16S rRNA 基因序列的比较,设计出了产节球藻毒素的株系的特异性引物,从而能通过 PCR 扩增区分出产毒藻株和非产毒的节球藻。在卷曲鱼腥藻(*Anabaena circinalis*)中的研究也表明,利用 16S rRNA 基因测序结果而生成的进化树也可用来区分产贝毒素和不产贝毒素两类(Beltran et al., 2000)。

编码蛋白质的基因也可用来构建系统发育树,由于这些基因负责编码在生物中具有生理功能的蛋白质,因此只要蛋白质的组成甚至蛋白质的保守结构域不发生变化,它们就不会被淘汰。由于兼并密码子的存在,可能使这些功能蛋白的基因在核苷酸水平上发生一点变化,但不会影响到蛋白质的组成和其正常的生理功能,因此即使是在保守的蛋白质结构域中,核苷酸序列在不同的藻种中也可能不同。这和 rRNA 基因由于在生命活动中需要的是它们特异的二级结构,因此核苷酸的组成在特定的区域不发生变化的情况大大不同。所以,功能性蛋白的基因能被用于进行更精细的藻种鉴定。在蓝藻中已报道的几种用于分子鉴定的蛋白质基因,包括藻蓝蛋白基因、DNA 依赖的 RNA 聚合酶基因 *ropC1*、与特定毒素合成有关的基因、和异形胞形成有关的基因,后两种在环境监测中有重要的意义。

藻蓝蛋白(PC)是蓝藻门、红藻门及隐藻门光合系统中天线色素分子之一。蓝藻中整个 PC 操纵子编码两个藻胆色素亚基 B 和 A(分别定义为 *cpcB* 和 *cpcA*)以及 3 个连接多肽(Belknap et al., 1987),*cpcB* 和 *cpcA* 之间的基因间隔区(intergenic spacer, IGS)是一个高变区,可用作蓝藻株系的鉴定(Neilan et al., 1995)。利用 PC 的 IGS 序列的长度就能准确地预测来自水样中蓝藻的属,PCR 产物的测序能区分不同的藻种(Baker et al., 2001)。利用 PC 的 IGS 序列能区分巴西微囊藻的 15 个种(doCarmo et al., 2001),已报道的一个例外是,对 14 种澳大利亚泡沫节球藻的 cpcBA - IGS 的测序结果没有差异,但用 RAPD 扩增出现了多态性(Bolch et al., 1999)。

群落组成结构以及时空分布是海洋微型浮游植物分子生态学研究的重要内容。由于纯化与培养过程会导致一些生态学意义重要的遗传类型的损失,因此对现场样品的原位(*in situ*)研究成为群落组成多样性研究的主要内容。同时,对原位研究也丰富了纯化培养所获得的分子系统发育学内容。生态学研究的另一个重要内容是了解在自然微型生物群落中目标种类(或类群)的自然种群动态。由于大部分微型浮游植物不具备容易观察的形态特征,传统的监测与鉴定方法在环境样品中应用相当麻烦且效率低下。分子生物学方法提供了相对准确且快速的检测手段,有助于了解微型浮游植物时空分布与随环境因子动态变化的信息。研究微型浮游植物群落结构的分子生物学方法主要包括:构建环境基因或 cDNA 文库(常用基因包括小核糖体 RNA 基因、*rbcL*、*psbA*、*pet B/D* 等)、变性梯度凝胶电泳(DGGE)、斑点杂交(dot hybridization)、荧光原位杂交(FISH)、实时定量 PCR(real time PCR)等。基因文库的构建和序列分析为微型浮游植物不同生态类群组成研究提供新的研究手段并取得新的发现。

2. 海藻化学物质测定与评价技术

(1) 海藻中矿质元素测定

所谓矿质元素是指植物生长必需的,除 C、H、O 以外的营养元素,其中包括 N、P、K、S、

Ca、Mg、Fe、Mn、B、Zn、Cu、Mo、Cl、Si、Na、Ni。海藻中含有丰富的矿质元素如Ca、K、Na、Mg、Fe、Cu、I、P、Zn、Mn、Se、Co、Cr等，其中碘的含量为0.4%~0.7%，是一类天然的人体补碘食品。同时海藻作为海洋的初级生产力，对海洋污染尤其是重金属污染很敏感，可作为一种污染指示生物。海洋污染越来越严重，而污染物中尤以重金属离子的影响最为明显（潘进芬，2000；韩仕群，2000）。近年来有不少用这些单细胞藻类进行污水净化和污染海水净化的研究。无论从食品应用角度还是污染监测角度都需要对海藻细胞中的矿质元素进行快速准确的定性定量分析。

海藻中矿质元素检测包括待测样前处理和检测两部分，其中前处理过程过去常采用的方法有消化法（贺与平，2001）和灰化法（林雪飞，2003）。消化法是在适量的藻样中加入硝酸、高氯酸等氧化性酸（或辅以其他试剂），并结合加热来破坏有机物。该法耗费时间长、步骤繁琐、消化过程中易产生大量的有害气体、危险性较大，且试剂用量多，易使空白值偏高。灰化法是在高温灼烧下使有机物氧化分解，剩余无机物供测定。此法同样消化周期长、耗能多，且处理过程中被测成分易挥发损失，坩埚材料有时对被测成分有吸留作用，致使回收率降低。现在多采用微波加热和超声波提取法取代传统预处理方法。微波消解法简便、快速、彻底、精确度高、样品污染少、试剂用量小，很多科学工作者都进行过这方面的研究。超声波提取的基本原理是利用超声波的空化作用加速待测成分的浸出，超声波的次级效应，如机械振动、乳化、扩散和击碎效应等也能加速待测元素的浸出，并使之与提取溶剂充分混合。该法具有提取时间短、产率高、溶剂消耗少等优点（Jolanta，2004；吴玉萍，2002）。

矿质元素检测方法主要有分光光度法、原子光谱法、ICP/MS法（电感耦合等离子体质谱，inductively coupled plasma mass spectrometry）和中子活化分析法等。紫外-可见分光光度法灵敏度高、定量性好，且操作简单，是目前应用最多的方法（杨志宏，2003）。原子光谱法包括原子吸收光谱法、原子发射光谱法和原子荧光光谱法。原子吸收光谱法是将试样气化为基态原子，然后根据气相中被测元素对特定频率辐射线的吸收进行分析的一种方法。原子发射光谱法是利用气态原子或离子在受到热或电的刺激时发出紫外及可见光的特征辐射进行检测的一种方法。原子荧光光谱法是通过测量待测元素的原子蒸汽在辐射能刺激下所产生的荧光强度，来测定待测元素含量的一种方法（石杰，2012）。ICP/MS是以电感耦合等离子体（ICP）为离子化源的质谱分析法，该法几乎可以分析地球上所有元素。中子活化分析法适用于液体、固体等各类样品的分析，具有基体效应小，灵敏度高，准确性好，能进行多元素、无损分析等优点（石杰，2012）。

（2）海藻蛋白质测定及营养价值评估

海藻中含有丰富的蛋白质，其含量与生长的环境有直接关系。蛋白核小球藻如果生长在良好的环境中，细胞蛋白可达到50%以上，所含的氨基酸种类齐全，必需氨基酸总量接近鱼粉、啤酒酵母，明显高于一般植物性蛋白，完全能满足人和动物生长需求。

传统测定微藻蛋白含量的方法包括Lowry法（Isael，1999；Eswaran，2002）和凯氏定氮法（Gary，1976）。近年有研究者根据藻胆蛋白自身特有的光学特性利用分光光度法开发出直接快速的测定其蛋白含量的方法（薛志欣等，2008），即将微藻破碎离心后，加入硫酸铵使其沉淀，然后过柱，收集纯度超过3.2的组分在蒸馏水中透析，用紫外-可见分光光度计测定其吸收光谱。另外，随着近年蛋白质研究技术的发展及微藻总蛋白提取工艺的提高，人们已经可以将藻细胞中全部蛋白提取出来,然后通过双向电泳进行分离纯化(Lee,2008),最后对纯化的单一蛋白点进行质谱鉴定,大大提高了微藻蛋白鉴定的精度和效率。目前微藻全蛋白进行的双向电泳的分辨率已经达到2000个点。对蛋白质营养价值评价目前主要以世界卫生组织和联合国粮食及农业组织提出的必需氨基酸模式为标准进行计算。主要考察样品中的必需氨基酸比值(ratio of amino acid,RAA)、氨基酸比值系数分数(ratio of coefficient amino acid,RC)和氨基酸比值系数分(score of RC, SRC)(吴晓等,2011)。计算公式如下:

$$RAA=\frac{\text{待评价蛋白质某种必需氨基酸含量(mg/g)}}{\text{每克标准蛋白质中某种必需氨基酸的含量(mg/g)}}$$

$$RC=RAA/RAA\text{之均数};SRC=100-CV\times100$$

其中,CV为RC的变异系数,CV=标准差/均数。

氨基酸比值系数法就是在氨基酸平衡理论基础上的一种评价蛋白营养的方法,RC越分散,在氨基酸平衡理论作用方面所提供的负贡献越大,氨基酸比值系数分用于评价蛋白质营养价值,SRC值越接近100,蛋白质的营养价值越高。

(3)海藻脂类化合物的测定与评价

1)总脂测定。海藻脂类是一类不溶于水而能被乙醚、氯仿、石油醚等有机溶剂抽提的化合物。脂类是细胞的膜结构(质膜和类囊体膜)及储存物质的主要组成部分。海藻中含有的脂类主要包括中性脂(三酰甘油、二酰甘油、单酰甘油)、糖脂(单半乳糖甘油二酯、双半乳糖甘油二酯、硫化异鼠李糖甘油二酯)和磷脂(磷脂酰胆碱、磷脂酰丝氨酸、磷脂酰乙醇、磷脂酰肌醇)、甾醇、萜类等(Hu et al., 2005)。

脂类的提取方法有冻融法、研磨法、有机溶剂抽提法(乙醚-石油醚法、氯仿-甲醇法)。冻融法是指冷冻与融化时,细胞中形成的冰晶及渗透压增高使细胞破裂的方法。研磨法是指通过机械研磨的方法使细胞破裂,内容物释放的方法。有机溶剂抽提是指加入不同组合和配比的有机溶剂反复抽提,常用的脂类有机溶剂抽提法主要有Bligh-Dyer及Folch法,前者适用于大量脂的提取,后者适用于少量组织内脂的提取。海藻总脂含量可以通过重量法测量,有机溶剂抽提液加水分相后,移出有机相吹干称重,即得总脂含量。

2)脂类分级。脂类是一类极为复杂的混合物,可以采用层析、色谱或质谱技术进行分析。传统的脂类分析方法主要有薄层层析法(TLC)和柱层析法。薄层层析法可以将脂类分为不同的组分,如图3-4所示中性脂的薄层色谱图,获得单一脂组分的斑点后,可小心将斑点刮下,利用质谱分析其化学结构。利用硅胶层析柱可以将海藻的脂类初步分为三大类,依次用氯仿、丙酮、甲醇洗脱,可以获得中性脂、糖脂和磷脂等组分(Christie, 1982)。

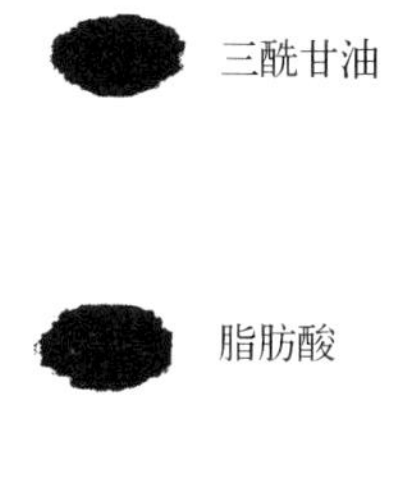

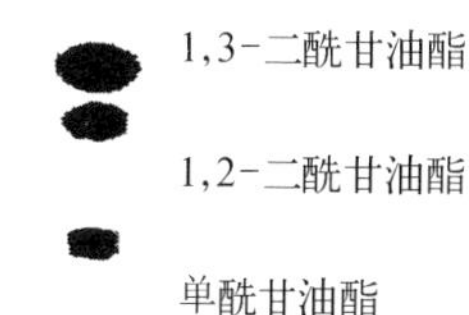

图3-4 中性脂的薄层色谱图

3)海藻脂肪酸的测定与评价。海藻脂肪酸(fatty acid)是一类羧酸化合物,由碳氢组成的烃类基团连接羧基所构成,海藻脂肪酸是构成三酰甘油、二酰甘油、单酰甘油、糖脂、磷脂的主要成分,细胞也存在游离状态的脂肪酸,但它在细胞中的含量相对较少。海藻脂肪酸根据碳链长度的不同可分为短链脂肪酸(碳原子数小于6)、中链脂肪酸

(碳原子数为6~12)、长链脂肪酸(碳原子数大于12)。饱和度不同可分饱和脂肪酸(碳链上没有不饱和键)、单不饱和脂肪酸(碳链上有一个不饱和键)、多不饱和脂肪酸(碳链上有两个或两个以上的不饱和键)(Martins et al., 2013)。

长链多不饱和脂肪酸具有诸多生理学功能,被广泛应用于食品、药品、保健品、化妆品等领域。许多种类的微藻细胞内含有丰富的多不饱和脂肪酸,是商业化生产的理想原料。微藻细胞内最常见的多不饱和脂肪酸主要有 γ-亚麻酸(GLA)、二十碳五烯酸(EPA)、二十二碳六烯酸(DHA)和花生四烯酸(AA)等。眼点拟微绿球藻(*Nannochloropsis oculata*)主要用于 EPA 的生产,柯氏隐甲藻(*Crypthecodinium cohnii*)主要用于 DHA 的生产,缺刻缘绿藻(*Parietchloris incisa*)主要用于 AA 的生产(Martins et al., 2013)。

海藻脂肪酸的测定通常采用气相色谱(GC)或气相色谱-质谱联用(GC-MS)技术。具体方法为:总脂样品或藻细胞样品加入甲醇或乙醇,在酸催化或碱催化的条件下,生成脂肪酸甲酯,利用 GC 或 GC-MS 进行测定,如采用 GC 测定,需事先利用混合标样的保留时间,确定每个峰对应的脂肪酸甲酯种类(Khozin-Goldberg et al., 2005)。

(4) 海藻硫酸多糖的测定与评价

海藻多糖是海藻中最重要的组成成分。目前报道的海藻多糖主要包括纤维素、半纤维素、褐藻胶、琼胶、岩藻多糖、琼脂糖、紫球藻多糖、螺旋藻多糖、海藻淀粉等。硫酸多糖是一类羟基上带有硫酸根的多糖,硫酸多糖在清除自由基、抗氧化、抗肿瘤、抗 HIV 等方面具有重要的生理活性,其主要功效基团是有机硫酸根和活性糖链,有机硫酸根含量越高,硫酸多糖活性越高(Yim et al., 2004)。

硫酸多糖的含量可以采用苯酚-硫酸法进行测定(Dubois et al., 1956)。具体步骤为:① 脱脂藻粉的制备,利用有机溶剂抽提去掉藻粉中的色素,避免对比色法产生干扰;② 海藻多糖的提取,利用0.5mol/L H_2SO_4反复抽提,合并上清并定容;③ 海藻多糖含量的测定,采用苯酚-硫酸法,测定 485nm 波长下吸光值,计算多糖含量。

硫酸钡比浊法和离子色谱法均可用来测定海藻多糖中的硫酸基含量,其中,硫酸钡比浊法操作简单、设备要求低,而离子色谱法灵敏度、精密度和准确度高,两种方法均被广泛应用(Barteling et al., 1969)。

(5) 海藻叶绿素的测定与评价

叶绿素是植物进行光合作用的主要色素,其分子由卟啉环和脂肪烃侧链两部分组成。根据分子结构的细微差异,叶绿素分为叶绿素 a、叶绿素 b、叶绿素 c、叶绿素 d、叶绿素 f、原叶绿素和细菌叶绿素等。叶绿素及其衍生物是天然的绿色食品色素,被广泛应用于食用油、口香糖、冰淇淋、饮料、速食汤、奶酪以及酸奶等食品中。市场上的叶绿素主要来源于陆生植物,存在原材料受季节性、地域性影响比较大的缺点。藻类中含有一种或一种以上的叶绿素,含量极其丰富,并且在藻类应用过程中,通常忽略了叶绿素的价值,造成资源浪费,因此在藻类生产中将叶绿素加以利用,将降低藻类的生产成本。叶绿素是脂溶性色素,溶于丙酮、乙醇、乙醚等有机溶剂中。叶绿素不稳定,容易受到光、酸、碱、氧、氧化剂作用而分解。因此,在提取、分离和保存过程中方法要得当。超临界 CO_2 提取技术是一种已经成熟的高新科技分离技术,被广泛应用于从动植物中提取各种有效成分。应用超临界 CO_2 提取技术萃取藻类叶绿素,具有效率高、方法简便、对环境绿色的特点,而且有利于提高产物的品质。

(6) 海藻类胡萝卜素的测定与评价

类胡萝卜素是一类天然色素的总称,属于萜类化合物,普遍存在于植物、真菌、藻类、细菌中。大部分类胡萝卜素都具有抗氧化、抗突变、抗衰老、预防癌症、增加免疫力等作用。含氧类胡萝卜素叶黄素具有预防机体衰老引起的视力下降和心血管疾病,以及防止紫外线伤害、改善家畜和水产品品质及颜色等生理功能。含氧类胡萝卜素虾青素具有很强的抗氧化功能,可有效清除体内自由基,对紫外线引发的皮肤癌有很好的治疗效果,还能显著促进机体抗体的产生等。正因其强大的抗氧化性,虾青素也成为了化妆品行业中的新宠。

藻类中的类胡萝卜素为反式构型。由于不稳定性,类胡萝卜素对光、氧、热、酸、碱敏感,提取和分离操作时应选择适当的溶剂和惰性气体,并在低温和避光中进行。类胡萝卜素的分离纯化及结构鉴定常用薄层层析、高压液相层析以及质谱分析等技术。

(7) 海藻甾醇的测定与评价

甾醇是以环戊烷全氢菲为骨架(又称甾核)的一种化合物。植物甾醇是一类具有生理活性的物质,在医药、食品、化妆品、化工等行业中得到了广泛应用。藻类具有陆地植物和真菌中所未有、结构独特的多种甾醇,在甾醇分子标记产物、化学试剂等应用领域不可或缺。

藻类中含有多种结构特殊的微藻甾醇,已经发现并确认的有 10 多种,如角毛藻中富含岩藻甾醇;骨条藻、海链藻和扁藻中富含菜油甾醇和 24 -亚甲基胆固醇;红胞藻和球等鞭金藻中富含菜籽甾醇;巴夫藻中含有豆甾醇和 β -谷甾醇。气相色谱-串联质谱(GC - MS/MS)分析方法常用于甾醇分析。

3. 海藻产物的生物活性测定与评价

(1) 海藻抗氧化活性评价

生物活性物质的抗氧化能力(total antioxidant capacity,TCA)或总清除自由基抗氧化力(total radical trapping antioxidative capacity,TRAC),通常以抑制脂类物质氧化的能力或者对人工合成的自由基清除能力来反映。通常使用的测定方法有 DPPH(1,1 -二苯基- 2 -三硝基苯肼)、ABTS(2,2′-联氮-二(3 - 2 基-苯并噻唑- 6 -磺酸)二铵盐)、TOSC(总氧自由基清除能力,total oxyradical scavenging capacity)等。

(2) 海藻抗肿瘤活性评价

通常通过体外进行抗肿瘤活性筛选,CCK - 8、MTT 和 SRB 三种检测细胞增殖方法用于评价体外抗肿瘤活性,而 MTT 法是最常用的。摸索出体外细胞水平的 IC_{50},然后进一步进行动物体内抗肿瘤的模型试验。

(3) 海藻抗糖尿病活性评价

根据发病机理,糖尿病分为Ⅰ型糖尿病和Ⅱ型糖尿病两种类型。Ⅰ型糖尿病是由免疫介导的胰岛 B 细胞选择性破坏所致;Ⅱ型糖尿病患者主要由于胰岛素抵抗合并有相对性胰岛素分泌不足所致。糖基化是糖尿病发病机制中的一个关键反应。通常以抑制关键糖代谢酶 α -葡萄糖苷酶和 α -淀粉酶活性的程度衡量活性物质抗糖尿病的效果,以抑制 AGE 形成为指标,来评估抗糖尿病并发症的活性。孙净等(2013)发现小球藻与藻源虾青素对于蛋白糖基化有抑制作用。

近年来研究表明,许多疾病如动脉硬化、胆固醇高和糖尿病等发生与氧化作用关系密切。Baynes 于 1991 年提出氧化应激在晚期 AGE 形成中起到核心作用的糖氧化假说,认为

AGE 在糖尿病发生发展中起到关键作用。随后，氧化应激学说在医学领域得到不断渗透，使得氧化应激与糖尿病发病机制的关系成为新的研究热点。因此，抗氧活性在一定程度上反映抗糖尿病的潜力。

4. 海藻重要生理过程的测定与评价

（1）生长速率测定

自然界中，海藻资源丰富、种类繁多，在藻类养殖工业化生产过程中，筛选出合适的藻种是至关重要的环节，性能优良的藻株筛选是海藻开发生产技术研发的基础和关键。而对于藻株筛选及其生理评价技术中，生长速度是一项最基本也是最为重要的指标。

一般海洋微藻采用 OD 值、干重测定或细胞计数技术对海藻生长速度进行评价。培养期间，定时取样测波长 700nm 处的吸光值 A_{700}、pH，计算最大比生长速率。比生长速率 μ 计算公式（Avendaño-Herrera，2007）：

$$\mu = 3.322 \times \frac{\lg A_2 - \lg A_1}{t_2 - t_1}$$

式中，A_1 和 A_2 分别为指数生长期开始和结束时的 A_{700}，t_1 和 t_2 分别是对应的时间。也可用干重测定或细胞计数结果取代公式中的 OD 值。

还可通过干重测定，测定藻细胞的体积产率、面积产率和制作生长曲线。大型海藻的生长可采用湿重、干重法测定，也可以采用叶片（个体）长度、宽度等参数的测定进行评估。在生长评估中，干重法的结果最为可靠。从目前国内外的研究来看，对海洋微藻生长速度的评价以藻细胞干重为主要评价参数。

（2）光合作用测定

海藻的光合作用（photosynthesis）过程与植物相似，是在可见光的照射下，利用光合色素捕获光能，经过光反应和碳反应，将 CO_2 和水转化为有机物，并释放出氧气的过程，同时也将光能转变为化学能。对光合作用的测定是进行海藻光合作用研究的重要手段之一，也是海藻重要的评价指标。

1）氧电极法。氧电极能够测定水中溶解氧，属于一种极谱分析方法。当两极间外加的极化电压超过 O_2 的分解电压时，溶解的 O_2 透过薄膜进入 KCl 溶液并随之在铂极上还原，即 $O_2 + 2H_2O + 4e^- = 4OH^-$。而银极上则发生银的氧化反应，即为 $4Ag + 4Cl^- = 4AgCl + 4e^-$。因此，在两电极间产生电解电流。在极化电压及温度恒定的条件下，扩散电流的大小即可作为溶解氧定量测定的基础。通过使用自动记录仪连续记录由电极间产生的扩散电流信号转换成电压输出信号，即可对海藻光合速率进行分析测定。

由于水中溶解氧能透过薄膜而电解质不能透过，因而排除了被测溶液中各种离子电极反应的干扰，成为测定溶解氧的专用电极。氧电极具有灵敏度高、反应快、可连续测量记录、能够追踪反应的动态变化过程等特点，因而在进行海藻光合作用的研究上，以及测定水环境中海藻的光合放氧速率上得到了广泛的应用。

2）叶绿素荧光分析技术。叶绿素荧光分析技术（pulse amplitude-modulation，PAM）是一种以光合作用理论为基础，并利用叶绿素荧光作为光合作用研究的探针，研究和探测植物光合生理状况及各种外界因子对其细微影响的新型活体测定和诊断技术（梁英，

2007)。叶绿素荧光不仅能反映光能吸收、激发能传递和光化学反应等光合作用的原初反应过程,而且与电子传递、质子梯度的建立、ATP合成和CO_2固定等过程有关。几乎所有光合作用过程的变化均可通过叶绿素荧光反映出来,而荧光测定技术不需破碎细胞、不伤害生物体,因此通过研究叶绿素荧光来间接研究光合作用的变化是一种简便、快捷、可靠的方法。

海藻细胞内的叶绿素荧光信号包含的光合作用信息十分丰富,并且这种信号随外界环境因子的变化而变化。目前,叶绿素荧光技术在浮游植物对环境污染反应的监测、水体中营养盐限制情况的检测、海洋与陆地植物的遥感遥测、赤潮的检测及赤潮的发生机理等研究中有一定的应用。随着叶绿素荧光理论研究和测定技术的进一步发展,叶绿素荧光分析技术必将会在微藻的研究中起着越来越重要的作用。

(3) 碳酸酐酶活性测定

碳酸酐酶(carbonic anhydrase,CA)是一种含Zn^{2+}的金属酶,在CO_2和HCO_3^-相互转化的可逆反应中起催化作用。碳酸酐酶催化CO_2可逆的水合作用,催化CO_2和HCO_3^-之间的快速转换,既能够供应叶绿体光合作用所需的CO_2,又不影响水中HCO_3^-浓度的平衡。碳酸酐酶参与藻类生理生化过程,其主要作用是协助藻细胞快速富集积累CO_2(Cannon,2010;Pawel,2014),使得海藻在CO_2浓度较低的环境中,维持较高的光合作用效率。

碳酸酐酶分为胞内酶和胞外酶。对于胞外碳酸酐酶活性的测定一般采用Wilbur-Anderson电位法(Wilbur,1948)。即取对数生长期的藻液,离心收集藻细胞,用巴比妥-盐酸缓冲液冲洗离心后,再添加缓冲液制成藻体悬浮液,之后添加CO_2饱和水(向4℃蒸馏水中通入高纯CO_2气体,直至pH小于4.0,即得CO_2饱和水),并在4℃恒温水浴反应槽中封闭反应,以不加藻体的同样体系做空白对照。用pH计测量pH下降(一般由8.3降至7.3)的时间即可以算出碳酸酐酶活性。以单位叶绿素E.U计算,其计算公式为$U = t_0/t - 1$,其中t_0和t分别是不加藻和加藻的反应时间。而对于胞内碳酸酐酶的测定,则需要如上收集藻体后,将藻体悬浮液用超声破碎仪破碎细胞,测定总碳酸酐酶活性,而胞内碳酸酐酶活性即为总碳酸酐酶活性与胞外碳酸酐酶活性的差值。近年来,碳酸酐酶基因表达的实时检测用来评估分析海藻的碳吸收规律。

(4) 固定CO_2效率测定

由于温室效应的问题日益严峻,因而对海藻吸收固定CO_2的研究也日益受到关注和重视。如果海藻只考虑光合作用,则根据上文所提到光合作用测定方法即可以算出藻细胞对CO_2的固定情况,根据卡尔文循环,每当有1分子的O_2释放时,就会有1分子的CO_2被固定。而实际上海藻在进行光合作用吸收CO_2的同时,还进行呼吸作用释放CO_2,而呼吸作用释放的部分或全部CO_2未出植物体又被光合作用利用,因此仅根据放氧量估计评价CO_2固定效率是不准确的。

海藻固定CO_2效率可以根据以下公式(Choi,2012)进行计算:

$$F_{CO_2} = \mathrm{GR} \times f_C \times \frac{M_{CO_2}}{M_C}$$

式中,F_{CO_2}为CO_2固定速率[g/(L·d)];GR为藻的生长速率[g/(L·d)];M_{CO_2}和M_C分别为

CO_2和 C 的相对分子质量;f_C为藻细胞中有机碳含量(%,占干重比),不同海藻藻种有机碳含量略有不同,一般为40%~60%,可以按50%的有机碳含量对海藻固定 CO_2效率进行简单估算。

5. 海藻抗逆性评价

当前对海藻抗性的评价研究越来越受到关注。一方面,筛选到耐热、耐盐等优良抗逆性藻株用于大规模海藻养殖工业,对生产提取生物活性物质具有重要作用。海藻对 pH、温度、盐度等环境因子的耐受性与其所处的环境有关系,而在养殖工业中,养殖环境往往与自然界的环境有所不同,这往往需要根据生产需要,要求藻株具有某一种较强的抗逆性以适应大规模生产。

另一方面,在处理污染、治理环境问题上,可以利用优良抗逆性微藻藻株对沼气厌养发酵的猪粪废水及重金属超标的工业废水进行脱氮除磷,对难降解有机物及 Co、Mn、Hg 等重金属离子进行去除等处理。除此之外,微藻还能吸收一定浓度 NO_x、SO_x、H_2S,对废水处理具有良好的效果。目前已有研究利用 Cu^{2+} 抗逆性较强的铜绿微囊藻来治理一些重金属污染源,并对其抗逆性机制及富积能力进行了研究,为藻类净化重金属污染提供理论依据。

对于优良抗性藻种的选择,一般可以通过特定环境自然筛选,如在高温地区水域取样,从中筛选耐热藻种,并在实验室环境中通过控制培养条件,使藻种逐代驯化,从而对相应的极端环境具有较强的耐受性和抗性。另外,可以利用能够引起基因突变的方式(如辐射,包括 X 射线、γ 射线等;化学试剂,如甲基磺酸乙酯等)对海藻进行诱变处理,从而获得发生性状突变的藻种。通过一定的选择压力,将有利的突变藻种筛选出来。当然也可以利用基因工程技术进行基因改造,强化海藻特定性状,从而提升对环境的适应能力。

二、海草资源评价技术

1. 海草生态系统资源

海草生态系统是一个复杂的高生产力生态系统,主要分布在热带和温带的滨海浅海水域,常在潮下带海水中形成海草场。海草、珊瑚和红树林是海岸生态系统的重要组成部分,同时也是自然界生产力较高的生态系统之一(Duarte and Chiscano, 1999)。海草床蕴藏着丰富的生物资源,是很多动物的直接或间接的食物来源,并为其提供了很好的栖息场所。海草床是很多鱼类和无脊椎动物种群的育苗场、栖息地和庇护场所(Edgar et al., 1994; Oshima et al., 1999; Bostrom and Bonsdorff, 2000),同时也为沿岸的经济、娱乐性渔业带来很大的利益(Bell and Westoby, 1989; Rooker et al., 1998)。海草生态系统在近海岸生态系统中起着重要的作用。海草作为沿岸重要的沉积物的捕获者,具有稳定底泥沉积物的作用,而且可以改善水的透明度,可以作为健康海洋生态的指标之一(杨顶田,2007)。

关于海草的研究在国外开展了很多工作,主要集中在海草的时空分布、食物链、能量流动和物质循环等方面(韩秋影和施平,2008)。但是近年来,全球范围内海草退化问题开始成为热点,北美、大洋洲、欧洲和非洲等都报道了海草栖息地退化现象(Lotze et al., 2006; Waycott et al., 2009)。

2. 海草生态系统健康

根据《中华人民共和国海洋行业标准》,生态系统健康(ecosystem health)是生态系统保持其自然属性,维持生物多样性和关键生态过程稳定,并持续发挥其服务功能的能力。20世纪80年代加拿大学者Schaeffer提出,生态系统健康指生态系统本身充满活力没有疾病,同时在受到外界压力干扰的情况下,能够维持其自身的组织和结构,并且具有强大的抗干扰能力和恢复力,保持整个生态系统以及系统内各个组分能够稳定且持续的发展(Schaeffer et al., 1988;Rapport, 1989; Constanza, 1992)。目前国内外对生态系统健康研究还在不断深入,没有形成一套比较完整的体系(章家恩和徐琪,1997)。健康的生态系统主要具有以下特征:① 没有疾病,不受对生态系统有严重危害的生态系统胁迫的威胁;② 健康的生态系统要有多样性、复杂性以及要素间的平衡性;③ 健康的生态系统要有活力及增长空间;④ 具有稳定性,健康的生态系统能够维持自我平衡;⑤ 具有恢复力,能够从自然或人为的正常干扰中恢复过来(王友绍,2013)。

《近岸海洋生态健康评价指南》(HY/T087—2005)将沿岸海洋生态系统健康状况分为健康、亚健康和不健康三个级别。有关环境资源的评价技术体系建立的原则主要是:科学性(客观性)、整体性(全面性)、可操作性、指导性、动态性和稳定性、侧重性(李锋瑞和段舜山,1990;严晓等,2003;孙才志和刘玉玉,2009),具体标准如下:

科学性(客观性):即指标体系不仅能较客观和真实地反映健康评价的内涵,同时也能较好地量度主要实现目标的程度,保证评价结果的真实性和客观性。

整体性(全面性):即指标体系评价目标与评价指标组成层次分明的整体,全面反映系统的总体特征。

可操作性:即指标体系中指标不是越多越好,应该有可测性、可比性、简约性和易得性。

指导性:即指标体系综合评价要反映目前现状,也要对未来的发展趋势予以指示,以规范和指导未来发展的行为和方向。

动态性和稳定性:即指标是一种随时空变动的参数,确保在一定时期内的评价结果具稳定性和可靠性。

侧重性:即指标的选取可有侧重性,以反映当前实际情况或者特色。

3. 海草生态系统健康评价指标原始数据的获取

为了加强对海草生态系统的保护工作,首先要对海草生态系统的健康状况有一个比较全面的了解,针对不同健康状况制定相应的保护措施与政策以更好地维护海草生态系统的健康,保证海草生态系统能够稳定而持续的发展。

(1) 历史资料的获取

可以通过当地政府官方网站以及政府公布的《政府工作报告》查询(王友绍,2013)。

(2) 经典监测方法

1) 海草经典监测方法。该方法是地面勘查和采样,虽然费时但是准确,因此,样方和样带仍被大多数海草监测计划采用(kirkman,1990;许战洲,2009)。

海草群落采用样方法调查,垂直于海岸带方向设置检测断面,根据海草情况设置多个断面,每个断面设置25cm×25cm的样方若干个,样方放置尽量均匀(《中华人民共和国海洋行业标准》,HY/T 083—2005)。采齐样方内的海草,并对海草的种类、盖度、冠高度、密度、生物量、海草盖度、海草株冠高度、海草繁殖状况、海草密度、海草生物量等指标进行分析，调查结果填入表3－3。

表3－3 海草群落监测数据报表

采样日期____年____月____日　　分析日期____年____月____日
海域____断面编号____站位编号____经度____纬度____
样方编号____ 盖度____（%）　　花＋果实数量____（个/样方）

种类名称		生物量/(g/m²)			密度/(株/m²)
中文学名	拉丁名	叶片	茎	根	
Σ叶片生物量/(g/m²)					
Σ茎生物量/(g/m²)					
Σ根生物量/(g/m²)					
Σ海草生物量/(g/m²)					
Σ海草密度/(株/m²)					

（王道儒等，2013）

2）海草床中的海洋生物。采样方式分为两种，即分别采用样方框和拖网对底栖生物和拖网生物进行采样调查，主要内容如下。

a. 底栖生物量和栖息密度、种类组成、生物多样性指数和均匀度。例如，腔肠动物、多毛类、昆虫、软体动物、甲壳动物、棘皮动物和脊索动物等。

b. 拖网生物量和栖息密度、类别和栖息密度、种类组成、生物多样性的指数和均匀度。例如，腔肠动物、软体动物、甲壳类、棘皮动物和鱼类等。

c. 国家珍稀海生生物资源，例如，中华白海豚资源、江豚、中国鲎和海龟。

3）水质。采样和分析方法均按《海洋监测规范》进行。各项水质环境监测指标及其监测分析方法见表3－4。

表3－4 水质监测指标及分析方法(王道儒等，2013)

指标	项目	分析方法	参考标准
海水环境指标	水温	颠倒温度表法	GB17378.4—2007
	盐度	盐度计法	GB17378.4—2007
	pH	pH计法	GB17378.4—2007
	悬浮物	重量法	GB17378.4—2007
	亚硝酸盐-氮	萘乙二胺分光光度法	GB17378.4—2007
	硝酸盐-氮	锌-镉还原法	GB17378.4—2007
	氨-氮	次溴酸盐氧化法	GB17378.4—2007
	活性磷酸盐	磷钼蓝分光光度法	GB17378.4—2007
	硅酸盐	硅钼黄分光光度法	GB17378.4—2007

4）沉积物环境。海草沉积物的环境采样和分析方法均按《海洋生态监测技术规程》进行。调查指标和分析方法及参考标准见表3－5。

表 3－5 沉积物环境监测指标和分析方法（王道儒等，2013）

项　目	指　标	监测/分析方法	参考标准
沉积环境	硫化物	碘量法	GB 17378.5—2007
	有机碳	热导法	
	粒　度	筛分法结合沉析法	GB/T 13909—2007

5）海草生态系统数据的获得。海草生态环境数据、周围社会经济状况调查、自然资源及人文经济各类统计数据调查。借助遥感技术（remote sensing，RS）、地理信息系统（geographical information system，GIS）、全球定位系统（global positioning system，GPS）技术，研究者可以在景观水平研究海草床的动态变化过程（Kendrick et al.，1999；Robbins and Bell，2008）。遥感技术可以极大提高海草监测的空间广度，航空摄像和水下摄像也为海草资源提供详细的信息（Mcdonaald et al.，2006）。

海草面积用鳐式调查（manta tow）方法调查，通过 GPS 实地确定海草分布的上限点、下限点、起点和终点，一般于 200～500m 范围内确定一个海草分布点，并结合大潮退潮后现场勘察取点定位（王道儒等，2013）。

由澳大利亚政府资助的海草普查（seagrass watch）和全球海草监测网（seagrass net）是目前最大的海草床监测组织，目的在于用全球统一的方法与工具对各地的海草资源现状与威胁进行监测，它不仅对本国海草床进行长期和全面观测，还对环南中国海周边国家（如越南、马来西亚和新加坡等）的海草调查进行指导。全球海草监测网由世界海草协会（World Seagrass Association）组织，用标准的方法对各地的海草资源现状与威胁进行调查，从而提升对海草生态系统的科学认知与公众参与意识。该计划始于 2001 年，截止 2015 年，已有 26 个国家参与。2008 年 9 月，中国内地首个全球海草监测网分站在北海建成（许战洲，2009）。

4. 海草生态系统健康评价方法

海草生态系健康评价要对生态压力进行初步评价，基于《近岸海洋生态健康评价指南》，常采用的方法是富营养化压力评价法：

$$N_{\mathrm{I}} = (C_{\mathrm{COD}} \times C_{\mathrm{DIN}} \times C_{\mathrm{DIP}}) \times 10^{6} / 4500$$

式中，N_{I}为营养指数；C_{COD}、C_{DIN}、C_{DIP}分别为水体中化学耗氧量（mg/dm^3）、溶解无机氮（μg/dm^3）、溶解无机磷（μg/dm^3）的实测浓度。

当营养指数 $N_{\mathrm{I}} > 1$，表明生态系统处于富营养化状态。

然后对海草床的生态结构功能进行评价，评价生态系统的优势种、物种多样性、群落均匀度和群落演变等（王道儒等，2013）。

海草床生态系统健康状况评价主要包括五类指标，分别为水环境、沉积环境、生物残毒、栖息地和生物。根据《近岸海洋生态健康评价指南》（HY/T087—2005），确定各类别评价的权重赋值和健康指数计算标准，并将海洋生态系统的健康状况分为健康、亚健康和不健康三个级别（表 3－6）。

表 3-6　海草床生态系统指标评价(王道儒等,2013)

	指数权重	健康(Ⅰ)	亚健康(Ⅱ)	不健康(Ⅲ)
水环境	15	11 < 15	8 < 11	5 < 8
沉积环境	10	7 < 10	3 < 7	1 < 3
生物残毒	10	7 < 10	4 < 7	1 < 4
栖息地	15	11 < 15	8 < 11	5 < 8
生　物	50	35 < 50	20 < 35	10 < 20

1)健康:生态系统保持其自然属性,生物多样性及生态系统结构基本稳定,生态系统主要服务功能正常发挥,人为活动所产生的生态压力在生态系统的承载力范围之内。

2)亚健康:生态系统基本维持其自然属性,生物多样性及生态系统结构发生一定程度的改变,但生态系统主要服务功能尚能正常发挥,环境污染、人为破坏、资源的不合理利用等生态压力超出生态系统的承载能力。

3)不健康:生态系统自然属性明显改变,生物多样性及生态系统结构发生较大程度改变,生态系统主要服务功能严重退化及丧失,环境污染、人为破坏、资源的不合理利用等生态压力超出生态系统的承载能力。生态系统在短期内难以恢复。

三、红树林资源评价技术

1. 红树植物及生态系统概况

红树林生长在热带、亚热带地区海岸潮间带,是以红树植物为主体的常绿灌木或乔木组成的潮滩湿地木本生物群落。红树林湿地是世界上最重要的土地资源之一。然而随着人类社会的发展,红树林的生态价值被人类建设现代化城市的需求所忽略,沿海地区的红树林数量在急剧减少。及时准确地掌握红树林湿地的空间格局,可以揭示红树林湿地变化的动因、机制和规律,为保护和修复红树林湿地生态系统提供有价值的帮助和科学依据。

近100年来,全球气候变化最突出的特征是温度的显著上升。全球气温升高伴随着飓风、洪水、干旱、森林火灾,以及其他极端气象事件发生的频率和强度增加(IPCC,2007),加上现代化进程的加快,使得近岸红树林遭受不同程度的破坏。在过去的20年间,全球超过1/3的红树林消失,红树林已面临濒危境地,并对海岸带生态环境带来严重后果,红树林湿地的管理和保护(以及整个海岸带的综合管理)已成为全社会乃至全人类十分紧迫的任务,因为红树林转换性开发导致的红树林湿地资源濒危及其后果在东南亚(世界红树林分布中心区)及世界其他各地同样存在,并且十分严重。中国红树林湿地是中国濒危生物保存和发展的重要基地,并在跨国鸟类保护中起着重要作用。中国红树林湿地单位面积的物种丰度是海洋平均水平的1766倍。中国红树林湿地物种多样性极其丰富,与初级生产物质基础、食物关系多样性、宏观尺度和微观尺度的空间异质性、生境利用的时序性等密不可分。健康的红树林生态系统除了本身拥有很强的活力外,在面对外界压力时也能表现出很强的自我抗干扰能力,因此通过维护红树林生态系统的健康来应对外界环境对红树林的压力是一种"标本兼治"的方法(王友绍,2013)。

2. 生态系统健康评价技术体系

湿地生态系统健康评价指通过研究湿地生态系统的结构（包括组织结构和空间结构）、功能（生态功能和各项服务所对应的功能）、适应力（弹性）和社会价值等综合特性来判断其健康状况，可以对由于自然和人类干扰引起的湿地生态系统破坏或退化程度进行诊断，由于评价指标体系中各项指标的计算方法及考核目标不同，分级标准也有所不同（王树功，2010；Rapport et al.，1998；Holguin et al.，2006）。

（1）遥感技术特征

红树植物的地理分布与时空变化分析，首先可以查阅相关的资料，分析求证；其次将人不可及的观测通过遥感技术完成分析，使地面传感器成为遥感的一部分。遥感技术即从远距离感知目标反射或自身辐射的电磁波、可见光、红外线，对目标进行探测和识别的技术。例如，航空摄影就是一种遥感技术。人造地球卫星发射成功，大大推动了遥感技术的发展。现代遥感技术主要包括信息的获取、传输、存储和处理等环节。完成上述功能的全套系统称为遥感系统，其核心组成部分是获取信息的遥感器。遥感器的种类很多，主要有照相机、电视摄像机、多光谱扫描仪、成像光谱仪、微波辐射计、合成孔径雷达等。传输设备用于将遥感信息从远距离平台（如卫星）传回地面站。信息处理设备包括彩色合成仪、图像判读仪和数字图像处理机等。遥感平台是遥感过程中承载遥感器的运载工具，它如同在地面摄影时安放照相机的三脚架，是在空中或空间安放遥感器的装置。主要的遥感平台有高空气球、飞机、火箭、人造卫星、载人宇宙飞船等。遥感器是远距离感测地物环境辐射或反射电磁波的仪器。使用的有 20 多种，除可见光摄影机、红外摄影机、紫外摄影机外，还有红外扫描仪、多光谱扫描仪、微波辐射和散射计、侧视雷达、专题成像仪、成像光谱仪等，遥感器正在向多光谱、多极化、微型化和高分辨率的方向发展。遥感器接收到的数字和图像信息，通常采用三种记录方式：胶片、图像和数字磁带。其信息通过校正、变换、分解、组合等光学处理或图像数字处理过程，提供给用户分析、判读，或在地理信息系统和专家系统的支持下，制成专题地图或统计图表，为资源勘察、环境监测、国土测绘、军事侦察提供信息服务。我国已成功发射并回收了 10 多颗遥感卫星和气象卫星，获得了全色相片和红外彩色图像，并建立了卫星遥感地面站和卫星气象中心，开发了图像处理系统和计算机辅助制图系统。从“风云二号”气象卫星获取的红外云图上，我们每天都可以从电视机上观看到气象形势。

遥感技术所具有的优势能克服红树林野外调查工作难以开展、工作量大、费用高等困难。红树林湿地调查监测中遥感技术已被广泛应用。运用遥感技术可以揭示红树林湿地变化的动因、机制和规律，为保护和修复红树林湿地生态系统提供有价值的帮助和科学依据。探讨使用 Contourlet 变换对雷达图像与多光谱图像进行融合后再进行红树林群落分类的方法，并将结果与使用小波变换、IHS 变换、主成分变换等几种影像融合方法，和监督分类、非监督分类以及神经网络三种分类方法对红树林群落进行分类的结果加以对比分析，研究不同数据融合方法和图像分类方法在改善红树林群落分类中的效果，从而得出对红树林群落进行遥感分类的最佳方案，获取目前研究区内的红树林群落分布格局现状，为保护和修复红树林湿地生态系统提供有价值的帮助和科学依据。

根据雷达后向散射系数建立了红树林湿地植被生物量的估算模型，并运用遗传算法确定其中非线性模型的最优参数。对比分析表明，雷达后向散射系数模型比 NDVI 模型在植被生物量估算中有更高的精度。使用 NDVI 指数有可能导致某些植被类型的生物量估算出现较大的误差。这是因为一些具有密集冠层的草本植被(如互花米草等)有比红树林高得多的 NDVI 值。而雷达遥感所具有的侧视特点及一定的穿透能力能有效地获取植被的垂直信息,大大减少植被生物量估算的误差。

(2)生态安全评价——PSR

生态安全的概念最早由莱斯特. R. 布朗(1977)提出,指生物与环境相互作用下不会导致个体或系统受到侵害和破坏,从而保障生态系统可持续发展的一种动态过程(Amalberti, 1992)。继而,引发国内外学者对此问题的关注(陈星与周成虎,2005; Eason and O'Halloran, 2002)。综合国内外学者有关生态安全定义的讨论,生态安全问题有以下两个特点:① 生态安全是一个全球性和系统性的概念,也具备区域性特征。当今世界已经处于全球化时代,生物多样性迅速减少、土地荒漠化、海洋污染等环境问题成为重要的全球性问题,一个国家或者地区的生态灾难有可能危及邻国相邻地区的生态安全。具体表现有酸雨的跨区排放、国际性河流水源争夺、跨国河流污染物排放,这些活动已严重影响到下游或相邻国家的安全。这些全球性的生态安全问题需要各国共同努力去解决。生态系统安全作为一个有机整体,与人类安全、生物安全结合在一起相互联系、相互作用。生态安全问题具有明显的地区特点,呈现出多元化和多层次的特点。② 生态安全是动态的长期过程。在不同的社会发展阶段和不同的资源环境下,生态安全的目的和内容各不一样,生态安全状态随着其影响要素的变化而变化,更需要用动态的研究方法去探讨生态安全的变化。同时,生态环境的形成和变化是一个长期的历史过程。例如,大气和水源受到污染、土地侵蚀、沙漠化、生物多样性减少等问题都是经过长时间积累后才显现。人类一旦对生态环境施加某种影响,而且这种影响大多是负面的,对生态环境造成的破坏是不可逆的。至少在当前技术水平条件下,要恢复大面积受到深度破坏的生态环境是不可能的。因此,在研究生态安全问题的时候,更应该从长远的角度去着眼,避免狭隘的经济利益发展的观点。生态安全研究的基本内容包括生态安全基本理论、评价、监控预警和政策等,其中生态安全理论和评价是各项研究中的基础。此外,在技术层面上,生态恢复也是生态安全研究的分支学科。

生态安全评价(ecological security assessment, ESA)是对生态系统完整性,以及对各种风险下维持其健康的可持续能力的识别与判断研究(王根绪等,2003)。一般认为,生态安全评价体系由评价对象、评价目的、评价指标、评价方法、评价标准和评价尺度等 6 个要素构成(李辉等,2007)。

综合国内外生态安全评价的研究来看,其理论体系不断发展和完善。目前国内外对生态评价的研究内容非常丰富。主要体现在这几个方面:一是研究生态评价的内容,从生态风险、生态健康、生态服务价值、生态脆弱性、生态敏感性等不同的角度去论述,也有学者把影响因子分析纳入生态安全评价的研究内容;二是评价的对象各不相同,如有森林、草原、河流、城市、土地、海岸带等研究对象;三是生态安全评价方法和指标的研究。由于各指标的原始数据、类型和来源都不相同,且数量级相差悬殊而无可比性,因此需要根据所建立数学模型的要求,对原始数据进行基准化,即归一化处理。

压力-状态-响应模型(PSR)是国际上通用的资源环境评价模型,广泛地应用于资源环境评价的各个领域(麦少芝等,2005;OECD,1993;Walz,2000)。人类通过各种活动从自然环境中获取其生存与发展所必需的资源，同时又向环境排放废弃物，从而改变了自然资源储量与环境质量，而自然和环境状态的变化又反过来影响人类的社会经济活动和福利，进而社会通过环境政策，以及通过意识和行为的变化对环境变化做出反应，如此循环往复，构成了人类与环境之间的压力-状态-响应关系。该模型分为三大类指标，即压力指标、状态指标和响应指标：① 压力指标包括对环境问题起着驱动作用的间接压力（如人类活动倾向），也包括直接压力（如资源利用、污染物排放），这类指标只要描述自然过程中或人类活动给环境所带来的影响与胁迫，其产生与人类的消费模式有紧密关系，能够反映某一特定时期资源的利用强度及其变化趋势；② 状态指标主要包括生态系统与自然环境现状，人类的生活质量与健康状况等，它反映了环境要素的变化，同时也体现了环境政策的最终目标，指标选择主要考虑环境或生态系统的生物、物理化学特征及生态功能；③ 响应指标是社会和个人如何行动来减轻、阻止、恢复和预防人类活动对环境的负面影响，以及对已经发生的不利于人类生存发展的生态环境变化进行补救的措施，如教育、法规、市场机制和技术变革等（Hughey et al.，2004；OECD，2001；王友绍，2013）。该模型具有非常清晰的因果关系，比较科学地阐明人口、资源、环境三者之间的关系，即人类活动对环境施加一定的压力，环境状态随即发生一定的变化，而人类社会应当对环境的变化做出相应的反应，以恢复环境质量或防止环境退化（Hammond et al.，1995；Rapport and Singh，2006）。基于 PSR 模型构建湿地生态系统健康评价的研究，评价指标体系大都集中在压力、状态、响应三大方面，如图 3－5 所示。在熟悉红树林湿地生态系统自身特点的基础上，结合红树林生态系统影响因子的分析及湿地生态系统健康评价指标的研究构建红树林湿地生态系统健康评价指标体系。

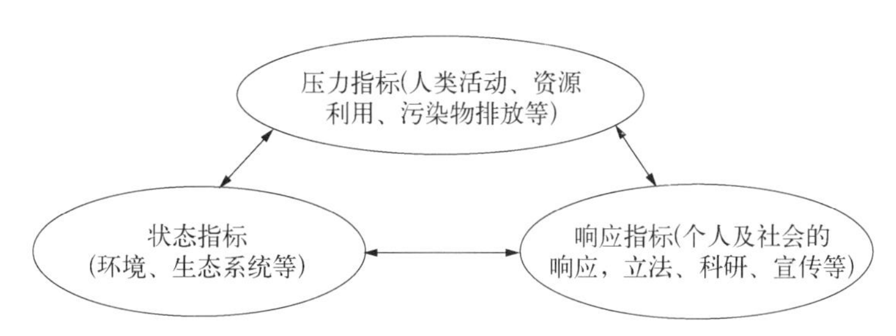

图 3－5 压力-状态-响应（PSR）框架模型

PSR 指标选取的原则：① 在确保合理性和可能性的基础上，指标层选取了一些可获得、操作性强的指标变量；② 为避免单一要素的片面性和监测的不精确所造成的误差，指标主要以综合指数形式表示，如水质综合污染指数是将溶解氧（DO）、悬浮物（SS）、化学需氧量（COD）、无机氮、磷酸盐、油类等多个单一指标综合而成；③ 红树林防风消浪和维持生物多样性功能与红树林种植面积存在很大的相关性，为避免评价指标量化的重复性，将这两种功能变化指标合为一起，用红树林有林地面积变化率表示。

（3）层次分析法

目前被大多数学者认同的方法为层次分析法。层次分析法（analytic hierarchy process，AHP）为由美国著名运筹学家，匹兹堡大学 Saaty 教授于 20 世纪 80 年代初期提出的一种简便、灵活又实用的多准则决策方法（王应洛，2003）。它是对一些较为复杂、较为模糊的问题作出决策的简易方法，特别适用于那些难于完全定量分析的问题。其主要特征是，它合理地将定性与定量的决策结合起来,按照思维、心理的规律将决策过程层次化、数量化。该方法以其定性与定量相结合地处理各种决策因素的特点,以及其系统灵活简洁的优点,迅速地在社会经济各个领域内,如能源系统分析、城市规划、经济管理、科研评价等,得到了广泛的重视和应用(秦吉与张翼鹏,1999;Saaty, 1977; Saaty,1986; Saaty et al. , 2007;王友绍,2013)。

层次分析法经过多年的发展,衍生出改进层次分析法、模糊层次分析法、可拓模糊层次分析法和灰色层次分析法等多种方法,并根据研究的实际情况各有其适用的范围。一般而言,改进层次分析法、模糊层次分析法和可拓模糊层次分析法都是基于判断矩阵不好确定的情况下,通过改进判断标度来帮助决策者更加容易地构造质量好的判断矩阵; 灰色层次分析法则是将灰色系统理论和层次分析法相结合,使灰色理论贯穿于建立模型、构造矩阵、权重计算和结果评价的整个过程中。改进的层次分析法是指利用层次分析法的原理建立综合评价模型,然后提出新的指数标度或评价方法;模糊层次分析法是将层次分析法和模糊综合评价结合起来,使用层次分析法确定评价指标体系中各指标的权重,用模糊综合评价方法对模糊指标进行评定;改进模糊层次分析法是指运用模糊一致性矩阵与其权重的关系构造评价模型,然后采用基于实数编码的遗传算法来求解该模型,得到评价指标的排序权重;灰色层次分析法是将传统层次分析法和灰色系统理论相结合的一种综合分析方法。黄俊等(2007)应用层次分析法的基本决策理论,建立了城市防洪工程方案选择的层次分析模型,应用层次分析法原理和灰色关联分析的方法对城市防洪工程方案进行了综合评价(郭金玉等,2008)。

层次分析法的基本步骤为: ① 建立递阶层次结构模型。应用 AHP 分析决策问题时,首先要把问题条理化、层次化,构造出一个有层次的结构模型,这些层次可以分为最高层、中间层、最底层三类,递阶层次结构中的层次数与问题的复杂程度及需要分析的详尽程度有关,一般层次数不受限制,每一层次中所支配的元素不要超过 9 个。② 构造出各层次中的所有判断矩阵。准则层中的各准则在目标衡量中所占的比重并不一定相同,在决策者的心目中,它们各占有一定的比例。③ 层次单排序及一致性检验。计算一致性指标 CI,查找一致性指标 RI 和计算一致性比例(邓雪等,2012)。

(4) 红树林生态系统生态安全策略

对于红树林这个特殊的研究领域,其生态系统的安全状态与区域中的资源、环境、经济与社会等系统有密切联系,红树林生态安全评价又是一项非常复杂的系统工程,其评价指标体系究竟应当包含哪些具体的指标,则需要多学科的交叉合作。因此,运用生态承载力理论、可持续发展理论、系统论、景观生态学理论和生态补偿等基础理论去分析红树林生态系统的结构、功能和价值,并给出其评价的内涵和研究内容,为滨海湿地生态安全评价提供可靠科学的依据。滨海湿地生态安全不仅涉及自然领域、经济领域,也涉及社会领域。故生态安全的理论基础比较庞杂。概括地讲,主要有以下几方面: ① 可持续发展理论为红树林区域生态安全评价研究提供了最基本的理论基础,在对红树林进行生态评价的时候,既要分析生态因素,也要分析资源存量的动态变化,以及分析经济发展的进程和社会发展的协调性。② 生态承载力指在某一特定环境条件下(如生存空间、营养物质、阳光等生态因子的组合),某一种个体存在数量的极限。生态承载力有生态支持力和生态压力两重含义,红树林生态系统的持续承载能力是衡量其生态安全的充分必要条件。评价红树林的生态安全状况,包括评价资源承载力、环境承载力与生态系统弹性力是否协同作用,生态系统功能是否完整和健康、是否具有可持续性等。

红树林生态安全状况是资源、环境、经济与社会四个子系统之间冲突和协调的结果。在外部控制参量达到一定界限时,不同的子系统通过协调作用和相互影响,可以使红树林生态系统由无规则混乱状态变为宏观有序状态,实现生态安全的最终目的。在生态安全评价过程中,必须分析影响生态安全状态的内在因素和运行机制,综合探讨湿地地区的生态安全评价的合适的评价方法和指标体系。

第三节 海洋植物资源保护技术

一、海藻资源保护技术

海藻资源不仅对维护海洋生态平衡、控制全球温室气体水平具有十分重要的作用,而且在食品、医药保健、化工、农业、水产、能源和环保等领域具有广泛的商业开发价值,此外,部分海藻还是海洋绿潮、赤潮等生态灾害的罪魁祸首,而规模化养殖海藻或增殖恢复大型海藻的资源,可以缓解海区富营养盐状况并去除海洋有毒污染物。随着海洋环境的日益恶化,为了更好地利用或增强海藻资源的益处,控制其生态灾害的暴发,保护海藻资源势在必行。

总体上,由于形态特征和生活习性的差异,针对大型海藻和海洋微藻的资源保护技术及策略略有不同。大型海藻的保护技术主要包括种质资源的保藏、制种和育苗、离岸(全)人工培养、海区人工养殖、海藻资源利用、海区人工增殖恢复等方面的技术。海洋微藻的保护技术主要包括种质资源的分离纯化、种质筛选和保藏、离岸(全)人工培养和资源利用等技术。有关大型海藻在自然海区的人工养殖和增殖恢复技术,目前国内外均有较成熟的技术,其技术关键一是种苗技术,二是海区生态环境的选择和保护问题,前者本节将概要描述,而后者主要取决于政府的政策和规划等,不是本书关注的要点,同时鉴于本节的篇幅限制暂不论述。

1. 海藻资源的藻种分离、纯化与保藏技术

(1) 培养基与培养条件

培养基:微藻样品采集、预培养、分离、纯化及保种培养采用改良的海水 f/2 培养基(M－f/2)。所有培养基均在121℃下高压灭菌25min。分离纯化后的后续研究以此配方为基础,但会根据具体研究需求进行必要的调整。

分离、纯化及保种的培养条件:温度20～25℃,光照强度20～30μmol/(m^2·s),光暗周期12h∶12h。藻种性能筛选评估中的培养条件会根据具体研究需求进行必要的调整,详情参见后文。

(2) 样品采集方法

过滤(浓缩)采样:该方法主要针对大洋和近岸深水区微藻细胞浓度偏低的海水样品。采集过程:25mL采样瓶,预装灭菌的改良的 f/2 培养基5mL。在采样站点取1～2L海水,用CGF滤膜过滤收集微微型浮游植物,将滤膜放入采样瓶,补加15mL现场海水,室内弱光下保存。

容器直接采样：该方法主要针对近岸滩涂、珊瑚礁、红树林、水塘、码头、盐田等小生境中藻细胞浓度偏高的海水样品。用容器直接装取海水样。对采样点沉积到浅水底沙石或附生到礁石、岸堤、大型海藻等植物或其他天然或人工材料/结构上的海藻（通过颜色和质感可直观判断是否有微藻种群存在），通过搅、刮、挤、刷等办法采集，加入现场海水。

采样后现场记录采样时间、地点和生态地理信息。

带回实验室后转录现场信息并统一编排样品号码。以此号码作为后续预培养及分离纯化的样品编号的基础。

（3）藻种的分离、纯化与保种培养

海洋微藻样品预培养：过滤器浓缩收集的微藻样品，采样瓶（内为附有藻细胞的过滤膜，采样时已加入培养基）直接转入培养架上进行预培养。

容器直接采集的海水样品添加培养基后进行预培养。加入量约为1/4的采集样品体积。

与此同时，为了筛选具有环境适应及抗病虫害的藻种，可采用大幅强化培养物盐碱极端条件的方式进行部分采集样品的藻种预培养尝试，以获得适应性强、抗病害的藻株。

藻株的分离：该过程的目标是分离单个细胞藻体，以期获得单种培养物。根据预培养获得微藻培养物的形态，有下列3种不同的分离方法。

第一，均匀培养物的分离：稀释后直接涂平板；对数量少（劣势物种，涂平板易丢失）或有独特潜力（如颜色或形态特别）的藻种可用毛细管法直接在倒置显微镜下挑出单个细胞转入96孔板进行分离。

第二，群体细胞的分离：通过压片分散交织在一起的群体细胞，用无菌液体培养基收集分散细胞，并按5倍或10倍比例依次稀释成多个浓度梯度后，在显微镜辅助观察下，选择最适宜涂平板的细胞浓度梯度涂布平板，以获得单株“藻落”（藻体“菌落”）。

第三，采用稀释涂布法或划线法对预培养后的培养物进行分离和后续的纯化，平板接种后，转至培养架上培养。

海水藻种的纯化：

第一，转接液体培养基培养。待分离物“藻落”形成后，从固体培养基挑取单藻落，转入液体培养基培养。液体培养物细胞大量繁殖后，显微镜观察，判断是否为单种。若含有2种或2种以上形态差异明显的藻细胞，重复藻株分离的操作，直至获得单种培养物。为获得不含细菌或其他微生物的纯种，需进行进一步纯化操作，单种培养物至少需经两轮纯化。

第二，第1轮纯化。对已获得的单种培养物，用无菌培养基按5倍或10倍比例依次稀释成多个浓度梯度，选择最适宜涂平板的细胞浓度涂布平板。

藻落形成后，按上述的方法转接液体培养基，获得藻细胞大量繁殖的纯培养物，通过倒置显微镜观察初步判断是否为纯培养物。

第三，第2轮纯化与保藏。对第1轮纯化所得的液体培养基培养物重复第一轮的过程一次。若平板没有菌落产生，则获得纯培养物。至此，不管是否能得到纯培养物，将纯培养或单株藻种（不能纯化但确定为单株状态）进行编号，记录在册并入库保藏。

该轮的固体平板和转接的液体培养物作为纯种长期继代保藏。继代周期：固体2~3月，固体培养的硅藻1~2月；液体20~30天，而液体培养的硅藻2~3周。

(4) 分离纯化藻种的评估与筛选

首先，按照藻种分离纯化后的生长表现进行第一轮筛选，如是否快速生长、是否均匀生长，藻细胞是否易下沉、黏结。第二轮筛选，主要是测定藻种的主要组成和含量、生产速率、适应性和生长速度，确定其利用价值和开发潜力；最后，参照定向预培养中的适应性、藻种优势度、分离后室内培养的极端适应性和生长特性、采收相关特性，筛选确定综合性能好的藻株，通过管式光生物反应器、室内跑道池以及室外逐级放大扩培表现进行筛选，评估藻种的室外培养耐敌害生物和光温胁迫条件的能力，获得具有高含量活性物质、适应高低温、适宜开放池放大培养的优质藻种。

(5) 分离纯化藻种的液体转接与活化

液体接种、活化与培养：100mL 玻璃三角瓶高温灭菌后，放入 50~60mL 新鲜无菌培养基，将固体平板的纯化藻种接种，放在光照培养架上培养，培养温度(26 ± 1)℃，光照强度 60~80μmol/(m^2 · S)，光暗周期 12h∶12h，每 1~2h 摇瓶 1 次。经 3~5 天培养，细胞进入指数生长期后，或转接扩培，或作为后续研究的“种子”液。

2. 海藻的保藏技术

(1) 继代法保存

继代保存法可使用于一切藻种的保存，是目前普遍采用的方法。继代保存可通过液体、固体平板和固体斜面 3 种培养形式进行，常用培养基有 f/2、SE 等，固体培养基中含琼脂 1.0%~1.2%。通常在常温(20~25℃)或常低温(0~15℃)、弱光[15~30μmol/(m^2 · S)]、光暗周期 12h∶12h 条件下进行。常温下的液体继代周期为 1~2 个月，固体继代周期可达半年。常低温下保种继代时间可适当延长。具体继代周期具有种属特异性，对于生长快、代时短的藻种，可适当缩减继代时间，反之亦然。

该方法简单易行，且保存藻种容易活化，但保存时间短，而且继代频繁，容易发生污染和变异，因此继代接种过程中需要严格的无菌操作条件。若发生污染，需要重新分离纯化。

大型海藻由于个体大，容易去除黏附其表面的污染生物，而且个体表层结构对污染生物的不良侵害具有保护作用，因此，单种分离操作简单，如用无菌水反复冲洗，或添加抗生素、较温和的杀虫剂或抑制剂来控制。藻种保藏培养一般采用液体培养，根据藻体的大小选择培养瓶、水族箱进行人工光照培养。通过大型海藻的组织培养可以获得无菌的纯种，但相对高等植物，大型海藻组织培养技术滞后，其愈伤组织的形成、组织分化和种苗发育等环节均需要更深入广泛的研究。

(2) 固定化保存法

固定化保种法适用于多数微藻，是被用来延长光合细胞寿命的一种重要手段。微藻存活时间从一个月到几年不等。

将游离细胞包埋在多糖或多聚化合物制成的网状支持物中，用固定载体束缚藻种，以影响其代谢过程，从而抑制海藻细胞的生长和分裂。

该方法可在常温和低温条件下(0~15℃)实现对藻类的中期保存，培养保存时间较长、活化复苏快、技术装置设备简单、细胞外渗少，而且还可用于次生代谢物质的生产。在普通的微藻实验室内都能进行。

但其固定化程序比较复杂,很多微藻在培养后期常会从胶珠中溢出。而且,有研究资料表明,某种固定化方法只适用于一定种类的微藻,对于其他种类的微藻会有不同的反应,其原因复杂,还需要做更加深入、广泛的研究(刘杰,2010)。这给固定化保种技术的推广带来了一定的困难。

(3)超低温保种技术

在液氮低温(-196℃)条件下保存,此时微藻的物质代谢和生长活动几乎完全停止。可是它们仍处于可逆的成活状态。目前普遍采用两步冷冻法,即慢速降温进行冷适应,然后再投入液氮中保存。

该方法保持了种质遗传的稳定性、对藻种优胜劣汰,以便于长期保存,能最大限度地减少污染,还能省去对藻种的活力监测和繁殖更新。

但微藻的种类有很多,而且生理状态各异,适宜的保存条件各不相同,找出不同微藻的超低温保种方法比较困难,不同的细胞对抗冻剂的类型和浓度要求不同,至今还没有找出一种对所有种类都普遍适用的保护剂(刘杰,2010)。

(4)浓缩低温保存技术

将藻液高密度培养后,采用物理、化学的方法浓缩成藻泥或藻膏,再低温(4℃)保存。该方法多用于海洋微藻。

该方法中微藻浓缩液的生产,可以使海洋微藻的生产与使用保留一定的时间差。但相对保存时间较短,海洋微藻的抗逆原理还有待更多的研究和探讨。

(5)冷冻真空干燥保存法

冷冻真空干燥保存法是在极低温度下(-70℃左右)快速冷冻,然后又在极低温度下真空干燥,使藻种的新陈代谢活动处于高度静止状态。

运用冷冻真空干燥保存法保存微藻细胞,其复苏效果好,保藏期内可避免其他杂菌污染,方便携带运输,实现商品化生产的可能性高;但操作步骤繁琐且对设备要求比较高。

(6)低温甘油生理盐水法

在藻液中加入一定的甘油作保护剂,同时加入一定的生理盐水,混匀,直接放置在-20℃±0.5℃冰箱保存。

该方法加入的生理盐水适当降低了甘油的高渗作用,更有利于藻种的保存。保存时间长,一般3年左右。

(7)包埋-脱水法

该方法将固定化技术和干燥法结合,将藻种包埋在褐藻胶基质中使其固定化,在适度脱水后再进行低温保存。其中,常用的脱水方法有:硅胶吸附脱水、高浓度蔗糖预处理、直接干燥脱水等。

与继代培养法相比,该方法保存时间更长;与超低温保存法相比,操作技术简单,不需贵重的保存设备,成本低廉,且可保存大量藻种。有文献表明,褐藻胶包埋技术与干燥脱水技术的结合,有可能成为微藻常温和低温保种的新方法,而对更多材料的研究成为今后的工作重点(董光宇,2009)。

(8)玻璃化法

玻璃化是将藻类转变成玻璃样无定形体(玻璃态)的过程。通过玻璃化法降温保存细胞时，细胞内外的水都不形成结晶，细胞结构不会受到破坏从而细胞得以存活。有文献报道，经过了玻璃化冻存的藻种相当于进行了一次优胜劣汰的复壮作用，复苏后存活下来的藻细胞一般会比未冻存的藻细胞长得更好、更高产、抗冻性更强（林小园，2014）。

玻璃化冷冻技术与常规的保存方法（如继代培养、低温冻存）相比，具有以下优势：简化了冷冻操作步骤，无需贵重的程序降温仪，整个操作就短短几分钟；可以有效避免胞内冰晶的形成，从而降低细胞因形成冰晶而导致的各种物理及化学损伤；玻璃化冻存可以有效地抑制细胞的代谢活动，长期保持生物的遗传稳定性。玻璃化冻存方法简单高效的特点，近年来备受关注，是今后微藻冷冻保存技术的发展方向。

不过玻璃化冷冻保存对降温升温速率以及保护剂组合浓度有特殊的要求，保护剂组合的总浓度一般要高达5.0~7.0mol/L才能实现玻璃化冻存，而高浓度的保护剂又会对藻种产生严重毒性，因此在保存细胞或组织时，减少保护剂的毒性至关重要。

（9）大型海藻保藏与种苗技术

第一，低温弱光保存。传统的低温（一般为8~12℃）弱光保存是目前较普遍的一种大型海藻种质保存的方法，该方法是在适宜的光照、温度条件下，利用液体培养基保存海藻细胞。低温弱光条件下海藻细胞的代谢水平较低，因此能够在一定程度上实现海藻种质的长期保存。

第二，冷冻保存。大型海藻的冷冻保存包括4种不同温度条件的保藏方式：低温（4℃）保存；冷冻（-40℃）保存；低温真空冷冻干燥法，将藻种低温冻结，然后再用真空技术将物料中的水分抽干，使其干燥；超低温（-196℃）保存，在-139~-135℃以下的温度保存材料，通常采用液态氮作冷媒剂，是目前保存活体生物材料最为有效的方法。

超低温保藏主要分为一步法、两步法、包埋-脱水法和玻璃化法等方法。其中包埋-脱水法和玻璃化法是最新发展的冷冻保存技术。一步法向材料中添加甘油或DMSO（二甲基亚砜）后再投入到液氮中保存，但不适用于含水量高的藻类保存；而两步法的第一步是在保存材料中加入抗冻保护剂，然后对材料进行预冻，第二步是将预冻过的材料投入液氮中快速冷冻，该法适用于多种微藻及部分大型藻类的保存。包埋-脱水法是将生物材料包埋在褐藻胶基质中，使其胶囊化（固定化），适度脱水后再进行超低温保存。该技术操作简单，不需要复杂设备，不使用抗冻保护剂，是对超低温保存技术的一个重大改进。

同时通过借鉴高等植物玻璃化冻存的经验和方法，目前又将玻璃化法应用于大型藻类种质超低温保存中，近年来备受关注，是今后藻种冷冻保存技术的发展方向之一。

海藻种质保存中最为关键的问题就是遗传稳定性，它是选择保存方法、确定保存条件的最重要指标，而且又是判断种质保存技术可行性的重要依据。虽然4℃的低温保存和-40℃的冷库保存都能够很有效地保存生物材料，且设备简单、经济实用，也能在一定程度上保持种质遗传稳定性，但是在以上用于海藻种质长期保存的方法中，超低温保存无疑是长久保持海藻种质遗传稳定性的最好方法（张玉荣，2009）。

大型海藻的种苗技术也是其种质保藏和人工培养的重要环节。通过藻体分枝、分段方式进行无性繁殖，是最为简单的种苗技术，但容易出现藻种退化，且制种效率低。采用孢子方式或有性生殖方式可大幅度提高种苗制备效率，并易达到种质优选和复壮的效果，但制种过程较复杂，培养条件与过程要求苛刻，专业性强，且不同海藻之间由于生活史和藻种特性的不同而在制种技术上存在明显不同。采用孢子方式或有性生殖方式制种过程中，可以尝试建立孢子、生殖细胞或丝状体细胞的人工培养和继代技术，从而大幅度提高制种效率，并增加人工筛选和改造种质的可能性。紫菜的壳孢子丝状体的培养技术已取得重要进展。

3. 海藻的离岸(全)人工培养模式

光生物反应器(或光合反应器)是人工培养海藻的核心关键技术，广义上来说，泛指用于依赖光合作用培养细胞、组织或生物体的反应器系统。20世纪40年代首次应用于大规模培养海藻，目的是获取海藻生物质作为饵料等生物资源，或提取其中的生物活性物质。该系统可以用于微藻等植物细胞、光合细菌甚至大型海藻的光合培养，成为海藻生物技术及资源利用的重要平台。

海藻能有效利用光能、CO_2、水，以及氮、磷、硫、铁等无机元素合成蛋白质、脂肪、糖类、色素等多种生物活性物质，进而开发食品、医药、保健制品、食品添加剂、饲料、生物肥料、化妆品以及生物质能源等(刘娟妮等,2010)。海藻在生长过程中，海藻细胞的光合效率、产量和质量受到光强、温度、天气、光生物反应器结构、材质、培养深度(或光径)等因素的影响，其中光生物反应器因其几何形状及结构尺寸的不同，决定了光暗循环时间、光衰减程度等性能参数的不同，从而影响了细胞对光的利用效率(孙利芹等,2010)。

光生物反应器目前主要有开放式培养和封闭式培养两种模式。开放式光生物反应器就是指开放池培养系统(open pond culture system)。开放式培养是开发最早、应用最为普遍的一种方式，目前世界各国、特别是中国仍然将其作为微藻工业化培养的主要方式(张庆华等,2014)。开放式光生物反应器构建简单、成本低廉及操作简便，但存在易受污染、培养条件不稳定、由于光限制而导致体积产率低等缺点(刘娟妮等,2006)。目前该系统只能用于螺旋藻、小球藻及盐藻等少数能耐受极端环境的微藻培养，限制了大多数其他适宜温和条件藻种的养殖应用与开发。

目前最典型、最常用的开放式光生物反应器是Oswald设计的跑道池反应器。该类培养系统由多个扩种单元和生产单元组成，扩种单元一般分2~3级，单池面积由小($10\sim50m^2$)变大($100\sim500m^2$)，为生产单元提供生产性藻种，单个生产单元为占地面积$1000\sim5000m^2$、培养液深度10~30cm的椭圆或环形浅池。该模式以太阳光为光源，靠叶轮转动的方式使培养液于池内混合、循环，防止藻体沉淀，提高藻体细胞的二氧化碳利用率和光能利用率，池中可通入空气或CO_2。为防止污染，减少水分蒸发，生产中常在池体上方覆盖一些透光薄膜类的材料或建造玻璃房，使之成为“封闭”池。Cyanotech、Earthrise等国际上知名的微藻公司均采用这种培养模式，实现了螺旋藻、小球藻和盐藻的大规模培养，并得以在全世界范围内推广(刘娟妮等,2006)。

封闭式反应器培养条件稳定，可无菌操作，易进行高密度培养，已成为今后的发展方向。封闭式光生物反应器根据受光器的结构、循环动力的不同，目前有多种形式的设计，其中包括管道式光生物反应器、平板式光生物反应器、柱状气升式光生物反应器、搅拌式光生物反应器、浮式薄膜袋等制式的反应器。封闭式光生物反应器的优点是：能更有效控制敌害生物污染，可实现单种甚至纯种培养；培养条件易于控制；培养密度高，易收获；适合于所有微藻的光自养培养，尤其适合于微藻代谢产物的定向控制和生产；有较高的受光面积与培养体积之比，因而光能利用率较高等。因此，国内外近年来在其设备研制和技术应用方面发展较快，已实现了雨生红球藻等微藻的高密度商业化培养(刘娟妮等,2006)。

管道式光生物反应器一般采用透明塑料、玻璃、有机玻璃管作为受光器材料，并将其加工、组合成不同形状的结构来增加受光。管道易于弯曲，有利于受光器拓扑结构的设计和优化，管道系统更易自动化操作，管道易于增加藻液流动性和混合性、易于反应器单元的空间延伸与规模扩大、封闭性好，因此在诸多的封闭式光生物反应器中，管状光生物反应器发展最快，其可靠性、有效性和低成本日益引起人们的重视(刘娟妮等，2006)，目前国内外近十家雨生红球藻微藻生产企业均采用“U”形折叠、多层排列的管道式反应器系统，并在藻细胞附壁、敌害生物控制、光暗交替周期控制、细胞生长、代谢控制方面取得了重要进展。

平板式光生物反应器的设计由 Ramos 等于 1986 年首次报道。该类型的反应器具有光利用率高、易清洗、结构简洁、设备制造简单等优点。其短的光通路及气流强烈湍动，是实现高密度高产培养的有利条件(刘娟妮等，2006)。Chae 等设计了一种造型新颖独特“L”形光生物反应器，通过自动调节光暗周期，减少了微藻细胞间的自我遮挡作用。该系统以石油燃烧气体为碳源进行裸藻(*Euglena gracilis*)的室外培养，达到了中试规模，获得了粗蛋白含量高达 47% 的海藻生物质原料，在生产动物高蛋白饲料方面很有发展潜力(Chae et al.，2006)。此外，在传统的板式光生物反应器中加入斜挡板，大幅增强了光源对培养物的闪光效应，显著增加了小球藻的细胞浓度(张庆华等，2014)。但平板式光生物反应器系统的单个培养单元难以规模化放大。

柱状气升式反应器的主体为柱状透明(玻璃、有机塑料)材料，通常由外桶和内桶组成，通过气流传动和内循环方式的气升原理，使藻液在内外筒间有序循环，提高藻类的光能利用效率和传质效率，同时防止培养液中溶解氧过饱和，气升式反应器已用于微生物发酵和动、植物细胞培养，且符合大多数藻类培养的基本要求(Rorrer et al.，2004；刘娟妮等，2006)。培养物的气升式驱动系统具有剪切力小、混合充分、传质效果好、受光效率高等优点，适合大型海藻细胞生长特点(王金霞，2008)。该系统适宜设置内光源，可以通过增加内光源提高反应器的光合效率。康瑞娟等(2002)构建了一种内外光源结合的气升式内环流光生物反应器，在该反应器中实现了鱼腥藻 7120 和聚球藻 7002 两种蓝藻的光自养培养。但该系统的单个培养单元难以规模化放大。

搅拌式生物反应器是广泛用于规模培养微生物的生物反应器，具有技术条件成熟、易于控制等优点，只要配套光源，就可成为培养微藻的光生物反应器，因此可利用现有发酵工程技术开展微藻的研究开发工作(刘娟妮等，2006)。该系统由搅拌式发酵罐衍生而来，采用透明材料的罐体，周围加上外置照光，或罐体内加设内置光源，通过机械搅拌进行通气培养。由于该系统拥有发酵罐方面长期积累的经验和基础，目前已形成了成熟的培养参数在线测定和控制方案，因此，是研究海藻生长优化、代谢调控的良好工具。但该系统不适宜光合海藻的规模化放大培养。

浮式薄膜袋光生物反应器由薄膜袋作为受光器，采用聚乙烯薄膜袋封闭式培养海洋微藻，具有受光面积大、保温性能好、污染机会小、成功率高、成本低、操作简单的优点，在提高培养物密度和维持藻种纯度上效果良好(缪国荣等，1989)。该反应器在生产性培养中得到应用，但因无法解决薄膜袋的破损漏水问题，没有得到很好推广，而单个培养单元难以放大则是另一个制约因素。

大型海藻有性或无性繁殖过程中，处于早期发育阶段的单细胞(孢子、生殖细胞)、多细胞的丝状体或微球体等种苗,甚至易于上浮的成熟藻体,从原理上来看,均可采用光合反应器进行人工培养。然而,与微藻相比,无论是用于细胞工程选育种苗、药物等高值产品开发或工厂化养殖中的水处理,用反应器进行大型海藻的培养,包括反应器主要设计参数的确定等,目前都处于缺少理论依据的状态。有关研究总体上处于探索阶段,但近年来在紫菜和马尾藻的种苗放大培养上取得了重要进展甚至突破。

大型海藻的开放式光生物反应器多为通气的水泥池或玻璃钢水槽形式,也有采用跑道池模式的尝试。通气水泥池或玻璃钢水槽通常采用"U"形或者"V"形结构,通气量和通气方式是培养的关键。该模式已成功应用于培养红藻江蓠、角叉菜、钩沙菜、石莼等大型海藻的叶状体,具有产胶、水处理和开发动物饲料等方面的应用前景,面积产量可达2~10kg FW/m^2(Friedlander et al., 1987;Cuomo et al., 1995;Wikfors et al., 2001;Chirapart et al., 2004)。与微藻开放式培养类似,采用这种模式培养大型海藻也受季节、天气和污染生物甚至敌害生物的限制和危害,此外,由于大型海藻的世代交替特征,不能常年进行生产,只能是一种粗放式的养殖模式,限制了其向高精产品的发展。

大型海藻的封闭式反应器设计及其培养研究在国内外均有开展,目前也有搅拌罐式、鼓泡式、气升式和管式几种形式(王金霞,2008)。然而,由于大多数大型海藻细胞、组织或藻体易缠绕、结块、附壁甚至堵塞管道,管道式并不适于这些海藻细胞的培养(Rorrer et al., 2004),相对于其他模式的封闭式光生物反应器,罐式、柱状反应器的容器结构或对藻体的损伤小,或容易清理结块、附壁培养物,反应器横向直径较大,垂直空间开阔,适合大型海藻习性和生长特点,更为适宜作为大型海藻的光生物反应器培养(王金霞, 2008)。糖海带配子体、海带雌配子体和裙带菜配子体均成功采用搅拌罐式实现反应器培养(Huang et al. 2003)等,经20多天培养,海藻的体积产量达0.6~1.1g DW/L。但由于搅拌系统对培养细胞有较强的机械性剪切力损伤,不适于对剪切力较为敏感的大型海藻进行较长时间的培养。由气升作用驱动的反应器,其剪切力非常弱,对大型海藻的损伤可以忽略不计,因此,气升式柱状海藻生物反应器应该是目前最适合对大型藻进行培养的光生物反应器。目前有报道称海带配子体、裙带菜配子体都已经在气升式光生物反应器中成功培养起来(张栩, 1999; Rorrer et al., 2004)。

总之,光生物反应器系统为海藻的资源利用和保护提供了一个良好的平台,该系统的多种模式已成功应用于多种海洋微藻的大规模培养和产业开发,大型海藻的光生物反应器培养技术也取得了良好进展。可以预期,在不久的将来,结合并整合不同封闭式反应器和开放式反应器在结构与功能上的优点,针对大型海藻和海洋微藻细胞和个体的形态与生理特征,甚至考虑不同物种和个体不同阶段的差异,以及考虑培养目标(生物量或特色产物)和培养阶段(如保种、扩种和生产),设计有针对性并可随时调整的,既"个性化"又"系列化"的新型光生物反应器培养平台,以市场需求为动力,可望为更好地解决海藻的全人工(离岸)培养技术,并推动更多海藻资源实现高效利用和保护,带来极大的希望。

二、海草资源保护技术

1. 海草床面临的威胁

海草受到的干扰主要是人为干扰,突出表现为在海草床海域破坏性挖捕和养殖活动,以及在海草生境和周边的填海造地活动、港口建设、潮间带池塘修建、船只停泊、沿岸排放污水、沿海的旅游业和餐饮业活动(范航清等,2009;2011);其次是自然的干扰,如物种入侵、石油泄漏、台风暴雨、全球气候变化也是海草退化的原因(Short and Neckles, 1999)。

(1) 养殖

直接利用沿岸滩涂养殖鱼类、贝类、虾类、藻类等经济动植物,由于养殖密度过大、布局不合理,造成水体交换不畅(郑凤英,2013),再加上人工投放饵料,养殖生物自身疾病暴发,很容易造成病害肆虐,严重影响近海岸的水质。沿岸人工养殖,对海草生境进行任意破坏,使海草大面积消失。

(2) 捕捞

捕捞渔业是当地居民重要经济来源,电鱼、炸鱼和拖网现象很普遍。退潮后,大批的渔民在海草床电鱼,践踏海草。拖网的时候会对海草造成不同程度的破坏。挖沙虫、贝类和螺类,会将海草连根拔起,挖过的地方经过海水扰动,使海草掩埋在下面,严重影响海草的生长。

(3) 其他物种竞争

大型藻类会与海草竞争资源,严重影响海草光合作用与气体交换。麒麟菜与海草竞争营养盐,影响海草的生长。海草共附生的海葵黏在叶面上,也会影响海草的光合作用。

(4) 围海、填海

近年来,沿海围海、填海等工程建设,尤其是码头建设,开挖港池航道直接侵占海草生长的浅水海域,使得许多海草丧失最佳生长地,海草生境完整性破坏,失去生存空间是海草面临的威胁之一(李纯厚,2005)。

(5) 水质污染

生活污水、工业用水含有大量的有机物、石油类污染物,无机物如亚硝酸盐、亚铁盐、硫化物、重金属等物质,排放到近岸海水中,会通过影响水体和底质引起海草床退化(Ralph et al., 2006; Burkholder et al., 2007)。

(6) 旅游业污染

有些海草和珊瑚礁生长在一起,是很好的近海岸观光旅游景点。旅游区客流量较大,带动餐饮业和水上交通业,也是当地居民的经济来源之一。大量的生活垃圾没有经过处理就直接排放进海水里,海面上漂着很多生活垃圾,严重影响水质,改变海草的生长环境(黄小平等,2007)。

(7) 自然因素

自然因素包括台风、飓风、台风浪等。台风将海草连根拔起,或者将沿岸泥沙冲起掩埋海草,从而影响海草的生长。全球气候变化也是海草退化的一个原因(Short et al., 1999)。

2. 海草资源的保护技术

总体来讲,海草保护工作在欧美国家、澳大利亚等国家取得了一些成绩。但是有关海草种类、分布调查、监测,以及海草生态系统健康评价及保护工作,很多国家还是不够重视,很多问题还在起步阶段,需要更多科研人员、相关组织和当地政府部门加强重视、相互配合共同解决目前面临的问题。海草保护工作,尤其是海草床人工恢复研究刚刚起步,对海草进行就地、迁地保护以及室内种质资源保存及增殖技术研究也比较欠缺。

（1）海草资源保护

海草资源保护包括海草物种资源收集、整理与保存、功能基因克隆，以及海草生态环境与海洋自然资源保护与建设。海草生境具多样性、复杂性。因此海草资源保护技术需要综合考虑多种因素。海草资源保护技术包括以下三类。

第一，人工保护生境。合理开发利用海草生态系统，禁止破坏性捕捞和养殖活动，禁止未处理污水排放和非法围海填海活动。适当开展海洋生态旅游观光活动，与政府、企业相结合，建立执法队伍，定期巡航监视，制止非法开发、养殖和捕捞活动。建立海草专门的保护网站、数据信息库，并及时更新，实现海草资源数据的共享，保证信息完整性和准确性。

第二，人工再造生境。支持和鼓励海草研究，总结海草生长合适条件，阻止海草生态系统退化。对受到干扰和已经退化的海草生态系统，通过改善水质，增加生物量，采取移植和修复技术，提高生物多样性和稳定性。

第三，利用海洋群落演替规律与其他海岸工程有机结合保护。海草床作为自然繁育场所必然遵循海洋群落演替规律，控制已有的养殖规模和生产方式，进行合理整治，可以将其发展成为海洋牧场种苗自然繁殖和放养的场所，与珊瑚礁和红树林生态系统等其他海岸工程保护技术有机结合形成复合生态系统。

（2）海草保护技术

目前海草保护技术并不完善，世界上主要的技术包括以下几个方面。

1）海草检测技术。海草资源保护的先决条件就是弄清其资源分布，包括海草在沿岸是如何分布的、海草所占的比例数量。调研海草的分布要采用现场、航空或者卫星高光谱遥感技术。大量的光学数据，尤其是 Landsat TM 和 ETM + 数据、SPOT 数据、QuickBird 以及 IKONOS 数据，被广泛应用于海洋水体中的海草分布、种类、生存状况等信息提取。近年来，由于高光谱遥感能够很好地区分光谱差异信息，在海草分布和识别上效果良好。与传统的分布现场检测相比，具有省时省力和实时性较强的优势（Bouvet，2003；Ferwerda，2007；Yang，2007）。

2）海草移植技术。海草植株的移植包含植株的采集和栽种两个过程。根据移植方法，可以将海草移植法划分为草皮法（sod method）、草块法（plug method）和根茎法（rhizome method）（Goodman，1995；Fonseca，1998；Li，2010）。草皮法和草块法即把海草生长的完整底质和根状茎一起移植；根茎法不包含底质，是由单株或多株包含 2 个茎节以上的根状茎植株构成的集合体（Balestri，1998；Ganassin，2008）。

关于草皮法的研究绝大多数集中于 20 世纪 70 年代，自 1976 年之后未见报道。由于其需要大量的聚氨酯材料（PU），易在 PU 采集海草床内形成空斑，从而破坏原有草床（Goodman，1995）。

尽管草块法对 PU 采集草床的破坏性较大，研发的海草机械化移植装置成本较高，但因其移植效果较好，能够规模化进行植株移植，对于那些被征用为港口、填海造地等处的海草床，草块法目前仍是将这些海草床移植于其他适宜海区的首选方法。

根茎法是后来提出的，具有易操作、无污染、破坏性小等特点。主要包括直插法（hand-broadcast method）、沉子法（sinker method）、枚钉法（staple method）、框架法（transplanting eelgrass remotely with frame systems，TERFS）、夹系法（sandwiched method）（Lee and Park，

2008;李森等,2010)。

3）海草种子修复海草床技术。海草种子的形成是海草对其生长环境长期适应的结果，对于单个海草物种或群落的长期存活具有重要意义,不仅为海草群落的更新和补充提供了重要的资源,在海草床的保护和恢复以及物种多样性的重塑和维持方面都扮演着重要角色(韩厚伟,2012)。

直接在修复区播种海草种子。采集种子,然后直接播种,种子的成活和成苗率是播种技术的关键。这种方式的应用对象仍以大叶藻为主,在美国切萨皮克湾(Chesapeake Bay)采用了该方法进行海草床生态修复。

利用种子培育出人工幼苗后移栽到修复区。由于操作过程中容易造成幼苗损伤，降低幼苗成活率,此方式的应用相对较少。*Phyllospadix torreyi*(Holbrooke et al., 2002; Bull et al., 2004)、*Posidonia* spp.(Seddon et al., 2005)和大叶藻(Tanner et al., 2010)的修复中有过研究报道。

4）海洋生境修复和生物资源养护技术。国际生态恢复学会(the Society for Ecological Restoration International,SER International)认为,生态恢复(ecological restoration)是一个协助恢复已经退化、受损或破坏的生态系统并使其保持健康的过程,即重建该系统受干扰前的结构与功能及其有关的生物、物理和化学特征。修复行为实质上是对生态系统的一次新的干扰,很难保证所有修复行为均对目标系统的修复起到正效应。要想系统向预期方向发展,需要有科学的理论框架,制定合理的修复方案,并对方案进行可行性论证(晁敏,2003)。

海洋生境的退化与生物资源的衰退引起了国内外的高度重视,在典型生境的修复、关键物种的保护、修复效果的监测与评价、修复的综合管理等方面取得了较为显著的成效,对缓解海洋生态环境的持续恶化与生物资源的持续衰退起到了重要作用,但在生境修复与生物资源养护原理、生态高效型设施设备、生境修复与生物资源养护新技术、监测评价与管理模型、标准和规范等方面开展的研究与实践工作相对较少,也是制约海洋生境与生物资源持续利用的关键因素,这也必将成为未来研究工作的重点和热点(张立斌 2012)。

(3)现行的有关海草保护的法律法规

全国性法规:《中华人民共和国海洋环境保护法》、《中华人民共和国海域使用管理法》、《中华人民共和国渔业法》;地方性法规:《海南省海洋环境保护规定》。

三、红树林资源保护技术

1. 红树林资源

红树生长在南、北回归线之间的热带、亚热带的海湾河口潮间带,多为木本绿阔叶植物。红树植物群落与其周围水体、土壤环境组成红树林生态系统。红树林生态系统在结构与功能上不同于陆地生态系统也不同于海洋生态系统,它是海岸带湿地生态系统的一种重要类型。红树植物群落通过与泥土接触的根系表面吸收重金属,通过化学性沉淀和植物吸收等来降低化学需氧量、水体悬浮物和氮磷营养盐等浓度,以及通过光合作用吸收二氧化碳释放氧气。此外,红树林作为守护海洋沿岸的第一道防线,在台风等剧烈变化的天气条件下发挥着防灾减灾作用。因此,红树林湿地生态系统对于海岸的防波固堤、生物多样性维持、环境净化等方面发挥着重要作用，是热带、亚热带浅海环境的“海岸卫士”。

然而，长期以来的气候变化和人类活动严重破坏了我国的红树植物资源，有数据显示，在过去的50年里，全国红树林面积减少了70%，2013年我国红树林面积仅32.077hm^2（贾明明，2014）。这导致红树植物多样性的减少和毁灭，以及红树林生态系统功能的衰退和丧失。

2. 红树植物面临的威胁

（1）人为干扰

深圳市城市发展过程中曾占用深圳红树林保护区48%的土地，毁掉的红树林占原有红树林的32%（张宏达等，1997）。由于受20世纪60~70年代围海造田和90年代后围海养殖等长期的干扰与毁坏，红树林面积急剧减少，红树林资源规模萎缩、生境破碎化，红树植物已经成为我国乃至世界的濒危物种和濒危资源（邓小飞和黄金玲，2006），红树植物的保护工作势在必行。

（2）气候变化

全球气候变化容易引起红树林栖息地萎缩，影响水文过程，使得红树林生境酸化、富营养化、病虫害加重等，对红树林湿地生态系统的结构和功能产生重要影响。

如2008年1月份我国南方地区遭受了严重的低温灾害天气，广西山口和北仑河口两个红树林自然保护区内大量红树林被冻伤，使这种“胎生”植物的胚轴脱落，红海榄、白骨壤等品种的幼苗几乎全部冻死。有关专家认为这场数十年一遇的寒冻起码使红树林生态演替倒退10年。广东深圳福田保护区引种红树及本地树种均受到了不同程度的影响，导致红树植物叶片的枯萎、树干折断以及植物种群相对多度和密度的改变。

（3）水污染

生存于海陆交界的红树林直接或间接地受到来自陆地水污染或海洋水污染的威胁。以珠江口为例，据统计，每年超过20亿t未经处理的生活污水、工业废水等直接或间接地排入珠江口，其中城镇生活污水占70%（柯东胜等，2007）。

（4）外来植物入侵

我国红树林生态系统中大部分外来植物入侵物种是维管束植物，外来种生活型以草本植物占绝对优势。如果外来入侵植物与红树植物生态位重叠性较高，将势必影响红树植物的分布和生长，影响红树林生态系统的健康发展。

以互花米草为例，1979年互花米草引入我国后在沿海滩涂迅速蔓延，产生多种危害，威胁红树林的生长。互花米草侵占光滩、红树林的边缘，甚至入侵到红树林的林窗。但迄今为止，互花米草还未能入侵林冠完整的红树林生境。通过探讨多因素协同影响互花米草的入侵过程，探讨干扰对互花米草入侵红树林的影响，为红树林的保护和修复提供理论依据，及时修复红树林林窗对于预防互花米草入侵红树林具有十分重要的意义。

3. 红树林保护技术

红树林保护工作主要分为两个方面：一方面是对天然红树林进行保护，另一方面是进行红树林人工造林。前者主要取决于政府的政策和规划等，本节将不做论述。后者目前国内外均有做相关的研究与推广，本节将就此做简要描述。

国内外学者一直在探索各种有效的红树林造林技术，一方面采用多树种混合造林方式，提高红树林的生物歧异度，增强红树植物对逆境的抵抗力；另一方面改善环境条件，采取更集约的栽植方法。

有关红树林人工造林的技术研究目前国内外主要集中在以下几个方面。

（1）红树树种的选择与培育

红树林育苗造林中关键的一点就是红树树种的选择和培育。红树树种应选择耐潮水浸淹的速生树种，以当地树种为主，引进新树种为辅。

结合红树林适宜生长的环境，可以选择的树种包括秋茄、拉关木、无瓣海桑、红海榄、木榄、桐花树、黄槿等品种进行种植培育。一般选择生长状况良好的母树，采摘颗粒饱满、色泽鲜美、健康无损伤的果实，培育下一代（魏军发，2014）。

（2）红树树种的引种驯化

根据引种学的原理和方法，进行一系列的研究，包括原产地和引种地的气候因子差异、海水盐度和土壤盐度的范围、潮水浸淹的深度范围、土壤理化性状的差异等生态因子对引种对象的影响，以及所引红树植物对生态因子的适应性，开展主要红树种类抗寒性的定量测定和部分种类的低温锻炼研究（李云，1996）。

（3）红树林宜林地的选择

在选择红树林宜林地时一般以红树林自然分布所归纳的指标来作为参考（Zhang et al.，2001）。通过研究红树树种适生环境条件，包括温度、底质、水文等环境条件，为红树植物营造良好的生长环境。一般红树林的生长必需具有一定温度范围、沉积物粒径较小、隐蔽的海岸线、潮水可以到达、具有一定潮差、有洋流影响和具有一定宽度的潮间带（Walsh，1974；Chapman，1975，1977）。

（4）栽培技术

因地制宜是红树植物栽培的关键。在海堤外可采用林带方式，带宽100～200m，并且于滩面拉出与岸带垂直的线，沿线行插植胚轴，使新造的红树林整齐划一，有利通风透光和管理（林鎏勇，2002）。

1）插植胎生苗造林（林鎏勇，2002；黄运挺，2007）。红树林一般7～8月开花，次年5～6月果成熟。当胚芽与果实接连处呈紫红色、胚根先端现出黄绿色小点时，表明果已成熟，即可采集。采集时可用竹竿打枝条，落下的为成熟苗（即胎生苗），一般苗木长18～27cm，每千克约80条，胚轴黄绿色，质地硬。栽植胎生苗时，不要除去果壳，要让其自然脱落，以免子叶受损伤或折断而不能萌发新芽。在苗木运输过程中，要细致包扎，苗顶向上装在箩筐内，底层放些稻草，不要堆积太高，以免发热腐烂。宜随采随造，以提高其成活率。

造林时间一般在5～6月。采种后应将胚轴用海水浸泡1h左右，然后尽快送往造林地。胚轴插植前如果进行杀菌和杀虫处理，效果更佳。可用0.1%～0.2%的高锰酸钾溶液浸泡24h用以杀菌；用0.05%～0.1%乐果溶液浸泡24h，可杀死虫类。插植时应避开当月大潮日期，最好在大潮刚过两三天，并且选择退潮后的阴天或晴天进行。

每穴种一株，株行距0.6m×1.0m，采用三角形或正方形插植，林带宽度视林地情况而定，但郁闭度大于0.9时，生长将受较大影响，因此密度不可过大。栽植深度一般入土10～12cm。插植时要防止胎苗皮部受伤和倒插，应插直。

2）移植天然生苗（黄运挺，2007）。从稀疏的红树林下挖取天然苗木，一般宜采用苗高30～45cm并有3～4个分枝的苗木，运输与包扎方法同胎生苗。苗木栽植深度视苗木高度和根的长度而定。一般苗高30cm时入土深12~15cm;苗高40~50cm,入土比根痕深些。苗木放入穴中,再用烂泥填满。滩涂上泥土较稀的造林地宜深栽些,但也不宜过深,以免泥土沉积物覆盖胚芽或沾粘叶片,从而影响幼苗生长。

参考文献

晁敏,沈新强.2003.水域生态系统修复理论、技术的研究进展.北京:2003水产科技论坛:192-202.
陈传明,福建漳.2009.江口红树林湿地自然保护区的生态评价.杭州师范大学学报,8(3):209-214.
陈星,周成虎.2005.生态安全:国内外研究综述.地理科学进展,(6):8-20.
邓雪,李家铭,曾浩健,等.2012.层次分析法权重计算方法分析及其应用研究.数学的实践与认识,42(7):93-100.
邓小飞,黄金玲.2006.广东江门红树林自然保护区生态评价.林业经济,(8):68-70.
范航清,邱广龙,石雅君,等.2011.中国亚热带海草生理生态学研究.北京:科学出版社.
范航清,石雅君,邱广龙.2009.中国海草植物.北京:海洋出版社.
高亚辉,梁君荣,陈长平,等.2011.硅藻多样性与生态作用研究.厦门大学学报:自然科学版,50(2):455-463.
郭栋,张沛东,张秀梅,等.2010.山东近岸海域海草种类的初步调查研究.海洋湖沼通报,(2):17-21.
郭金玉,张忠彬,孙庆云.2008.层次分析法的研究与应用.中国安全科学学报,18(5):148-153.
郭振仁,黄道建,黄正光,等.2009.海南椰林湾海草床调查及其演变研究.海洋环境科学,28(6):706-709.
贺与平,崔娅,王淑华,等.2001.ICP-AES法同时测定烟草中16种元素.理化检验—化学分册,37(11):510-511.
胡晓燕.2004.山东沿海普林藻纲的分类研究.青岛:中国科学院海洋研究所博士学位论文.
韩厚伟,江鑫,潘金华,等.2012.海草种子特性与海草床修复.植物生态学报,36(8):909-917.
韩秋影,施平.2008.海草生态学研究进展.生态学报,28(11):5561-5570.
何斌源,范航清,王瑁,等.2007.中国红树林湿地物种多样性及其形成.生态学报,27(11):4859-4870.
黄小平,黄良民.2008.中国南海海草研究.广州:广东经济出版社:3-131.
黄小平,黄良民,李颖虹,等.2006.华南沿海主要海草床及其生境威胁.科学通报,52:114-119.
黄俊,付湘,柯志波.2007.层次分析法在城市防洪工程方案选择中的应用.水利与建筑工程学报,1:52-55.
焦念志,杨燕辉.2002.中国海原绿球藻研究.科学通报,47(7):485-491.
贾明明.2014.1973~2013年中国红树林动态变化遥感分析.长春:中国科学院东北地理与生态研究所博士学位论文.
康瑞娟,施定基.2002.蓝藻培养体系中光强衰减的研究.水生生物学报,26(3):310-313.
柯东胜,关志斌,余汉生,等.2007.珠江口海域污染及其研究趋势.海洋环境科学,26(5):488-491.
李纯厚,贾晓平.2005.中国海洋生物多样性保护研究进展与几个热点问题.南方水产科学,3.1.1:66-70.
李博.2000.生态学.北京:高等教育出版社:294-299.
李锋瑞,段舜山.1990.草地农业生态系统功能的模糊综合评价.草业科学,7(4):21-25.
李辉,魏德洲,姜若婷.2004.生态安全评价系统及工作程序.中国安全科学学报,14(4):43-46.
李森,范航清,邱广龙,等.2009.广西北海竹林三种海草种群生物量和生产力研究.生态科学,28(3):193-198.
李云,郑德璋,廖宝文,等.1996.我国红树林引种驯化现状和展望.防护林科技,28(3):24-27.
廖宝文,李玫,陈玉军,等.2010.中国红树林恢复与重建技术.北京:科学出版社.
廖宝文.2009.海南东寨港红树林湿地生态系统研究.青岛:中国海洋大学出版社.
梁英,冯力霞,尹翠玲,等.2007.叶绿素荧光技术在微藻环境胁迫研究中的应用现状及前景.海洋科学,31(1):71-76.
林銮勇.2002.福建省红树植物种类分布与栽培技术.中南林业调查规划,21(2):29-36.
林鹏.1997.中国红树林生态系.北京:科学出版社.
林鹏.2006.海洋高等植物生态学.北京:科学出版社.
林雪飞,杨思娅,林坚,等.2003.原子吸收光谱发连续测定烟叶中的铜和铁.曲靖师范学院学报,22(3):14-16.
林永水.2006.中国甲藻志.北京:科学出版社.
刘娟妮,胡萍,姚领,等.2007.微藻培养中光生物反应器的研究进展.食品科学,27(12):772-777.
刘燕山,张沛东,郭栋,等.2014.海草种子播种技术的研究进展.水产科学,33(2):127-132.

麦少芝,徐颂军,潘颖君. 2005. PSR 模型在湿地生态系统健康评价中的应用. 热带地理,25(4): 317-320.
缪国荣,宫庆礼,王进和,等. 1989. 单胞藻薄膜袋封闭式培养技术的研究. 中国海洋大学学报(自然科学版),3: 015.
钱树本,刘东艳,孙军. 2005. 海藻学. 青岛: 中国海洋大学出版社.
秦吉,张翼鹏. 1999. 现代统计信息分析技术在安全工程方面的应用——层次分析法原理. 工业安全与防尘,25(5): 44-48.
邱广龙,范航清,周浩郎,等. 2013. 基于 SeagrassNet 的广西北部湾海草床生态监测. 湿地科学与管理,9(1): 60-64.
石杰,李力,胡清源,等. 2012. 烟草中微量元素和重金属检测进展. 烟草科技,2: 40-45.
孙才志,刘玉玉. 2009. 地下水生态系统健康评价指标体系的构建. 生态学报,29(10): 5665-5674.
孙利芹,王长海,史磊. 2010. 2 种光生物反应器在微藻培养中的性能比较. 烟台大学学报: 自然科学与工程版,(1): 32-37.
孙志高,刘景双. 2008. 三江自然保护区湿地生态系统生态评价. 农业系统科学与综合研究,24(1): 43-48.
王伯荪,廖宝文,王勇军,等. 2002. 深圳湾红树林生态系统及其持续发展. 北京: 科学出版社.
王伯荪,张炜银,昝启杰,等. 2003. 红树植物之诠释. 中山大学学报,42(3): 42-46.
王长海,董言梓. 1998. 光生物反应器及其研究进展. 海洋通报,17(6): 79-86.
王道儒,吴瑞,李元超,等. 2013. 海南省热带典型海洋生态系统研究. 北京: 海洋出版社.
王根绪,程国栋,钱鞠. 2003. 生态安全评价研究中的若干问题. 应用生态学报,(9): 1551-1556.
王金霞. 2010. 大型海藻微球体的生物反应器培养和应用基础研究. 青岛: 中国科学院研究生院(海洋研究所)博士学位论文.
王树功,郑耀辉,彭逸生,等. 2010. 珠江口淇澳岛红树林湿地生态系统健康评价. 应用生态学报,21(2): 391-398.
王文卿,王瑁. 2007. 中国红树林. 北京: 科学出版社.
王应洛. 2003. 系统工程. 2 版. 北京: 机械工程出版社: 130-140.
王友绍. 2013. 红树林生态系统评价与修复技术. 北京: 科学出版社.
王治良,王国祥,常青. 2006. 江苏泗洪洪泽湖湿地自然保护区生态评价. 南京师范大学学报: 自然科学版,29(2): 115-119.
许战洲,黄良民,黄小平,等. 2007. 海草生物量和初级生产力研究进展. 生态学报,27(6): 2594-2602.
许战洲,罗勇,朱艾嘉,等. 2009. 海草床生态系统的退化及其恢复. 生态学杂志,28(12): 2613-2618.
魏军发. 2014. 红树林人工恢复造林技术初探. 林业科技情报,46(3): 46-48.
吴玉萍,李天飞,李琼珍,等. 2002. 超声波提取,ICP-AES 法测定烟草中矿质元素. 光谱实验室,19(4): 508-511.
吴华莲. 2007. 抗强电离辐射蓝藻的筛选及其抗性机制探索. 广州: 中国科学院南海海洋研究所硕士学位论文.
吴晓,王振宇,郑洪亮,等. 2011. 红松仁蛋白氨基酸组分分析及营养评价. 食品工业科技,32(1): 267-270.
薛志欣,杨桂鹏,马晓梅,等. 2008. 分光光度法测定藻胆蛋白含量的研究. 鲁东大学学报(自然科学版),3: 250-253.
邢小丽,林旭吟,陈长平,等. 2008. 中国海区几种隐藻类鞭毛藻的扫描电镜观察. 植物分类学报,46(2): 405-412.
徐少琨,向文洲,张峰,等. 2011. 微藻应用于煤炭烟气减排的研究进展. 地球科学进展,26(9): 8-17.
严晓,王希华,刘丽正,等. 2003. 城市绿地系统生态效益评价指标体系初报. 浙江林业科技,22(2): 68-72.
杨顶田. 2007. 海草的卫星遥感研究进展. 热带海洋学报,26(4): 82-86.
杨志宏,聂基兰,王志平. 2003. 表面活性剂吐温在烟草硫的光度测定中的应用研究. 江西化工,(2): 71-73.
姚鹏. 2005. 胶州湾浮游藻的色素分析和基于色素的分类方法研究. 青岛: 中国海洋大学博士学位论文.
张宏达,陈桂珠,刘治平,等. 1997. 深圳福田红树林湿地生态系统研究. 广州: 广东科技出版社: 1-50.
张立斌. 2010. 几种典型海域生境增养殖设施研制与应用. 青岛: 中国科学院研究生院(海洋研究所)博士学位论文.
张庆华,颜成虎,薛升长,等. 2015. 一种用于微藻培养的新型板式光生物反应器. 生物工程学报,31(2): 251-257.
张栩. 1999. 气升式藻类光生物反应器的特性及应用研究. 中国科学院海洋研究所硕士学位论文.
张艳燕,陈必链,刘梅. 2008. 不同硝酸钾浓度对蔷薇藻生长及生理特性的影响. 武汉植物学研究,26(1): 76-80.
赵冬至,马志华,关春江. 2010. 中国典型海域赤潮灾害发生规律. 北京: 海洋出版社.
郑德璋,廖宝文,郑松发,等. 1999. 红树林主要树种造林与经营技术研究. 北京: 科学出版社.
郑凤英,邱广龙,范航清,等. 2013. 中国海草的多样性、分布及保护. 生物多样性,21(5): 517-526.

郑凤英,韩晓弟,金艳梅,等.2012.海草形态、生长的种间差异及其相关生长关系.生态学杂志,31(9):2412-2419.

郑允文,薛达元,张更生.1994.我国自然保护区生态评价指标和评价标准.农村生态环境,10(3):22-25.

左云龙,向文洲,刘纪化,等.2011.一株微微型浮游植物的分离培养与鉴定.热带海洋学报,30(1):86-90.

Nybaken J W.1991.海洋生物学、生态学探讨.林志恒,李和平译.北京:海洋出版社.

Amalberti R. 1992. Safety m process-control: An operator-centred point of view. Reliability Engineering & System Safety, 38 (1-2): 99-108.

Avendaño-Herrera R E, Riquelme C E. 2007. Production of a diatom-bacteria biofilm in a photobioreactor for aquaculture applications. Aquacultural engineering, 36(2): 97-104.

Barteling S J. 1969. A simple method for the preparation of agarose. Clinical chemistry, 15(10): 1002-1005.

Behrenfeld M J, Falkowski P G. 1997. Photosynthetic rates derived from satellite-based chlorophyll concentration. Limnol Oceanogr, 42: 1-20.

Beltran E C, Neilan B A. 2000. Geographical segregation of the neurotoxin producing Cyanobacterium *Anabaena circinalis*. Appl Environ Microbiol, 66: 4468-4474.

Bryant A B. 1994. The molecular biology of Cyanobacteria. Kluwer: 1-25.

Bagwell C E, Rocque J R, Smith G W, et al. 2002. Molecular diversity of diazotrophs in oligotrophic tropical seagrass bed communities. FEMS Microbiology Ecology, 39(2): 113-119.

Balestri E, Piazzi L, Cinelli F. 1998. Survival and growth of transplanted and natural seedlings of *Posidonia oceanica* (L.) Delile in a damaged coastal area. J Exp Mar Biol Ecol, 228(2): 209-25

Bell J D, Westoby M. 1989. Variation in seagrass height and density over a wide spatial scale: Effects on common fish and decapods. Journal of Experimental Marine Biology and Ecology, 104(1-3): 275-295.

Bostrom C, Bonsdorff E. 2000. Zoobenthic community establishment and habitat complexity — the importance of seagrass shoot-density, morphology and physical disturbance for faunal recruitment. Marine Ecology Progress Series, 205: 123-138.

Ganassin C, Gibbs P J. 2008. A review of seagrass planting as a means of habitat compensation following loss of seagrass meadow NSW Department of Primary Industries Cronulla Fisheries Research Centre of Excellence PO Box 21, Cronulla, NSW 2230 Australia

Cannon G C, Heinhorst S, Kerfeld C A. 2010. Carboxysomal carbonic anhydrases: Structure and role in microbial CO2 fixation. Biochimica et Biophysica Acta, (1804): 382-392.

Chae S R, Hwang E J, Shin H S. 2006. Single cell protein production of *Euglena gracilis* and carbon dioxide fixation in an innovative photobioreactor. Bioresource Technology, 97(2): 322-329.

Chapman V J. 1975. Mangrove biogeography. *In*: Walsh G E, Snedaker S C, TeasH J eds. Proceedings of the international symposium on biology and management ofmangroves. Vo. 1 1. Gainesville: University of Florida: 3-22.

Chapman V J. 1977. Introduction. *In*: Chapman V J ed. Ecosystem of theworld Ñ. wet coastal ecosystems. Amsterdam: ElsevierScience Publication Company: 1-29.

Chisti Y. 2007. Biodiesel from microalgae. Biotechnol Adv, 25: 294-306.

Chirapart A, Lewmanmont K. 2004. Growth and production of Thai agarophyte cultured in natural pond using the effluent seawater from shrimp culture. Hydrobiologia, 512: 117-126.

Choi W, Kim G, Lee K. 2012. Influence of the CO_2 sorbent Monoethanolamine on Growth and Carbon Fixation by the Green Alga *Scenedesmus* sp.. Bioresource technology, 120: 295-299.

Costanza R. 1992. Toward an operational definition of health. *In*: Costanza R, Norton B, Haskell B. Ecosystem Health-New Goals for Envrionmental Management, Washington DC: Island Press.

Costanza R, Darge R, Groot R D, et al. 1997. The value of the word, s ecosystem services and natural capital. Natural, 387: 253-260.

Cuomo V, Perretti A, Palomba I, et al. 1995. Utilization of *Ulva rigida* biomass in the Venice Lagoon (Italy): biotransformation in comport. J. Appl. Phycol., 7: 479-485.

Duarte C M, Chiscano C L. 1999. Seagrass biomass and production: a reassessment. Aquatic Botany, 65(1-4): 159-174.

Dubois M, Gilles K A, Hamilton J K, et al. 1956. Colorimetric method for determination of sugars and related substances. Anal Chem, 28(3): 350－356.

Eason C, O'Halloran K. 2002. Biomarkers in toxicology versus ecological risk assessment. Toxicology, 181－182(0): 517－521.

Edgar G J, Shaw C, Watsona G F, et al. 1994. Comparisons of species richness, size-structure and production of benthos in vegetated and unvegetated habitats in Western Port, Victoria. Journal of experimental marine biology and ecology, 176(2): 201－226.

Eswaran K, Marirh O P, Subba Rao P V. 2002. Inhabition of pigments and phycocolloid in a marine red alga *Gracilaria edulis* by ultraviolet radiation. Biologia Plantarum, 45(1): 157－159.

FAO. 2000. The world's mangroves 1980－2005. Food and Agriculture Organisation, Rome, Italy.

Fonseca M S, Kenworthy W J Thayer G W. 1998. Guidelines for the conservation and restoration of seagrasses in the United States and adjacent waters. NOAA Coastal Ocean Program Decision Analysis Series, No. 12. NOAA Coastal Ocean Office, Silver Spring, MD. 222.

Forest Resources Development Branch. 1994. Forest Resources Division, FAO Forestry Department. Mangrove forest management guidelines. Rome: FAO, UN: 7－11.

Fox G E, Wisotzkey J D, Jurtshuk J R. 1992. How close is close: 16S rRNA sequence identity may not be suf ficient to guarantee species identity. Int. J. Syst. Bacteriol, 42: 166－170.

Fourqurean J W, Duarte C M, Kennedy H, et al. 2012. Seagrass ecosystems as a globally significant carbon stock. Nature Geoscience, 5: 505－509.

Short F T, Neckles H A. 1999. The effects of global climate change on seagrasses Aquatic Botany, 63(3－4): 169－196.

Friedlander M, Shalev R, Ganor T, et al. 1987. Seasonal fluctuations of growth rate and chemical composition of *Gracilaria conferta* in outdoor culture in Israel. Hydrobiol, 151: 501－507.

Gómez F, Boicenco L. 2004. An annotated checklist of dinoflagellates in the Black Sea. Hydrobiologia, 517: 43－59.

Goodman J L, Moore K A, Dennison W C. 1995. Photosynthetic responses of eelgrass, Zostera marina, to light and sediment sulfide in a shallow barrier island lagoon. Aq. Bot., 50: 37－47.

Green R, Balmford A, Crane P R, et al. 2005. A Framework for improved monitoring of biodiversity: responses to the world summit on sustainable development. Conservation biology, 19(1): 56－65.

Guénolé B, Jocelyne F, Serge A. 2003. Evaluation of large-scale unsupervised classification of New Caledonia reef ecosystems using Landsat 7 ETM+ imagery Oceanologica Acta, 26(3): 281－290.

Guiry M D, Guiry G M. 2011. AlgaeBase World-wide electronic publication. Galway: National University of Ireland.

Hammond A, Adrianse A, Rodenburg E, et al. 1995. Environmental Indicators: A systemic approach to Measuring and Reporting on Environmental Policy Performance in the context of Sustainable Development. Washington: World Resources Institute.

Han Q Y, Huang X P, Shi P, et al. 2008. Seagrass bed ecosystem service valuation a case research on Hepu seagrass bed in Guangxi Province. Marine Science Bulletin, 10(1): 87－96.

Hoffmann L. 1999. Marine cyanobacteria in tropical regions: diversity and ecology. European Journal of Phycology, 34(4): 371－379.

Holguin G, Gonza Lez-Zamorano P, de Dashan L E, et al. 2006. Mangrove health in an arid environment encroached by urban development: A case study. Science of the Total Environment, 363: 264－274.

Hu Q, Sommerfeld M, Jarvis E, et al. 2008. Microalgal triacylglycerols as feedstocks for biofuel production: perspectives and advances. Plant J, 54: 621－639.

Huang Y M, Rorrer G L. 2002. Dynamics of oxygen evolution and biomass production during cultivation of *Agardhiella subulata* microplantlets in a bubble-column photobioreactor under medium perfusion. Biotechnol. Prog., 18: 62－71.

Hughey K F D, Cullen R, Kerr G N, et al. 2004. Application of the pressure-state-response framework to perceptions reporting of the state of the New Zealand environment. Journal of Environmental Management, 70(1): 85－93.

Israel A, Martinez-Goss M, Friedlander M. 1999. Effect of salinity and pH on growth and agar yield of *gracilaria tenuistipitata* var *liui* in laboratory and outdoor cultivation. Journal of Applied Phycology, 11: 543－549.

International Union for the Conservation of Nature (IUCN) Red List of Threatened Species. http://www.iucnredlist.org/ [2014-4-13].

Burkholder J, Libra B, Weyer P, et al. 2007. Impacts of Waste from Concentrated Animal Feeding Operations on Water Quality. Environ Health Perspect, 115(2): 308-312.

Ferwerda J G, de Leeuw J, Atzberger C, et al. 2007. Satellite-based monitoring of tropical seagrass vegetation: current techniques and future developments. Hydrobiologia, 591(1): 59-71.

Jolanta B B, Urszula J, Wieslaw Z, et al. 2004. Effect of surfactant addition on ultrasonic leaching of trace elements from plant samples in inductively coupled plasmeatomic emission spectrometry. Spectrochim. Acta Part B, 59(4): 585-590.

Keeling P J. 2007. *Ostreococcus tauri*: seeing through the genes to the genome. Trends in Genetics, 23: 150-154.

Kooistra W H C F, Gersonde R, Medlin L K, et al. 2007. Evolution of Primary Producers in the Sea. Elsevier: 207-249.

Kendrick G A, Eckersley J, Walker D I. 1999. Landscape-scale changes in seagrass distribution over time: a case study from Success Bank, Western Australia. Aquatic botany, 65(1-4): 293-309.

Kirkman H, Kuo J. 1990. Baseline and monitoring methods for seagrass meadows. Aquatic botany, 37(4): 367-382.

Kuo J, McComb A J. 1989. Seagrass taxonomy, structure and development. *In*: Larkum A W D, McComb A J, Shepherd S A. Biology of Seagrasses: a Treatise on the Biology of Seagrasses with Special Reference to the Australian Region, Elsevier, Amsterdam: 6-73.

Kendrick E, Bevis M, Smalley R, et al. 1999. Current rates of convergence across the Central Andes: estimates from continuous GPS observations. Geophys. Res. Lett, 26: 541-544.

Larkum A W D, Orth R J, Duarte C M. 2006. Seagrasses: Biology, Ecology and Conservation. Netherlands: Springer.

Lotze H K, et al. 2006. Depletion, degradation, and recovery potential of estuaries and coastal seas. Science, 312 (5781): 1806-1809.

Leht imäki J, Lyra C, Suomalainen S, et al. 2000. Characterization of Nodularia strains, cyanobacteria from brackish waters, by genotypic and phenotypic methods. Int. J. Syst. Evol. Microbiol, 50: 1043-1053.

Lee FWF, Lo SCL. 2008. The use of Trizol reagent (phenol/guanidine isothiocyanate) for producing high quality two-dimensional gel electrophoretograms (2-DE) of dinoflagellates. Journal of microbiological methods, 73(1): 26-32.

Lewin R A. 2005. Prochlorophyta a matter of class distinctions. *In*: Govindjee, Beatty J T, Gest H, Allen J F. Discoveries in Photosynthesis, 1105-1107.

Li R H, Carmichael W W, Liu Y D, et al. 2000. Taxonomic re-evaluation of Aphanizomenon f los-aquae NH-5 based on morphology and 16S rRNA gene sequences. Hydrobiol ogia, 438: 99-105.

Martins D A, Custódio L, Barreira L, et al. 2013. Alternative sources of n-3 long-chain polyunsaturated fatty acids in marine microalgae. Marine drugs, 11(7): 2259-2281.

Matsuzaki M, Misumi O, Shin I T, et al. 2004. Genome sequence of the ultrasmall unicellular red alga *Cyanidioschyzon merolae* 10D. Nature, 428(6983): 653-657.

Moffitt M C, Blackburn S I, Neilan B A. 2001. rRNA sequences reflect the ecophysiology and define the toxic cyanobacteria of the genus *Nodularia*. Int. J Syst. Evol. Microbiol, 51: 505-512.

Mcdonald J I, Coupland G T, Kendrick G A. 2006. Underwater video as a monitoring tool to detect change in seagrass cover. Journal of environmental management, 80(2): 148-155.

Melanie C, et al. 2004. Assessing condition and management priorities for coastal waters in australia. Proceedings of the Coastal Zone Asia Pacific Conference 2004. Brisbane, Australia: 551-557.

Murray B C, Pendleton L, Jenkins W A, et al. 2008. Green Payments for Blue Carbon Economic Incentives for Protecting Threatened Coastal Habitats. UNEP. Lee & Park, 2008 An effective transplanting technique using shells for restoration of *Zostera marina* habitats Marine Pollution Bulletin, 56(5): 1015-1021.

OECD. 1993. Core Set of Indicators for Environmental Performance Reviews: A Synthesis Report by the Group on the State of the Environment Monographs, Vol. 83. Organisation for Economic Cooperation and Development, Paris.

OECD. 2001. Using the Pressure-State-Response Model to Develop Indicators of Sustainability: OECD Framework for

Environmental Indicators.

Orth R J, Carruthers T B, Dennison W C, et al. 2006. A global crisis for seagrass ecosystems. Bioscience, 56(12): 987 - 996.

Oshima Y, Kishi M J, Sugimoto T. 1999. Evaluation of the nutrient budget in a seagrass bed. Ecology modeling, 115(1): 19 - 33.

Ralph P, Tomasko D, Moore K, et al. 2006. Human Impacts on Seagrasses: Eutrophication, Sedimentation, and Contamination. Seagrasses: Biology, Ecologyand Conservation: 567 - 593.

OECD. 1993. Core set of indicators for environmental performance reviews: A synthesis report by the group on the state of the environment. Environment Monographs, Vol. 83. Organization for economic co-operation and Development, Paris.

Palmer J D, Soltis D E, Chase M W. 2004. The plant tree of life: an overview and some points of view. American Journal of Botany, 91(10): 1437 - 1445.

Pawel Jajesniak, Hossam Eldin Mohamed Omar Ali, Tuck Seng Wong. 2014. Carbon Dioxide Capture and Utilization using Biological Systems: Opportunities and Challenges. J Bioproces Biotech, (4): 3.

Peterson G L. 1976. A simplification of the protein assay method of Lowry et al. which is more generally applicable. Analytical Biochemistry, 83(2): 346 - 356.

Rapport D J, Costanza R, Mcmichael A J. 1998. Assessing ecosystem health. Trends in ecology and evolution, 13: 397 - 402.

Rapport D J, Singh A. 2006. An EcoHealth-based framework for State of Environment Reporting. Ecological Indicators, 6(2): 409 - 428.

Robbins B D, Bell S S. 1994. Seagrass landscapes: a terrestrial approach to the marine subtidal environment. Trends in ecology and evolution, 9(8): 301 - 304.

Rooker J R, Holt G J, Holt S A. 1998. Vulnerability of newly settled red drum (*Sciaenops ocellatus*) to predatory fish: is early-life survival enhanced by seagrass meadows? Marine biology, 131(1): 145 - 151.

Rorrer G L, Cheney D P. 2004. Bioprocess engineering of cell and tissue cultures for marine seaweeds. Aquacul. Engineer, 32: 11 - 41.

Saaty T L. 1977. A scaling method for priorities in Hierarchical Structures. Journal of Mathematical Psychology, 15: 234 - 281.

Satty T L. 1986. Axiomatic Foundation of the Analytic Hierarchy Process. Management Science, 32(7): 841 - 855.

Satty T L, Peniwati K, Shang J S. 2007. The analytic hierarchy process and human resource allocation: Half the story. Mathematical and Computer Modelling, 46(7 - 8): 1041 - 1053.

Scanlan D J, Ostrowski M, Mazard S. 2009. Ecological Genomics of Marine *Picocyanobacteria*. Microbiology and Molecular Biology Reviews, 73(2): 249 - 299.

Schaeffer D J, Henricks E E, Kerster H W. 1988. Ecosystem health: 1. Measuring Ecosystem health. Environmental management, 12: 445 - 455.

Scott J, Yang E C, West J A, et al. 2011. On the genus Rhodella, the emended orders Dixoniellales and Rhodellales with a new order *Glaucosphaerales* (Rhodellophyceae, Rhodophyta). Algae, 26(4): 277 - 288.

Seddon S, Wear R J, Venema S, et al. 2005. Metropolitan coastal waters II. Development of donor bed independent methods using Posidonia seedlings. Report to the Coast Protection Branch, Department for Environment and Heritage. SARDI Aquatic Sciences Publication, Adelaide. Australia.

Tanner C, Hunter S, Reel J, et al. 2010. Evaluating a large-scale eelgrass restoration project in the Chesapeake Bay. Restoration Ecology, 18: 538 - 548. (Tucson: Society for Ecological Restoration International, 2004)

Shafer D, Bergstrom P. 2010. An Introduction to a Special Issue on Large-Scale Submerged Aquatic Vegetation Restoration Research in the Chesapeake Bay: 2003 - 2008. Restoration Ecology, 18(4): 481 - 489.

Short F T, Polidoro B, Livingstone S R, et al. 2011. Extinction risk assessment of the word's seagrass species. Biol. Conserv. doi: 10. 10. 1016/j. biocon. 2011. 04. 010.

Short F T, Carruthers T J B, Dennison W C, et al. 2007. Global seagrass distribution and diversity: a bioregional model. Journal of Experimental Marine Biology and Ecology, 350: 3 - 20.

Srivastava A K, Schlessinger D. 1990. Mechanism and regulation of bacterial ribosomal RNA processing. Annu. Rev. Microbiol,

44：105－129.

Stackebrandt E，Goodf ellow M. 1991. Nucleic Acid Techniques in Bacterial Systematics. New York：John Wiley and Sons：115－175.

Tabatabaei M，Tohidfar M，Jouzani G S，et al. 2011. Biodiesel production from genetically engineered microalgae：Future of bioenergy in Iran. Renewable and Sustainable Energy Reviews，15：1918－1927.

Vandamme P，Pot B，Gillis M，et al. 1996. PolyphasicTaxonomy，a Consensus Approach to Bacterial Systematics. Microbio Reviews，60(2)：407－438.

Walsh G E. 1974. Mangroves：a review. *In*：Reimhold R J，QueenW H. Ecology ofhalophytes. New York：Academic Press：51－174.

Walz R. 2000. Development of environmental indicator systems：experiences from Germany. Environmental Management，25(6)：613－623.

Waycott M，et al. 2009. Accelerating loss of seagrasses across the globe threatens coastal ecosystems. Proceedings of the National Academy of Sciences of the United States of America，106(30)：12377－12381.

Li W T，Kim J H，Park J I，et al. 2010. Assessing establishment success of *Zostera marina* transplants through measurements of shoot morphology and growth Estuarine. Coastal and Shelf Science，88(3)：377－384.

Wilbur K M，Anderson N G. 1948. Electrometric and colorimetric determination of carbon anhydrase. J Bio chen，176：147－154.

Wikfors G H，Ohno M. 2001. Impact of algal research in aquaculture. J. Phycol，37：968－974.

Yim J H，Kim S J，Ahn S H，et al. 2004. Antiviral effects of sulfated exopolysaccharide from the marine microalga *Gyrodinium impudicum* strain KG03. Marine biotechnology，6(1)：17－25.

第四章

海洋动物资源评价与保护

第一节 海洋动物资源概述

海洋是人类生命活动的摇篮,存蓄了约25%的地球基因资源,为人类提供了大量优质动物蛋白,特别是海洋渔业资源发挥了极其重要的作用。但是,随着人类活动、气候变化以及环境污染的加剧,海洋动物资源衰退已经是全球普遍存在的问题,并且从沿岸水域向远海进一步扩展(Pauly et al., 1998,2000;Caddy et al.,1998;Olsen,2004;赵淑江等,2006;Lotze et al., 2006;Worm et al., 2006,2009;Ye et al.,2013)。以渔业种类为例,世界上有评估信息的523个鱼类种群的80%为完全开发或过度开发(或衰退或从衰退中恢复),并且占世界海洋捕捞产量约30%的前10位的种类多数被完全或过度开发,对高度洄游、跨界和完全或部分在公海捕捞的渔业种类而言,情况似乎更为严峻(FAO,2009)。目前,仅有少数远洋渔业种类资源丰富,如南极磷虾,其生物量为6.5亿~10亿t,年可捕量达0.6亿~1.0亿t,已成为各国竞争的重要战略资源。

我国管辖海域纵跨温带、亚热带、热带三个气候带,南北跨越38个纬度带,自北向南有渤海、黄海、东海和南海四大海域,总面积达473万km^2,大陆架宽阔,其中水深在200m以内的大陆架面积占世界大陆架面积的23%,是世界上最大的大陆架之一,为海洋动物的生存和繁衍提供了优良条件,是世界上12个生物多样性特别丰富的国家之一。下面从鱼类、甲壳类、头足类及海洋哺乳类等介绍我国海洋动物资源概况。

一、鱼类

1. 鱼类区系特征

鱼类的生长和繁殖都有特定的适温范围、适盐条件。我国海域(包括大陆架外缘和大陆斜坡)的环境条件不同海区差异较大,如冬季(2月)表面平均水温,在南海南部达28℃,而渤海北部则低至0℃左右;渤海和黄海都是大陆架浅海,而东海和南海都是具有大陆坡和深海槽的海区。因此,渤海、黄海、东海和南海鱼类的种类与区系组成不同,优势种也不尽相同。《中国海洋渔业区划》(1958~1963年全国海洋普查)记载鱼类1700多种(刘效舜等,1990),而《中国专属经济区海洋生物资源与栖息环境》(1997~2000年全国专属经济区与大陆架海洋勘测)记载鱼类1100多种(唐启升等,2006)。

(1)黄海、渤海

黄海、渤海地处暖温带,在黄海南部较深的水域终年水温较低,夏季有冷水团存在,栖息在黄海、渤海的鱼类种类相对较少,主要以暖温性和暖水性种类为主,冷温性种类占 10% 以下。鱼类是黄海、渤海区的主要捕捞对象,一般占山东、河北、辽宁、天津三省一市海洋捕捞总产量的 50% 以上,在 1964~1966 年期间超过 80%,随后鱼类所占比例呈下降趋势。1950~1970 年,鱼类产量在 25 万~40 万 t 波动,产量变化不大,主要种类为小黄鱼、带鱼、大头鳕、鲆鲽类等底层经济鱼类;1971~1985 年产量在 48 万~72 万 t,主要种类为鲱、蓝点马鲛、鲐等中上层鱼类;之后到 1996 年为平稳增长期,从 1996 年开始呈快速增长,1999 年达到 301 万 t,此后,渔获量呈下降趋势,主要种类为鳀鱼、竹筴鱼、玉筋鱼等小型鱼类以及黄鮟鱇、细纹狮子鱼等经济价值较低的种类。

(2)东海

东海大陆坡表层具有高温、高盐性质,而水深 800m 以深的深层则具有低温、高盐的性质。东海大陆坡的鱼类组成中,暖水性种类的比例高达 80% 以上,但是冬季由于黄海冷水向南扩展到黄海北部,一些冷温性种,如高眼鲽、长鲽、细纹狮子鱼等也随之向南移动到东海北部,但一般不超过北纬 30°。近年来,东海区中上层鱼类的产量较高,1990~2000 年平均年产量为 156.8 万 t,比 80 年代增长了 2.2 倍;而底层种类(含虾蟹类和乌贼类)的年产量占东海区海洋捕捞总产量的比例从 1984~1986 年的 72%~78% 下降到 90 年代的 62%,表明该海区底层鱼类在海洋捕捞业中的地位正在下降,资源的衰退比其他类别严重(邱永松等,2006)。另外,在 1997~2000 年的调查结果中也充分说明了这一点,如春季中上层鱼类的渔获量(3.6t)超过了底层鱼类的渔获量(3.1t)。

(3)南海

南海大陆架位于热带、亚热带,主要受南海暖流的影响,主要以暖水性种类为主。沿岸分布的中上层经济鱼类有鲳类、鳓、鲻、四指马鲅、鲥、斑鰶、小沙丁鱼类和小公鱼类等。这些种类主要分布在水深 40m 以浅的近岸和河口水域。由于其分布范围处在捕捞强度最大的沿岸水域,为沿海多种作业方式所捕捞,其资源均处于过度捕捞的状态,有的种类如鲥、鳓、鲻等已面临资源枯竭。大陆架分布的中上层鱼类主要有蓝圆鲹、竹筴鱼、鲐等。这些种类主要出现在水深 40~100m 的大陆架海域,只为底拖网和围网捕捞。但其中有些种类也在其生活的幼鱼阶段或洄游至近岸海域产卵、索饵期间,为沿岸渔民捕捞。栖息于大陆架海域的中上层经济鱼类分布范围广、数量大,是南海区中上层渔业资源的主体,但多数种群已过度利用或充分利用(邱永松等,2006)。

2. 主要鱼类资源状况

(1)中上层鱼类

1)鳀。鳀(*Engraulis japonicus*)隶属鲱形目鳀科鳀属。世界上鳀属有鳀、欧洲鳀、非洲鳀、澳洲鳀、太平洋北美鳀、太平洋中美鳀、秘鲁鳀和大西洋南美鳀 8 种,广泛分布于南、北半球的温带海域。秘鲁鳀是世界上单鱼种产量最高的鱼种,最高年产量曾达到 1308 万 t(1970)。

鳀属小型中上层鱼类,在我国各海区均有分布,主要密集区在黄海及东海北部,是目前我国北方海区产量最高的鱼种,渔获物主要用于鱼粉和鱼油加工。根据声学调查和实际种群分析结果,1984~2001 年黄海和东海北部鳀生物量波动在 42 万~410 万 t,其中 1986~1995 年期间的生物量为 220 万~410 万 t;1995 年以来鳀生物量呈下降趋势,1999~2001 年的生物量分别只有87万t、175万t和42万t。鳀可捕量的估计值为50万t。自20世纪90年代鳀资源大规模开发以来,捕捞产量急剧增加,从1990年的不足6万t至1995年增加到45万t,1997年和1998年更分别高达120万t和150万t;随后两年略有下降,2000年为114万t,此后保持相对稳定,维持在100万t左右,到2009~2010年降至不足60万t,2010年后有小幅度回升,2012年达82万t(中国渔业统计年鉴,2013)。

2)鲐。鲐(*Scomber japonicus*)隶属鲈形目鲭科鲐属,广泛分布于西北太平洋沿岸水域,在我国渤海、黄海、东海、南海均有分布,主要由中国(包括台湾)、日本和朝鲜等捕捞利用。

我国在东海捕捞鲐的历史较早,早在150年前的浙江金塘流网已有作业,渔场北起济州岛东南、南到台湾东北的海面。开始于新中国建立初期的机轮单船围网作业的历史较短,主要原因是由于渔场的变迁和船、网具不能适应东海鲐鱼群的特点,取而代之的是20世纪60年代试验成功,70年代发展起来的灯光围网作业。由于灯光围网的迅速发展,我国东海区鲐产量自70年代起上升很快。20世纪80年代以后,随着近海底层鱼类资源的衰退,鲐也成了底拖网渔船的兼捕对象。近几年来,我国东海区鲐的产量在20万t左右,黄海区(北方三省一市)的鲐产量也从20世纪80年代的3万t左右,提高到目前的11万~12万t水平,已成为我国主要的经济鱼种之一,在我国的海洋渔业中具有重要地位。

20世纪80年代以前黄海渔业瞄准近岸产卵、索饵群体,以围网和春季流网捕捞为主。90年代以后随着东海北上群的衰落,黄海西部的春季流网专捕渔业也随之消亡,剩下的鲐专捕渔业完全移至秋季的黄海中东部。在黄海作业的主要是中国和韩国大型围网船。70年代中期,由于鲐资源的回升,产量有大幅度提高,黄海鲐在1974年达到最高7.2万t,但自70年代后期开始,单位努力量产量大幅度下降,1982年之后产量急剧下降到0.5万t以下,1985年起黄海鲐鱼春汛围网停产,仅秋、冬季在济州岛西—西南一带捕捞越冬群体。整个80年代和90年代前期,鲐鱼资源处于低水平期。90年代中期鲐鱼资源又有了周期性的恢复,北方三省一市的年产量达到12万t以上,同时单位努力量产量也有所提高。目前黄海鲐生物量估计在14万t左右,这一评估结果与1986年1月估计的12万t相差不多。

东海区,由于底层渔业资源的下降,鲐已成为重要捕捞对象。70年代随着机轮灯光围网渔船的加入,鲐的利用初具规模,1975年产量为6万t,1978年达到11.3万t,其后产量又逐年下降,1985年只有8.7万t。随着五岛西部渔场、东海中南部渔场和对马五岛渔场的相继开发,鲐产量又趋于上升,1988年上升到17.3万t,但从1989年起又开始下降,1989~1993年波动于11万~15万t;1994~1999年其资源有所恢复,年产量17万~19万t,2000年的产量再一次下降到14.3万t。东海区鲐的捕捞渔场主要以东海北部、黄海南部外海、长江口海区和福建沿海为主。东海区鲐产量(中国大陆)自20世纪90年代初起波动上升,近几年则稳定在近20万t的较高水平(邱永松,2006)。

3)竹筴鱼。竹筴鱼(*Trachurus japonicus*)隶属鲈形目鲹科竹筴鱼属,为暖水性中上层鱼类,分布于中国、朝鲜和日本。在我国产于南海、东海、黄海和渤海,是灯光围网、拖网和沿岸定置渔具的捕捞对象之一。

20世纪50年代至60年代初,竹筴鱼曾是我国渤海、黄海、东海区春、夏汛围网的捕捞对象。1958年我国竹筴鱼产量达9974t,但1959年和1960年便下降到4000多吨。近10余年来,尽管竹筴鱼广泛分布于东海,但由于分布在我国沿海一侧的竹筴鱼个体较小,经济价值不高,所以,竹筴鱼只是混在其他中上层鲹鱼渔获中,没有单列该鱼种产量。1984 年起我国的机轮灯光围网船组一直在东海中南部渔场作业,渔获到一定数量的竹筴鱼。闽南—台湾浅滩一带分布着较多的竹筴鱼,也是该地区机帆船灯光围网主要捕捞对象之一。

4) 蓝点马鲛。蓝点马鲛(*Scomberomorus niphonius*)隶属鲈形目鲅科马鲛属,主要分布于印度洋及太平洋西部水域,在我国黄海、渤海、东海、南海及日本海均有分布。

黄海、渤海的主要作业渔具有机轮底拖网、浮拖网以及流刺网、定置张网等。20 世纪 60 年代初,胶丝流刺网作业获得成功后,流刺网作业规模逐年扩大,主要渔汛在春、夏季,成为黄、渤海区一项规模较大的流刺网渔汛。70 年代后期,浮拖网数量逐年增多,并成为蓝点马鲛捕捞的主要作业方式。定置张网也兼捕蓝点马鲛,但渔汛期间由于网场外流动渔具密布,而进入定置张网的蓝点马鲛极少。

60 年代前,黄海、渤海流刺网网具落后,渔汛以春汛为主,年渔获量在 3000t 以下。60 年代末,渔获量在 2 万~3 万 t。70 年代末期,渔获量达 4 万 t,渔汛仍以春汛为主,占四季的 70% 以上,而秋汛产量所占比例已有上升。70 年代后期黄海、渤海区底拖网开始捕捞秋季蓝点马鲛的补充群体,捕捞强度迅速增加,渔获量逐年提高。此后,蓝点马鲛上、下半年渔获量之比与 70 年代发生倒置,即秋、冬季渔汛已取代春汛的地位。自大量疏目浮拖网使用后,以捕捞秋、冬季的补充群体为主,使蓝点马鲛的渔获量更是稳步上升,20 世纪末黄海、渤海区的年渔获量已近 30 万 t。

东海区捕捞马鲛的主要作业渔具有底拖网、浮拖网、流刺网和对网等。我国渔业发展初期,国有渔业以底拖网为主,群众渔业以流刺网为主,20 世纪 80 年代末 90 年代初期,浮拖网迅速推广使海区马鲛渔业发生显著变化。1993 年以后,东海区马鲛鱼的捕捞总产量出现了连续两年的下降。从近几年的生产情况看,东海区马鲛鱼的总产量仍呈上升趋势,主要是由于捕捞力量的增加、作业时间的延长带来的暂时性增长。

5) 银鲳。银鲳(*Pampus argenteus*)隶属于鲈形目鲳科鲳属,分布于印度洋、印度—太平洋区、中国诸海、朝鲜和日本西部海域。

20 世纪 80 年代以前,黄海、渤海的渔业以捕捞大黄鱼、小黄鱼、带鱼和中国对虾等传统经济种类为主,银鲳仅作为底拖网的兼捕对象,产量不高,不足万吨。自 1970 年后江苏的群众渔业在吕泗渔场以流刺网捕获银鲳取得成功后,专捕银鲳的渔船数量迅速增加,产量明显上升。目前,捕捞银鲳的渔具除了专用的流刺网外,底拖网和沿岸的定置网亦兼捕银鲳。银鲳的主要作业渔场为黄海西南部的吕泗渔场、海州湾渔场,以及连青石渔场和大沙渔场的西部,其次为黄海北部的石岛渔场、海洋岛渔场和渤海各渔场。

历史上东海区银鲳多为兼捕对象,产量不高,20 世纪 60 年代以前为集体渔业的对拖网、张网、流刺网类和国有企业的机轮拖网渔业的兼捕对象,年产量只有 0.3 万~0.5 万 t。20 世纪 60 年代以后,由于大、小黄鱼相继衰退,银鲳及燕尾鲳资源得以进一步开发利用。20 世纪 80 年代后,鲳鱼流刺网作业逐渐为张网作业所代替,产量也进一步上升。进入 20 世纪 90 年代后,其产量基本呈上升趋势,2000 年东海区鲳鱼产量又创出了历史新高达 22.5 万 t。近 20 年来,东海区银鲳的年捕捞产量虽然呈连续上升的趋势,但其资源状况却并不容乐观。

6) 刺鲳。刺鲳(*Psenopsis anomala*)隶属于鲈形目长鲳科刺鲳属,属热带及亚热带中下层经济鱼类,底拖网、流动张网和围缯网的兼捕对象。分布于东海、南海及韩国南部和日本南部等近海海域。

刺鲳主要分布在我国东海、南海，为拖网、流动张网和围缯网等渔具兼捕。据近几年东海常规监测试捕调查结果显示，目前资源上升趋势非常明显；其中2000年监测调查刺鲳的年总渔获量较1999年又有较大幅度的上升，占所有鱼种的第四位。东海区近年刺鲳的年产量在1.5万~2.5万t，其中大部分为底拖网兼捕的渔获物。

刺鲳是南海北部底拖网渔业的捕捞对象之一，常年均可捕捞，以七八月份产量最高。但刺鲳没有生产量或收购量的统计资料。在20世纪60年代，刺鲳的渔获情况较好，渔获率高，在70年代的调查中，由于调查海域超出刺鲳的主要分布水深，所以刺鲳的出现率和渔获率有较明显的下降。在1997~2000年的调查中，渔获率下降相当显著，只有60年代的1/6。这主要是由于资源衰退以后，优势种类不明显，而且小杂鱼数量上升所致（邱永松等，2006）。

7）印度无齿鲳。印度无齿鲳（*Ariomma indica*），隶属鲈形目无齿鲳科无齿鲳属，在世界上仅分布于中国和印度，在我国只产于南海区域。印度无齿鲳属暖水性鱼类，栖息于近底层，属较为优质的渔获种类。

印度无齿鲳为南海北部海区的特有资源，是底拖网渔业的主要捕捞对象之一，常年均可捕捞，但渔汛期不明显。根据1997~1999年底调查数据，运用扫海面积法估算的南海北部及各分区印度无齿鲳资源密度和现存资源量：南海北部印度无齿鲳的年均现存资源量约510t，其中约250t分布于大陆架外海海域；其中大陆架外海中又以海南岛东部和南部海域的资源密度最高，而台湾浅滩和北部湾沿岸则几乎不见印度无齿鲳分布，其现存资源量可以忽略不计。

8）蓝圆鲹。蓝圆鲹（*Decapterns maruadsi*）隶属于鲈形目鲹科圆鲹属，系近海暖水性、喜集群、有趋光性的中上层鱼类，但有时也栖息于近底层，底拖网全年均有渔获。因此，它既是灯光围网作业的主要捕捞对象，又是拖网作业的重要渔获物。在我国南海、东海、黄海均有分布，以南海数量为最多，东海次之，黄海很少。

东海捕捞蓝圆鲹的主要渔具除灯光围网外，还有大围缯、夏缯、鳀树缯、箕网、驶缯、竹排缯、红头缯、对拖、地曳网、延绳钩、流刺网等。20世纪80年代初期，东海区的蓝圆鲹产量一直比较低，1980~1985年蓝圆鲹的年产量波动于3.5万~6.9万t；20世纪80年代中期，一方面由于底层主要鱼类资源衰退后加强了对蓝圆鲹的利用，另一方面作业区域逐步东扩，作业渔场不断扩大，蓝圆鲹的年产量开始逐年增加，1987年达15.3万t，1992年突破达21.3万t。1993~1999年蓝圆鲹年产量波动不大，大致在20万t上下波动。蓝圆鲹年产量占东海区海洋捕捞年产量的比例，1992年为最高达7.7%，1997~1999年为3.0%~3.7%，比较稳定。东海的蓝圆鲹产量主要为福建所捕，近年来占东海区蓝圆鲹产量的93%，其中大部分产量捕自闽粤交界处的台湾浅滩灯光围网渔场。

近年来，台湾浅滩灯光围网渔场的蓝圆鲹资源比较稳定，但已经充分利用。南海北部其他灯光围网渔场的蓝圆鲹资源早已出现捕捞过度的情况。底拖网也是捕捞蓝圆鲹的高效渔具，其渔获率变化可反映该鱼种的资源状况，在大陆架海域，1983~1992年国有底拖网渔轮蓝圆鲹的渔获率呈明显下降的趋势；90年代初的平均渔获率只有1983年的46%；北部湾海域蓝圆鲹渔获率下降的趋势更为明显，90年代初的平均渔获率只有1984年的35%。根据1994年陆架区蓝圆鲹体长频率估计的开发率（F/M）已达1.66。这些情况表明，南海北部蓝圆鲹资源已经利用过度。

9）黄鲫。黄鲫（*Setipinna taty*）隶属鲱形目鳀科黄鲫属，分布于印度、缅甸、泰国、越南、印度尼西亚、日本、韩国、朝鲜和中国沿海，是暖水性近海小型中上层鱼类。

20世纪80年代中国黄鲫的年产量7万~9万t，东海、黄海和渤海产量较高。近年来，随着小黄鱼、带鱼、银鲳、蓝点马鲛等传统经济鱼类资源的衰退，黄鲫成为黄海、渤海近岸各种刺网、张网和拖网的主要捕捞对象之一，特别是在渤海，自20世纪80年代以来一直是优势种，在渤海近岸鱼类群落中占据重要地位。20世纪80年代中期，山东省年渔获量约为2.5万t，占海区总渔获量的3.0%（赵传絪等，1990；刘效舜等，1990；唐启升等，1990）。90年代，由于黄海鳀鱼资源的开发，黄鲫在海区总渔获量中的比例下降为1%左右。

关于黄鲫的资源量，国内不少学者先后根据不同时间与区域调查的资料进行过评估：赵传絪等（1990）评估黄海、渤海黄鲫的资源量为6万~7万t；邓景耀等（1988）评估渤海黄鲫的资源量为3.58万t；杨纪明等（1990）评估渤海黄鲫的资源量为1.05万t；唐启升等（1990）评估山东近海黄鲫的资源量为4.5万t。根据1997~2000年的调查资料，对黄鲫资源量的评估结果：黄海春季为0.82万t，黄海、渤海夏季为0.92万t，黄海秋季为4.51万t，渤海、黄海冬季为8.45万t。

10）斑鰶。斑鰶（*Clupanodon punctatus*）隶属鲱形目鲱科斑鰶属，为暖水性、广盐、小型中上层鱼类，广泛分布于印度、中国、朝鲜、韩国和日本各国的近海。在中国，斑鰶产于南海、东海、黄海和渤海，是我国近海拖网、近岸大拉网、小圆网、定置张网和小型刺网的兼捕对象。斑鰶的生长和群体结构比较稳定，食物链较短，有利于资源的生长，今后有望成为近海人工增、养殖的对象。

我国对斑鰶资源开发利用的历史悠久，在渔业生物学和生态学方面都进行了不少研究，内容涉及分布、洄游、生物学特性和资源状况。陈大刚（1977）曾对斑鰶人工育苗与鱼苗培育进行了初步试验，在渔业生物学、资源养护和渔业管理等方面的研究还待进一步加强。

黄海、渤海区20世纪50年代年产量约1000t，80年代达5000t（赵传絪等，1990），占海区海捕产量的0.5%~1.0%，占全国海捕产量的0.1%~0.2%。90年代中期黄海开发鳀鱼以来，斑鰶占海区海捕产量比例下降为0.1%~0.2%。用资源声学法对调查区内斑鰶资源量的评估结果为春季黄海斑鰶资源量为11.4万t，夏季渤海和黄海斑鰶资源量为8.15万t，秋季黄海斑鰶资源量为71.2万t，冬季渤海和黄海斑鰶资源量为1.38万t。1983年渤海斑鰶最大评估资源量为1716t（邓景耀等，1988），1985年山东近海斑鰶评估资源量为1.83万t（唐启升等，1990），目前黄海、渤海斑鰶资源量的声学法最大评估值为8.15万t，表明黄海、渤海的斑鰶资源近年有所增加。唐启升等（1990）根据1983~1985年的斑鰶叉长组成资料，用世代分析法（Jones，1981）评估出其资源利用率为42.3%，说明当时黄海、渤海的斑鰶资源处于利用不足状态。近年黄海、渤海的斑鰶群体结构和20世纪80年代基本相似，产卵群体的年龄结构和鱼体的生长都比较稳定，在渤海禁止底拖网渔业以后，减轻了捕捞压力，斑鰶得以繁衍生息。

11）青鳞沙丁鱼。青鳞沙丁鱼（*Sardinella zunasi*）隶属鲱形目鲱科沙丁鱼属，为暖水性小型中上层鱼类，广泛分布于菲律宾、中国、朝鲜、韩国和日本各国近海。

20世纪50~60年代，青鳞沙丁鱼的捕捞量很低，1975年以前，山东省的年产量不足

500t,1979 年以后,黄海、渤海的主要经济鱼类资源严重衰退,青鳞沙丁鱼资源才开始得到开发利用,成为沿岸定置渔具、大拉网、流刺网和近海拖网的捕捞对象之一。20 世纪 80 年代中期,年产量约为 2 万 t,占海区海捕产量的 3.0%~4.0%,占全国海捕产量的 0.4%~0.6%。根据 1997~2000 年的调查资料,用声学法对青鳞沙丁鱼资源量进行评估,春季,黄海为 169.9t;夏季,渤海和黄海合计为 1.33 万 t;秋季,黄海为 220.4t;冬季,黄海为 1.09 万 t。

渤海青鳞沙丁鱼 1983 年最大资源量为 4366 吨(邓景耀等,1988),山东近海青鳞沙丁鱼 1985 年评估资源量为 3.85 万 t(朱德山等,1990),目前黄渤海青鳞沙丁鱼资源量的声学法最大评估值为 1.33 万 t,表明黄渤海青鳞沙丁鱼资源近年有所衰退。1990 年,唐启升等根据 1983~1985 年的青鳞沙丁鱼叉长组成资料,用世代分析法(Jones,1981)评估出其资源利用率为 53.1%,说明当时黄渤海青鳞沙丁鱼资源处于中等利用状态(唐启升等,1990)。根据近年的调查与 20 世纪 80 年代比较,青鳞沙丁鱼群体的年龄组成趋于低龄化,4~5 龄鱼数量减少,资源量下降,黄渤海青鳞沙丁鱼资源已处于过度利用状态。

12)沙氏下鱵鱼。沙氏下鱵鱼(*Hyporhamphus sajori*)隶属颌针鱼目鱵科下鱵鱼属,为暖温性中上层小型经济鱼类,在黄海、渤海沿岸是小型浮拖网的主要捕捞对象,拖网、定置网、钩钓、流刺网和小围网等作业亦可少量兼捕。

历史上,沙氏下鱵鱼只作为沿岸钓钩的捕捞对象,渔获量甚微。渔业捕捞生产始于 20 世纪 60 年代初期,当时山东省龙口渔民用小围网(风网)捕捞起群的沙氏下鱵鱼获得成功,此后,每年均有少量船只生产,但因当时资源量较低,渔场狭小,渔期短,渔获量较低,一般年渔获量在 100t 以下。1975 年以后,资源量有所增加,莱州渔民也加入沙氏下鱵鱼的捕捞生产,渔获量上升到 200~550t。1978 年,辽宁省金州渔民用浮拖网捕捞扁尖嘴颚针鱼和沙氏下鱵鱼取得很好的效益。1979 年,山东省莱州和蓬莱也成功地以浮拖网专捕沙氏下鱵鱼,渔获量明显增加,此后,浮拖网捕捞沙氏下鱵鱼的作业方式在黄渤海区被广泛使用(农业部水产局等,1990)。

根据 1997~2000 年的底拖网资料,用扫海面积法对黄海调查区内沙氏下鱵鱼的资源量进行了评估,春季的资源量为 10.59t,冬季仅 2.72t。沙氏下鱵鱼自 20 世纪 70 年代开始开发利用以来,每年的渔获量虽有波动,但一直处于上升趋势,目前资源处于中等开发利用状态。

13)凤鲚。凤鲚(*Coilia mystus*)隶属鲱形目鳀科鲚属,为沿岸小型中上层鱼类,广泛分布于印度、印度尼西亚、越南、中国、朝鲜、韩国和日本各国的沿海。

凤鲚属于低值小型鱼类,为沿岸定置渔具和近海拖网的兼捕对象,渔获量低,20 世纪 80 年代山东省年产量约数十吨至数百吨(唐启升等,1990),约占海区总产量的 0.1%。近年来,黄海鳀和蓝点马鲛产量有所下降,凤鲚产量占海区比例略有提高。

根据 1997~2000 年调查资料,用扫海面积法对黄海调查区内的凤鲚资源量进行评估,春季资源量为 488.4t,秋季为 516.8t,冬季为 941.8t(其中渤海为 3.2t)。根据 1982~1983 年渤海调查资料(邓景耀等,1988)和 1985 年"黄海生态系调查"资料,春、夏季凤鲚分布于渤海的莱州湾和渤海湾,最高密度为 100~200 尾/h,秋季分布于渤海中部,数量明显增加,12 月初出现率高达 80.5%,最高密度达 1000 尾/h,评估资源量为 714t(邓景耀等,1988),明显高于 2000 年 12 月渤海的调查评估结果。1985 年的调查,黄海北部沿岸凤鲚数量很少,黄海中部没有出现,风鲚密集分布区为黄海南部吕泗外海,秋季最高密度为2.68kg/h,评估的资源量为500t,与海洋勘测生物资源补充调查秋季的评估资源量基本一致。

(2)底层鱼类

1)带鱼。带鱼(*Trichiurus lepturus*)隶属鲈形目带鱼科带鱼属,广泛地分布于我国、朝鲜、日本、印度尼西亚、菲律宾、印度、非洲东岸及红海等海域。我国渔获量最高,占世界同种鱼渔获量的70%~80%。带鱼是我国重要的经济鱼类,在我国海洋渔业生产中具有重要地位。

黄海的带鱼主要为拖网捕捞,群众渔业的钓钩也捕捞少部分。1962年以前,黄海、渤海带鱼产量为4.0万~6.5万t,但1964年大幅度下降到2.5万t。1965年更下降到1.6万t。20世纪70年代以后,黄海、渤海带鱼渔业基本消失,带鱼成为兼捕对象。

东海区捕捞带鱼的主要作业形式有三种:对网、拖网和钓业。群众机帆船拖网产生于20世纪60年代中期,7~10月大部分渔船在拖网禁渔区线附近海域生产,当时投入生产的渔船仅几百对,渔获量在1万t以下。70年代初期以后渔船数量迅速发展,出海渔船增至近2000对,带鱼渔获量达10万t左右。80年代初期东海区八个国有渔业公司大约拥有相当于183.75kW马力的拖网渔轮300对,每年捕捞带鱼7万~8万t。从20世纪90年代初期,国有渔业公司拖网逐渐退出在东海区捕捞带鱼的拖网作业,而改装成鱿鱼钓船到北太平洋作业。但群众渔业的机动渔船在90年代中期又进一步加速发展,至目前为止东海区拖网渔船已达近万艘。

带鱼是东海区一种举足轻重的经济鱼类,无论是过去还是现在对东海区乃至全国海洋渔业生产均起着重要的作用。自20世纪50年代初至1974年东海区带鱼渔获量呈上升趋势,1974年为最高点,达53万t,其中50年代年渔获量为10万~17万t,年平均13.48万t,占该年代全国带鱼年平均渔获量的70.7%;60年代为15万~37万t,年平均27.72万t,占85.7%;70年代为32万~53万t,年平均41.43万t,占90.2%。1975年开始带鱼渔获量有所下降,由44万t降至1988年的29万t。1989年以来,由于采取5月1日至6月30日在沿岸禁止捕捞产卵亲鱼的管理措施,该种群的产量出现明显的回升,1999年产量升至85万t,达历史最高水平,其中80年代为29万~37万t,年平均36.26万t,占全国带鱼年平均渔获量的82.3%;90年代为38万~85万t,年平均63.60万t,占73.8%。根据实际种群分析结果,1龄及1龄以上带鱼的数量在1973年为3亿尾、60万t;80年代初为2.7亿尾、54万t;90年代初带鱼种群的尾数比80年代中期高得多,但生物量大致相当,表明90年代带鱼的补充量明显增加。90年代夏季和冬季带鱼的平均肛长为195mm和189mm,比80年代分别减小了32和38mm。在1997~2000年的调查中,带鱼平均肛长为176mm,仅相当于1龄鱼,近年来当年鱼和1龄鱼已成为渔获物的主体。

2)小黄鱼。小黄鱼(*Larimichthys polyactis*)隶属鲈形目石首鱼科黄鱼属,为暖温性底层鱼类,广泛分布于渤海、黄海、东海。是我国最重要的海洋渔业经济种类之一,与大黄鱼、带鱼、墨鱼并称为我国“四大渔业”,历来是中、日、韩三国的主要捕捞对象之一。

在黄海、渤海,小黄鱼在20世纪50年代的兴盛期,群体组成主要由多龄鱼组成,渔获物以2龄以上鱼为主,经济价值较高,为我国北方海洋渔业的主要捕捞对象之一;自60年代开始,随着捕捞强度的不断增大,资源开始衰退,产量连续下降,我国北方三省一市的产量在

1972 年降至历史最低水平；直到 80 年代末期，小黄鱼资源一直处于低谷，没有明显的恢复；自 90 年代以来，小黄鱼资源开始恢复，如按小黄鱼分布水域较好的冬季来计算，黄海小黄鱼 1999 年资源量为 1985 年的 3.9 倍，越冬群体的资源量在 6 万 t 以上。但是，由于过度捕捞导致小黄鱼资源群体结构简单、生长加快、性成熟提前的现象并没有改观，目前符合农业部 1991 年颁布《渤海区渔业资源繁殖保护规定》体长 180mm 规格的鱼很少。

国内外学者曾对东海区小黄鱼资源量作过几次评估。据《东海区渔业资源调查和区划》资料，1981 年夏汛江苏近海大面积试捕调查估算，当时小黄鱼现存密度指数很低，仅为 0.1t/n $mile^2$。按此值推算，江苏近海水深 60m 等深线以内小黄鱼现存资源量为 3300t，东海陆架海区小黄鱼现存资源量为 2.5 万 t，仅相当于 20 世纪 50 年代的 1/20。另据日本川崎健的估算，1968 年东海区小黄鱼的资源量是 1951～1952 年的 1/2，而到 1972 年已降为 1/9。韩国 1990～1995 年小黄鱼平均年产量为 31 864.67t，若取其 1/3 为在东海捕捞的小黄鱼，则产量为 10 621.56t；日本近几年由于底拖网渔业萎缩，作业区域逐渐向日本一侧靠拢，所以，小黄鱼年产量只有 100～200t；我国台湾省 1999 年在东海的小黄鱼产量为 608t；我国在东海的小黄鱼平均年产量为 7.81 万 t。目前，东海的小黄鱼年产量在 9 万 t 左右。

3）绿鳍马面鲀。绿鳍马面鲀（*Thamnacdnus septentrionalis*）隶属鲀形目革鲀科马面鲀属，外海性近底层鱼类，分布于东海、黄海、渤海、日本海、日本东部沿海，以及印度洋、非洲西部和南部近海等，以东海的数量为最多。

绿鳍马面鲀在东海、黄海是 70 年代才开发利用的渔业资源，并逐渐发展成为海区重要的经济鱼种之一。东海区绿鳍马面鲀的主要作业渔场有四处，东海南部渔场、五岛对马渔场、江外—舟外渔场和长江口—舟山渔场。

绿鳍马面鲀资源于 1974 年才开发，并形成了东海区新兴的渔业。国有对拖网渔轮由开始的几十对逐渐增加到 200 余对，1979 年开发利用对马海区越冬渔场以后作业船数再次增加，多的年份可达 300 余对（1991）。90 年代初期以后，由于绿鳍马面鲀资源严重衰退，以及国有渔轮逐渐改装为鱿鱼钓船转移到北太平洋钓捕鱿鱼以后，至 90 年代末期国有对拖网渔轮已基本上不在东海、黄海专捕马面鲀（王雪辉等，2006）。

4）黄鳍马面鲀。黄鳍马面鲀（*Thamnaconus hypagyreus*）属鲀形目革鲀科马面鲀属，为暖水性底层鱼类，广泛分布于东海、南海和日本海南部沿海以及澳大利亚。

黄鳍马面鲀在南海数量较多，最高年产量达 20 万 t（1976）。在东海区是自 1990 年开始形成渔汛，近年来产量维持在 4 万～6 万 t 水平，成为东海区底拖网的主要捕捞对象之一。东海黄鳍马面鲀自 20 世纪 90 年代被开发利用后，就成为马面鲀捕捞业中的主捕对象。该鱼的渔获量也逐渐提高，1997 年达 6.3 万 t，达历史最高水平。1998 年起有逐渐减少的趋势，资源已有衰退的迹象（王雪辉等，2006）。

5）白姑鱼。白姑鱼（*Argyrosomus argentatus*）隶属鲈形目石首鱼科白姑鱼属，为暖温性近底层鱼类，分布于印度洋和太平洋西部海域。我国沿海均有分布，东海、黄海的白姑鱼大致分为 2 个种群，即黄海种群和东海种群。白姑鱼是产量较高的经济鱼类，主要为底拖网所捕捞，其数量以东海较多，南海北部次之，黄海、渤海较少。

根据 1997～2000 年调查获得的数据，分别用扫海面积法和声学法对黄海调查海域白姑鱼的现存资源量进行估算，其结果分别为 1437t 和 1570t。根据 1997～2000 年调查底拖网采样的数据，用扫海面积法对东海区分区域、全海域及大陆架的白姑鱼现存资源量进行了评估。在4个季节中，秋季的现存资源量最高，资源重量和资源尾数分别为3757t和82 910万尾，其次为春、冬两季，夏季现存资源量最低。白姑鱼资源重量最高的海域在东海北部外海，而资源尾数最高的海域为东海北部近海。白姑鱼在东海、黄海的分布相当广泛，具有一定的资源量。据掘川博史(2001)评估，东海白姑鱼的现存资源量为5万~6万t，目前评估结果与之相比，已显著下降。

根据1997~1999年底拖网调查的数据，调查期间南海北部白姑鱼的年均现存资源量仅约392t，其中约232t分布于海南岛以东陆架区，160t分布于北部湾。白姑鱼资源量的季节变化非常明显，春季补充群体出现之前资源量极低，夏季补充群体出现之后资源量明显增加，冬季数量最多时为729t。由于海南岛以东海域的白姑鱼群体主要分布在沿岸海域，而调查时在沿岸海域的采样站数较少，因此很可能低估了白姑鱼的现存资源量。尽管如此，现存资源量的初步估算结果仍表明，调查期间南海北部白姑鱼数量处于很低水平(王雪辉等，2006)。

6) 鲆鲽类。鲆鲽类鱼类，包括鲽、鲆、鳎类等，主要分布于大西洋、太平洋、印度洋的大陆架浅海水域，仅有少数种类在索饵期间进入江河。世界上现存鲽形目鱼类计9科、118属、600种，约占世界现存鱼类种类的2.5%。我国近海鲽形目鱼类计134种，约占世界鲽形目鱼种的23.3%，主要分布在渤海、黄海、东海及南海大陆架及其近邻水域。

中国近海常见且有较高经济价值的鲽形目鱼类有20种左右，主要包括渤海、黄海、东海区的褐牙鲆、钝吻黄盖鲽、尖吻黄盖鲽、角木叶鲽、星鲽、虫鲽、石鲽、高眼鲽、长鲽、半滑舌鳎、短吻红舌鳎、短吻三线舌鳎、带纹条鳎等。南海区鲽形目的鱼种较多，但多数为小型低值种类，经济鱼种较少。鲆鲽类是底拖网和钓渔业的专捕和兼捕对象，特别是黄海、渤海的高眼鲽具有较高的产量。

中国近海鲽形目鱼类资源与其他已经衰退的经济种类一样，随着掠夺性捕捞而枯竭。目前除了高眼鲽尚有一定产量外，其他鲽形目种类只是在底拖网渔业中兼捕到，一些重要经济种类如褐牙鲆、半滑舌鳎等几乎枯竭。以渤海为例，20世纪50年代的鲽形目鱼类资源密度达0.085t/h(调查网)。80年代的调查结果表明其资源密度仅为0.004t/h(调查网)。主要鲽形目经济鱼种的资源量为：半滑舌鳎1342t，钝吻黄盖鲽929t，短吻红舌鳎773t，褐牙鲆718t。主要鲽形目经济鱼种在此期间的资源密度变化分别为：钝吻黄盖鲽从14kg/h降至0.95kg/h；半滑舌鳎从17kg/h降至1.34kg/h；褐牙鲆从22kg/h降至0.73kg/h；高眼鲽从13kg/h降至0.01kg/h。

目前，黄海鲽形目鱼类资源过度捕捞严重，个体偏小，资源量仅为1985~1986年同期的15.6%~61.0%，以冬季下降幅度最大。高眼鲽作为黄海、渤海最主要的鲽形目鱼类，在渤海的两次调查中没有捕到，其资源为15年前同期的30.3%~82.0%，下降幅度比其他鲽形目鱼类略小，这说明其他经济种类如褐牙鲆、石鲽、钝吻黄盖鲽、角木叶鲽、半滑舌鳎等资源急剧衰退，产量越来越少。

7) 蛇鲻类。蛇鲻类隶属于灯笼鱼目狗母鱼科蛇鲻属，分布于印度洋非洲东岸，东至太平洋美洲西岸，南至澳大利亚。我国主要分布于南海、台湾海峡、东海，黄海分布较少，渤海分布极少，系暖水性底层鱼类，主要栖息于水深30~160m的沙质海区。在南海属经济鱼类，分布广，渔获量高。

南海多齿蛇鲻渔场主要分布在珠江口、南岛东部的粤西海海区、海南岛三亚南部海区、北部湾中南部海区。捕捞多齿蛇鲻的作业方式主要为底拖网，其次为延绳钓、手钓、流刺网。根据广东省水产供销公司的蛇鲻类收购量和多齿蛇鲻在蛇鲻类所占比例换算成多齿蛇鲻年产量，50 年代最高年产量为 10 408t，平均 8368t；60 年代最高为 15 689t，平均 9189t；70 年代最高为 11 170t，平均 8949t；80 年代最高为 8645t，平均 7494t（王雪辉等，2006）。

东海的多齿蛇鲻分布很广，全年都可捕获，但群体分散，渔获量低，仅作为拖网渔业的兼捕对象。主要渔场在外海越冬场及浙江沿岸的产卵场，主要渔期为 11～12 月和 3～6 月。在我国东海捕获的多齿蛇鲻作杂鱼处理，无其产量统计资料。

8）鲨鳐类。鲨鳐类隶属软骨鱼纲板鳃亚纲，为鲨形总目和鳐形总目鱼类的总称，广泛分布于印度洋、太平洋和大西洋。大多数种类集中分布在赤道及其两侧，随纬度增加，种类数渐次递减。垂直分布范围可从表层达 1800m 水深海域。全世界现记录的鲨类有 359～370 种，鳐类有 456～460 种。我国的鲨类有 133 种，鳐类为 77 种。

南海鲨鳐类的种类虽然较多，但单一种类的资源数量较少，一般作为底拖网、流刺网和钓具的兼捕对象。鲨类的捕获一般以延绳钓为主，底拖网、流刺网等也能兼捕；鳐类一般以不用饵料的钓钩锐利的兄弟钓为主要渔具，底拖网也常有渔获。南海北部 1997～2000 年调查中鲨鳐类 4 个季节的平均资源密度为 8.11kg/km^2，现存资源量为 3033t，其中大陆架海域为 2396t，占南海北部现存资源量的 79.0%。在大陆架海域中，主要分布于外海区，其现存资源量为 1851t，占大陆架海域现存资源量的 77.3%。北部湾沿岸和中南部海域的资源量相差不大，分别为 382t 和 255t（王雪辉等，2006）。

9）黄鲷。黄鲷（*Taius tumifrons*）隶属鲈形目鲷科黄鲷属，为暖温性底层鱼类，在中国、日本、朝鲜、印度尼西亚、菲律宾等沿海均有分布。我国分布于黄海、东海和南海，目前以东海区数量较多。

在 20 世纪 80 年代及以前，我国东海、黄海区没有对黄鲷进行专业捕捞的渔业，只在拖网中偶有兼捕。90 年代以来，黄鲷主要为底层流刺网所捕获，一年中的多数月份都有渔获，各月份出现频率为 26%～95%，全年平均出现率为 74%，以 7～10 月较高，占 82%～95%，有的年份在 3～4 月也有 81%～92% 的出现率。从渔获重量比例看，7～9 月占全年的 37%，可见，7～9 月是底层流刺网捕捞黄鲷的主要季节，主要作业范围在 26°N～30°N，121°30′E～126°E 海域。我国的渔业产量统计中仅有鲷类的数据，没有黄鲷的产量统计，估计东海区近年黄鲷的年产量为 1000～2000t，其中大部分为底层流刺网所捕获（王雪辉等，2006）。

在 20 世纪 70 年代东海外海季节性的底鱼资源调查中，时常能捕到一些黄鲷，高的网产达 60～80kg。另据 1980～1981 年“东方”号调查船在东海大陆架斜坡的调查资料，在 26°N～33°N 水深 120～1100m 海域，黄鲷渔获占总渔获的 4.28%，居各鱼种的第 7 位，其中以 26°30′N～27°30′N、28°30′N～29°30′N 和 30°30′N～32°30′N，水深 20～200m 海域的资源密度较高。结合近期调查的结果来看，黄鲷在东海区的主要分布区域基本没有发生变化，但其资源密度已有明显下降。从近年来的生产情况看，渔轮在外海作业时，已很少捕到黄鲷（王雪辉等，2006）。

10）二长棘鲷。二长棘鲷（*Parargyrops edita*）隶属鲈形目鲷科二长棘鲷属，为暖温性近底层鱼类，分布于太平洋西部的中国、朝鲜、日本、越南和印度尼西亚等海域。我国产于南海和东海，以南海北部和东海南部数量较多，是底拖网的捕捞对象之一。在南海北部，特别是北部湾，二长棘鲷是底拖网的主要捕捞对象。

根据1997~1999年底拖网调查所取得的数据，南海北部二长棘鲷的年均现存资源量约6000t，其中约5600t分布于北部湾海域，占南海北部二长棘鲷现存资源量的93%，尤以水深40m以浅的北部湾北部海域资源分布最为集中。二长棘鲷种群数量波动较大。1984~1993年国有单拖渔轮在北部湾的年平均渔获率最高为10.25kg/h（1984），最低只有0.27kg/h（1991），相差达37倍。根据广东省水产供销公司的统计，20世纪50年代鲷鱼的最高收购量为5000多吨，60年代为7500多吨，70年代为18 300多吨。这些收购量中以二长棘鲷为主，实际上二长棘鲷的年产量不止此数，因为二长棘鲷的渔获物中有很大一部分是小型幼鱼，这部分幼鱼在收购时被当作杂鱼来统计。1985年南海区鲷鱼的产量为17 983t，随后产量下降。从历史资料分析，二长棘鲷占总产量比例的变动也十分明显，南海水产公司1961~1974年的底拖网捕捞，二长棘鲷占总渔获的比例最高年份达29.3%，最低年份仅占0.3%。广西水产研究所曾经对北部湾47年二长棘鲷生产情况进行分析，发现该鱼种有显著的周期性波动。在近半个世纪内有两个大的低产期，每隔10年内有两次小的低产期。

11）红笛鲷。红笛鲷（*Lutjanus sanguineus*）隶属鲈形目笛鲷科笛鲷属，为暖水性近底层鱼类，分布于非洲东岸、印度、中国、澳大利亚、菲律宾和日本海域。我国分布于南海和东海，以南海区的数量较多，其主要分布区在北部湾。

红笛鲷是体型较大的优质鱼类，在笛鲷科鱼类中产量最大，为底拖网和延绳钓的捕捞对象。红笛鲷曾经是南海区的主要经济鱼类，在1960年北部湾底拖网调查中曾居渔获物的首位。20世纪70年代以来，由于拖网渔业的发展，该种类的资源遭到严重破坏，渔获量已经明显下降。

1997~1999年南海北部底拖网调查红笛鲷的年平均渔获率为0.1kg/h，据此运用扫海面积法换算的资源密度和现存资源量分别仅有1.46kg/km^{2}和548t，主要分布在海南岛西南部的北部湾湾口海域，而北部湾湾内的资源密度和现存资源量更低至0.67kg/km^{2}和86t。相比之下，1962年北部湾红笛鲷的资源密度和资源量为137.2kg/km^{2}和17 620t；1992~1993年调查时仍有4.7kg/km^{2}和604t，因此，南海北部红笛鲷群体已经接近枯竭。1984~1992年期间，红笛鲷渔获率呈明显下降趋势，随着红笛鲷数量的减少，其主要分布区向南部湾口区域退缩，北部湾中部的红笛鲷主要密集区已经萎缩消失。1992年9月和1993年5月的底拖网调查，北部湾和湾口区红笛鲷的平均渔获率仅为0.93kg/h，占总渔获量的0.75%。1997~1999年“北斗”号在南海北部4个季度的调查，在110°E以西的北部湾和湾口区红笛鲷的平均渔获率不足0.3kg/h，占总渔获量的0.65%。随着捕捞强度的增大，这种个体较大、生命周期较长、营养层次较高的优质经济鱼类，在数量下降的同时群体的分布也发生了显著的变化（王雪辉等，2006）。

12）长尾大眼鲷。长尾大眼鲷（*Priacanthus tayenus*）隶属于鲈形目大眼鲷科大眼鲷属，分布于印度洋、印度尼西亚、菲律宾和中国东南部的南海和东海。长尾大眼鲷系暖水性底层鱼类，是南海北部近海底拖网渔业的主要捕捞对象之一。

根据1997~1999年底拖网调查所得的数据，南海北部长尾大眼鲷的年均资源量约

1106.15t;其中北部湾约726.39t,主要集中在北部湾的中南部,大陆架海域分布较少,约379.76t,主要分布在近海和浅海,外海大约为19.07t(王雪辉等,2006)。

13)金线鱼。金线鱼类在东海及黄海南部的产量不多,而在南海北部则是底拖网、刺网和钓业的重要捕捞对象,是南海大宗渔获品种之一。从季节性洄游和生殖期情况分析,东海和南海区的金线鱼是两个不同的群体。因东海区在1997~2000年的4个季节调查中,金线鱼总渔获量仅为1.25kg,总渔获尾数仅为9尾,所以只阐述南海区金线鱼的洄游、数量组成和生物学特征等。

根据1997~1999年底拖网调查获得的数据,南海北部金线鱼4个季节的平均资源密度为12.59kg/km^2,4个季节的现存资源量约4710t,其中大陆架海域约3570t,占整个南海北部金线鱼现存资源量的76.8%。大陆架海域中,资源主要分布于近海区,其现存资源量占大陆架海域的88.5%,约3160t;北部湾的现存资源量有1140t,资源的97.4%约1110t分布于中南部海区。

14)叫姑鱼。叫姑鱼(*Johnius belengerii*)隶属鲈形目石首鱼科叫姑鱼属,分布于印度洋非洲南岸,东至印度尼西亚,北至中国、朝鲜、日本诸海。叫姑鱼属暖温性底层小型鱼类,在我国北方海洋渔业中占有一定的渔获比重。

1997~2000年黄海、渤海的调查中叫姑鱼以冬季资源量最高,为695.2t,秋季次之,为357.7t,春季最低,仅为20.5t,夏季为59.5t。黄海北部以秋季最高,为107.9t,春季和冬季分别为2.7t和3.3t,夏季没有发现叫姑鱼;中部冬季301.7t为最高,春季最低,为1.5t,夏、秋季分别为12.8t和5.5t;南部由春季的16.3t增至冬季的390.2t。黄海的中、韩暂定措施水域以冬季最高,为244.1t,夏季最低,仅为0.9t,春季和秋季分别为7.8t和94.7t。渤海夏季和冬季叫姑鱼的资源量分别为4.9t和0.2t。东海,由于叫姑鱼的个体较小,其实际逃逸率可能大于0.5,所以评估的结果比实际资源量可能偏低。

根据1997~1999年4个季度底拖网的调查资料,利用扫海面积法来评估南海北部海域叫姑鱼的现存资源量,由于南海北部大陆架海域没有渔获,因此无法估计其现存资源量。北部湾海域的现存资源密度为0.71kg/km^2,年均现存资源量为91.06t,其中北部湾沿岸的资源密度为1.14kg/km^2,年均现存资源量为77.35t,北部湾中南部海域的资源密度为0.23 kg/km^2,年均现存资源量为13.71t。北部湾中南部海域的资源密度明显低于北部湾沿岸。

15)东方鲀类。东方鲀类隶属鲀形目鲀科东方鲀属,主要分布于太平洋西部的日本海及日本、朝鲜半岛、中国、菲律宾、印度尼西亚沿海和印度洋。我国近海东方鲀鱼类计10余种,主要分布在渤海、黄海、东海、南海大陆架及其近邻水域。常见的种类有虫纹东方鲀(*Takifugu vermicularis*)、铅点东方鲀(*T. alboplumbeus*)、暗纹东方鲀(*T. obscurus*)、弓斑东方鲀(*T. ocellatus*)、黄鳍东方鲀(*T. xanthopterus*)、红鳍东方鲀(*T. Rubripes*)、双斑东方鲀(*T. bimaculatus*)、假晴东方鲀(*T. pseudommmus*)、星点东方鲀(*T. niphobles*)、菊黄东方鲀(*T. flavidus*)、晕环东方鲀(*T. coronoidus*)等。

20世纪50~60年代,东方鲀鱼类曾在我国有一定的产量,其中经济种类产量较多的有红鳍东方鲀、假睛东方鲀、黄鳍东方鲀、菊黄东方鲀等。主要作业方式为钓渔业。主要渔场分布在黄、渤海区以及东海北部的近岸水域。当时渔期长、产量高,最高年产量达1.5万t,资源属于中等开发利用程度。60年代中期至80年代初期,日本、韩国在黄、东海大规模捕捞东方鲀鱼类的越冬群体,加之中国近岸对产卵群体过度捕捞,总渔获量曾一度上升,到1974年达到1.5万t,但随后逐年降低。在这期间,中国近岸水域的东方鲀鱼类产卵群体锐减,东方鲀鱼类钓渔业也急剧减少,只被定置网、拖网所兼捕,年产量不足1000t(王雪辉等,2006)。

就种类而言,红鳍东方鲀是东方鲀鱼类中最名贵的鱼种,个体大、肉质好、经济价值高,五六十年代曾有一定的产量;但70年代后,产量逐年下降。不过,国外如在日本,该鱼种的人工养殖技术已成熟,我国也有一定规模的养殖产量,有较乐观的增养殖推广前景。其他经济鱼种如黄鳍东方鲀、菊黄东方鲀、假睛东方鲀等资源量本来就较小,目前几乎枯竭。铅点东方鲀、星点东方鲀、虫纹东方鲀等属于小型鱼类,个体小、产量低,资源潜力不大(王雪辉等,2006)。

16) 方氏云鳚。方氏云鳚(*Enedrias fangi*)隶属鲈形目锦鳚科云鳚属,为近岸小型底层冷温性鱼类,分布在黄渤海,属于地方性资源,不做长距离洄游。

方氏云鳚幼鱼的经济价值较高。每年3~5月,是捕捞方氏云鳚幼鱼的汛期,主要为沿岸定置网所生产,主要在黄海的龙汪塘至渤海的营城子一带,最高年产可达5000t,近年来的产量维持在3000~4000t,作业渔船近千条,最高单船年产量可达80吨。渔获物主要以鲜品上市,鱼品洁白透明,当地俗称面条鱼,市场价格一般在4元/kg,其次为淡干品或盐渍品,当地俗称干面条鱼,市场价格在20元/kg以上。

近年来,方氏云鳚已成为黄渤海北部沿岸定置网、拖网和扒拉网的主要捕捞对象,是继鳀和沙氏下鱵鱼之后又一种被渔民高强度开发利用的小型鱼类。目前,仅黄海北部方氏云鳚成鱼的年捕捞量就已超过2万t,资源相对稳定,是近年来在辽宁沿岸能够形成渔汛且产量较大的一种渔业种类。辽宁沿岸方氏云鳚春汛幼鱼产量约4000t,秋、冬汛成鱼产量约2万t,加上其他季节的产量1万t,总产量近4万t,在辽宁沿岸,是单种年产量在万吨以上的渔业之一。根据海洋勘测生物资源补充调查所取得的密度资料,在黄海调查水域,方氏云鳚的资源量以春季最高,为104.8t,夏季次之,为41.9t,秋季为19.0t,冬季最低,仅为4.7t。辽宁省海洋水产研究所根据2002~2003年的生产情况,对方氏云鳚成鱼的资源量的估计约为6万t,其可捕量约为3万t。

17) 玉筋鱼。玉筋鱼(*Ammodytes personatus*)隶属鲈形目玉筋鱼科玉筋鱼属,为冷温性小型鱼类。我国渤海、黄海北部,以及朝、韩、日、俄远东附近海域都有分布。

20世纪90年代以前,玉筋鱼只是作为沿岸张网和其他定置网的兼捕对象,捕获量不大。渔场在辽东半岛东部沿岸、长山列岛沿海、山东半岛近岸以及海州湾沿岸,生产汛期主要在5月份。在黄海,随着主要经济鱼类的严重衰退和鳀资源的明显下降,1998年开始对玉筋鱼进行大规模开发利用。1998年春季,山东、辽宁两省许多184kW以上大功率拖网渔船,分别在海洋岛南北、格飞列岛周围及青岛近海捕到玉筋鱼的密集群体,因此玉筋鱼在黄海也成为主要捕捞对象,黄渤海三省一市玉筋鱼产量,从1998年的25.8万t猛增到2000年的56.5万t。

玉筋鱼拖网渔业主要以大功率(88~331kW)渔船为主,渔期在4~6月。黄渤海三省一市的产量从1998年的25.8万t增到2000年的56.5万t,2000年之后呈下降趋势。分析原因:一是由于大规模、高强度捕捞造成玉筋鱼资源的严重衰退;二是近年来在石东渔场的产量最大,其产量相当于海洋岛渔场和青海渔场产量的总和,自2001年6月31日以后,由于

《中韩渔业协定》全面实施，使得大批渔船不能再进入石东渔场生产。

18）虾虎鱼类。虾虎鱼类泛指虾虎鱼科和鳗虾虎鱼科中的所有种类，隶属于鲈形目。虾虎鱼类在我国各海域均有出现，主要分布在近岸水域。

根据海洋勘测生物资源补充调查取得的资料，在渤海近岸水域较为常见的种类有矛尾复虾虎鱼（*Synechogobius hasta*）、矛尾虾虎鱼（*Chaeturichthys stigmatias*）、斑尾复虾虎鱼（*Synechogobius ommaturus*）、六丝钝尾虾虎鱼（*Amblychaeturichthys hexanema*）、中华栉孔虾虎鱼（*Ctenotrypauchen chinensis*）、长丝虾虎鱼（*Cryptocentrus filifer*）和红狼牙虾虎鱼（*Odontamblyopus rubicundus*）等，在黄海调查区内较为常见的种类有矛尾虾虎鱼、六丝钝尾虾虎鱼、长丝虾虎鱼和红狼牙虾虎鱼等。

虾虎鱼类在渤海有10多种，由于经济价值低，捕捞产量尚未纳入渔业统计之中，仅作为杂鱼产量。从渤海湾群众渔业的生产情况来看，其年产量居各种鱼类产量之冠。在当前渔业资源衰退的状态下，对虾虎鱼类的利用所带来的经济效益已被渔民所重视。近几年来，由于高强度的开发，矛尾复虾虎鱼的个体趋向小形化，资源量在逐年减少。

19）鲮。鲮（*Liza haematocheila*）隶属鲻形目鲻科鲻属，广泛分布于我国周围各海域，在黄海、渤海鲮的资源比较丰富。

鲮的地域性比较明显，除越冬期外一般不结群，因此，对鲮的集中捕捞时间是在2~3月的开凌期，其他时间以定置网或小型网具进行生产，捕捞强度也不大。从近几年资源监测船提供的渔捞日志记载，在渤海湾近岸地撩网的渔获物中除低值杂鱼和杂蟹外，鲮是主要的捕捞品种。天津市塘沽区海洋渔业产量的统计数字表明，1998~2002年的5年里，鲮的总产量为665t，其年产量占该年总产量的1.6%，有的年份不足1.0%。

二、虾蟹类

1. 虾蟹类区系组成

我国海域的虾蟹类种类繁多，包括暖水种、暖温种、冷温种和冷水性种类。《中国海洋渔业区划》（1958~1963年全国海洋普查）记载蟹类600多种，虾类300多种，《中国专属经济区海洋生物资源与栖息环境》（1997~2000年全国海洋专属经济区与大陆架海洋勘测）记载虾蟹类共220种。

（1）黄海、渤海

渤海近岸浅水区受大陆气候影响较大，水温季节变化显著，夏季高达25~28℃，冬季沿岸有结冰期，一般低于3~4℃，海水盐度在30以下，分布在该水域的虾蟹类种类较少，但是资源量较大，是渔业生产上的重要捕捞对象。黄海北部受海区大陆气候的影响较大，水温有明显的季节变化，黄海南部的虾蟹类比黄海北部的要多。黄海中部由于夏季冷水团的存在，底层水温较低，常年比较稳定，适宜北温带种生存。黄海的这些温带种类一般向南不超过34oN或31o30′N，向北可游到渤海海峡北部。沿岸水域冬季水温降低时，一些活动能力强的种类，能扩大活动范围，出现在沿岸水域。黄、渤海的主要经济虾蟹类如对虾、毛虾、鹰爪糙对虾、口虾蛄和三疣梭子蟹等，其中毛虾主要分布于渤海。1974年以前北方三省一市虾蟹类的产量在10万~20万t，1974~1987年产量波动在20万~30万t，之后进入快速增长期，1988

年超过30万t,1993年达到47万t,1994年超过50万t,1996年超过60万t,1998年为84万t,2000年达到93.9万t。近几年虾蟹类产量的增长主要是渤海中国毛虾产量的增长所致,而对虾产量大幅度地下降。

（2）东海

东海区分为东海大陆架海区和大陆斜坡,其中东海大陆斜坡区较陡,水深变化剧烈,黑潮主干流经该海区,温、盐垂直分层变化甚为明显,表层为高温、高盐水,深层为低温、高盐水。东海大陆架区,由于受黄海冷水、长江冲淡水和黑潮暖流分支交互影响,水文状况相当复杂,虾蟹类的种类组成和季节更替也比较复杂。

1990~2000年东海区虾蟹类平均年产量为89万t,占海洋捕捞总产量的20%,主要为浙江省所捕,2000年的产量达132万t。目前,东海区有拖虾渔船10000余艘,虾类产量近100万t,近年来拖虾渔场已延伸到沙外、江外、舟外和渔外渔场,作业水深可达80~100m海区,捕捞对象也从广温广盐性种类发展到高温高盐性种,但近海虾类资源已出现衰退。东海区有经济价值的蟹类约7种,其中三疣梭子蟹是传统的捕捞对象,也是最重要的蟹类资源。近年来,东海蟹类年产量为15万~20万t,以浙江省的产量最高,该省有蟹类捕捞渔船5000多艘。蟹类产量已开始下降,捕捞对象也由主捕三疣梭子蟹扩展到其他蟹类,三疣梭子蟹产量在蟹类中的比例已明显下降,从1994年占70.5%下降到1999年的42.5%,而其他蟹类有所增加。这些情况表明,东海区的蟹类资源已过度利用(邱永松等,2006)。

（3）南海

南海北部地处热带和亚热带,全区包括水深200m以浅的大陆架海区至1000多米的大陆斜坡区。其中大陆架海区由于受大陆气候和珠江等河流的影响,沿海的底层水温和盐度略低,在最冷的2月份,底层水温为16℃,虾蟹类的种类比沿海的其他海区要高。大陆斜坡区的底层由于终年受南海中层水控制的影响,在水深400~600m的海域底层水温为9.59~6.81℃,底层盐度为34.3~34.5,常年处于低温高盐状态。

南海北部的虾蟹类中,虾类的数量占优势且经济价值较高。沿岸性虾蟹类分布在水深40m以浅的河口和近岸海域,主要经济种类有对虾属和新对虾属的种类、锯缘青蟹、三疣梭子蟹、远海梭子蟹及虾蛄类。这些沿岸性虾蟹类是沿海传统捕虾业的利用对象,捕捞方法有拖网类的扒罟网、单拖、双拖和桁双拖及底层刺网、定置网、笼捕等。沿岸经济虾蟹类已经严重捕捞过度,但虾蟹类生命周期短、资源更新快,加上沿岸经济鱼类数量的减少为虾蟹类的繁衍提供了机会,因此沿海捕虾业仍维持一定规模(邱永松等,2006)。

一些个体较小的虾类,如假长缝拟对虾、滑脊等腕虾、凹管鞭虾、长足鹰爪虾和须赤虾等,广泛分布在南海北部海域。这些虾类资源密度较低,但分布范围广,因此仍具有相当的数量。该类群虾类为底拖网所兼捕,未能形成一定规模的捕虾业,如有合适的渔具渔法,这些虾类仍可进一步开发利用。分布在南海北部大陆斜波海域的经济虾类也是有待开发利用的渔业资源。这些虾类主要分布在水深400~700m范围,经济价值较高的优势种为拟须虾及长带近对虾,此两种之和占虾类调查总渔获的93%。

2. 主要虾蟹类资源状况

（1）中国对虾

中国对虾(*Fenneropenaeus chinensis*)隶属于十足目对虾科明对虾属,是暖温性、进行长距离洄游的大型虾类。其经济价值非常高,曾经是黄海、渤海底拖网和虾流网的主要捕捞对象和支柱产业,但目前资源量已经很少。

从黄海对虾越冬场调查所取得的对虾数量分布资料中,可以看出对虾资源状况的年间变化。1991 年 1~2 月间进行的“东海、黄海底层鱼类资源调查”中,根据平均网获量 0.34kg/h,估算的对虾越冬场的资源量为 459t;在近期的黄海冬季调查中,按越冬场的平均网获量为 0.50kg/h 所估算的对虾越冬场现存资源量仅为 519t。按其个体大小和中心分布区来看,该群体主要属于朝鲜西海岸群。

中国对虾曾是渤海最为重要的渔业资源品种,国家对对虾渔业资源的保护和管理十分重视,渤海的许多渔业管理和调整措施也都是围绕对虾渔业而进行的。20 世纪 60 年代开始,首先制订了《渤海区对虾资源繁殖保护条例》,并在对虾渔业生产与管理中逐步形成了健全、系统的管理措施。1990 年农业部制定了《黄渤海区对虾亲虾资源管理暂行规定》,设立了禁渔区、规定禁渔期,定期分段禁渔,如 5 月 1~15 日,在渤海区和黄海北部,严禁对虾流网、扒拉网、三重流网、挂子网、底张网、坛子网等捕捞自然亲虾。另外,渤海从 1985 年开始进行大规模的种苗放流增殖以来,已经形成了秋汛对虾增殖渔业(金显仕等,2006)。

(2) 鹰爪虾

鹰爪虾(*Trachypenaeus curvirostris*)隶属十足目对虾科鹰爪虾属,广泛分布于渤海、黄海、东海和南海及东亚、南亚、非洲和澳大利亚诸海域。

鹰爪虾是黄海、渤海的主要经济虾类,90 年代以来随着黄海、渤海对虾资源的急剧衰退,它在黄渤海渔业中的地位也就更加突出。据生产统计资料显示:1975 年以前,黄渤海鹰爪虾年渔获量是在低水平上波动,平均为 5700t,其中以 1968 年最高,也不过 8500t;1976~1987 年间是在中等水平上波动,平均为 1.71 万 t,其中最高年份是 1987 年,为 2.96 万 t;1988 年以来在高水平上波动,平均为 6.11 万 t,其中 1996 年为最高,达到 8.39 万 t。由此可以看出,20 多年来黄渤海鹰爪虾的渔获量一直呈上升趋势。根据 1997~2000 年的底拖网调查资料,用扫海面积法进行估算,黄海调查海区冬季和春季的现存资源量分别为 1009.3t 和 377.5t。

1997~2000 年东海的调查中,整个海域鹰爪虾四季平均的现存资源量为 186t, 秋季最高,为 307t,其次为夏季 239t,冬季为 110t,春季最低,为 37t。在各季节中,春季以南部近海最高,为 14t,南部外海最低,为 4t;夏季也以南部近海最高,为 189t,北部外海最低,为 2t;秋季以北部近海为最高 173t,南部外海最低,为 1t;冬季以北部外海为最高,是 68t,南部外海为最低,是 0.4t(凌建忠等,2006)。

在南海的各海域中,北部近海以秋季最高,为 173t,北部外海以冬季最高,为 68t;南部近海以夏季最高,为 189t,南部外海也是以夏季最高,为 13t;台湾海峡以秋季最高,为 28t(凌建忠等,2006)。

(3) 高脊管鞭虾

高脊管鞭虾(*Solenqqocera alticarinata*)隶属于十足目管鞭虾科管鞭虾属。

1997~2000 年东海调查资源量为 539.64t,秋季最高为 965.09t,其次为夏季 499.71t,冬季为 383.61t,春季最低,为 133.27t。按季节,春季以南部外海为最高 66.23t,台湾海峡无高脊管鞭虾出现;夏季以南部近海为最高 276.77t,台湾海峡最低为 1.71t;秋季以南部近海最高,为940.77t,北部近海最低,为2.4t;冬季以南部近海为最高191.25t,南部近海最低,为0.42t。按不同海域,北部近海以夏季最高,为117.87t,春季最低,为4.14t;北部外海以冬季最高,为26.90t,春季最低,为0.66t;南部近海秋季最高,为940.77t,春季最低,为62.24t;南部外海夏季最高,为90.79t,秋季最低,为3.67t;台湾海峡秋季最高,为6.04t,春季未发现高脊管鞭虾(凌建忠等,2006)。

(4)葛氏长臂虾

葛氏长臂虾(*Palaemon gravieri*)隶属于十足目长臂虾科长臂虾属,主要分布于黄海、渤海、东海。

1997~2000年东海海域的葛氏长臂虾资源量为415.39t,冬季最高为1056.62t,其次为秋季457.58t,春季为376.88t,夏季最低为14.25t。南海,春季葛氏长臂虾以北部近海为最高,为328.16t,北部外海为48.72t;夏季也以北部近海为最高,为9.50t,其次为台湾海峡3.18t,最低北部外海,为1.57t;秋季以北部外海为最高,为455.23t,南部外海为2.35t;冬季以北部近海最高,为971.47t,南部近海为0.42t。

(5)脊腹褐虾

脊腹褐虾(*Crangon affinis*)隶属于十足目褐虾科褐虾属,主要生活在温带和寒带浅海,潜入底沙中生活。

1997~2000年黄海调查,以夏季的资源量最大,为11 641t,占夏季虾类总资源量的98.2%;其次是冬季,为5280t,占虾类总资源量的63.6%;春季居第三位,资源量为3324t,占虾类总资源量的74.4%;秋季最低,仅为442t,占虾类总资源量的82.9%;年平均资源量为5172t,占四季虾类总资源量的82.2%。用同样方法评估1985年各季节的资源量,以秋季为最高,是3334t,其次是夏季,为708t,冬季第三,为337t,春季最低,仅为23t,年平均资源量为1101t。前后两次评估结果相比:脊腹褐虾的资源量显著上升,最大资源量比1985年增长了2.5倍,年平均的资源量比1985年增长了3.7倍。

黄海脊腹褐虾四季的数量都很大,资源丰富,为众多底层鱼类和近底层鱼类的主要饵料生物,是黄海鱼类食物网中一个比较重要的环节。通过对黄海59种鱼类胃含物所做的分析,其中有61.0%(36种)的鱼类捕食它,平均占到胃含物的23.6%(韦晟和姜卫民,1992)。脊腹褐虾的生殖期长、繁殖率高、资源更新快,对它的重要性不容忽视。

(6)戴氏赤虾

戴氏赤虾(*Metapenaeopsis dalei*)隶属十足目对虾科赤虾属,为暖水性小型底栖虾类,广泛分布于黄海、东海和南海北岸的东部,在渤海偶有出现。此外,在朝鲜半岛和日本近海均有分布。

根据1997~2000年调查资料,用扫海面积法进行估算,在黄海调查海区,春季、夏季、秋季和冬季戴氏赤虾的现存资源量分别为92.2t、33.5t、81.7t和529.0t。1985~1986年所进行的黄海生态系调查,也曾用同样的方法进行过估算,1985年秋季戴氏赤虾的资源量为1312.1t,由此可见,目前戴氏赤虾的资源量下降是十分明显的。

(7)毛虾

黄海、渤海的毛虾有两种,即中国毛虾(*Acetes chinensis*)和日本毛虾(*Acetes japonicus*),均隶属十足目樱虾科毛虾属。渤海毛虾全部为中国毛虾。

中国毛虾在世界上的分布范围较窄，主要分布于渤海、黄海沿岸，在我国的东海和南海沿岸也有分布，其他海域迄今尚未发现。它也是毛虾属中向北分布最远的一个种，最北达渤海辽东湾的北部40°50′N附近。我国毛虾的年产量12万~14万t，居各种虾类产量之冠，其中尤以渤海内产量最高，年产量在6万~8万t，最高年产量接近13万t(1954年)。毛虾渔业始终是渤海沿岸的支柱产业，其产量曾约占渤海水产量的40%左右，在渤海渔业中占有举足轻重的地位。因此，对中国毛虾的研究一直是水产科研部门的主攻对象，20世纪50年代初，辽宁海洋水产研究所对渤海辽东湾的中国毛虾资源进行了系统的调查研究，为推动渤海区毛虾资源调查研究工作全面开展做出了贡献。

（8）三疣梭子蟹

三疣梭子蟹(*Portunus trituberculatus*)隶属于十足目梭子蟹科梭子蟹属，是东海区主要的捕捞的对象之一。三疣梭子蟹在我国沿海的分布很广，北起辽东半岛，南至福建、广东沿海。另外，日本、朝鲜半岛、马来群岛和红海也有分布。

三疣梭子蟹主要作业渔具为蟹笼、桁拖网、流刺网，还有拖网和定置张网等。生产汛期主要为春汛和秋汛，春季捕捞的是越年生殖群体，产量比较低；秋季在近岸以捕捞当年生的补充群体为主，在外海以捕捞越年蟹为主。主要作业渔场有渤海，黄海的吕泗渔场、海州湾、胶州湾和海洋岛渔场。三疣梭子蟹缺乏完整的产量统计资料，有些年份与虾类产量混在一起统计，有些年份统称为蟹类进行统计。根据不完全的统计资料，黄海、渤海区：1991年以前为1.8万~2.0万t，1992年增至2.9万t，1993年以后波动在1.9万~7.3万t，最低年产量是1993年，最高为1994年，其他年份的产量维持在3.2万~4.8万t的水平上；东海区的年产量大约在5万t，有明显的年间变化，最低为2万余吨，最高为5.4万t(1983)，近几年尽管捕捞强度在不断加大，产量却逐年下降，1997~2000年调查资料也充分证实了这一点。

（9）细点圆趾蟹

细点圆趾蟹(*Ovalipes punctatus*)隶属于十足目梭子蟹科圆趾蟹属。是东海经济蟹类之一，也是近期调查蟹类最主要的优势种，占蟹类渔获量的73.2%，占甲壳类的34.3%，在东海区渔业上占有一定地位。本种为世界广布种，国内分布于黄海南部和东海，国外广泛分布于日本、澳大利亚、新西兰、秘鲁、智利、乌拉圭及南非的水域。

从1997~2000年调查资料反映出，它的分布限于26°N以北的东海海域，网获量居蟹类之首，占蟹类总渔获量的73%左右，年平均网获量高达3056.60尾/h，年平均网获尾数为63尾/h，在蟹类中是最高的，站位最高网获量为106 400尾/h。由此可见，细点圆趾蟹的资源数量是非常丰富的，尚有一定的开发潜力(凌建忠等，2006)。

1997~2000年东海区细点圆趾蟹的资源量为4526.74t，可捕量为3621.39t；北部近海资源量为2799.82t，可捕量为2239.85t；北部外海年资源量为1171.30t，可捕量为937.04t；南部近海年资源量为339.30t，可捕量271.44t；南部外海年资源量为216.33t，可捕量为173.06t。北部近海资源量最高，占62%，南部外海资源量最低，仅占4.8%(凌建忠等，2006)。

（10）红黄双斑蟳

红黄双斑蟳(*Char ybdis riversandersoni*)隶属十足目梭子蟹科蟳属，分布于我国东海，以及日本、印度、阿曼湾和阿拉伯海。

红黄双斑蟳在东海1997~2000年的调查中资源量为237.95t，可捕率取0.8，则可捕量为 190.36t。北部近海资源量为 21.48t,可捕量为 17.18t;北部外海资源量为 47.52t,可捕量为 38.02t;南部近海资源量为 42.17t,可捕量为 33.73t;南部外海资源量最高,为 126.77t,占 53% 左右,可捕量为 101.38t;台湾海峡没有分布(凌建忠等,2006)。

(11) 口虾蛄

口虾蛄(*Oratosquilla oratoria*)隶属十足目虾蛄科口虾蛄属,广泛分布于渤海、黄海、东海、南海和日本近海,为广分布、暖温性、大型经济甲壳类。口虾蛄是黄海、渤海近岸小型底拖网、定置网和流刺网等作业方式的主要捕捞对象,其味道鲜美,具有较高的经济价值。渔汛主要分 4~7 月的春夏汛和 10~11 月的秋汛。20 世纪 70 年代中后期,由于近海主要经济渔业资源的严重衰退,黄海、渤海渔业逐渐加大了口虾蛄资源的开发利用,目前已成为年渔获量超过 10 万 t 的高产捕捞种类。

三、头足类

1. 头足类主要区系

头足类在我国海洋渔业生物中占的比例较少,主要由暖温性和暖水性种类组成。《中国海洋渔业区划》(1958~1963 年全国海洋普查)记载头足类 92 种。《中国专属经济区海洋生物资源与栖息环境》(1997~2000 年全国海洋专属经济区与大陆架海洋勘测)记载头足类 71 种。

(1) 黄海、渤海

黄海、渤海全部为大陆架海区,头足类种类远少于东海和南海,只有针乌贼和毛氏四盘耳乌贼为黄海、渤海所特有。黄海、渤海区的头足类由暖水性和暖温性种类组成,由于其所处的地理位置及气候条件,其区系基本上属于北太平洋温带区的东亚区。黄海、渤海主要渔业种类为日本枪乌贼、火枪乌贼、太平洋褶柔鱼、曼氏无针乌贼、短蛸和长蛸等。头足类产量在黄海、渤海渔业产量中所占比例较低,其年产量一般在 3 万 t 以下,1996 年首次超过 3 万 t,2000 年达到历史最高水平,为 7 万 t。

(2) 东海

东海区的头足类也由暖温性和暖水性种类组成,同时具有温带和热带区系的混合分布特征,主要由热带、亚热带的暖水性和暖温性种类所组成,其区系的性质属于印度—西太平洋热带区的印—马亚区。东海区头足类渔获区域几乎遍及大陆架,不同种类各有其渔期和中心渔场,渔场范围相当广泛。20 世纪 90 年代初以前,东海区仅以墨鱼笼和拖网渔船在近海一带捕捞头足类;50~70 年代,在浙江渔场主捕曼氏无针乌贼;70~80 年代在长江口及其临近渔场捕捞太平洋褶柔鱼和神户枪乌贼;而在闽南渔场和台湾浅滩,中国枪乌贼一直是主要的捕捞对象。90 年代初期,浙江省引入单拖渔船后,头足类成为单拖渔船的主要捕捞对象之一,剑尖枪乌贼也成为追捕对象,渔场拓展到东海南部外海、东海中部外海和五岛对马渔场,金乌贼和其他一些乌贼在 27°30′N~29°30′N(渔期为 8~12 月)和沙外渔场的一些渔区(渔期为 1~3 月)也成为主要捕捞对象(邱永松等,2006)。

(3) 南海

南海区的头足类主要分布在大陆架海区,其种类最多,大陆坡海区仅发现有蛸乌贼、夏威夷柔鱼、紫水孔蛸、阿氏十字蛸和深海水母蛸等5种，其中仅夏威夷柔鱼在东海陆架海区发现外，其余为南海所特有。南海区的头足类从地理分布上看大多数是印度—西太平洋热带区的广布种，属印度—西太平洋热带区的印—马亚区。目前南海北部头足类数量以枪形目种类占绝对优势，约占90%，主要优势种为剑尖枪乌贼、中国枪乌贼和杜氏枪乌贼。剑尖枪乌贼和中国枪乌贼主要分布于水深40~200m海域，以水深80~170m的数量最多，是外海区的主要经济种；杜氏枪乌贼则主要分布在水深40m以浅的沿岸水域。头足类主要为底拖网和手工鱿鱼钓所捕捞。80年代以来头足类的资源密度和渔获量呈上升的趋势，这可能是因传统经济鱼类资源衰退而出现种类替代的结果。头足类优势种剑尖枪乌贼主要分布在100m等深以外的海域，其资源可能尚未充分利用。其他一些广泛分布在外海水域的中上层种类，如鸢乌贼、太平洋褶柔鱼、飞柔鱼等也未得到充分利用（邱永松等，2006）。

2. 主要头足类资源状况

（1）日本枪乌贼与火枪乌贼

日本枪乌贼（*Loligo japonica*）和火枪乌贼（*Loligo beka*）隶属枪形目枪乌贼科枪乌贼属，是黄海、渤海头足类枪乌贼科中的主要种类。日本枪乌贼是暖温种，主要分布于日本列岛海域及我国的渤海、黄海、东海。火枪乌贼为暖水性种类，主要分布于渤海、黄海，在东海、南海、日本南部海区以及印度尼西亚海区。两种枪乌贼外形很相似，统称枪乌贼，它们在黄海的数量较多。

黄海1997~2000年调查春季、夏季、秋季和冬季枪乌贼的现存资源量分别为820t、84t、50t和8342t，四季平均现存资源量为2324t。根据1985年黄海生态系调查的密度资料，春、夏、秋、冬季分别为8419t、343t、1061t和4443t，四季平均资源量为3567t。将1985年的资源评估结果与1997~2000年调查结果相比，虽然两次的季节最高资源量相差不大，但出现的季节有所不同，1985年最高资源量出现于春季，1997~2000年的调查中最高资源量出现于1999年的冬季。

（2）太平洋褶柔鱼

太平洋褶柔鱼（*Todarodes pacificus*）隶属枪形目柔鱼科褶柔鱼属。其分布区仅限于太平洋。在西太平洋，分布于勘察加半岛南端（约相当于50°N附近）和中国的香港东南外海（约相当于21°N）；在东太平洋，仅分布于阿拉斯加湾。最集中的分布区在日本列岛周围海域，密度很大；黄海分布区也有一定密度。

黄海1997~2000年调查春季、夏季、秋季和冬季的现存资源量分别为48.87t、4995.55t、869.93t和628.69t，四季平均现存资源量为1633.26t。根据黄海生态系调查的密度资料估算1985年的资源量，也是夏季的2881t最高，但与1997~2000年调查相比资源量明显要小，仅占后者夏季资源量的57.7%。由此可以推测，当前黄海太平洋褶柔鱼的资源状况仍比较好。根据声学评估黄海区四季太平洋褶柔鱼资源量以夏季最大为19 056t，秋季次之为3201t，冬季为581t，春季资源量最小为280吨。

东海区1997~2000年四季太平洋褶柔鱼资源量平均值为9435.27t。以秋季14 714.59t最大，春季的4856.72t最小。各个海域的资源量平均值以北部外海的6146.52t最高，台湾海峡的0.40t最低。根据声学评估东海1997~2000年调查海域太平洋褶柔鱼的资源重量为27.1万t。资源重量以秋季的59.6万t最高，冬季的13.7万t最低，5个海域重量平均值以北部外海的20.6万t最高,北部近海的1805.00t最低(刘敏等,2006)。

(3)中国枪乌贼

中国枪乌贼(*Loligo chinensis*)隶属枪形目枪乌贼科枪乌贼属,分布于东海和南海、暹罗湾、菲律宾群岛、马来西亚诸海域和澳大利亚昆士兰海域,我国集中分布于福建南部和广东、广西沿海,为暖水性大陆架海域的种类。

我国的中国枪乌贼主要分布在南海,东海只有少量分布。与70年代相比,目前南海的中国枪乌贼已小型化、早熟化。以1983~1992年国有公司渔轮的生产作业估算,南海北部头足类的平均资源密度为63.8kg/km^2,底拖网头足类的资源量为2.387万t。而同期间南海北部头足类的平均年产量为2.661万t,1996~1998年的年产量为8万~10万t。依据头足类中的最主要种类中国枪乌贼的生物学参数F/M=1.10的评价,捕捞死亡系数超过自然死亡系数时,属于充分开发水平或过度开发水平,头足类资源已处于过度开发状态。1997~1999年调查中,资源密度超过20kg/h的站位很少,而且捕捞的中国枪乌贼以幼体占绝对优势。可见对南海中国枪乌贼的捕捞已经过度,应该在捕捞上加以控制(刘敏等,2006)。

(4)剑尖枪乌贼

剑尖枪乌贼(*Loligo edulis*)隶属枪形目枪乌贼科枪乌贼属。剑尖枪乌贼是枪乌贼科中体形较大,近年开发利用的商品价值较高的头足类。在日本青森县海域以南,日本海西部以南,韩国海域,我国黄海、东海、南海及菲律宾群岛海域均有分布。

东海的剑尖枪乌贼主要分布在东海的中部和南部,东海北部数量较少。过去主要为日本以西底拖网所捕捞,20世纪90年代初中国水产科学研究院东海水产研究所与原上海市海洋渔业公司合作,开展东海、黄海头足类资源的调查后,于1993年起我国也开始利用东海剑尖枪乌贼资源。1997~2000年的调查中,东海共捕获剑尖枪乌贼1045.78kg,占东海总生物量的3.2%,占头足类生物量的36.3%,在东海出现种类中居第5位,在头足类中居首位。

南海的剑尖枪乌贼主要分布在海南岛南部至珠江口外海水深100~200m的海域,还分布在北部湾的中部和南部。南海区1997~2000年的调查中共捕获剑尖枪乌贼766.72kg,占南海总生物量的3.7%,占头足类生物量的47.8%,在南海出现种类中居第8位,在头足类中居首位。东海捕捞剑尖枪乌贼的渔具有单拖、双拖、灯光敷网和鱿钓渔业等。南海的剑尖枪乌贼主要为单拖、双拖、灯光围网、流刺网和灯光诱钓的兼捕对象。单拖作业是目前东海捕捞剑尖枪乌贼的主要作业形式(刘敏等,2006)。

四、哺乳类

海洋哺乳动物是哺乳类中适于海栖环境的特殊类群,分布在南北两极到接近赤道的世界各海洋中,海洋哺乳动物统称为海兽,包括鲸目(Cetacea)、鳍脚目(Pinnipedia)、海牛目(Sirenia)的所有动物,以及食肉目(Carnivora)的海獭(*Enhydra lutris*)、水獭(*Lutra lutra*)和北极熊(*Ursus maritimus*)等(郝玉江等,2011)。海洋哺乳动物是极为重要的水产资源,其肉可食,皮能制革,脂肪可提炼重要的工业用油,与人民生活、水产事业等有着密切的关系。长期以来,由于国际海兽渔业的酷渔滥捕,许多重要的海兽资源濒临灭绝。世界自然保护联盟(IUCN)2008年报告指出,海洋哺乳动物的种群数量急剧减少,1/3的种类具有灭绝的危险,如加利福尼亚海湾海豚10年前种群数量就开始减少。此外，鲸类的产量每年约2万多头，也是不可忽视的海洋生物资源，但已捕捞过度。

我国常见的种类及其资源概况如下。

（1）白鱀豚

白鱀豚（*Lipotes vexillifer*），在1940年~1970年广泛分布于上达宜昌，下至长江口的整个长江干流及与之相连的洞庭湖及鄱阳湖，在钱塘江上游也曾有分布，至90年代初期，长江中的白鱀豚已不足100头，而2006年没有发现任何个体，因此，目前白鱀豚已濒临灭绝。

1986年10月27~30日，首届“淡水豚类生物学和物种保护国际学术讨论会”在武汉召开，会上提出了拯救白鱀豚的三大保护对策，即建立自然保护区、实行迁地保护和开展人工繁殖。自20世纪90年代初以来，在白鱀豚重要的分布水域，一系列国家级、省级和市级自然保护区相继建立。人工饲养和繁殖工作从20世纪80年代初就已开始进行。

（2）江豚

江豚（*Neophocaena phocaenoides*），中国可分为三个亚种，即南海的指名亚种、东海和长江的扬子亚种及黄海和渤海的北方亚种（王丕烈，1984）。根据1984~1991年的考察资料，估计长江干流中长江江豚种群数量约为2500头。2006年，中国科学院水生生物研究所组织了长江豚类七国联合考察，估计长江干流长江江豚的种群数量为1000~1200头，结合洞庭湖和鄱阳湖的考察数据，估计当时长江江豚约为1800头。目前，在迁地保护和人工饲养上，江豚获得了显著的成效。

（3）中华白海豚

中华白海豚（*Sousa chinensis*），主要分布在长江口以南各沿海省市（包括香港、澳门和台湾），较大的种群分布于北部湾（约150头）、雷州湾（约240头）、珠江口（约2500头）、厦门沿岸（约80头）及台湾海峡东部（约100头）。中华白海豚的饲养和繁殖生物学特点尚无定论，遗传学特点鲜有报道。1988年，我国政府将中华白海豚列为国家一级保护野生动物。2000年，该物种被国际自然保护联盟列为“近危级”（IUCN，2000）。

（4）小鰛鲸

小鰛鲸（*Balaenoptera acutorostrata*），曾经在北黄海广为分布，是20世纪50年代我国近海捕鲸的主要猎获对象。根据1955年以来所获数百头个体的测定，雌鲸的最大体长8.60m，雄鲸7.40m或7.90m，仔鲸结束哺乳期开始独立生活时的体长为4.16~4.35m。小鰛鲸在崇明岛、浙江鄞县、舟山岛、嵊泗列岛的花鸟山、广东惠阳、广西北海市等附近水域也曾有记录。

（5）灰鲸

灰鲸（*Eschrichtius robustus*），在黄海、东海及南海都有分布，向南可达海南岛东部20°N，广东省沿岸为其繁殖产仔区。

（6）其他须鲸

长须鲸（*Balaenoptera physalus*），在20世纪50~60年代曾广泛分布于黄海和东海。捕获的最大雌鲸体长20.30m，雄鲸18.40m，妊娠雌鲸的最小体长19.35m，多于冬季分娩。在我国大陆海域发现过其他须鲸，如在黄海北部发现的黑真鲸（*Eubalaena glacialis*）。搁浅或被偶捕的布氏鲸（*Balaenoptera edeni*）和座头鲸（*Megaptera novaeangliae*），前者记录于江苏（南通博物馆标本)、福建和广东;后者记录于辽宁、山东、福建和广东。台湾海域发现过灰鲸、座头鲸、长须鲸、布鲸、塞鲸和小鳁鲸,最常见的是座头鲸。

(7) 齿鲸类

除白鱀豚外,已记录的海洋齿鲸有 20 种,其中见于中国大陆沿岸及海南岛周围海域的 13 种,见于台湾沿岸的 17 种。但在台湾省发现的 7 种齿鲸在华南及海南岛海域尚未获得记录。

(8) 瓶鼻海豚

我国的瓶鼻海豚(亦称宽吻海豚)属包括瓶鼻海豚(*Tursiops truncutus*)和南瓶鼻海豚(*Tursiops truncatus aduncus*),前者为大型种,后者是小型种。瓶鼻海豚在世界范围内分布很广,虽然生活于不同水域的种群在形态上存在明显的差异,但 20 世纪 70 年代之前,学者们比较一致地支持瓶鼻海豚只有一种。

(9) 斑海豹

中国海域的鳍脚类动物有 5 种,其中海豹科 3 种:斑海豹(*Phoca largha*)、髯海豹(*Erignathus barbatus*)和环斑海豹(*Phoca hispida*);海狮科 2 种:北海狮(*Eumetopias jubatus*)和北海狗(*Callorhinus ursinus*)。其中仅斑海豹在我国辽东湾进行繁殖,其他都是偶然游到我国沿海的个体。

辽东湾结冰区,是斑海豹在世界上的 8 个繁殖区中最南端的一个,也是我国海域唯一的繁殖区。斑海豹主要分布于渤海和黄海,偶见于东海、南海。研究人员对 1930~1990 年间辽东湾斑海豹种群数量进行了估计,认为 1940 年最高 8000 多头,20 世纪 70 年代末种群数量降至 2200 余头。对烟台海域斑海豹的资源调查情况,估算出 2000 年前后烟台海域斑海豹数量在 300 头~400 头。斑海豹的人工饲养较为成功,目前,全国水族馆和动物园中总共饲养着超过 230 头斑海豹。

(10) 其他鳍脚类

髯海豹(*Erignathus barbatus*)属于海豹科髯海豹属。髯海豹在开阔浮冰上产仔,生殖期为 3~5 月,以小型底栖无脊椎动物及底栖鱼类为食,分布于北冰洋、北大西洋、北太平洋等寒带海域。1972 年 4 月在浙江省平阳县沿海捕获一头雄性个体,该标本现存于上海自然博物馆。

环斑海豹(*Phoca hispida*)属于海豹科小头海豹属。环斑海豹在坚冰或流冰上繁殖,通常 3~4 月产仔,性成熟年龄雄性 7 年左右,雌性 5~8 年。1982 年 6 月 6 日在江苏省赣榆沿海捕获一头雌性个体,该标本收藏在南京师范大学生物系。

北海狮(*Eumetopias jubatus*)属于海狮科海狮属。北海狮多集群活动,食物主要是底栖鱼类和头足类。1966 年 4 月 6 日,在江苏省启东县吕泗港捕获一头雄性海狮,这是北海狮在中国沿岸的首次记录。1990 年 7 月 11 日在渤海的辽东湾北部,辽宁省大洼县二界沟捕获一头雄性北海狮。

北海狗(*Callorhinus ursinus*)属于海狮科,海狗属。北海狗通常多单独游动,以鱼类、头足类、甲壳类等为食。1971 年 8 月 29 日,在山东省即墨县丰城乡捕获一头雌性北海狗,这是北海狗在中国沿岸的首次确切记录。1988 年和 1989 年又分别在广东省和江苏省沿岸各捕获一头。

(11) 其他海洋哺乳动物

全世界现存的海牛类仅4种,只有儒艮(*Dugong dugon*)在我国沿海有分布,数量很少,分布在广东西部、广西、海南沿岸及台湾南部,以北部湾内合浦近岸为主要栖息区,20世纪50年代数量较多,近年已下降。

中国有欧亚水獭(*Lutra lutra*)、亚洲小爪水獭(*Aonyx cinerea*)和江獭(*Lutrogale perspicillata*)共3属3种,水獭分布范围很广,我国拥有占世界近1/4的水獭物种,但水獭研究并未引起足够的重视。

第二节 海洋动物资源评价技术

海洋动物资源监测调查与评估结果对科学预测海洋动物资源发展趋势、制定合理捕捞限额、维持资源可持续利用及争取海洋生物资源国际捕捞配额是不可或缺的。

一、声学评估技术

声学资源评估方法是在水声学、电子学和计算机科学综合基础上发展起来的新兴技术。此方法具有快速准确、覆盖面大、预报及时而又不损害鱼类资源的优点,联合国粮食及农业组织(FAO)将它定为标准鱼类资源评估方法之一,在世界各国推广。目前,在国际上挪威、英、美、苏、日等国家都采用此法,对大西洋和北太平洋水域的渔业资源进行过评估调查。声学仪器(探鱼仪)的使用始于20世纪30年代,自60年代中期,出于渔业资源管理的需要,探鱼技术从单纯的助渔手段转向散射声场等理论和实验研究。推动了渔业声学的迅速发展,建立起一套完善的渔业资源声学评估方法。声学评估方法自1984年引入我国以来,成功应用于黄海、东海鳀鱼资源和太平洋狭鳕资源调查,成为我国海洋渔业资源调查和研究的重要方法之一。

国际上利用声学方法评估渔业资源已逐步普及。例如,日本水产学家大下诚二于1990~1994年期间利用积分探鱼仪调查了日本九州以西及以南水域的远东拟沙丁鱼产卵群体的数量。捷克国家水生研究机构分别于1992年夏天和1995、1996年的春秋两季,对国内的四大淡水湖的渔业资源做了声学评估,主要评估的鱼种为鲈、鲤和欧鳊。加拿大国家海洋和声学局于1997年10月运用常规的双波束和分裂波束探鱼仪对大西洋深海鱼类特别是鲱鱼进行了评估。俄罗斯于1996~1999年间运用传统的拖网和声学评估方法对勘察加半岛的狭鳕资源进行了评估;Hagstroem等用声学方法评估了波的尼亚湾的中上层鱼类的资源。

声学资源评估是通过一套由探鱼仪、鱼类数量积分仪、计程仪和打印机组成的探鱼—积分系统,经海上调查取得实测资料,根据各种鱼类的声学反应特性研究,用相应的计算公式求出鱼类资源量。鱼类声学资源评估大致工作过程是,调查船沿一定航线探察,得到反映鱼类绝对数量的M值,将调查海域分成若干个计算方区,然后根据积分仪输出值,求出每个方区内单鱼种的平均M值,根据拖网的鱼类生物学测定,用下面分体长组计算公式求出单一鱼种的方区尾数和资源量。

$$N_t = (C_r \times \overline{M}) \times \frac{P_i}{\sum_{i=1}^{n} \frac{P_i}{C_{ri}}} \times A \quad (1)$$

式中，N_t 为方区内所求鱼种 i 体长组尾数；C_r 为仪器常数；$\overline{M}$ 为方区内所求鱼种的平均 M 值；P_i 为样品中所求鱼种 i 体长组尾数的比例（$\sum Pi = 1$）；C_{ri} 为所求鱼种 i 体长组反射截面，它等于 $C_s = L_i^{-b}$，（L_i 是以厘米计算的体长、C_s 和 b 可用回归分析求出）；A 为方区的平方海里面积。

单鱼种分体长组资源量计算公式是：

$$B_t = N_t \times \overline{W_i} \quad (2)$$

式中，B_t 为方区内所求鱼种 i 体长组资源量 j；$\overline{W_i}$ 为样品中所求鱼种 i 体长组平均重量。

方区内单一鱼种的总尾数和资源量分别对（1）和（2）式求出的单一体长组数据求和得到。累计各计算方区的数据，即可得到某鱼种在调查区域内的总尾数及总资源量。

在尾数计算公式中，为了方便计算，通常用目标反射强度代替 C_{ri}，两者之间的关系是：

$$C_{ri} = 10^{-0.1\mathrm{TS}}$$

式中，TS 称为目标反射强度，单位为 dB，它的表达式是：

$$\mathrm{TS} = a \times \log L - b$$

L 是以厘米为单位的鱼体长度，a 和 b 参数用回归分析方法求出。

作为水声学方法主要工具的回声探测仪（Echosounder，也称探鱼仪）在其中起着关键作用，利用回声探测仪在探测时，会受到一定的因素干扰，包括内在因素如仪器性能的差异、回声探测仪自身存在的盲区，以及外在因素如天气、气泡的干扰、鱼类时空变化、鱼类对调查船和声波的逃避行为等。

基于以上声学法的局限性，现行国际上较先进的方法是声学探鱼仪与 4S 技术相结合。4S 技术是指全球定位系统（GPS）、地理信息系统（GIS）、遥感技术（RS）、数字摄影测量系统（DPS）。GPS 能够快速准确的定位；GIS 能够提供各种空间信息在计算机平台上进行装载运送和综合分析的有效工具，进行管理和分析；RS 全天候、多时相以及不同的空间观测，能够快速提供各种生物分布信息；DPS 能够实时拍录图像。回声探测仪与 4S 充分整合所构成的系统将会更加精细、详尽和智能，能够得到鱼群的资源量、形态大小、位置、迁移速度以及时空变化等各种量化的信息。这样在渔业上不仅可以直观三维地观测和研究鱼类的行为和生活史，而且为其他研究实时采集、处理和更新数据，通过整合各种系统能够智能地分析和运用数据，为各方面的应用提供科学的数据和资料，从而科学地解决各种问题和制定出相应的方案。

二、拖网评估技术

扫海面积法是拖网调查估算生物资源量最常用的方法之一，根据调查取样策略的不同设计(如完全随机取样、分区随机取样或系统取样)而相应地采用不同的数据分析方法;直接利用调查取样数据计算调查区域的平均资源密度,进而进行资源评估。该方法比较适用底层渔业资源,特别是贴近海底栖息的渔业资源,其基本原理是通过拖网时网具扫过的单位面积内捕获鱼类等的数量,计算单位面积内的资源量,再换算出整个调查海区的资源量。拖网试捕调查方法有两个必要条件:一是被调查海区应包括资源群体分布的整个范围;二是应当知道拖网经过的通道内每一网次捕捞的比例是多少。第一个条件通常容易满足,因为生产渔船和调查船的活动和分布能完善地指出群体分布范围,而要满足第二个条件则是相当困难。一方面,拖网通道内的某些鱼会回避拖网,如游到拖网的旁边或者隐藏在海底,或者在上纲上方逃逸;另一方面,某些鱼类不能在拖网所经过的通道内。这方面的实验性工作还做得较少,如美国科学工作者已在拖网的上纲配备潜水员观察拖网通道内鱼类的活动,有的国家在拖网的曳纲间装有一列照明灯和摄像机,用来计算拖网通道内的鱼类,但是这些方法还没有得到广泛的应用。

扫海面积可用如下公式计算:

$$a = Dhx_2,\ D = vt$$

式中,a 为每网的扫海面积,D 为每网的拖曳的距离,v 为拖曳速度,t 为拖曳时持续的时间,h 为上纲的长度,x_2 为上纲长度的一个比率值。上纲长度 h 乘此比率值 x_2(hx_2)即为拖网扫海通道的宽度,等于袖网的跨距。

如果拖网开始和结束时的正确位置可取,则可用下式估算使用海里为单位的扫海距离,即

$$D = 60\sqrt{(Lat1 - Lat2)^2 + (Lon1 - Lon2)^2\cos^2[0.5(Lat1 + Lat2)]}$$

式中,$Lat1$ 为拖曳开始时的纬度(度数),$Lat2$ 为拖曳结束时的纬度,$Lon1$ 为拖曳开始时的经度,$Lon2$ 为拖曳结束时的经度。

如果不能取得拖曳开始和结束时的正确位置,而只有渔船拖曳速度和方向以及流向和速度,则可采用力学中矢量相加的方法将船速和流速合成估算出每小时的拖曳距离,其每小时的扫海距离,可根据下式进行计算。

$$D = \sqrt{V_s^{\ 2} + C_s^{\ 2} + 2 \times V_s \times C_s \times \cos(dirv - dirc)}$$

式中,V_s为船的速度(节 = n mile/h),C_s为流速(节),$dirv$ 为渔船的航向(°),$dirc$ 为流向(°)。

由此可根据扫海面积和试捕的渔获量统计资料,即可估算出资源量。设 C_w 为拖曳一网的渔获总量,若拖曳一网的持续时间为 t,C_w/t 则即为每小时的渔获重量。设 a 为拖曳一网的扫海面积,则 a/t 为每小时的扫海面积,即

$$\frac{C_w/t}{a/t} = \frac{C_w}{a}(\text{kg/n mile}^2)$$

设 x_1 为在拖网扫海有效通道上、对资源量的实际渔获比率。$\overline{C_w}/a$ 为全部拖曳网次的平均单位面积渔获量,A 为调查海区的总面积,则可由下式估算出单位面积渔获量(b)和调查海区的总资源量(B)。

$$b = (\overline{C_w}/a)/x_1(\text{kg/n mile}^2)$$

$$B = (\overline{C_w}/a)/x_1 A$$

拖网评估法主要用于渔业资源的调查,我国较系统的海洋渔业资源调查工作始于20世纪50年代末期的全国海洋普查,在此基础上绘制了主要经济种类的渔场分布图,并进行了这些种类的生物学研究,如洄游分布、年龄与生长、生殖力、食性等,以及资源量、渔获量预报、渔场环境等方面的研究;从20世纪60年代到70年代末对一些重要渔业种类进行了专门调查,如大黄鱼、小黄鱼、带鱼、太平洋鲱、蓝点马鲛、鲐、马面鲀、对虾、毛虾等,并进行资源和渔情预报,根据调查结果提出并制定了一些主要渔业种类的单项立法,划定了黄海、东海中日渔业保护区,收到了很好的效果。

三、数学评估建模

基于模型的方法(简称模型法)是根据调查所获取样数据的统计分布进行数学方法量化和模型拟合,然后根据模型参数进行资源评估。目前,渔业资源评估模型主要有四种:产量模型(production model)、Delay-difference 模型、消耗模型(depletion model)和年龄结构模型(age-structured model)。假定鱼种群的总数量或总生物量动态变化,利用现在的和过去的总数量或总生物量可以推导出产量模型、消耗模型。一般情况下,它们不具有鱼种群的年龄结构特征。与此相反,年龄结构模型具备了年龄结构特征(如一定年龄或时间的渔业种群数量和生物量),该模型能更好地显示种群的动态变化,但要设定和估算更多参数。许多常用的年龄结构的估算程序的基础是 Beverton 和 Holt 的种群动态模型。

1. 产量模型

俄国学者巴拉诺夫首先把数理学分析方法引入渔业资源研究中,首次使用了计算自然产量的数学模型。Schaefer 在 Graham 鱼类群体增长的"S"形曲线(logistic 曲线)研究的基础上,建立了计算"剩余产量模型"参数的一整套方法。后来,又得到 Fox、Pella 和 Tomlinson 的发展,使该类模型具有很高的应用价值(Pella and Tomlinson,1969;Fox,1970)。

国际上估算渔业资源的自然产量常采用的模型还有 Tait 沿岸海域能流分析法、营养动态模型和 Cushing 模型(沈国英等,1990;卢振彬,2000;王增焕等,2005)。Tait 的研究结果表明,沿岸海域初级生产力转化为第三营养级生物,即渔业资源的效率为0.015。据此,渔业资源的估算公式为:$P = \mu C$。式中,P 为渔业资源产碳量,μ 为生物的转化率,C 为年总有机碳产量。

营养动态法就是根据食物链能量流动理论来对海域资源量进行估算。在海洋生态系统中,能量由浮游植物固定后,沿食物链在整个系统中流动。但从一个营养级到另一个营养级,能量是逐步减少的,消费者最多只能把食物能量的4.5%~20%转变为自身物质,营养级之间能量的转化效率为10%~20%。根据这一原理,将生态系统的消费者分为不同的营养层次,利用各层次之间的生态效率,可以估算研究对象的生产量。营养动态法渔业资源量的计算公式为:$B = E\zeta^n$。式中,B 为渔业资源生产量(t);E 为初级营养阶层的生产量,即浮游植物的生产量;ζ 为生态效率;n 为营养阶层的转换级数。

Cushing 的研究结果显示，海洋渔业资源的年产碳量等于1%的年初级产碳量与10%的年次级产碳量之和的一半，即 $G = (0.01P + 0.1S)/2$。式中，G 为渔业资源年产碳量，P 为年初级产碳量，S 为年次级产碳量。

剩余产量模型不用考虑生长、死亡等因素对种群数量的影响，而是把种群数量的变化率视为种群数量的一个单函数。这类模型要求的资料少，特别适用于不易测定年龄的种群。其中有三个模型应用甚广，即 Graham-Schaefe 模型、Fox 模型以及 Pella 和 Tornlinson 模型。

Graham-Schaefer 模型：

$$g(B) = rB\left(1 - \frac{B}{k}\right)$$

Fox 模型：

$$g(B) = rB\left(1 - \frac{\ln(B)}{\ln(k)}\right)$$

Pella 和 Tomlinson 模型：

$$g(B) = \frac{r}{p}B\left(1 - \left(\frac{B}{k}\right)^{p}\right)$$

式中，B 是生物量，r 是内在生长率，k 是平均未开发的平衡生物量，p 是形态参数。

Graham-Schaefer 模型的基础是逻辑斯谛（logistic）方程，其产量随着捕捞死亡率线性变化；Fox 认识到 Graham-Schaefer 模型的不足，并对此作了修改，称为 Fox 模型，其基础是 Gompertz 生长率，其产量随捕捞死亡率指数变化；Pella 和 Tomlinson 模型引进了一个形态参数，因此具有更大的灵活性，但同时也产生了更大的不稳定性。

产量模型可以用来估算生物参考点、最大持续产量（MSY）；达到 *MSY* 的捕捞死亡率（F_{MSY}）；达到 MSY 的努力量（f_{MSY}）；达到 *MSY* 的生物量（B_{MSY}）以及未开发前的生物量。

尽管产量模型应用广泛，但是它不能精确反映统计误差，除非 CPUE 误差的精确分布可以从渔获量和努力量的误差中得知。现实中，正态分布、对数正态分布和泊松分布都被用来估算之，但是 CPUE 的误差还是很难确定。

Xiao（1998）介绍了两种产量模型：无限制产量模型（unconstrained production model）和限制产量模型（constrained production model）。这两个产量模型利用渔获量和捕获量同时估算所有参数，可以解决常规产量模型中的问题（如误差比例的精确分布的困难、使用 CPUE 时的误差的延续问题、估算标准 CPUE 时的误差分布等）。

1）无限制产量模型（unconstrained production model），主要包含统计模块和过程模块。统计模块是努力量、渔具种类，区域，时间的函数，是用来表征渔获量的；过程模块是过去鱼种群大小的函数，是用来表征现在鱼种群大小的。

无限制产量模型的统计模块采用特殊函数形式，而过程模块采用任意形式，因为它们的值都是作为参数估算的。无限制产量模型涉及渔获量统计模块的假定、渔获量中的误差分布统计模块的假定、相应管理策略的评估以及管理策略的风险分析四个方面。

假定渔获量 $C(t, i, j, \cdots)$ 是努力量 $E(t, i, j, \cdots)$、渔具种类 i、区域 j、时间 t 等的函数。

$$\frac{C(t, i, j, \cdots)}{C(t_r, i_r, j_r, \cdots)} = \frac{\alpha(t)}{\alpha(t_r)} \frac{\beta(t)}{\beta(i_r)} \frac{\gamma(t)}{\gamma(j_r)} \cdots \frac{\delta(t, i)}{\delta(t_r, i_r)} \frac{\zeta(t, j)}{\zeta(t_r, j_r)} \cdots \frac{\eta(i, j)}{\eta(i_r, j_r)} \cdots \frac{\xi(t, i, j)}{\xi(t_r, i_r, j_r)} \times \frac{E(t, i, j, \cdots)^{\varphi(t, i, j, \cdots)}}{E(t_r, i_r, j_r, \cdots)^{\varphi(t, i, j, \cdots)}} \frac{\varepsilon(t, i, j, \cdots)}{\varepsilon(t_r, i_r, j_r, \cdots)}$$

过程模块的函数形式为 $\alpha = \alpha(t)$，$\delta = \delta(t, i)$，$\xi = \xi(t, i, j)$，$\cdots$ 其中 $t_r, i_r, j_r, \cdots$ 分别是参考时间、参考渔具种类、参考空间；$\alpha(t)$ 是在时间 t 时总数量；$\varphi(t)$ 是渔具种类 i 的渔获效率；$\gamma(t)$ 是同一区域 j 的渔获效率；$\delta(t, i)$ 是在时间 t、渔具种类 i 的渔获数量；$\zeta(t, j)$ 是在时间 t、区域 j 渔获数量；$\mu(i, j)$ 是区域 j、渔具种类 i 的渔获效率；$\xi(t, i, j)$ 在时间 t、区域 j 中采用渔具种类 i 的渔获数量；$\varphi(t, i, j, \cdots)$ 是时间 t、区域 j、采用渔具种类 i 的努力量 $E(t, i, j, \cdots)$ 的尺度因素；$\varepsilon(t, i, j, \cdots)$ 是时间 t、区域 j 中采用渔具种类 i 的努力量 $E(t, i, j, \cdots)$ 的渔获量 $C(t, i, j, \cdots)$ 的误差。

无限制产量模型具备常规产量模型的所有功能，可以评估大部分渔业资源，但其缺陷是不能对未来产量进行预测。

2）限制产量模型（Constrained production model）。为了对未来产量进行预测，提出了限制产量模型。与无限制产量模型一样，也包括统计模块和过程模块，但是其都采用特殊函数的形式。

限制的产量模型涉及渔获量统计模块的假定、渔获量中的误差分布统计模块的假定、鱼数量或生物量过程模块的假定、用适合的过程模块代替统计模块中种群大小、用统计模型来估算渔获量、对管理策略进行风险分析六个方面。

不同于无限制产量模型的一个观测模块，认为限制产量模型有四个观测模块。

$$\frac{B(t, i, j, \cdots)}{B(t_r, i_r, j_r, \cdots)} = \frac{\alpha(t)}{\alpha(t_r)} \frac{\beta(t)}{\beta(i_r)} \frac{\gamma(t)}{\gamma(j_r)} \cdots \frac{\delta(t, i)}{\delta(t_r, i_r)} \frac{\zeta(t, j)}{\zeta(t_r, j_r)} \cdots \frac{\eta(i, j)}{\eta(i_r, j_r)} \cdots \frac{\xi(t, i, j)}{\xi(t_r, i_r, j_r)} \times \frac{E(t, i, j, \cdots)^{\varphi(t, i, j, \cdots)}}{E(t_r, i_r, j_r, \cdots)^{\varphi(t, i, j, \cdots)}} \frac{\varepsilon(t, i, j, \cdots)}{\varepsilon(t_r, i_r, j_r, \cdots)}$$

$B(t)$ 是在时间 t 总的数量；$B(t, i)$ 是在时间 t 易于渔获渔具种类 i 的量；$B(t, j)$ 是在时间 t、区域 j 中渔获量；$B(t, i, j)$ 是在时间 t、区域 j 中采用渔具种类 i 的渔获量。

应用该模式时，需先使用无限制产量模型测定数量的变化，再使用限制的产量模型。

3）Delay-difference 模型。Delay-difference 模型（Hilborn and Walters，1992）增加了生物参数，并考虑生物过程中的时间延迟，它是扩充了的产量模型。但这两类模型是不同的，因为 Delay-difference 模型模拟了年龄结构的动态变化，以及产卵量和补充量之间的延迟。并设定了一些条件（如生长率、残存率、产卵率、选择性），使得 Delay-difference 模型不如年龄结构模型那么复杂。其中，Delay-difference 模型最重要的假设是同一年龄的鱼的补充量和产卵量具有相同的自然死亡率；所有的鱼类遭捕度是 100%。估算 Delay-difference 模型的参数，需要的数据为时间序列的渔获量和相对或绝对丰度。还可能需要其他的生物信息，如开发率或补充指数。精确的估算还需要其他信息，如生长率、自然死亡率和种群补充的形式。

这类模型是 Deriso（1980）首先提出的，后来，Schunte（1985）、Kimura（1984，1985）、Fournier 和 Murawski 以及 Fournier 和 Doonan 等进一步完善了此模型。早期的模型假定生长

是线性的，且依赖于早前年龄的平均体重。后来 Horbowy 提出了三种模型，它们依赖于生长函数。还有一些非线性的，如 Kalman 过滤器和 Bayesian 方法。与产量模型一样，Delay-difference 模型也可以估算参考点的 MSY 和未开发时的生物量。

Delay-difference 模型：

$$B_t = S_{t-1}\alpha N_{t-1} + S_{t-1}\rho B_{t-1} + Wt_{\text{Recruit-age}}R_t$$

$$N_t = S_{t-1}N_{t-1} + R_t$$

式中，B 是生物量；N 是种群数目；R 是补充量；$Wt_{\text{Recruit-age}}$ 是一定年龄的补充量的体重；t 是时间指数；α 和 ρ 是生长方程 $Wt_{age} = \alpha + \rho Wt_{age-1}$ 的参数。残存率(S)是不随时间或种群大小变化的自然生存率(φ)的产物，$S_t = \varphi(t - h_t)$，h_t 是每年的收获率。

总之，这类模型可以比较容易地为管理策略的动态分析提供一个好的框架，而且有助于理解不平衡情况下的年龄结构模型。但是，当可获得的数据不足时，该模型不能精确估算生物量动态模型参数，甚至可能产生错误的结论，此时，该模型不能正确反映客观情况。

2. 消耗模型(depletion model)

如果可获得数据不足时，消耗模型相对于 Delay-difference 模型是有效的，该模型研究渔获量如何影响残存鱼的相对丰度。残存鱼的相对丰度通常由丰度指数来估算。还认为 CPUE 与种群大小成比例。Michael 和 Juliani(2003)介绍了闭合系统的消耗模型(closed system depletion model)和开放系统的消耗模型(open system depletion model)。

1）闭合系统的消耗模型(closed system depletion model)。对一个闭合的、没有补充或者是自然死亡的种群来说，这个问题相当于预测多大量的捕获可以使丰度指数变为0。闭合系统的消耗模型只是涉及了种群丰度或其他种群参数，而没有研究种群随着时间的动态变化，因此，不能用来估算生物参考点。

经典的消耗模型有 Leslie 和 Davis 模型(1939)、DeLury 模型(1947)，其他的还有 Moran(1951)和 Zippin(1956)，此前还有 Helland 模型和 Hjort 模型。最简单的消耗量的估算把捕鱼期分为两部分并假定种群是闭合的，各个时期的渔获率与丰度成比例。由于前期的渔获使丰度降低，因此在第二渔获期，渔获率是比较低的。Leslie 和 Davis 模型(1939)用 t 时刻前的累计渔获量 K 表示丰度指数 U，$U = qN_t - qK_{t-1}$，N_t为初始种群大小；q 为捕捞能率系数。

DeLury 模型假定所有鱼都是相同的捕捞强度，鱼和捕捞努力量都是随机分布的。丰度指数 $U = qN_te^{-qEt}$，其中 q 为捕捞能率系数，Et 是到时间 t 为止累积的努力量。

如果在较短时间内，开发力度大，消耗模型是估算初始丰度的强有力工具。但关于捕捞能率的假设应该合适，而且应该估算其可靠性。独立变量(累积渔获量或努力量)中的统计误差造成捕捞能率系数 q 有偏差，初始资源量被高估，尤其是 DeLury 模型。Ricker 曾表示 q 的不确定性是误差的主要原因，因为 q 是种群大小的函数，当种群被消耗时，其值会降低。

2）开放系统的消耗模型(open system depletion model)。通过对种群动态的假定，可以把消耗模型推广到开放系统，这时它们与产量模型相似。它们进一步发展可以推导为年龄结构的模型。Collie 和 Sjssenwine 的模型中的两个阶段涉及渔获量调查分析(CSA)，这已广泛应用于资源评估。CSA 所需要的数据有渔获量、所调查的丰度指数、补充前和开发时的年龄、自然死亡率的估算。

$$N_{t+1} = [(N_t + R_t)e^{-0.5M} - C_t]e^{-0.5M}$$

式中,N 是种群数目;R 是补充量;C 是渔获量;t 是时间指数;M 是自然死亡率。

丰度指数和种群以及补充数目之间的关系是

$$n_t = q_n N_t \text{ 和 } r_t = q_r R_t$$

式中,n 是成熟个体的丰度指数;r 是补充的丰度指数;q_n 是成熟个体的捕捞能率系数;q_r 是补充量的捕捞率。

3. 年龄结构的模型(age-structured model)

Gulland 在巴拉诺夫、Beverton 和 Holt 研究的基础上建立了年龄结构的有效种群分析法(VPA),后来被 Pope 等简化为年龄和体长结构的股分析法,进而在 80 年代末又把单种群的股分析法扩展成多种群的体长结构的股分析法。该模型能更好地显示种群的动态变化,能为配置合理的捕捞强度提供科学的依据。该模型已广泛用于渔业资源评估,其中主要代表是由 Beverton 和 Holt 提出 VPA 模型。

该模型要求一定年龄的渔获数量统计的精确性,自然死亡率、丰度与资源量大小方面的理想化条件,其适用于世代年龄或资料时间序列较长的种群。对于一些年龄鉴定困难或没有年龄标志的虾、蟹、头足类资源而言,就会产生误差,因此年龄结构的模型在甲壳类应用不多。后来,年龄结构的模型被发展。基于渔获年龄的方法在讨论产量、产卵鱼(或虾、蟹等)和单元补充量的产卵时,多被用来估算参考点。

Xiao(2000)介绍了年龄结构的产量模型(age-structured production model)和年龄结构的消耗模型(age-structured depletion model)。

$-\infty < a_0 \leqslant a < \infty$, $-\infty < t_0 \leqslant t < \infty$, $B(a, t)$ 表示 t 时赢得年龄为 a 的平均生物量;

$\omega(a, t)$ 表示 t 时刻年龄为 a 的平均体重。

年龄结构的产量模型(age-structured production model)为

$$B(t) = B(a_0, t) - \int_{a_0}^{\infty}[\mu(a, t) - r(a, t)]B(a, t)da - \int_{a_0}^{\infty}\delta(a, t)B(a_0, t)da$$

年龄结构的消耗模型(age-structured depletion model)为

$$B(t) = B(t_0) - \int_{t_0}^{t} B(a_0, s)ds - \int_{t_0}^{t}\int_{a_0}^{\infty}[\mu(a, t) - r(a, s)]B(a, s)dads - \int_{t_0}^{t}\int_{a_0}^{\infty}\delta(a, s)B(a, s)dads$$

年龄结构的产量模型是很普遍的,通过定义一些变量的函数形式,可以推导出多种的产量模型。同样地,年龄结构的消耗模型也是基本的消耗模型。它们和年龄结构模型构成了渔业资源评估的基本模型。

随着人类开发渔业资源的力度不断提高,一些经济种群资源相继衰退,出现了诸如多种类渔业等新问题。很多学者逐渐认识到资源评估模型中单一种群模型的缺陷,开始致力于研究生态模型及种群间的相互作用。也有许多研究致力于多种群模型的开发,如多种群的年龄结构(multi-species age-structured model)、多种群的年龄结构产量模型(multi-species age-structured production model)、多种群的年龄结构消耗模型(multi-species age-structured depletion model)、多种群的年龄结构估算过程模型(multi-species age-structured estimation procedure),这些早已风行于渔业发达国家,但是我国对于多种群的开发策略还没有深入研究,之后将成为我国渔业资源研究的主攻方向。

四、其他评估技术和方法

1. 根据鱼卵、仔鱼数量来估算资源量

对鱼卵和仔稚鱼的调查,理论上可以从两个方面对资源量进行评估,一方面是估算未来种群补充量,另一方面又可以从生产这些鱼卵、仔鱼的亲鱼而估算资源量。

通过对产卵海区设站有计划采集鱼卵和仔稚鱼,计算出单位水体的鱼卵、仔稚鱼的密度,从而推算出海区的总产卵量,然后根据怀卵量和排卵率的计算,估算出每尾雌鱼平均排出的鱼卵量,就可以算出全海区性成熟的雌鱼的总尾数。再按照不同的鱼类在产卵期间群体的雌雄比例和成鱼和幼鱼的比例,求出雄鱼和幼鱼各自的总尾数,然后将雌、雄和幼鱼的总尾数相加,便可以估算出大致的资源量。

计算某一海区生殖群体的数量,可用下式表示:

$$N = \frac{P}{HR}$$

式中,N 代表生殖群体的数量(尾数),P 代表调查海区卵子总量,H 代表雌鱼平均怀卵量,R 代表生殖群体中雌鱼比率。

$$P = \frac{p}{a}A$$

式中,P 代表平均每网捞到的鱼卵数,a 代表每网的面积,A 代表调查海区的总面积。

这种估算方法很粗略,只能得到关于鱼类群体组成的一般概念,不易计算出比较精确的数据。因该方法的缺点主要在于无法确定卵子早期发育阶段的死亡率,卵子在水体中分布不均匀,不了解单位水体中鱼卵数量与进入网具的鱼卵数量的比例,也就不了解网具对鱼卵的捕捞率,因此很难得到生殖群体的绝对数量。

2. 根据标志放流估算资源量

根据标志放流鱼的重捕率推算渔获率,因为增殖放流的形式不一,其概算方法也不同,常用的有彼得逊方法,即用一次放流资料进行概算,用标志鱼后一年内的重捕率,作为推测资源的依据,不过采用资料时也应注意到鱼类的生活因特殊关系(环境因素的突变等)有了重大的改变,以及放流后鱼体脱离原群而逸散到其他海区可能发生的情况。

设标志放流 x_0尾,在其后到某一时期前重捕了 x 尾,而且,设这一时期的捕捞尾数为 c 尾时,可以估计放流时的捕捞种群尾数(N)为

$$N = \frac{cx_0}{x}$$

用这一方法必须具备下述条件：① 标志鱼和未标志鱼的死亡率相等；② 标志鱼不得脱掉标志牌；③ 标志鱼和原来的鱼群充分混合；④ 标志鱼和未标志鱼的捕获率相同；⑤ 可以忽略调查期间的补充量；⑥ 重捕全被发现并均有回收报告。实际上满足这些条件是相当困难的，因此应用这种方法估计资源量，难以得出可靠的结果。

3. 根据初级生产力估算资源量

生物生产和能量流动是水域生态系统的两大功能。水生生物之间通过一定的食物关系构成一个整体，每一种水生生物群体都处在一定的营养级上。被食者的生物量与捕食者的生物量之比约为 10∶1，也即生态效率为 10%。从这一原理出发，根据绿色植物通过光合作用把各种营养盐转变为有机物，把太阳能转变为化学能，把水域中的绿色植物作为初级生产者，称其生产量的大小为初级生产力，然后用生态系统能量流动原理，将生态系统分为不同的营养层次，利用不同营养层次之间的生态效率，计算出研究对象的生产量和潜在的资源量。

用上述原理估算水产资源的潜在资源量和潜在的渔获量的方法就是所谓的营养动态法或者称为根据初级生产力的估算方法。这一估算方法主要涉及初级生产力、生态效率和营养阶层转换级数这三个参数。关于初级生产力和营养层的转换在杨纪明(1985)、Ryther(1976)和 Yang(1982)等文献中做了详细阐述。生态效率则根据 Ryther(1976)对世界大洋区、近岸区和上升流区的 10%、15% 和 20% 这三个值。所用的终极生产量的计算公式为

$$P = P_0 E^n$$

式中，P 表示终极生产量，P_0表示初级营养阶层(浮游植物)生产量，E 表示生态效率，n 表示在同一生态效率情况下营养阶层的转换级数。

用初级生产力法研究水产资源潜在的资源量和潜在的渔获量，从计算的角度来说较为简单，但是往往计算结果差距很大，其主要原因有：初级生产力的实验和推测数据不同；难以准确估计生态效率；捕捞对象的营养层次的估计值对潜在渔获量的估计值影响很大；人们从水产资源潜在的资源量中捕获多少？这些都对潜在水产资源量的结果影响很大。

4. 地理信息系统技术

在传统的渔业资源管理中，监测、调查的数据在记录、描述和汇总分析时常常与地理位置联系不紧密，对诸如洄游路线、产卵场等多以其抽象的经、纬度数值加以描述，难以给人一种直观、清楚的认识。加之数据繁多，缺乏一个集属性数据和空间地理数据为一体的数据库管理系统，对这些数据的综合分析利用极为有限。地理信息系统(geographic information system，GIS)是各类空间数据及描述这些空间数据特征的属性数据，在计算机软件和硬件的支持下，以一定的格式输入、存贮、检索、显示和综合分析应用的技术系统。它不仅具有一般的数据库管理功能，更具有强大的处理空间数的功能。目前，GIS 广泛地应用于测绘与制图、土地管理、城市规划等领域，将 GIS 应用于渔业资源管理，国外开展得较早，技术也较成熟。

如同在其他领域的应用一样，GIS 以其独特的空间分析和强大的可视化功能受到海洋

领域的青睐。GIS 在海洋领域应用始于 20 世纪 80 年代初期,在海洋渔业方面的应用只是近几年随着科学化地预报和管理海洋渔业资源而兴起。从国内外的研究进展来看,主要集中在海洋渔业资源管理、海洋渔业环境研究和渔业环境与渔场分布的关系 3 个方面。其中在海洋渔业资源管理方面的研究主要是采用常规的 GIS 的建库方法构建综合渔业资源数据库,从而进行资源(包括鱼种)的空间分布、评估研究。其次,在海洋渔业环境研究方面主要是对海洋的生物学和物理过程进行建模,对于单纯的海洋环境要素分析,现今海洋领域多采用各种数值模拟的方法;GIS 在该方面的应用由于需要涉及专业模型与 GIS 的耦合问题或是由于学科跨度太大而进行的较少,则转移为采用海洋遥感技术提取生物量和各环境要素。如利用 SeaWiFS 影像估算浮游植物量,从而为预测幼鱼可利用的食物提供信息。再者,渔业环境与渔场分布的关系研究近年来进行的较多,尤其是温度作为影响鱼类分布的主要因素之一,其变化与渔场的关系分析研究的较多。借助 GIS 技术,就可以将渔业监测数据实时动态的表现出来,渔业资源管理者也就能实时地了解渔业资源的全面信息,有效地实现对渔业资源的科学管理,为制定各项人工增殖措施提供依据,实现渔业资源可持续性开发利用。

五、海洋动物资源评价技术的发展趋势

1. 数据综合性

早期的经典资源评价模型对数据应用有苛刻限制(如 SR 模型只用亲体—补充量数据、剩余产量模型只用 CPUE 和捕捞量数据等),目前许多学者把所有可能利用的信息(CPUE、年龄分布、体长等)都放到同一框架内,对渔业资源进行综合评估。另外,拉格朗日插值法、牛顿插值法和分段线性插值法也开始用于渔业资源的评估。

2. 不确定性结果

预警性方法(precautionary approach)逐渐成为渔业资源评价的基础理念(Anon,1995),由于频率论分析、状态空间模型、敏感性分析、靴值分析、贝叶斯验后分布等方法的发展,使得量化这种非确定性结论(如对渔业资源降到某危险界点进行风险评估)成为可能,从而对渔业评价的定量结果(即基于一定开发速率的种群规模、最大可持续产量、潜在产量等)进行了补充。目前,贝叶斯方法的应用已经成为连接剩余产量模型和其他模型的桥梁,成为该领域的主流。

3. 参考点的应用

传统渔业科学和管理方法产生了与资源状况、产量、收入和捕捞压力相关的大量潜在参考点(如最低生物量参考点、MSY、SSR/R 等),这些指标对确定捕捞速率和资源量作用重大。美国太平洋渔业管理委员会(PFMC)根据由此确定的捕捞速率和资源量,建议 TAC 的定值,但由于无法准确计算实际资源和未开发资源的规模,该方法也遭到不少学者质疑。

4. 包含更多的环境变动因子

自然环境变化直接或间接地影响着海洋食物链和种群生境,从而改变种群自身的增长力,目前有许多渔业评估模型把环境变动及种间捕食关系等因子整合到传统模型中,研究主要集中在环境变化对仔鱼补充量的影响。

5. 数据时间序列方法

早期研究通常把可捕系数、亲体-补充量系数等设为定值，但事实上这些参数是随时间变化的。Foumier 等(1982)把数据时间序列法整合到渔业评估模型中，该方法能有效解决参数时间变动问题，在此之后又进行模型扩展，但由于存在大量随时间变动的参数，局限了时间序列法在渔业资源评估方面的应用。

6. Meta 分析的应用

传统模型在数据有限的情况下往往忽略自然死亡率和亲体-补充量等参数的误差，继 Pauly(1980)首次把 meta 分析用于鱼类自然死亡率后，该方法被越来越多的学者接受，Dora (2002)分析了美国太平洋沿岸岩鱼的亲体-补充量参数。此外，meta 分析也可应用于 Bayesian 法的先验概率分布以及最大似然模型，这已经成为当前参数分析的重要方法。

总而言之，渔业资源评估是个复杂的研究体系，不能用一个单一或简单的方法来描述，从发展的轨迹看，渔业资源评估模型逐渐向时空多维、信息多元、智能模拟、全面综合的方向发展，随着新方法的加入，渔业资源评估模型将对改进渔业资源管理起到更重要的推动作用。

第三节　海洋动物资源保护技术

海洋是一个相对脆弱的自然生态系统，其资源并非取之不尽、用之不竭。近海是包括渔业资源在内的海洋生物多样性的关键海域，从我国渤海、黄海、东海和南海四大海区来看，新中国成立以来已经丧失了 50% 以上的滨海湿地，天然岸线减少、海岸侵蚀严重。目前，沿海捕捞量过大，主要经济渔获物大幅度减少，渔业资源质量下降，赤潮、绿潮和水母灾害不断，近海富营养化严重，亚健康和不健康水域的面积逐年增加，海洋动物关键栖息地遭到破坏，资源再生能力下降。党的十八大报告提出了“大力推进生态文明建设”的战略部署，明确指出：面对资源约束趋紧、环境污染严重、生态系统退化的严峻形势，加大自然生态系统和环境保护力度，建设生态文明，是关系人民福祉，关系民族未来的长远大计。2013 年，《国务院关于促进海洋渔业持续健康发展的若干意见》明确提出“坚持资源利用与生态保护相结合”的基本原则，加强海洋渔业资源和生态环境保护，不断提升海洋渔业可持续发展能力。

一、渔业资源增殖放流及其效果评价技术

1. 渔业资源增殖放流国内发展现状

增殖放流，是指用人工方法直接向海洋、滩涂、江河、湖泊、水库等天然水域投放或移入渔业生物的卵子、幼体或成体，以恢复或增加其种群数量，改善和优化水域的生物群落结构。可见移植也是增殖放流的一个方面，虽然移植并不乏成功例子，但移植造成的生物入侵案例也比比皆是，给当地的经济和环境造成了重大损失，如太湖新银鱼引入云南滇池和抚仙湖后导致本地种群数量急剧下降，河鲈的引入导致新疆博斯腾湖中的新疆大头鱼的灭绝。由于移植物种的长期生态学效应难以预测，所以移植在许多国家是受到法律的严格限制，甚至是明令禁止的。我国农业部 2009 年颁布的《水生生物增殖放流管理规定》，明确规定“禁止使

用外来种、杂交种、转基因种以及其他不符合生态要求的水生生物物种进行增殖放流”，这是一个里程碑式的进步。

我国增殖放流始于1950年代，即“四大家鱼”人工繁殖取得成功，从而有可能为增殖放流提供大量种苗之后才发展起来的。此时，中国水产科学研究院黄海水产研究所开始了真鲷、鲐、中国对虾等标志放流研究，特别是1980年代开始的大规模中国对虾放流，标志着我国增殖放流进入了一个新时代。目前，在我国内陆和沿海水域各省、自治区和直辖市都已开展了增殖放流工作，并且随着国家对增殖放流业的愈加重视，通过各种渠道对增殖放流的投入不断加大。据统计，2006年近海增殖放流各类种苗38.8亿尾(粒)，2009年增加至79亿尾(粒)，2010年和2011年分别达到128.9亿尾(粒)和150.8亿尾(粒)；投入资金也由2006年的1.1亿元增加至2009年的1.8亿元，2012年放流资金投入(包含淡水)达到9.7亿元，同比增长15.6%，组织放流活动超过1597次，放流资金数量、苗种规模均创历史新高，增殖种类超过100种，呈多样化趋势。

开展增殖放流对我国天然渔业资源的恢复起到了积极作用，并取得了可喜成绩。近年来，渤海和黄海北部消失多年的中国对虾、海蜇、梭子蟹的渔汛又出现，并且每年具有一定的回捕量，2010年黄、渤海的中国对虾达4000多吨。为了保证放流增殖安全、健康和稳定发展，合理开发我国渔业资源的生产潜力，优化渔业资源的产业结构，我国十分重视增殖放流的效果评价工作，农业部渔业局2010年专门组织了增殖放流效果评估项目，并针对重点增殖放流水域，如渤海湾、大亚湾、辽东湾、长江中下游等进行了专题研究，形成《增殖放流效果评估研究报告汇编》。另外，在农业部的部署下，中国水产科学研究院积极开展“关于设立国家水生生物放流日”专题研究，推动水生生物增殖放流活动节日化，并取得了良好的效果。

近年来，在增殖放流技术研发方面也取得较大进展，公益性行业(农业)科研专项“黄渤海生物资源调查与养护技术研究”、“淡水水生生物资源增殖放流及生态修复技术研究”、“长江口重要渔业资源养护与利用关键技术集成与示范”及国家科技支撑计划项目“海洋重要生物资源养护与环境修复技术研究与示范”先后获得立项，项目针对目前水生生物增殖放流及生态修复技术存在的行业需求，采取强强联合开展研究和示范，区域涵盖了黄海、渤海、东海和南海四大海域以及长江、珠江和黑龙江三大流域。这些项目的实施，将有利于解决我国水生生物资源增殖放流及生态修复中的共性技术难关，构建渔业资源增殖放流技术体系，为水生生物资源养护提供技术支撑，并通过技术集成、示范和推广，引导我国渔业资源增殖放流从生产性放流向生态性放流转变，促进渔业的健康和可持续发展。

2. 渔业资源增殖放流国际发展现状

国际社会对增殖放流给予了高度重视，分别于1997年在挪威、2002年在日本、2006年在美国、2011年在中国、2015年在澳大利亚悉尼召开。召开了五次资源增殖与海洋牧场国际研讨会。据FAO资料显示，目前世界上有94个国家开展了增殖放流活动，其中开展海洋增殖放流活动的国家有64个，增殖放流种类达180多种，并建立了良好的增殖放流活动机制。日本、美国、俄罗斯、挪威、西班牙、法国、英国、德国等先后开展了增殖放流工作，且均把增殖放流作为今后资源养护和生态修复的发展方向。这些国家某些放流鱼类回捕率高达20%，人工放流群体在捕捞群体中所占的比例逐年增加，一些种类高达80%，取得了很大的成功。据FAO统计结果，尽管世界各国都开展了增殖放流活动，但地区间放流规模和重视程度不一。北美洲的美国和加拿大皆开展了增殖放流活动,欧洲有19个国家,亚洲和太平洋地区有23个国家,拉丁美洲有11个国家,而非洲只有9个国家。欧洲和北美洲比较重视增殖放流对资源的养护作用。

欧洲的渔业增殖活动源于修复因波罗的海流域沿岸水电站的兴建而遭破坏的渔业资源,最初是直接放流刚孵化的鲑鱼苗,从1970年代中期至1991年,转为放流幼稚鱼。但跟踪监测结果发现增殖放流效果均不太理想,如挪威放流鲑鱼苗的成活率仅1%~2%。而冰岛由于其得天独厚的河流条件、拥有大量未受污染的淡水、海洋生产力较高以及采取积极渔业管理措施(如海上禁捕三文鱼),且放流的都是一些2龄或接近2龄的幼鱼,20世纪初以来所进行的增殖放流均非常成功。

俄罗斯向自然水体放流的物种较少,大约10种以内,主要是放流鲟鳇鱼、鲑鱼等。目前,人工放流鲑鱼回捕率及经济效益较高,其中细鳞鲑回捕率达2.3%~5.8%,人工增殖投入产出比高达1∶10。美国的增殖放流始于19世纪后期,其目的是增加江河中因伐木、铁路建筑和围坝等建设工程而受损的鲑鱼资源,迄今已有100多年,鲑鱼资源量恢复取得明显效果。进入20世纪后,政府支持的海洋增殖放流项目均取得了突破性的进展,并在整个沿岸水域进行了广泛的推广,增殖放流的对象主要为一些高价值的鱼类。在1990年代初,美国沿岸每年放流的鱼苗超过了20亿尾,费用约达1亿美元,放流生物20多种。目前,鲑鱼资源量得到大幅度增长,产量居世界之首。此外,各州也都有相关的政策来支持增殖放流,同时还有各类渔业协会等开展自助放流,如北大西洋印第安渔业协会每年召开会议,研究制定大麻哈鱼及鲑鱼的放流计划,筹集资金并开展放流活动。

澳大利亚在19世纪中后期开始了渔业增殖放流活动,起初是在私人水域中放流墨累河鳕鱼,然后是引进褐色鲑和大西洋三文鱼在公共水域中进行放流,继而是开展虹鳟的增殖放流。这些早期的引种或增殖放流其目的在于建立和发展休闲渔业,因而很少去了解或考虑由此所产生的负面生态效应。褐色鲑在1870年代末被初次引进到澳大利亚西部沿岸进行增殖放流,但这些放流未取得成功而搁置,直到1931年成功引进褐色鲑鱼卵并将孵化的幼鱼放流到当地河流后,增殖放流才得以重新开始。1960年代中期,澳大利亚的昆士兰州为建立和发展休闲渔业而考虑引进尼罗河鲈鱼并放流到围坝水库中,到了1990年这些放流活动在开放的江河系统得到了进一步的推广。

日本是世界上增殖放流物种较多的国家,目前,放流规模达百万尾以上的种类近30种,既有洄游范围小的岩礁物种,也有大范围洄游的鱼类。自1960年代在濑户内海建立第一个栽培渔业中心后,把多种应用技术与海洋牧场结合起来,积累了丰富的增殖放流经验和成熟的技术,鲑鱼、扇贝、牙鲆等种类的增殖十分成功。日本的增殖放流自1970年代以来得到了广泛的发展,且全部为政府行为的社会福利活动。在日本的近岸渔业中,增殖放流相当关键,据统计,在1980年代末,增殖放流所提供的渔获量占了近岸总渔获量的18%。目前,日本放流数量最多的是杂色蛤,年放苗200多亿粒,虾夷扇贝的放流数量占第二位,年放流达20余亿粒。洄游鱼类放流数量在50亿尾以上,其中真鲷放流量每年达1700余万尾。日本还是世界上放流增殖鲑鳟鱼最早的国家之一,历史可以追溯1762年,其捕捞鲑鱼几乎均来自增殖放流。

韩国的渔业资源放流工作,最早可追溯到1967年,当时在江原道放流了大麻哈鱼,其后，随着渔业资源的变化情况，韩国的水产管理部门和研究部门以及民间机构陆续开始放流新品种。1986 年，韩国政府开始把增殖放流当作一项正式的产业扶持发展。1990 年代组织了沿岸渔场牧场化综合开发计划，开展了人工鱼礁、人工种苗放流、渔场环境保护以及海洋牧场建设计划的可行性研究，分别在日本海、对马海峡和黄海建立了 5 个大型海洋牧场示范基地，有针对性地开展特有优势品种的培育，在形成系统的技术体系后，逐步推广到韩国的各沿岸海域，该计划于 1998 年开始实施。目前，韩国重点放流的水产种苗，共有 38 个品种，其中鱼类品种 29 个，占全部放流种苗的 76%。全国有 10 余处国立水产种苗培育场从事种苗生产与增殖放流。

3. 渔业资源增殖放流效果评价技术

（1）评价技术路线

1）生态效益评价。通过本底调查、跟踪调查和相对数量调查，摸清自然海域增殖放流种类的本底数量、生活习性、成活率、死亡率以及洄游分布规律，明确增殖放流种类对自然资源量的贡献率；基于分子标记技术、增殖放流海域种群动态的数量特征分析、种群遗传学与种群建模、“世代”分析等，评价增殖种类放流的生态风险；弄清饵料生物和敌害生物的资源变动情况，探索放流活动对生物群落多样性及群落结构稳定性的影响；以食物网能流模型为基础，结合种群生长特性，构建生态系统能量流动模型和生态系统动力学模型，探索增殖水域的渔业生态容量和增殖潜力，确定增殖种类的生态容量和最优放流规模，建立增殖生态风险防控管理模式。

2）经济效益评价。通过回捕生产情况调查，评价增殖放流的经济效益。主要采用三种方式进行回捕生产情况调查，一是根据各地渔业行政主管部门的增殖资源回捕生产统计，分析评价增殖放流的经济效益；二是建立增殖种类的回捕生产渔船信息网络系统，通过选择一定数量的生产渔船，记录回收回捕生产渔捞日志，汇总分析增殖种类增殖放流的经济效益和渔民受益情况；三是派专门技术人员定期去渔港、卸货码头、集市、渔获收购站、渔村进行走访调查，了解渔民回捕生产情况。三种方式有机结合，评价数据相互修正，提高经济效果评价的科学性。

3）社会效益评价。通过社会走访调查，科学评价增殖放流的社会效益。追踪放流种类的苗种生产、回捕、加工销售等各个环节，派研究人员对各个环节进行陆上走访调查和专项问卷调查，用事实案例分析阐述增殖放流活动带来的社会受益行业、受益群体数量及受益程度，对解决社会就业的贡献度，全社会资源和环境保护意识提高程度，渔区社会稳定度和精神文明度提高程度，政府部门水生生物养护管理能力和决策水平提高程度等。

（2）评价相关研究方法

1）放流群体比例。科学区分放流群体和野生群体是准确评估增殖放流效果的基础，同时也是困扰增殖放流效果评价的难点问题。根据本底资源调查结果分析，评估增殖种类的本底数量，视为自然种群数量。通过放流后增殖种类的跟踪调查，分析放流海域增殖种类自然资源量变化动态，评估现存资源量。考虑到跟踪调查与本底调查间隔时间较短，自然群体的自然死亡忽略不计，在满足孤立群体的情况下，其资源数量不变。以现存资源数量减去自然群体资源数量，即为放流后增加的资源数量，视为放流群体数量，从而分析放流群体和自然群体在增殖种类捕捞群体中的比例，评估增殖放流对自然资源量贡献率。因考虑到本底调查和资源增加量调查两个航次的调查区域、调查网具和调查船均相同，所以估算混合群体

中放流群体的比例 R 可直接采用相对资源量(单位时间内渔获量)N 之比,计算公式为

$$R = (N_2 - N_1)/N_2 \times 100\%$$

式中,R 为放流群体占混合群体比例;N_1 为本底调查相对资源量,单位为尾/网·小时;N_2 为资源增加量调查时相对资源量,单位为尾/网·小时。

2)资源量评估。采用基于调查设计方法的扫海面积法,计算公式为

$$B = AN/ap$$

式中,B 为资源数量;A 为渔场总面积,单位为 m^2;a 为每个调查网次的扫海面积(拖拽时网口宽度乘以实际拖距),单位为 m^2;p 为捕捞系数;N 为平均网获资源数量。

3)回捕率。回捕率是历来评价增殖放流效果的主要内容之一,是指放流后的年总渔获尾数与当年放流总尾数的比值,用百分数表示。其中,渔获尾数是根据鱼类、虾蟹类和头足类的产量和调查实测每尾渔获生物的平均重量换算得出,放流后的年总渔获尾数乘以放流群体占混合群体的比例即为放流生物渔获尾数,计算公式为

$$\text{回捕率} = (B/S)\%$$

式中,B 为放流群体资源量,单位为尾(ind);S 放流数量,单位为尾(ind)。

4)投入产出比。投入产出比是检验增殖放流取得的经济效益最直接方法。投入产出比为苗种成本与产值的比值,计算公式为

$$\text{投入产出比} = K/\mathrm{IN} = 1/X$$

式中,K 为投入总额(本书指苗种总成本);IN 为产出总额(本书指放流虾回捕产值);$X = \mathrm{IN}/K$,X 值越大,说明效益越好。

5)大、小规格苗种放流增殖效果评价。采用放流生物相对应的专用调查网进行本底调查和放流群体资源跟踪调查。跟踪调查每 10 天左右开展一次,大规格苗种放流点周边水域跟踪 2 次,小规格苗种视情况跟踪 4 次,与大规格苗种放流海域调查同步完成。

每个放流点周边海域设置若干调查站位。根据跟踪调查结果分析大、小规格苗种的自然死亡系数 $M = [\ln(Ni/Ni + t)]/t$。根据 M 的评估结果,分析各种规格群体的资源量比例,评估各个放流点周边海域的鱼类、虾蟹类和头足类死亡率,确定各放流点放流群体的组成比例,分析放流群体的数量变化、生长、死亡、苗种成本、回捕率、产量、产值、投入产出比,综合评价放流大、小规格苗种的增殖效果。

4. 渔业资源增殖放流及其效果评估技术的发展趋势

针对渔业资源的全球化衰退趋势,增殖放流被证实是实现渔业资源修复和衰退渔业种群恢复的有效措施,日本、美国、俄罗斯、挪威、西班牙、法国、英国、德国等先后开展了增殖放流工作,且都把增殖放流作为今后资源养护和生态修复的发展方向。国际上增殖放流工作的开展将更加注重其生态效益,在生态效益、社会效益和经济效益评价的基础上,开展“生态性放流”,达到资源增殖和修复的目的,恢复已衰退的自然资源并使之达到可持续利用。并将放流增殖作为基于生态系统的渔业管理措施之一,即在增加产量的基础上,推动增殖渔业向可持续方向发展。未来增殖放流国际上更加注重以下几个方面。

1）增殖放流的科学机制。增殖放流中政府起决策管理作用，科研单位起科学指导作用，而渔民（协会或企业）既是受益者也可能是放流具体承担者。完善增殖放流机制，使政府管理部门、科研单位（资源和环境监测单位）以及企业（协会）的强化管理、研究和具体放流操作的相互衔接，提高增殖放流的社会经济效果。

2）增殖放流的生态安全。增殖放流不仅要考虑苗种培育、检验检疫、生态环境监测及增殖效果评估等。同时要考虑水生生物多样性的保护、种群遗传资源保护以及对生态系统结构和功能影响，减小放流的生态风险。

3）增殖放流的生态容量。增殖放流必须考虑放流区域的生态容量和合理放流数量，增殖放流前应对放流水域的生态系统开展调查，以摸清包括初级生产力及其动态变化、食物链与营养动力状况，从而确定放流物种的数量、时间和地点。同时要加强放流后的跟踪监测和效果评估，以调整放流数量、时间和地点，保证最佳放流增殖资源的效果。

4）增殖放流的体系化建设。完善的管理、研究、监测评估和具体实施的增殖放流体系是可持续增殖渔业所必需的，同时，跨境水生生物资源增殖放流的国际合作体系建立也是保证增殖放流效果的发展趋势。

二、人工鱼礁与海洋牧场构建技术

1. 国内发展现状

海洋牧场建设，就是通过人工鱼礁投放、藻礁与藻场建设、资源放流增殖、音响投饵驯化和海域生态化管理等技术手段，达到海域生产力提高、资源密度上升、鱼类行为可控和资源规模化生产的目标，实现海洋渔业资源的可持续开发与利用。人工鱼礁作为海洋牧场建设的工程基础，我国早在1980年代前后即开展过试验研究，至1987年，全国共建立了23个人工鱼礁试验区。在此之后，由于多方面的原因，我国的人工鱼礁的建设工作一度中止。进入21世纪，随着我国经济的快速发展、资源与环境保护意识的增强和渔业产业结构的不断调整，人工鱼礁建设再度成为沿海渔业发展关注的热点，并且发展迅速。目前，我国海洋牧场的产业粗具规模，生态经济效益逐步显现，到2011年底，我国从北到南形成了50多处以投放人工鱼礁和增殖放流为主的海洋牧场，包括辽西海域海洋牧场、大连獐子岛海洋牧场、秦皇岛海洋牧场、长岛海洋牧场、崆峒岛海洋牧场、海州湾海洋牧场等。据不完全统计，2000~2010年全国人工鱼礁建设共投入22.96亿元，建设人工鱼礁3152万空方。广东省自2002~2011年，共投资8亿元，建设人工鱼礁100座。北方沿海各省市的各级渔业主管部门也十分重视人工鱼礁建设，辽宁省于2008年5月审议通过了《辽宁省沿海人工鱼礁建设总体规划（2008~2017）》，山东省于2005年出台了“渔业资源修复行动计划”，并通过省财政资金扶持项目，大力推进人工鱼礁建设，到2010年6月，山东省通过政府财政资金建设的人工鱼礁项目达21处，累计投入建设资金5亿多元。

獐子岛海洋牧场是我国海洋牧场建设的典型案例，位于我国的海洋岛渔场，海洋生物资源丰富，主要鱼类有石鲽、鲐、蓝点马鲛、大泷六线鱼、许氏平鲉、孔鳐、牙鲆等，甲壳类有对虾、鹰爪虾等，贝类有栉孔扇贝、栉江珧、厚壳贻贝、魁蚶、紫贻贝、牡蛎、脉红螺、香螺等，藻类主要有羊栖藻、海带、石花菜等，尤其刺参、鲍鱼、海胆等海珍品资源丰富。在该海域利用环境即时监控及预警预报技术、海域生态养殖容量评价技术、高质量大规格苗种三级育成技术、大于30m等深线的深海贝类底播增殖技术、无害化高效采捕技术等关键、共性技术，实现资源的增殖与水域环境的改善，已建成全国最大的生态海洋牧场，面积达1000km^2，被认定为是国内发展海洋低碳渔业经济的典范。

在人工鱼礁与海洋牧场研究与技术开发方面，“十一五”以来，国家863计划、科技支撑计划、国家自然科学基金及各省市科技计划项目等均立项开展人工鱼礁和增殖放流的相关研究，在人工鱼礁礁体结构、水动力特性、增殖种类选择、生境营造等方面均取得了一些进展，为人工鱼礁和海洋牧场的建设研究奠定了基础。然而，目前国内的相关研究大多仅限于人工鱼礁的某些单项技术方面，有关礁体与生物之间的关系、礁体的适宜规格与投放布局等研究的较少，海洋牧场构建的综合技术研究的就更少。而相对于单一的人工鱼礁工程，海洋牧场的构建则更为复杂，海洋牧场建设注重的是局部海洋生态系统的形成，强调的是工程与生物的和谐统一，达到的是牧业化人为调控管理，实现的是资源可持续开发利用的最终目标。因此，亟须研究和开发海洋牧场构建关键技术，为受损海域的综合治理和渔业的可持续发展提供技术支撑。

2. 国际发展现状

人工鱼礁与海洋牧场建设是海洋渔业资源养护的重要而有效的措施。海洋牧场的构想最早是由日本在1971年提出的。1978~1987年，日本开始在全国范围内全面推进“栽培渔业”计划，并建成了世界上第一个海洋牧场。日本水产厅还制订了“栽培渔业”长远发展规划，其核心是利用现代生物工程和电子学等先进技术，在近海建立“海洋牧场”，通过人工增殖放流和聚引自然鱼群，使得鱼群在海洋中像草原放牧一样，随时处于可管理状态。经过几十年的努力，日本沿岸20%的海床已建成人工鱼礁区。

韩国于1994~1996年间进行了海洋牧场建设的可行性研究，并于1998年开始实施“海洋牧场计划”，该计划试图通过海洋水产资源补充，形成牧场，通过牧场的利用和管理，实现海洋渔业资源的可持续增长和利用极大化。1998年，韩国首先在庆尚南道统营市建设核心区面积约20km^{2}的海洋牧场，与项目初期相比，该海区资源量增长了约8倍，渔民收入增长了26%。此后，韩国将在统营牧场所取得的经验和成果推广应用，积极推进其他4个海洋牧场的建设。韩国近年来在海洋牧场建设方面广泛开展了研究，研究内容涵盖人工牧场工程与鱼礁投放、放流技术、放流效果评价、人工鱼礁投放效果评价、牧场运行与监测、设施管理、牧场的经济效益评价、牧场建成后的管理、维护和开发模式等。

美国于1986年制定了在海洋中建设人工鱼礁来发展旅游钓鱼业的计划，经过20多年的努力，现已在规划的各海域中建成了1288处(共沉放了156座报废的海洋采油平台和58万艘报废船只)可供旅游者钓鱼的人工鱼礁基地，形成了粗具规模的旅游钓鱼产业。据全美旅游钓鱼协会的统计，全美游钓协会拥有会员6058万人，游钓船只(含私人游钓船艇)1182万艘，游钓产量约152万t，约占全美渔业总产量的1/5。这些规划建设的人工鱼礁不仅改变了水域的鱼类生态环境，而且因游钓带来的旅游经济效益高达500多亿美元。

1990年以来，全世界17个重点渔区中已有13个渔区处于资源枯竭或产量急剧下降状态，海洋牧场已经成为世界发达国家发展渔业、保护资源的主攻方向之一。除日本、韩国和美国外，挪威、英国、加拿大、俄罗斯、瑞典等国均把栽培渔业作为振兴海洋渔业经济的战略对策,投入大量资金,开展人工育苗放流,恢复渔场基础生产力,取得了显著成效。

另外,早在1960年代加勒比海地区就兴起海洋游钓业,到90年代初,休闲渔业在西方迅速发展,并形成一种新兴的产业。例如,美国的游钓爱好者超过8000万人,现有游钓船(艇)约1200万艘,海上游钓区、钓具、餐饮、旅馆、商场、娱乐场所等各种服务设施配套齐全,充分满足了游钓爱好者的休闲需求,每年有约3520万成年钓鱼人,在休闲渔业上花费达378亿美元,休闲渔业创造的产值为常规渔业产值3倍以上。日本早在1970年代就提出了"面向海洋,多面利用"的发展战略。通过在沿海投放人工鱼礁,建造人工渔场,并采取各种措施,改善渔村渔港环境,发展休闲渔业。而且游钓作为健康的娱乐活动之一,发展更快。1993年日本游钓人数已达3729万人,占全国总人口的30%。在加拿大和欧洲各国,以游钓为主体的休闲渔业都十分盛行和发达。

3. 发展趋势

面对全球性海洋渔业资源不断衰退的严重问题,建设人工鱼礁发展海洋牧业将受到世界各渔业国家越来越多的关注。日本是目前世界上海洋牧场建设开展的最早、研究最为深入、效果最为明显、技术最为先进的国家。韩国是亚洲的后起之秀,其人工鱼礁和海洋牧场建设近年来发展较快。借鉴世界先进国家的成功经验,分析其研究发展方向,未来海洋牧场建设与科技的发展趋势可归纳为以下几点。

1)更加注重海洋牧场生境营造与栖息地保护。即由简单地在近海投放人工鱼礁,诱集鱼类聚集,向注重海域环境的调控与改造工程、生境的修复与改善工程、栖息地与渔场保护工程、增殖放流与渔业资源管理体系构建等综合技术发展。

2)建造大型人工鱼礁,投礁海域向40m以深海域发展。近年来,日本通过人工鱼礁设计与建造技术的研究,开发出大型框架组合式鱼礁、浮鱼礁等新型鱼礁,投礁海域由20m等深线以内海域发展到40m以深海域,最深投礁海域已达70m水深。

3)发展海洋牧场现代化管理的控制与监测技术。运用现代工业、工程、电子与信息技术,日本、加拿大、美国和韩国等国外海洋牧场建设较发达的国家,在鱼群控制、音响驯化、采收与回捕、生态环境质量的日常监测及生物资源的动态监测等方面开展研究,部分技术已在海洋牧场的建设与管理中取得较好的应用效果。

4)发挥海洋牧场的碳汇功能,开发碳汇扩增技术。中国是世界上最早提出"碳汇渔业"理念的国家,海洋牧场作为碳汇渔业的一种重要模式,其碳汇功能、特征与过程的研究,尤其是碳汇扩增技术的开发,将为海洋牧场的建设与发展注入新的活力。

三、海洋动物种质资源保护技术

种质资源又称遗传资源,与生物多样性定义中的种内遗传多样性相对应,因而又被称为基因资源。对于某一物种而言,种质资源包括栽培或驯化品种、野生种、近缘野生种在内的所有可供利用和研究的遗传材料。种质资源是一切生命科学和生物产业的根本,没有种质资源,所有的生物技术都将是"无源之水"。

1. 水产种质资源保护区

水产种质资源保护区,是指为保护水产种质资源及其生存环境,在具有较高经济价值和遗传育种价值的水产种质资源的主要生长繁育区域,依法划定并予以特殊保护和管理的水域、滩涂及其毗邻的岛礁、陆域。2000年修正的《中华人民共和国渔业法》第二十九条规定:国家保护水产种质资源及其生存环境,并在具有较高经济价值和遗传育种价值的水产种质资源的主要生长繁育区域建立水产种质资源保护区。未经国务院渔业行政主管部门批准,任何单位或者个人不得在水产种质资源保护区内从事捕捞活动。2006年,国务院发布了《中国水生生物资源养护行动纲要》,提出建立水产种质资源保护区要制定相应的管理办法,强化和规范保护区管理。建立水产种质资源基因库,加强对水产遗传种质资源、特别是珍稀水产遗传种质资源的保护,强化相关技术研究,促进水产种质资源可持续利用。根据纲要要求,农业部于2007年制定了《水产种质资源保护区划定工作规范》(试行),对保护区的概念、划定条件、分级、功能划分、命名、职责分工及申报程序等方面做了具体规定。水产种质资源保护区分为国家级和省级两种。

迄今为止,中国已建立国家级水产种质资源保护区7个批次,共计428处。首批的40处国家级水产种质资源保护区名单中位于海洋水产区内的保护区数量为黄渤海区6个、东海区3个、南海区1个。典型的海洋水产区内的国家级水产种质资源保护区如辽东湾渤海湾莱州湾国家级水产种质资源保护区、东海带鱼国家级水产种质资源保护区、北部湾二长棘鲷长毛对虾国家级种质资源保护区等。

辽东湾渤海湾莱州湾国家级水产种质资源保护区为我国第一批国家级水产种质资源保护区,总面积为2.32万km^2,核心区面积为0.96万km^2,实验区总面积为1.36万km^2,位于渤海的辽东湾、渤海湾和莱州湾三湾内,涉及山东、辽宁、河北、天津三省一市。主要保护对象为中国明对虾、小黄鱼、三疣梭子蟹、蓝点马鲛、银鲳、真鲷、花鲈。渤海素有黄渤海“渔业摇篮”之称,是黄渤海多种经济鱼虾主要产卵场、育幼场和索饵场,由于长期酷渔滥捕、水域污染和涉海工程等人为因素的影响,渔业资源持续衰退,生态结构遭到严重破坏,生物多样性明显下降,种类组成趋于小型化、低质化,一些重要经济鱼虾已多年形不成渔汛,制约了渤海渔业的可持续发展。辽东湾渤海湾莱州湾水产种质资源保护区成立对养护和恢复渤海渔业资源,促进渤海渔业可持续发展起到了积极的推动作用。

东海带鱼国家级水产种质资源保护区是我国海域最大的水产种质资源保护区之一,位于东海中北部近海的禁渔区线两侧海域,总面积2.25万km^2(其中核心区面积0.72万km^2,实验区面积1.53万km^2),核心区特别保护期为每年4月16日至9月16日,主要保护带鱼产卵亲体和幼鱼,对鲐鲹、马鲛、鲳、鳓、大黄鱼、小黄鱼的亲体和幼体也都具有很好的保护作用。东海带鱼国家级水产种质资源保护区的建立,对于开展渔业资源增殖放流等生态修复工作,保护以带鱼为主的东海渔业资源,促进水域生态环境改善具有重要的作用。

北部湾二长棘鲷长毛对虾国家级种质资源保护区总面积1.14万km^2,其中核心区面积0.81万km^2,实验区面积0.33万km^2。核心区特别保护期为1月15日至3月1日。主要保护对象为二长棘鲷和长毛对虾,其他保护种类包括金线鱼、蓝圆鲹、黄带鲱鲤、长尾大眼鲷、蛇鲻类、日本金线鱼、墨吉对虾、长足鹰爪虾、中华管鞭虾、锈斑蟳、逍遥馒头蟹、日本蟳、马氏珠母贝、方格星虫等。北部湾海域是南海具有高度物种多样性的海域之一,其渔业资源受生态环境恶化和过度捕捞等因素影响,近年来一直呈衰退趋势,北部湾二长棘鲷长毛对虾国家级种质资源保护区的建立,将有利于实现“全面保护北部湾渔业生态环境与水产种质资源”

的总体目标。

黄河口半滑舌鳎国家级水产种质资源保护区，能够为半滑舌鳎育种工作提供野生种质，近年来半滑舌鳎育种工作取得诸多成绩，为海洋水产区经济发展做出重要贡献，也为未来的发展提供了丰富的种质资源。此外，灵山岛皱纹盘鲍、刺参国家级水产种质资源保护区、长岛皱纹盘鲍、光棘球海胆国家级水产种质资源保护区对于海珍品种质资源的保护，可以为黄渤海海洋牧场（如獐子岛海洋牧场）种苗提供有保障的种质资源。再如，日照中国对虾国家级水产种质资源保护区等保护区，为我国对虾增殖放流工作和人工养殖业提供了种苗选育的基础。

除经济效益外，水产种质资源保护区，也能够提供可观的生态效益。例如，北部湾二长棘鲷长毛对虾国家级水产种质资源保护区，该保护区是诸多鱼类的繁殖场、育肥场，因此对于维系北部湾生物多样性和生态系统稳定有重要意义。经过评估，结果显示该保护区对海洋生态系统的单位面积服务价值较高，且直接服务价值远远大于间接使用价值，表明了该生态系统在维系北部湾海洋生物产出以及促进渔业可持续生产的重要地位。

2. 珍稀濒危动物保护技术

珍稀濒危水生动物是水生生物多样性的典型代表，往往具有独特的生物学特性，具有较高的科研价值或经济价值，易受环境改变和人类活动的影响。珍稀濒危动物保护技术主要包括濒危种群建设与繁育技术、珍稀种类的"半自然种群"构建技术、珍稀濒危鱼类栖息地修复和种群重建技术、珍稀濒危鱼类系谱管理技术等。通过对已列为国家重点保护鱼类名录中的一级、二级重点保护且目前资源现状不容乐观、受人类活动影响程度明显种类，如中华鲟、达氏鲟、鳇、川陕哲罗鲑、秦岭细鳞鲑、黄唇鱼、鼋等，开展自然种群现状动态监测、地理分布、种群数量、资源变动、濒危程度、致危因素的研究，收集蓄养一定规模野生群体，通过传统的驯养繁殖，建立人工种群实施迁地保护。同时，建立人工养殖群体，实现全人工繁殖是保存这些濒危鱼类不可或缺的途径，能够补充自然资源量，减缓自然种群资源下降的趋势，最终能够有效维持或扩大自然繁殖规模，实现自然资源的恢复或重建。目前，我国特有珍稀鱼类中华鲟、达氏鲟、胭脂鱼、秦岭细鳞鲑和川陕哲罗鲑已经形成了一定的人工养殖规模。

四、海洋动物资源管理技术

渔业资源管理是为维护渔业资源的再生产能力和取得最适持续渔获量而采取的各项措施和方法。维持再生产能力是指维持经济水生生物基本的生态过程、生命维持系统和遗传的多样性，其目的是为保证人类对生态系统和生物物种的最大限度的持续利用，使天然水域能为人类长久地提供大量的经济水产品。

1. 国内发展现状

为了恢复海洋渔业资源，使海洋渔业资源得以持续的开发和利用，近年来，我国政府相关部门制定和采取了一系列措施，并取得了良好的效果。1999 年农业部渔业局制定了捕捞量"零"增长的目标，当年目标基本实现。2006 年国务院颁布的《中国水生生物资源养护行动纲要》，提出了"到 2020 年，要确保渔业资源衰退的趋势得到基本遏制，到 21 世纪中叶，水生生物资源实现良性、高效循环利用的奋斗目标"。目前，所采取的具体管理措施如下。

(1) 禁渔区、禁渔期、伏季休渔

禁渔区和禁渔期一样是容易执行的限制捕捞力量和保护幼鱼的有效方法，特别是对于处于衰退状态的渔业种群是一种有效的保护方法。在某一特定海域内，可以根据种群当时的年龄组成状况实施禁渔。中国的禁渔期和禁渔区大都是针对产卵场和幼鱼、仔鱼的生长期而定的，实施范围都比较近岸。具体措施如规定禁渔区线、产卵场禁渔期、幼鱼保护区及规定开捕期等。该项措施通常可以同时改变捕捞死亡水平和首次捕捞年龄及体长。

1) 伏季休渔。1955 年，为了保护渤海、黄海和东海的渔业资源，维护渔业生产的正常进行，国务院发布了《关于渤海、黄海及东海机轮拖网禁渔区的命令》，并明确规定了禁渔区的范围，这标志了休渔措施在我国的初步实施。1992 年，所实施的伏季休渔制度开始规定：国有渔船和私人渔船都必须遵照执行伏季休渔措施。到了 1995 年，我国开始在东海、黄海正式全面实行伏季休渔制度，并在 1999 年把我国的伏季休渔措施推广到全部海域。2009 年农业部（农业部通告〔2009〕1 号）对海洋伏季休渔制度进行了调整完善，并于当年开始实施。具体为：① 北纬 35°以北的黄渤海海域休渔时间从 6 月 16 日 12 时～9 月 1 日 12 时，调整为 6 月 1 日 12 时～9 月 1 日 12 时。② 北纬 35°～26°30′的黄海和东海海域休渔时间从 6 月 16 日 12 时～9 月 16 日 12 时，调整为 6 月 1 日 12 时～9 月 16 日 12 时。③ 北纬 26°30′至闽粤海域交界线的东海海域从 6 月 1 日 12 时～8 月 1 日 12 时，调整为 5 月 16 日 12 时～8 月 1 日 12 时。其中：桁杆拖虾和笼壶类休渔时间为 6 月 1 日～8 月 1 日，灯光围（敷）网休渔时间为 5 月 1 日～7 月 1 日。④ 北纬 12 度至闽粤海域交界线的南海海域（含北部湾）休渔时间从 6 月 1 日 12 时～8 月 1 日 12 时，调整为 5 月 16 日 12 时～8 月 1 日 12 时。⑤ 渤海：1988 年禁止拖网作业至今。

另外，需要将伏季休渔制度国际化。通过中韩、中日和中越等渔业协定的双边会议，将伏季休渔管理的科学意义和价值肯定下来，并成为周边国家在共管水域大家共同遵守和执行的措施，以便提高渤海、黄海、东海、南海生物资源养护的效果。

2) 幼鱼保护。在南海北部沿岸大致 20m 水深以内水域设立了经济鱼类繁育场和幼鱼幼虾保护区，在规定的保护期内禁止用严重损害幼鱼幼虾的作业方式进行捕捞；同时，广东、广西的渔业管理部门还规定了一些主要经济种类的最小采捕规格。① 大黄鱼幼鱼保护区，在广东沿海西经 110°10′～110°50′和西经 112°24′～113°04′ 设立了 2 个保护区，保护期为 3 月 1 日～5 月 31 日；在西经 114°52′～115°32′和西经 116°45′～117°15′设立了 2 个保护区，保护期为 11 月 1 日至翌年 1 月 31 日。② 蓝圆鲹和金色小沙丁鱼幼鱼保护区，在广东沿海西经 114°12′～115°34′和西经 116°45′～117°22′设立了 2 个保护区，保护期为 4 月 15 日～7 月 15 日；在海南岛西北部沿岸北纬 19°05′～20°05′设立 1 个保护区，禁渔期为 3 月 1 日～5 月 31 日。③ 二长棘鲷幼鱼和幼虾保护区，在北部湾东北部沿岸东经 108°04′～110°00′水域设立了禁渔区，禁渔期为 1 月 15 日～6 月 30 日。

3) 经济鱼类繁育场和仔鱼仔虾分布区禁渔。南海经济鱼类繁育场和仔鱼仔虾分布区的范围几乎覆盖了广东和广西所有沿岸水域及海南岛沿岸的一半水域，因此，各地的经济鱼类繁育场和仔鱼仔虾分布区的禁渔期有所差别，主要在 3 月 1 日～6 月 30 日。珠江河口经济鱼类繁育场保护区的禁渔期为农历 4 月 20 日～7 月 20 日。

禁渔期和禁渔区制度直接对捕捞单元的作业时间和空间予以限定，此类措施往往用于保护种群或群落的一部分。例如,在产卵季节执行禁渔期,禁止了对产卵群体的捕捞和其生长环境的破坏,有利于增加补充群体,在一定程度上降低了捕捞强度,并且对渔业水域环境起到了积极的保护作用。实行禁渔区的措施和禁渔期的措施一样,主要是通过限制捕捞努力量和保护幼鱼来实现保护渔业资源的目的。另外,与渔具限制不同的是,禁渔区和禁渔期制度也可用来控制总捕捞死亡量,具有容易操作、执行成本低的优点。

(2) 可捕标准

该措施是控制被捕捞群体再生能力的重要手段之一,目的在于保护初次性成熟的个体至少有一次生殖机会,从而保证足够数量的亲体得以正常繁殖,使渔业资源获得应有的补充量,以确保渔业资源的稳定繁衍。

目前,我国对31种主要捕捞种类的可捕标准为:小黄鱼15cm、真鲷19cm、褐牙鲆27cm、高眼鲽15cm、黄盖鲽19cm、鳕28cm、白姑鱼17cm、黄姑鱼17cm、鲵鱼30cm、鲮30cm、鲬36cm、花鲈40cm(以上均为体长)、鳓28cm、太平洋鲱22cm、银鲳15cm、鲐22cm、蓝点马鲛38cm(以上均为叉长),带鱼25cm(肛长)、半滑舌鳎27cm(全长)、中国对虾15cm、脊尾白虾6cm、口虾蛄11cm(以上均为体长),三疣梭子蟹8cm、日本蟳5cm、中华绒螯蟹6cm(以上均为头胸甲长)、魁蚶6cm、文蛤5cm、菲律宾蛤子2.5cm、栉江珧17cm、毛蚶3cm(以上均为壳长)、海蜇30cm(伞弧长)(金显仕等,2006)。

(3) 许可证制度

根据1979年2月10日国务院颁布的《水产资源繁殖保护条例》的规定,中国开始实施渔业许可证制度。1986年全国人大颁布并实施的《渔业法》,将捕捞许可证制度以法律的形式规定下来,1987年农业部发布的《渔业法实施细则》对渔业捕捞许可制度作了具体的规定,1989年农业部发布的《渔业捕捞许可证管理办法》又对各省、市、自治区的功率总额,以及发放不同功率渔船捕捞许可证的批准机关等方面作了严格的规定。修订后的《渔业法》于2000年10月重新颁布,对捕捞许可证颁发部门、级别、条件以及捕捞许可证的使用方式等方面进一步作出了具体规定。2002年8月23日,农业部颁布了经重新修订的《渔业捕捞许可管理规定》,增加了海洋捕捞渔船和作业场所的分类标准等内容。目前中国渔业捕捞许可证分为三种:即海洋捕捞许可证(包括近、外海捕捞许可证)、内陆水域捕捞许可证、专项(特许)捕捞许可证。

捕捞许可证制度通过限制生产渔船作业方式、种类、捕捞机动渔船数量和功率来控制目标鱼类的捕捞强度,从而保护渔业资源。捕捞许可的内容包括:捕捞水域许可、捕捞时间许可、捕捞对象许可、捕捞渔具渔法许可等。捕捞水域许可、捕捞时间许可和休渔制度一样会使处于目标区域和时间段内的所有鱼类都得到保护。而捕捞对象许可、捕捞渔具渔法许可的最大特点在于具有明显的选择性,集中保护渔业资源中的目标鱼类。许可证制度通过限定入渔权来减少作业渔民、渔船或渔具的数量,从而达到限制总可捕量的目的。各国对渔业采取有限准入措施大都是通过各种形式的捕捞许可证制度来实现的。然而,渔业管理者必须首先解决三大问题,即许可证的发放数量、发放对象和是否允许转让。另外,许可证制度还必须与其他措施联合运用,如果不采取其他措施,继续从事作业的捕捞单元有可能获得超额利润。如增加投资或延长海上作业时间不受限制,渔民则更倾向于投资改善渔船和渔具的性能、添置更有效率的渔具渔船或采用能够获得更多海上工作时间的捕捞技术(例如,采用功率更大的马达、采取“休人不休船”的措施和加大船舱容积等），然而，如果加入更多的限制措施，则可能阻碍新技术在渔业方面的应用，因为新的、更好的渔船设计方案可能并不符合设计要求。

通过对入渔渔船数量及渔船上渔具数量进行控制，这是针对幼鱼或已过度捕捞的渔业资源采取的保护性措施。例如，有的国家禁止使用单丝尼龙网、动力渔船等，所有这些限制都是禁止使用高效率的捕捞方法，以保护幼鱼和渔业资源。另外，还包括对从事特定渔业作业的渔船类型、规格和功率做出限定，比较典型的限制包括规定渔船的设计要求、渔船长度和功率大小。确保这一方法有效的关键点在于收集、整理和保存渔获量和渔获努力量数据以便对渔具做出详细明确的规定，如果能够得到渔民的配合，渔具效率比较实验将有助于对单位捕捞努力量渔获量做出正确评估。

（4）网目尺寸限制

2000 年新修订的《渔业法》对最小网目尺寸制度进行了修改和完善，第三十条规定“禁止使用小于最小网目尺寸的网具进行捕捞。捕捞的渔获物中幼鱼不得超过规定的比例”，同时规定最小网目尺寸由国务院渔业行政主管部门或者省、自治区、直辖市人民政府渔业行政主管部门确定，该法还增加了使用小于最小网目尺寸网具的法律责任。为推动该项制度的深入实施，2003 年 6 月 24 日，农业部下发了《关于做好全面实施海洋捕捞网具最小网目尺寸制度准备工作的通知》，并于 2003 年 10 月 28 日发布了《关于实施海洋捕捞网具最小网目尺寸制度的通告》，决定从 2004 年 7 月 1 日起，全面实施海洋捕捞网具最小网目尺寸制度，并针对不同海区、不同网具、不同捕捞品种的最小网目尺寸做出了具体规定。规定不同海域和捕捞品种的拖网、流刺网、有翼张网最小网目。2004 年，农业部修订发布了《渤海生物资源养护规定》，在《关于实施海洋捕捞网具最小网目尺寸制度的通告》的基础上，对渤海主要捕捞作业网具的最小网目尺寸进行了补充规定，同时对渤海区渔业资源重点保护品种设定了最低可捕标准。

对渔民从事捕捞活动的渔具的网目大小、选择性以及特定海区渔具类型的使用进行限制和规范。限制网目尺寸可以通过网目选择性关系间接地控制鱼个体大小的下限。这不仅关系到首次捕捞年龄的大小，而且还会改变其他年龄组的相对捕捞死亡率，即会影响捕捞死亡水平。该措施很明确且很容易监督执行。对很大的海区或不同水域、不同种类的渔业资源均适用。采用“网眼罚款法”，在海上用测量网目大小的工具随机抽查渔船所使用的渔具的网目，都是比较方便的。由于放大网目尺寸虽然能由短期的损失换取长期的得利，但这种可增加的收入往往会被近期的经济压力所抑制，因此推广放大并限制网目尺寸的措施的执行也是有一定难度的。对于捕捞混合鱼种的渔业，要规定采用多大网目尺寸是比较困难的。

（5）渔获物中幼鱼比例

限制渔获物中幼鱼所占的比例，可在渔港对渔获物按可捕标准进行监督检查，这是保护幼鱼的有力措施。由于实际捕捞生产中不可避免地要兼捕幼鱼，因此，有关资源保护的文件中同时还规定了渔获量种幼鱼的比例。我国准许兼捕幼鱼的数量，一般规定为总渔获的 25%，如果有超过，必须迅速主动转移作业渔场。如果在捕捞后及时抛入海中的鱼能全部成活的话，那么这种管理措施可以取得更好的效果。当然，这种检查最好是在海上进行，否则到了岸上，即便检查诸多小鱼也不能成活，这种措施也能阻止使用小网目进行捕捞，同时，还能防止渔船在幼鱼育肥场进行捕捞作业。

(6) 渔业资源增殖保护费征收制度

渔业资源增殖保护费的征收制度是中国特有的、符合世界渔业管理发展趋势的一项管理制度。新《渔业法》第二十八条规定:“县级以上人民政府渔业行政主管部门可以向受益的单位和个人征收渔业资源增殖保护费,专门用于增殖和保护渔业资源”。由农业部、财政部、国家物价局 1988 年 10 月 31 日联合发布的《渔业资源增殖保护费征收使用办法》第二条规定:“凡在中华人民共和国的内水、滩涂、领海以及中华人民共和国管辖的其他海域采捕天然生长和人工增殖水生动植物的单位和个人,必须依照本办法缴纳渔业资源增殖保护费”。“增殖”是指人为地对自然水域的不同水生动物的人工放流或放养,“保护”是指直接针对渔获对象的保护措施。渔业资源增殖保护费分为海洋渔业资源费和内陆资源水域费。海洋渔业资源费年征收金额由沿海省级人民政府渔业行政主管部门或海区渔政监督管理机构,在其发放捕捞许可证的渔船前三年采捕水产品平均总产值的 1%~3% 内确定。大黄鱼等经济价值较高的渔业品种,按 3%~5% 交纳。

渔业资源费的征收是受益者负担原则的制度化,即把渔业资源增殖保护费的一部分让渔业生产者承担,使受益者和费用负担相一致。以前由于渔业资源的公共性,再加上从事渔业不需要支付利用资源的费用,致使渔业捕捞努力量过度,所以,做好渔业管理中税收制度是世界渔业管理的一大趋势。1992 年新西兰政府制定了有关渔民对渔业管理的费用法,几乎管理费用的 100% 由生产者承担。美国和加拿大是生产者和政府各承担一半,但也有一些国家,其管理费用全部由政府承担。经济合作与开发组织所属农业、渔业粮食理事会的渔业委员会 2000~2002 年工作计划的第二项内容是持续农业,其中一项就是渔业管理费用的问题。可见,许多国家也趋向于采取征收渔业资源费的管理办法。

(7) 海洋捕捞渔业零增长制度

1999 年,农业部提出海洋捕捞计划产量“零增长”的目标。该措施通过控制渔获量来限制渔业的输出量,从而达到控制捕捞死亡水平的目的。其最大优点是易于进行分配,但要求掌握充分的情报资料,而且采用的渔获限额分配的方法可能会导致渔业生产的低效率和分配不均等问题。

(8) 限额捕捞制度

2000 年,新修改的《中华人民共和国渔业法》第二十二条规定:“国家根据捕捞量低于渔业资源增长量原则,确定渔业资源的总可捕捞量,实行捕捞限额制度”。为了实施这一项新的资源管理措施,近几年我国渔业行政主管部门及有关单位已为此作了前期准备工作。根据目前我国渔业生产发展和资源状况,需要加快该项工作的步伐,选择渔业规模较大、渔汛相对集中的重要捕捞种类实行限额捕捞,如黄海鳀鱼拖网渔业、东海带鱼渔业及台湾浅滩蓝圆鲹灯光围网渔业等。通过对这些渔业实行渔获量限额,总结和积累经验,逐步扩大限额捕捞的管理对象,并使这项新措施与捕捞许可制度、伏季休渔制度、捕捞规格和网目尺寸限制等管理措施密切配合,从整体上提高我国海洋渔业资源管理体系的水平。

限额捕捞很大程度上依赖于对资源量评估、渔获量统计和实时监控。我国在实施这项措施时,一方面需要作好资源调查和渔情测报,确定总可捕捞量,另一方面还需要根据我国渔业生产和资源特点,探讨适宜的限额管理方式。我国渔业,即使是单种类渔业也是如此,渔具渔法多种多样、小型渔船数量大,且渔获上岸分散,加上管理能力不足,直接对捕捞渔船和渔获量实施监控存在很大困难。在近期,采取控制捕捞作业量措施比控制渔获量可能更易实行,即通过限定捕捞作业量的方式达到渔业资源的适度利用,具体措施可包括限定各类渔船的作业时间,以及在统一的时间内进行定期休渔、调整作业结构、适当缩减渔船数量和放大网目尺寸等。从理论上讲,作业量的多少、作业结构是否合理都能从各经济种类的捕捞死亡率等种群参数的变化中反映出来。通过调查取样监测经济鱼类的种群参数和相对资源量指数,即可判断资源是否得到适度利用,从而对下一年的作业量和作业结构进行调整,这避免了直接对渔获量进行控制的诸多困难。另外,缩减渔船的作业时间可以在不减少渔船数量的情况下实行,可节省捕捞成本,有利于提高经济效益,容易为渔民所接受。定期休渔除了保护幼鱼外,从本质上讲也是通过缩减作业时间达到限制作业量的目的。

(9) 渔船报废制度

中国制定渔船报废制度比较晚,在实施过程中也有许多问题,致使大批超龄废旧渔船仍在捕捞队伍中生产,成为海上渔业生产的最不安全因素。

2. 国际发展现状

20 世纪八九十年代颁布的《联合国海洋法公约》、《联合国执行跨界鱼类资源和高度洄游鱼类资源协定》和《负责任渔业行为守则》共同构成了渔业管理的全球性法律框架,对海洋生物资源养护做出了具体规定。2001 年联合国粮食及农业组织在冰岛召开的生态系统负责渔业大会,提出将“生态系统水平的渔业管理”作为世界渔业管理的战略目标。2002 年 8 月召开的联合国可持续发展世界首脑会议,形成《执行计划》和《政治宣言》,提出“为实现可持续渔业,于 2005 年前对捕捞能力进行管理,2015 年前恢复衰退中的渔业资源,使之处于最大可持续产量的水平”的目标。因此,负责任的养护和合理利用海洋生物资源,已成为国际水生生物管理趋势和普遍遵守的行为准则,是实现海洋产业可持续发展的必由之路。海洋水域的渔业管理越来越受到世界各国的重视,特别是在海洋专属经济区建立后,根据不同国家和水域特点,采取不同的管理措施。

(1) 限制网目尺寸

限制网目尺寸可以通过网目选择性间接地控制鱼个体大小的下限。网目的大小,对渔获物有一定的选择作用,一般来说网目越大,小鱼逃脱率就越高。为了减少捕获小于法定标准的小鱼,创造条件使其及时逃脱,为此规定网具的最小网目尺寸。网目大小适当的网具,不但渔获物中成鱼比例高,商品价值高,而且网具中的杂物少,渔获物受损伤少,经济效益也随之上升。同时,这对幼鱼的保护也是个有效的措施。

(2) 限制渔具类型

这是针对幼鱼或已过度捕捞的渔业资源采取的保护措施,如有的国家禁止使用桁拖网、单丝尼龙网甚至动力渔船。

(3) 限定上市鱼的最小规格

限定渔港进港上市的渔获的最小规格和所占的比例,这种监督检查一般在海上进行,可以有效地防止渔船使用小网目进行捕捞,同时还能阻止渔船在幼鱼育肥场所进行捕捞作业。

(4) 限制兼捕渔获物

通常应用于使用小网目的渔业,规定在捕捞小个体的目的鱼种时限制捕捞其他鱼种的成鱼或幼鱼,该措施只有在不同种群资源分层分布时才起到一定作用。

(5) 规定禁渔期和禁渔区

这是恢复和保护衰退状态渔业资源的一种有效措施,同时也会影响捕捞开支,降低捕鱼效率,增加了捕捞成本,对捕捞力量也能起到一定的限制作用。

(6) 限制捕捞努力量

这是对渔业投入量的限制,也是很多沿岸国渔业管理的最基本的手段,它通过限定参加作业的渔船数量和渔具数量,限制渔船的捕捞时数或作业天数等,以达到控制捕捞死亡水平的目的。

(7) 限制渔获量

现在国际上一般都以规定总允许渔获量(total allowable catch,TAC)的办法对各国之间或本国的各渔业参加者之间进行限额分配。当渔业参加者完成了分配到的捕捞配额,则立即停止捕捞,违者将受到处罚。TAC 的渔业管理措施对长寿命的稳定资源的恢复和保护具有较好的效果。

限额捕捞是一种先进的渔业资源管理措施,在发达国家普遍采用,并有近 30 年的实践经验,特别适用于中高纬度水域单种类资源的捕捞管理。

(8) 个别可转让配额制度(ITQ)

ITQ(individual transferable quota)是根据渔业资源的再生能力特别是当前资源量水平所能承受的捕捞强度,并考虑政治、经济和社会等因素,在一定的期间内,在特定的水域设定具体渔业生物资源品种所能渔获的 TAC。然后,给予每一捕捞单元(可以是渔民、渔船主、渔船或渔业企业等)在确定的时期和指定的水域内,总可捕量中一定份额的权利。任何捕捞单元所获得的配额都可以与其他财产一样转让、交换或买卖,因此渔获配额是一种财产。由于个人配额随着“被允许”的总渔获量的变动而变化,从理论上说,渔民应该愿意花较长的时间来保护整体鱼群,从而个人可获得较大的利益。由于配额是可以转让的,就可促使出售其配额的渔民,领取退出渔业的津贴,可降低过度投入现象。个体渔获配额每年都需重新确定,其随总可捕量的不同而变化。新西兰是第一个实行 ITQ 的国家(1986 年),目前在澳大利亚、新西兰、加拿大、冰岛、荷兰和美国等国家都实行 ITQ 制度。

(9) 采取经济手段来调整渔业

在渔业中可通过征税的办法达到控制或限制捕捞死亡水平的目的,如可按渔业利润、渔业容纳量、渔获量和捕捞努力量等尺度进行纳税,特别是对那些已经过度捕捞的渔业资源可通过税收吸收资源租金,使渔业生产者经济利益减少,直至亏损而迫使其退出渔业。可以通过人为的经济手段,改变渔业生产的利润,以达到调整渔业活动、控制渔业投入量的目的,如对那些再生能力低,且亟待恢复的渔业资源,可通过限制鱼价、提高燃油价格、按渔获量的多少征税、对捕捞经济幼鱼者和捕捞禁捕鱼种等以重税重罚以提高其成本,降低利润。对那些再生能力强、生产有潜力的渔业资源,则可免征税收,甚至提高渔获收购价、发放燃油补贴等提高渔业生产者的利润,以鼓励增加渔业的收入量。

(10) 强化渔业立法

各国都把渔业立法作为管理渔业经济、保护渔业资源与环境的重要措施。一些国家用渔业立法的形式将 ITQ、TAC 等管理制度法律化,强化了这些管理制度的执行力度。

（11）渔船赎买制度

当捕捞强度超过渔业资源的承受能力，造成海洋渔业资源的失衡，很多国家均出台了渔船赎买制度，政府每年都要拿出一笔资金购买一些旧船或报废船。

以上是目前国际上对渔业资源采取的主要管理措施。各国以及不同地区皆根据自己社会经济条件、资源状况、渔业生产力水平等因素，采取综合管理措施。

五、海洋动物资源生态友好型捕捞技术

1. 国内发展现状

我国的负责任捕捞技术主要围绕网具网目结构、网目尺寸、网具选择性装置等方面开展研究与示范，尚处于研究评估阶段，并未形成规模化示范应用。具体研究包括以下内容。

1）通过网囊网目结构和尺寸改变，成功获取了海区鱼拖网、多囊桁杆虾拖网、单囊虾拖网、帆张网、锚张网和单桩张网等不同捕捞对象体型特征的最适最小网囊网目结构和尺寸参数，具备制定相应国家或行业标准的条件，目前“东海区拖虾网最小网囊网目尺寸”已被列入国家水产行业标准制订计划。研究成果为全面制定我国拖网、张网渔具标准积累了基础资料，对规范我国负责任捕捞技术，保护我国近海渔业资源具有促进作用。

2）研制发明了适宜我国渔具结构和捕捞对象的圆形、长方形刚性栅和柔性分隔结构等多种选择性装置，已申报专利17项。初步掌握了拖网、张网渔具选择性装置结构、类型与渔具性能、渔获对象的相互关系。基本掌握了不同虾拖网、鱼拖网和张网对不同捕捞对象尺寸选择和品种分隔的效果和技术参数。研究表明，虾拖网释放装置的使用，可实现鱼虾的分离，虾囊中主要鱼类的数量明显小于鱼囊中鱼类数量，且释放率均大于60%，短吻红舌鳎（*Cynoglossus joyneri*）的释放率达到78%，有效降低和减少渔获物中非目标品种和幼鱼的兼捕，项目研究成果对养护和合理开发利用近海渔业资源具有重要意义。

3）有效评估了我国主要流刺网渔具结构和渔获性能，取得了东海区小黄鱼、银鲳、黄海区蓝点马鲛和南海区金线鱼刺网最小网目尺寸标准参数。刺网网目尺寸选择性研究结果显示，随着网目尺寸的缩小，刺网渔获的种类和数量呈上升趋势，渔获平均体重则呈下降趋势。目前东海区银鲳（2008）、小黄鱼（2010）最小网目尺寸已分别列入我国国家行业标准制订目录，蓝点马鲛和金线鱼也已具备制修订相关行业或国家标准的技术条件。

4）在东海区蟹笼选择性研究方面，突破了传统渔网具改变网目尺寸提高选择性能的方法，通过开设幼蟹释放口，实现了释放口高度笼平均释放率与笼均最大、最小释放率分别为78.3%与100%、60.5%，对幼虾释放效果明显。东海区蟹笼船（携带笼具6000～9000只）的选择性结果显示，32mm释放口对各甲高组的平均选择率为19.85%，蟹笼选择装置的使用，每船每天可释放幼蟹（小于125g）超过3万尾，一旦项目成果在全部蟹笼船上推广，其释放的幼蟹数量将非常巨大。

2. 国际发展现状

海洋渔业资源可持续利用是关系到人类生存和发展的重大问题，已引起世界各国的极大关注。1995年，FAO通过了《负责任渔业的行为准则》，随后，又通过了《FAO渔捞能力管理国际准则/行动计划》，世界海洋渔业管理正逐步向责任制管理趋势发展，负责任捕捞已成

为世界各国捕捞研究和渔业管理的重点。

世界上负责任捕捞技术主要以具较高释放功能的选择性装置为研究对象。选择性装置研究最早始于世界渔业资源开始衰退、兼捕抛弃问题逐渐被认识的20世纪60年代。在此期间,欧洲的渔业科学人员开始对虾拖网进行减少兼捕装置(bycatch reducing devices,BRD)的研究和开发。近几十年中,BRD研发发展迅速,尤其是在20世纪80年代末、90年代初,各国渔业工作者和研究人员开展了大量的选择性装置的试验,发明了许多适合于特定渔业的选择性装置,如方形网目网片、Nordmøre栅等拖网渔具中的各种减少兼捕装置。除了有效的分隔装置本身的结构和选择性能外,近几年来,很多学者开始对选择性装置中某些特征值对接触渔具鱼类的选择率进行了研究,通过这些研究可以更为合理和有效地设计选择性装置。目前绝大部分渔具选择性装置的选择原理主要分为两类,一类是物理的分离机能(即通过目标种类和兼捕种类个体大小不同原理来减少兼捕的装置);另一类是利用生物行为特性的分离机能(即通过目标种类和兼捕种类之间的行为差异来减少兼捕的装置,这类装置亦被称为被动式的选择性分离装置)。

渔具选择性装置根据其材料不同,可分为软性和刚性选择性装置,由柔性网片所制成的选择性装置都存在着可能被渔获物及其他杂物堵塞而影响拖网及BRD性能的潜在问题,因此很多学者在底层鱼类拖网中试验了刚性的栅栏系统作为释放、分隔兼捕的装置。目前世界各国为了实现负责任捕捞,许多国家对渔具选择性装置的使用进行了明确规定,如20世纪90年代开始,挪威虾拖网渔业中的强制使用Nordmøre栅,澳大利亚虾拖网渔业中的AusTED,许多国家要求拖网渔具必须安装海龟释放装置等。

从确保渔业资源可持续利用的基本观点出发,首先必须确保捕捞能力与资源的可持续利用互相适应、互相匹配。为此,世界各国采取了许多行之有效的强制性限制措施。除渔船吨位与功率限制、建立准入限制(包括资源评估之前冻结捕捞能力或暂停捕捞)、可捕量和配额控制外,对渔具渔法的限制措施主要有禁止破坏性捕捞作业,禁止运输、销售不符规格的渔获物,禁捕渔船上存留非目标或不符规格的种类,禁止不带海龟装置(TED)、副渔获物分离装置(BED)的拖网作业,甚至禁止近岸海区拖网渔业等。

澳大利亚为了减少拖虾渔业中兼捕的鳕,在新南威尔士沿海作了三项试验:将网身网目尺寸增大40%;改变网囊网目结构;在囊头网安装分隔装置;并分别进行拖网副渔获物的个体大小和物种的选择性研究。在东部以澳洲沟对虾为主捕对象的拖网渔船上,已规定强制使用副渔获物减少装置(BRD),称为复合方形网目网片,这种副渔获物减少装置的栅格连接两种不同网目(如方形目)尺寸(45mm和60mm~150mm)的网片。

在美国为了降低渔业死亡率,西北大西洋渔业国际委员会对特定种类和尺寸的渔具选择性进行一系列研究。采取交替作业试验法、平行作业法、联体作业法、裤网法和套网法,在一定区域内进行生物学取样。套网法能够直接提供大部分鱼类从网囊逃逸的数量和尺寸。通在套网上安装圆环以使套网和网囊分开,但是圆环会对卷网机起网时的操作有影响。为解决操作问题,研究改进了一种代替圆环的风筝式辅助网囊。他们还研究设计了大量用于保留目标渔获和排除非目标渔获的网囊,但是网目尺寸相对较小。

此外,世界发达国家还积极为渔具渔法基础研究提供先进的平台和硬件设备。例如,法国、英国、丹麦、加拿大等均建造大型动水槽,为渔具力学和渔具渔法的研究和技术推广提供了重要手段；英国阿伯丁海洋研究所、挪威渔业研究所和法国海洋与渔业研究所等建造了鱼类行为学水槽，为渔业科学调查船配备了水下观察装置和系统的测量仪器，为渔具选择性和鱼类行为学研究提供了平台。在长期观察研究的基础上，进入渔具数字化模拟和仿真模型阶段，为渔具设计、渔具选择性和渔业资源管理决策等提供了预测。

3. 发展趋势

21 世纪以来，世界各国对现代捕捞业的可持续发展，作为国家粮食安全、食品安全和生态安全等战略内容来重新审定，并制定现代捕捞业的发展规划。例如，日本通过高效渔具渔法的研究，开拓多种途径利用国外渔业资源来保证国内水产品的稳定供给；欧盟通过建立负责任及可持续的捕捞渔业，保护和改善渔业资源状况，实现自给自足的渔业体系；美国则以确保海洋生态系统的和谐，促进渔业生物资源的持续利用，重建并维持可持续现代捕捞业，以持续地为人类提供财富和福利。

为了确保渔业资源的可持续开发利用，世界负责任捕捞技术的发展趋势主要表现为：① 大力开发并应用负责任捕捞和生态保护技术，最大限度地降低捕捞作业对濒危种类、栖息地生物与环境的影响，减少非目标鱼的兼捕；② 积极开发并应用环境友好、节能型渔具渔法，降低丢失渔具的“幽灵捕捞”，实现船、机、网之间的最佳匹配，满足低碳社会发展的要求；③ 认真履行国际公约，积极开发新渔场，利用新鱼种，拓展渔业作业空间，维护国家海洋权益；④ 积极开发高效助渔、探鱼设备，提升探寻捕捞对象的能力，提高捕捞效率和资源利用国际竞争力；⑤ 捕捞业集约化、自动化水平不断提高，劳动生产力水平明显提升，有效改善工作环境和捕捞业安全生产性能。

六、海洋保护区技术

1. 国内发展现状

海洋自然保护区和海洋特别保护区的建设是保证沿海社会、经济可持续发展的重要内容之一。必须加速海洋自然保护区和海洋特别保护区的科学研究、选划和建设进程。我们应针对我国海洋生物多样性和海洋保护区面临的问题，在科学调查研究的基础上，强化海洋自然保护区和海洋特别保护区的建设。开展红树林、珊瑚礁、河口区等典型生态系统的调查，重点对海洋生态系统的结构和功能、生物分布时空变化、生物种群结构与演替、人类活动和环境变化对海洋生产力的影响等进行研究，为海洋环境保护提供科学依据。建设海洋自然保护区，主要保护珍稀、濒危海洋生物物种、经济生物物种及其栖息地，以及有重大科学、文化和景观价值的海洋自然景观、自然生态系统和历史遗迹，完整地保存自然环境和自然资源的本来面貌。目前，我国所建海洋自然保护区中，有的是在国内外具有典型意义的海洋生态系统及具有特殊的科学、经济价值和生产能力的自然区域，有的是珍稀、濒危或特有物种的海洋生物物种栖息、繁衍区域和重要旅游路线，对我国海洋生物多样性、生态系统和环境保护起到了一定的作用。但是，我国的海洋自然保护区存在着建而不保、建而不管等一系列问题，严重阻碍着保护区事业的发展。对已有保护区制度进行改革完善，真正建立一种既能合理保护海洋资源环境又能协调发展海洋经济的管理模式，是我国海洋保护区工作面临的一项重要任务。

2. 国际发展现状

1975 年,新西兰在奥克兰市的北部设立了第一个海洋保留区——山羊岛海洋保留区,同时也是世界第一批严格限制的海洋保护区。至 2005 年底,新西兰已设立了 3 个海洋公园、28 个海洋保留区。海洋保护区作为海洋环境的保护手段,提供了最多的全面的长期的法律保护。在海洋保护区内,很大范围内的人类活动受到禁止或综合方式的管理,如捕鱼、卸货、建筑和排放有害物等。为了达到长远意义上的保护,新西兰正在发展海洋保护区政策,以期实现更有效的保护海洋生态系统。2000 年政府发布了新西兰生物多样性战略(NZBS)。NZBS 的一个重要目标就是发展有代表性的海洋保护区(MPA)网络,确保从大尺度范围上保护那些代表新西兰海洋生物多样性的栖息地和生态系统,并且使之维持在一个健康的机能状态。在 NZBS 中,生物多样性的定义包括所有级别的生命的多样性,从一个物种的基因多样性到特殊栖息地和不同物理条件生存着的生物群落多样性,并建立了新西兰生物多样性保护、可持续利用和管理的战略性行动框架,期望通过 MPA 网络的建立,到 2010 年能实现新西兰有 10% 的海洋环境得到保护的目标。2002 年新西兰保护部(DOC)发布了"为保护海洋建立社区支持,保护海洋中的特殊场所"战略,说明了如何增加海洋保护区的意识以及和他人合作达到保护新西兰海洋生物多样性的目的。MPA 政策对生物多样性的保护是基于栖息地和生态系统水平,而不是单个种群。

美国是世界上最早建立国家自然保护区的国家。美国的海洋保护区大致可分为两大类,即与海域相连的海岸带保护区(以保护陆地区域为主)和纯粹的海洋保护区(以保护海域为主)。其中多数为海岸带保护区,包括潮间带或潮下带海域,如滨海的国家公园、国家海滨公园、国家纪念地等;只有少数为纯粹的海洋保护区,如国家海洋禁捕区、国家河口研究保护区、国家野生生物安全区等。美国的海洋保护区建设主要目的是海洋生物多样性和生境保护,海洋渔业管理,提供海洋生态系统服务和保护海洋文化遗产,以及建立全美海洋生态系统代表性海洋保护区网络。由于海洋保护区的建设和管理涉及多个部门,保护区设立的目的、标准和投入也各有不同,造成现有的海洋保护区类型多样化现状。2000 年,美国政府针对海洋保护区的建设和管理发布了总统令,由商务部国家海洋大气局负责协调国家层次的海洋保护区认定和管理,并加强和扩展了国家海洋保护区系统,包括国家海洋禁捕区、国家河口湾研究保护区等,鼓励国家海洋保护区管理部门和机构加强合作来提升现有的保护区管理,并建议和创建新的保护区。2000 年在国家海洋大气局建立了国家海洋保护区中心,负责管理国家海洋保护区、制定政策,提供信息、技术、管理工具以及协调海洋保护区科学研究等。

美国的海洋保护区主要是对海洋生物栖息地的保护,还包括对海水与海底土壤的保护、对沿海水域进行合理的管理以及减少海洋污染等。尽管美国还没有一个全国性的土地使用政策,但《沿海区域管理法》为那些希望保护它们海岸线的各州提供帮助,并且鼓励各级州政府对沿海地区进行直接管理。当然,对海洋生物栖息地的保护取决于对污染的严格控制——最常见的有塑料和碎片对海洋的污染。根据最近的研究报告,塑料与其他海洋碎片来自航行在海上的船舶以及海上钻井平台,这些污染已构成对海洋环境的巨大威胁,这些污染的严重程度绝不亚于某些人们熟悉的污染源,如原油等。根据严格的国际海洋管理条例,海洋碎片和其他形式的污染必须控制在无论从社会或从经济的角度来看都是可以接受的程度上。

七、海洋动物资源监测与监管技术

1. 国内发展现状

1）渔业资源监测技术，包括专业性科学调查和生产科学观察两大类，前者是指在一个有限的时间段内采用标准的设备和方法对渔业资源的现存量及其生物学进行调查评估；后者则指在整个渔季采用规范的方法对渔业捕捞产量及其渔获物的生物学进行观测。这两类方法可以独立使用，但结合使用对资源现状的评估以及对资源发展趋势的预测将更加准确。

常用的专业性渔业资源科学调查技术与方法主要包括底拖网调查扫海面积法、声学探测——回声积分法，以及鱼卵仔鱼调查——产卵群体估测方法等。总体而言，我国在底拖网调查和声学调查技术方法方面已基本达到国际水平。其中底拖网调查方法自 20 世纪 50 年代末即开始应用，而声学方法自 1984 年引入我国以来也有近 30 年的应用与研究经验。以上两种技术方法的应用为我国的渔业监测研究做出了重要贡献。尤其是新世纪交接的几年里，我国学者创造性地将声学方法与底拖网调查进行有机结合，实现了海洋生物资源的全水层勘查评估，为摸清资源家底、支撑海洋划界谈判、维护我国渔业利益做出应有的贡献。

20 世纪 80 年代以来进行的较大规模的调查研究主要包括长江、珠江、黑龙江等流域，以及主要湖泊、水库的渔业资源调查，渤海增殖生态基础调查，东海北部及毗邻海区绿鳍马面鲀等底层鱼类资源调查与探捕，广东省海岛水域海洋生物和渔业资源，南海北部大陆架外缘和东海大陆架斜坡调查，东海、黄海及外海远东拟沙丁鱼资源调查和开发利用研究，闽南-台湾浅滩渔场上升流区生态系研究，鳀鱼资源、渔场调查及鳀鱼变水层拖网捕捞技术，北部湾底拖网渔业资源调查，渤海增养殖生态基础调查研究等。这些调查为不同时期我国的渔业生产和渔业管理提供了重要的科学依据。“九五”期间开展的国家海洋勘测专项“海洋生物资源补充调查及资源评价”再次对我国 4 个海区进行了全面的渔业资源调查，基本摸清了我国近海渔业资源状况。然而由于经费投入较少，资源调查工作断断续续，相关技术研究也不系统，在许多重要的技术环节上与国际先进水平尚有一定的差距。

在鱼卵仔鱼调查方面，虽然我国也在底拖网调查或声学调查中采集鱼卵仔鱼样品，然而由于缺少必要的仪器或设备与相关的繁殖生物学基础研究，至今尚未开展专业性的、旨在监测生殖群体生物量的鱼卵仔鱼调查。另外，对于外来水生物种的监测调查与生态安全评估工作也尚未开展。

2）渔业监管技术，“渔业监管”一词是对国际上通用的对渔业实施“监测、管控及监督（monitoring，control and surveillance，MCS）”的简称，包括法律法规、船舶登记、许可审批发放、渔捞日志填写与报告、渔获转卸监控、科学观察员的派驻、船位监控以及登临检查等。其中法律法规不属本研究的范畴，在此不做进一步叙述。在船舶登记和捕捞许可证审批发放方面，目前我国已有较为完备的管理体系和现代化的技术手段（渔船动态数字化管理系统），所有合法渔船（包括补给、运输等辅助船只）均已纳入有效管理。当然“三无”船只（无船名船号、无船舶证书、无船籍港的船只）是其盲点，但可通过其他监管措施进行打击取缔或纳入规范管理。在海上登临检查方面，我国已有一支逐步规范化的渔政执法队伍从事该方面的工作。而渔捞日志填写与报告、渔获转卸监控、科学观察员的派驻以及船位监控等方面则是目前我国渔业监管技术体系中的薄弱环节。

20世纪80年代之前的计划经济时代,渔业公司或为国有或为集体企业,渔业管理方面政令较为畅通,渔捞日志的记录还较为普遍、较为准确,这些数据在资源状况分析方面发挥了重要作用。然而随着20世纪80年代中后期以来私有船主或私有渔业公司的快速发展,可用于科学分析的渔捞日志几乎消失,科研人员仅能依靠断续的资源调查资料进行资源状况分析,研究结果自然难以为渔业管理提供有效支持。近年来我国渔业主管部门已越来越意识到准确的渔捞日志所提供数据的重要性,并通过海洋捕捞基础信息动态采集分析项目逐步恢复渔捞日志的回收分析工作。

在渔船船位监控方面,目前国内仅有部分地区以提高生产安全性为由开展了渔船监控系统的安装;在法规层面并未有统一要求。在渔获转卸监控、科学观察员派遣方面至今尚未统一开展相关工作,渔业监管体系尚不健全。

2. 国际发展现状

世界发达国家历来重视对近海渔业资源的监测与管理。资源监测方面一般均有针对不同海区以及重点种类的常规性科学调查,并持续地为限额管理甚至配额管理提供科学建议。在渔业管理上则普遍采用从投入至产出的全过程监管,这一点在各区域性渔业管理组织中也是如此。

世界渔业资源监测与渔业监管科技发展的一个主要特点就是新技术的发展与应用。例如,挪威在资源监测方面,除不断发展与完善原有传统技术方法外,还采用载有科学探鱼仪的锚系观测系统,在办公室里即可对鲱鱼的洄游与资源变动进行常年监测;又如许多国家国际组织已要求所有渔船安装卫星链接式船位监控系统,在陆地上即可监控渔船的生产行为并同时接收渔获数据报告,为确保渔船依法生产以及限配额的管控提供了有力的支撑。

2002年可持续发展世界首脑峰会实施计划提出2015年恢复衰退的渔业资源的目标。然而直至2008年,全球处于过度捕捞的渔业种群的比例不仅没有降低,而且还有增大的趋势。为此世界各国、包括区域性渔业管理组织都在致力于对渔业资源的养护,除不断完善和加强渔业监管外,对渔业资源监测的要求也越来越高。尤其在面临全球性气候变化的情况下,加强资源监测研究以甄别人类活动与气候变化对渔业资源的影响,对渔业资源的有效管理显得尤为重要。

1)在资源监测方面,人们越来越认识到长时间序列的观测数据对科学预测资源发展趋势、进而制定合理捕捞限额、维持资源可持续利用的重要性。长时间序列数据的获得包括两个层面,一是继续坚持多季节、大范围的年度科学监测调查;二是采用海量数据传输新技术,利用布设于各重点水域的观测网络对重要渔业种群进行洄游分布、资源变动以及环境因子连续观测,以深入研究鱼类种群的变动机制。另外,利用渔船采集科学数据也是渔业资源监测的一个重要发展趋势。渔船长期在渔场作业并经常往返于港口与渔场之间,对渔船进行适当的科学配备可以在投入最小化的条件下采集大量的、可供分析研究渔业资源状况的数据。国际海洋考察理事会(ICES)于2003年即成立了一个专家组专门研究利用渔船收集声学数据问题;南极海洋生物资源养护委员会(CCAMLR)近年也极力倡导利用渔船进行科学监测调查。研究利用渔船作为专业科学监测调查有效补充的技术也将是未来重要的发展趋势。

国际上海洋渔业发达国家将渔业资源监测调查作为常规任务，积累了渔业生物学和资源动态方面的长期系列数据，资源监测的结果已成为渔业资源管理必不可少的科学依据。挪威海洋研究所拥有海洋渔业资源专业调查船 6 艘，另租船调查，每年海上调查总天数为2000~3000 天，每年和俄罗斯在巴伦支海进行大西洋鳕和黑线鳕等资源的调查，欧盟和挪威每年在北大西洋进行大西洋鲱、鲐鱼和鳕类等资源监测调查。日本独立法人水产综合研究院下属 9 个研究所，拥有海洋专业调查研究船 8 艘，另外其他部门和大学也拥有多艘大型海洋综合调查船，一些调查船常年在世界各海区进行渔业资源调查，从而大大促进了日本的远洋渔业的发展。美国每年对白令海狭鳕资源进行评估调查，为管理狭鳕渔业资源提供科学依据。韩国水产振兴院所属研究所常年坚持在其周边水域定期定点进行海洋资源与环境监测调查。此外，这些国家还利用遥感技术对一些大洋性种类及海洋环境的变化进行监测。海洋渔业资源的调查评估结果已经成为提供渔业资源合理利用与管理的重要科学依据，一些海域，如北大西洋的北海已经建立起了以资源调查研究为基础的多国共同管理体系。

2）在渔业监管技术方面，渔业生产过程的海（渔政船、科学观察员）、陆（渔船监控系统VMS、雷达）、空（飞机、卫星）综合监控技术以及渔捞统计实时报送与数据采集技术已经并将继续成为未来的发展趋势。

参考文献

FAO. 2009. 世界渔业和水产养殖状况. 罗马.

郝玉江，王克雄，韩家波，等. 2011. 中国海兽研究概述. 兽类学报，31(1)：20－36.

金显仕，邓景耀. 2000. 莱州湾渔业资源群落结构和生物多样性的变化. 生物多样性，8(1)：65－72.

金显仕等. 2006. 黄渤海渔业资源综合研究与评价. 北京：海洋出版社：1－549.

刘效舜. 1990. 中国海洋渔业区划. 杭州：浙江科学技术出版社：1－234.

凌建忠，程济生，戴国良. 2006. 甲壳类//唐启升主编. 中国专属经济区海洋生物资源与栖息环境. 北京：科学出版社：865－901.

刘敏等. 2006. 中国专属经济区海洋生物资源与栖息环境——头足类. 北京：科学出版社：901－922.

邱永松等. 2006. 主要渔业资源种类利用状况//唐启升主编. 中国专属经济区海洋生物资源与栖息环境. 北京：科学出版社：1114－1153.

沈国英，施秉章. 1990. 海洋生态学. 厦门：厦门大学出版社：191－195.

唐启升. 2006. 中国专属经济区海洋生物资源与栖息环境. 北京：科学出版社：1－1237.

唐启升. 2014. 中国海洋工程与科技发展战略研究：海洋生物资源工程卷. 北京：中国农业出版社：177－280.

王雪辉等. 2006. 中国专属经济区海洋生物资源与栖息环境——底层鱼类. 北京：科学出版社：663－865.

王丕烈. 1991. 中国海洋哺乳动物区系. 海洋学报，13(3)：387－392.

杨纪明等. 1990. 渤海底层的鱼类渔获量估计. 海洋学报，12(3)：359－365.

赵淑江等. 2006. 海洋渔业对海洋生态系统的影响. 海洋环保，23(3)：93－97.

Caddy J F, Csirke J, Garcia S M. 1998. How pervasive is "Fishing down marine food webs?" Science, 282: 1383.

Clapham P J, Young S B, Brownel Jr R L. 1999. Baleen whales: conservation issues and the status of the most endangered populations. Mammal Rev, 29(1): 35－60.

Fox W W Jr. 1970. An exponential surplus-yield model for optimizing exploited fish populations. Transactions of the American Fisheries Society, 99(1): 80－88.

Hilborn R, Walters C J. 1992. Quantitative Fisheries Stock Assessment: Choice, Dynamics and Uncertainty. New York:

Chapman and Hall: 1 - 570.

Kaschner K, et al. 2011. Current and Future Patterns of Global Marine Mammal Biodiversity. PLoS ONE, 6(5): e19653.

Lotze H K, et al. 2006. Depletion, degradation, and recovery potential of estuaries and coastal seas. Science, 312: 1806 - 1809.

Olsen E M, et al. 2004. Maturation trends indicative of rapid evolution preceded the collapse of northern cod. Nature, 428: 932 - 935.

Pauly D, et al. 1998. Fishing down marine food webs. Science, 279: 860 - 863.

Pauly D, et al. 2000. Fishing down aquatic webs. American Scientist, 88: 46 - 51.

Pompa S, Ehrlich P R, Ceballos G. 2011. Global distribution and conservation of marine mammals. PNAS, 108 (33): 13600 - 13605.

Shipper J, et al. 2008. The Status of the World's Land and Marine Mammals: Diversity, Threat, and Knowledge. Science, 322: 225 - 230.

Worm B, et al. 2009. Rebuilding global fisheries. Science, 325: 578 - 585.

Worm B, et al. 2006. Impacts of biodiversity loss on ocean ecosystem services. Science, 314: 787 - 790.

Ye YM, et al. 2013. Rebuilding global fisheries: the world summit goal, costs and benefits. Fish and Fisheries, 14 (2): 174 - 185.

第五章

近海受损生境和生物资源恢复

第一节　近海受损生境和生物资源恢复研究现状

国际生态恢复学会(Society for Ecological Restoration International)认为,生态恢复(ecological restoration)是一个协助恢复已经退化、受损或破坏的生态系统并使其保持健康的过程,即重建该系统受干扰前的结构与功能及其有关的生物、物理和化学特征(Group,2004)。水域生态系统的修复包含多个层面,涉及生物、物理、化学、经济、文化等多个学科,是一个系统的“生态-经济-社会”过程(晁敏和沈新强,2003)。生态恢复的主要目标是按规划设计要求建立一个具有较高生物多样性的功能性生态系统(Clewell et al.,2000)。生境修复和生物资源养护是对生态系统进行修复的两个途径。生境修复(habitat restoration)是指采取有效措施,对受损的生境进行恢复与重建,使生境恶化状态得到改善的过程;生物资源养护(biological resource conservation)是指采取有效措施,通过自然或人工途径对受损的某种或多种生物资源进行恢复和重建,使恶化状态得到改善的过程。

一、近海生境和生物资源受损现状

据FAO统计,全球过度开发、枯竭和正在修复的渔业资源量从1974年的10%上升到2008年的32%,其中28%的渔业资源存在过度捕捞现象,3%的渔业资源已经枯竭,且仅有1%的渔业资源正在修复中(FAO,2010)。另据联合国统计报道,全世界1/3的海岸生态系统面临严重退化的危险,由于人类活动导致的海洋生境、生态系统以及生物资源的衰退已经引起了世界各国的高度重视(Seaman,2007)。

近几年,受水域环境污染不断加剧以及对渔业资源的持续高强度开发的影响,我国近海生境与生物资源的受损状况日益严重,珍贵水生野生动植物资源急剧衰退,水生生物多样性受到严重威胁。2013年,对18个海洋生态监控区的河口、海湾、滩涂湿地、红树林、珊瑚礁和海草床生态系统监测结果显示,我国近海生态系统处于亚健康和不健康的面积比例分别占到67%和10%。

生境退化首先体现在近海富营养化程度的不断加剧,主要是氮、磷等营养盐浓度严重超标。2013年,我国近海72条河流入海的氨氮(以氮计)污染物量29.3万t,硝酸盐氮(以氮计)221万t,亚硝酸盐氮(以氮计)5.7万t,总磷(以磷计)27.2万t,石油类3.9万t,重金属2.7万t。富营养化直接造成了近海生态灾害频发,如2010年全年有害赤潮发生69次,海星、水母、绿潮等生态灾害频发。

调查显示,我国近海海湾生态系统正面临着生境丧失和人为污染两大主要压力,多数海湾浮游植物密度高于正常范围,鱼卵仔鱼密度较低。锦州湾和杭州湾栖息地面积缩减严重,杭州湾海水富营养化严重,海湾浮游动物生物量和大亚湾浮游动物密度低于正常范围,杭州湾大型底栖生物密度和生物量、乐清湾大型底栖生物生物量、闽东沿岸大型底栖生物密度低于正常范围。受人为围垦的影响,苏北浅滩湿地植被现存量较低,现有滩涂植被面积较2012年减少近一半。受台风、海岸工程和人类活动影响,海草生态系统也已面临严重威胁,如海南东海岸海草床生态系统的海草平均密度明显下降;广西北海海草床仍处于退化状态,海草平均盖度显著下降。山东近岸海域的大叶藻如今也已大面积退化,有些海草场甚至已经消失(李恒等,2006)。青岛近海海草场退化严重,2009 年初步调查显示,青岛近海只有青岛湾、汇泉湾有大叶藻场的存在。

生物资源退化突出表现在渔业资源严重衰退,近海多数传统优质鱼类资源量大幅度下降,已形不成渔汛,低值鱼类数量增加,种间更替明显,优质捕捞鱼类不足20%。研究表明,自 20 世纪 80 年代以来,山东半岛南部和东海近岸产卵场鳀鱼卵显著变小,鳀鱼卵的自然死亡率有显著升高的趋势,证实该现象是捕捞压力增大导致的鳀种群繁殖特征长期适应性改变的结果。

综合来看,我国近海生境与生物资源受损状况堪忧,环境形势严峻,亟待进行保护与修复。

二、近海受损生境和生物资源恢复现状

1. 海洋生境资源恢复的关键设施

(1) 人工鱼礁

人工鱼礁(artificial reef)是人为放置在海底的一个或多个自然或者人工构造物,它能够改变与海洋生物资源有关的物理、生物及社会经济过程(Seaman,2000),并可改善海域生态环境,营造优良的海洋生物栖息环境,为鱼类等提供繁殖、生长、索饵和庇敌的场所,达到保护、增殖和提高渔获量的目的(陶峰等,2008)。人工鱼礁的建设在整治海洋国土、建设海洋牧场、调整海洋产业结构、促进海洋产业的升级和优化、修复和改善海洋生态环境(Pickering et al.,1999)、拯救珍稀濒危生物和保护生物多样性、增殖和优化渔业资源、带动旅游及相关产业的发展、促进海洋经济持续健康发展等方面具有重要的战略意义和深远的历史意义(林军和章守宇,2006;杨吝等,2005;于广成等,2006;Baine,2001)。

用于建造人工鱼礁的材料种类很多(Baine,2001),礁体材料的选择直接影响礁体的结构特征和礁区生物的增养殖效果。根据材料的来源不同,人工鱼礁使用的材料可分为天然材料、废弃材料和人造材料三大类(陈应华,2009,赵海涛等,2006)。天然材料主要有竹子(Pickering and Whitmarsh,1997)、木材、贝壳(Coen and Luckenbach,2000)、石块(DeMartini et al.,1989)等,这类材料一般不会对海洋环境造成污染,但可塑性和耐久性较差。废弃材料包括废旧火车车厢、无轨电车车身、废旧汽车(Pickering and Whitmarsh,1997)、废旧飞机、废旧船只(Fitzhardinge and Bailey-Brock,1989)、退役军舰(Dowling and Nichol,2001)、混凝土

涵管、废旧轮胎(Campos and Gamboa,1989)、粉煤灰、烟气脱硫石膏(Pickering,1996)、油气生产平台(McGurrin et al. ,1989;Jensen,2002)、防浪堤(Ambrose,1994)等,这类材料在投放前一般都需要分拣、评估、清洗和改造,尽可能减少其对海洋环境带来的负面影响。人造材料主要包括塑料构件、玻璃纤维(Pickering,1996)、聚氯乙烯(Alevizon and Gorham,1989)、瓦片(Bohnsack and Sutherland,1985)、钢材、钢筋混凝土(陈勇等,2002)等,这类材料具有较强的可塑性,可根据鱼礁用途和目标海域的环境条件利用一种或多种材料制成各种形状和结构。一个礁体的不同位置也因需求不同而使用多种不同材料,以实现礁体不同部位的生态功能。

礁体设计对人工鱼礁效果的发挥至关重要,主要包括礁体材料、重量、形状、几何尺寸、内部结构等因素(Bohnsack and Sutherland,1985;Kim et al. ,1994)。赵海涛等(2006)提出了确保可行性、不同高度礁体配合投放、增大礁体表面积、保证良好的透水性等设计原则,并介绍了设计过程中涉及的基底承载力、滑移稳定性和倾覆稳定性等验算方法。由于不同水生生物具有不同的集聚偏好和行为特征,在礁体设计过程中应考虑生物因素。鱼礁投放后,海流可能会引起礁体的滑移、倾覆、沉陷和掩埋, 所以礁体设计中也应考虑水动力学特征和物理稳定性问题(陶峰等,2008)。礁体的材料、重量、尺寸、结构复杂性、表面粗糙度等应根据规划要求与生物因素和水动力学特征相适应(Bohnsack, 1989; Beets and Hixon, 1994; Anderson et al. ,1989;Connell and Jones,1991;Sherman et al. ,2002)。

根据投放的不同目的和用途,人工鱼礁可以分为增殖型鱼礁、渔获型鱼礁和游钓型鱼礁三种。增殖型鱼礁一般放置于浅海或重要保护物种的栖息地,主要用于放养扇贝、海参、鲍、海胆等海珍品和保护珍稀濒危物种,起到增殖和保护资源的作用;渔获型鱼礁一般设置于鱼类的洄游通道,主要是诱集鱼类形成渔场,达到提高渔获量的目的;游钓型鱼礁一般设置于滨海城市旅游区的沿岸海域,用于休闲、垂钓、健身活动等(于广成等,2006)。

(2) 海珍品增殖礁及其增养殖设施

根据增殖对象生物不同,人工鱼礁可分为藻礁、鲍礁、参礁等,而增殖海参、鲍等海珍品的礁体可统称为海珍品增殖礁,又称海珍礁(张立斌,2010)。

由于礁体可以保护刺参、鲍等海珍品免受敌害侵扰(Ambrose and Anderson,1990),并可为增殖海珍品提供食物来源和遮蔽场所(Chen,2004;陈亚琴,2007;秦传新等,2009),因此海珍礁广泛应用于中国的海珍品增养殖中(Chen,2003)。在我国,很多种材料被用作刺参的人工附着基或礁体,例如,石块(陈亚琴,2007;孙德禹和陈爱国,2006;李吉强等,2004;Chen,2004)、瓦片(王义民等,2004;秦传新等,2009;Chen,2003)、混凝土构件(秦传新等,2009;孙振兴,2004;赵中堂,1995)、扇贝养殖笼(李鲁晶和霍峻,2007)、编织布(林培振,2007)、塑料构件(李鲁晶和霍峻,2007),甚至柞木枝(杨化林和单晓鸾,2007)等。

作者所在的养殖水域生态学与环境调控研究团队针对近岸泥沙质海湾、离岸开放海域和静水围堰 3 种增养殖生境的受损现状和刺参、鲍等海珍品的生态习性,创新发明了 3 大类共计 6 种新设施,实现了对不同类别生境的有效修复和高效生态增养殖,为海洋生境修复与海水增养殖产业高效健康发展提供了装备支撑。

1) 适用于近岸海湾的生境修复和生态增养殖专用新设施。本研究团队发明了一种适用于近岸泥沙质海湾刺参等海珍品增养殖的牡蛎壳海珍礁,海珍礁礁体特点是内部空间丰富,饵料附着量大,为刺参提供了丰富的饵料和栖息空间,同时材料来源充足,实现了资源回收再利用(杨红生等,2011);发明了牡蛎壳海珍礁的配套制作装置,实现了礁体的高效制作(杨红生等,2010b);发明了一种浅海贝类排粪物再利用的养殖装置,采用刺参-扇贝混养模式,解决了筏式贝类养殖生物沉积自身污染和筏式养殖区底部空间利用的问题,实现了减缓浅海筏式贝类养殖生物沉积对底质的污染的目的,同时也可收获高值刺参产品(杨红生等,2010c)。

2)适用于离岸开放海域的生境修复和生态增养殖专用新设施。基于前期发明的采用大型藻类对富营养化海湾进行生物修复的方法,发明了一种大型藻类抗风浪沉绳式养殖设施,解决了浪大流急海域大型藻类筏式养殖藻苗损失严重的问题,并可在局部海域形成"海底森林",有效提高了海域初级生产力(许强等,2011);发明了一种适用于藻类、刺参、海胆、扇贝等多物种生态增养殖的"海龙Ⅰ型"底播式海水增养殖设施,解决了离岸开放海域底栖初级生产力水平较低、进行海珍品养殖采捕困难及敌害生物较多等问题,有利于养殖海区的生境修复和综合利用(杨红生等,2010a)。

3)适用于围堰的生境修复和生态增养殖专用新设施。发明了一种适用于围堰刺参等海珍品养殖的多层板式立体海珍礁,解决了围堰内养殖海珍品栖息空间有限、饵料供应量低的问题,大大增加了围堰内初级生产力水平和刺参栖息空间。该设施有利于藻类的附着,聚参效果显著,操作简单,方便收获(张立斌等,2010;Zhang et al.,2010)。

2. 海洋生境资源修复的关键技术

(1)生境修复与改良技术

1)海草床修复技术。海草是单子叶草本植物,通常生长在浅海和河口水域。海草床对海域生境的修复和改良具有重要的生态作用,海草群落不仅是海洋初级生产者,具有高的生产力和固碳能力,还具有稳定底泥沉积物、改善水的透明度及净化海水的作用,是控制和改善浅水水质的关键植物;同时,海草还是许多海洋动物重要的产卵场、栖息地、隐蔽场所及直接的食物来源,在全球C、N、P循环中具有重要作用(Hemminga and Duart,2000;Duarte,2002;韩秋影和施平,2008)。

20世纪以来,美国、葡萄牙、荷兰、澳大利亚、韩国等许多国家报道海草床衰退现象严重(Lee and Park,2007;Walker and Mccomb,1992;Martins et al.,2005;Van Katwijk et al.,1998)。据《世界海草地图集》显示,1993~2003年,全世界已经有约26 000km^{2}的海草床消失,达到总数的15%(Green and Short,2003)。

海草床的衰退引起了人们的高度关注,许多国家都开展了海草床恢复方法的研究工作。海草床的恢复主要依靠海草的种子或者构件(根状茎)(Balestri et al.,1998),主要的方法有生境恢复法、种子法和移植法。生境恢复法投入少、代价低,但周期长。移植法恢复大叶藻海草床是较为常用的方法(Calumpong and Fonseca,2001),主要有草皮法、草块法和根状茎法,草块法成活率高,但对原海草床有破坏作用;根状茎法节约种源,但固定困难。应用种子来实现低成本、高效率、大规模的恢复海草床也是当前研究的热点,种子法破坏小,但种子难收集、易丧失、萌发率低(李森等,2010)。

国际上针对海草床恢复的研究已取得一定进展。在美国,Short等(2003)研发了更加高效的应用框架系统实现远程移植大叶藻的新方法(TERFS)(Borde et al.,2004);Nixon等(2002)研发了一种能高效规模化种植大叶藻的播种机,Harwell等(1999)研究了利用麻袋种植大叶藻的方法,该方法可有效防止种子被摄食、掩埋或流失(Harwell and Orth,1999)。澳大利亚的Kirkman(1998)进行了聚伞藻属*Posidonia* sp.的移植研究。法国和意大利的科学家成功移植了大洋聚伞藻(*Posidonia oceanica*)(Balestri et al.,1998)。葡萄牙的Martins等(2005)研究了在欧洲南部移植罗氏大叶藻的最佳季节。韩国的Park等(1994)采用了不同的移植方法来恢复大叶藻海草床。

我国的海草床构建方法和技术也取得了一定的进展。作者所在的研究团队对山东沿海的海草床的海草种类和退化现状进行了调查,评估了海草床的水质净化功能,分析了海草的分布、主要营养元素组成与环境因子之间的关系;研究了大叶藻种子的萌发和培育技术,初步建立了有关大叶藻(包括丛生大叶藻和矮大叶藻)的移植、种植和育苗技术,筛选出了适合浅水海域的大叶藻海草床构建技术。

2)牡蛎礁修复技术。牡蛎礁(oyster reef)指目前正在生长及刚停止生长的、裸露于河口洼地中的牡蛎壳堆积体(耿秀山等,1991)。牡蛎礁在净化水体、提供栖息生境、促进渔业生产、保护生物多样性和耦合生态系统能量流动等方面均具有重要的作用(Breitburg et al.,2000;Coen and Luckenbach,2000;Soniat et al.,2004;全为民等,2006;Rodney and Paynter,2006;Thomsen and McGlathery,2006;Walters and Coen,2006)。

美国切萨匹克湾由于人类活动的影响而引起了生境的退化(如富营养化和大叶藻海草床的破坏)及生物资源的衰退(如美洲牡蛎数量大为降低)。近年来,弗吉尼亚海洋研究所的科学家实施了牡蛎礁恢复计划,对礁体生物学、群落发生和营养动态进行了系统研究,并对恢复情况进行了追踪(Borde et al.,2004)。Harding(2001)研究了恢复的牡蛎礁区域浮游动物群落丰度和组成的水平分布和时间变化,作为切萨皮克湾牡蛎礁恢复进展的潜在标准(Harding,2001)。该系列研究对当地牡蛎礁的成功恢复起到了重要作用。牡蛎礁的修复主要通过结合防浪堤设置专用礁体以及利用牡蛎壳礁体两种方式实现(Borde et al.,2004)。

3)珊瑚礁修复技术。珊瑚礁(coral reef)是石珊瑚目的动物形成的一种结构,它们是成千上万的由碳酸钙组成的珊瑚虫的骨骼在数百年至数千年的生长过程中形成的。珊瑚礁被称作"热带海洋森林",其生态系统具有很高的生物多样性和重要的生态功能,珊瑚礁为许多动植物提供了生活环境,其中包括蠕虫、软体动物、海绵、棘皮动物和甲壳动物,此外珊瑚礁还是大洋带的鱼类的幼鱼生长地(Omori and Fujiwara,2004)。现代珊瑚礁主要集中分布在印度洋、太平洋地区和加勒比海地区,并以印度洋、太平洋地区为主,大体分布在赤道两侧南北纬30°之间(李元超等,2008)。

由于全球气候变暖、自然灾害、海水消耗、过度捕捞、海水污染等原因,珊瑚礁衰退现象严重。世界珊瑚礁现状调查显示,全世界19%的珊瑚礁已经消失,15%的珊瑚礁在10~20年内有消失的危险,20%的珊瑚礁在20~40年内有消失的危险(Wilkinson,2008)。

当前,珊瑚礁生态修复的主要方法包括有性生殖法、珊瑚移植法、底质改良法等。

有性生殖法(sexual reproduction)是通过自然产卵产生的珊瑚幼虫来培育珊瑚幼体,再将幼体进行移植。与传统的移植法相比较,该方法需要更长的时间。这种方法的优点是在自然产卵区域收集到的多个物种的幼虫均可移植,可构建稳定的珊瑚礁群落结构(Omori and Fujiwara,2004)。

珊瑚移植(transplantation)是把珊瑚整体或者部分移植到退化区域,以改善退化区的生物多样性,这是过去几十年来修复珊瑚礁的主要手段(李元超等,2008)。珊瑚礁可以通过部分或者整体珊瑚群体的移植(Omori and Fujiwara,2004)、投放浮浪幼虫苗种(Omori et al.,2004)、移植珊瑚枝或者片段(Ammar,2009;Raymundo,2001)或珊瑚幼体移植(Sabater and Yap,2002)实现有效修复。Edwards 等讨论了适合珊瑚移植恢复的时期、底质、水质等条件,并指出了不适当的移植不但达不到预期效果,而且会对损害珊瑚的供体(Edwards and Clark,1999)。珊瑚移植需要大量的可移植珊瑚,而且并不能保证高的成活率。Rinkevich(1995)提出了"Gardening coral reefs"的概念,是在一个养殖场所进行珊瑚的养殖,把珊瑚断片或幼虫养到适宜的大小再移植到退化区域,可以解决移植法存在的不足。

底质改良是通过稳固底质或在底质中增加化学物质,以吸引珊瑚幼虫的附着和珊瑚的生长。影响珊瑚成活很重要的一个因素是悬浮物的浓度,悬浮物浓度过高会影响到海水的透明度,悬浮物还可以沉积到珊瑚虫表面,使其窒息死亡;底质不稳定可能会造成珊瑚幼虫在碎石的滚动中脱落。稳固底质的常用方法是用水泥把碎石区覆盖或者把碎石搬走。部分研究表明,通过在底质中增加化学物质 $CaCO_3/Mg(OH)_2$ 和增加化学电位的方法,也可吸引珊瑚幼虫的附着和促进珊瑚生长(Sabater and Yap,2002)。

4)人工鱼礁构建技术。人工鱼礁在典型海域的生境修复和改良中的应用研究进展迅速。日本的鱼礁建设历史悠久,早在 1789~1801 年就开始建造鱼礁,进入 20 世纪 90 年代,日本的人工鱼礁建设产业已形成标准化、规模化、制度化的体制,每年投入人工鱼礁建设资金为 600 亿日元,建礁体积每年约 600 万空方(刘惠飞,2001)。韩国政府也非常重视人工鱼礁的建设,1973~2001 年,韩国政府共投资约 5500 亿韩元(折合人民币约 40 亿元),投放礁体 700 万 m^3,建成礁区 1200 座、面积 14 万 hm^2(陈应华,2009);2001~2007 年共投资 20 亿美元。美国的人工鱼礁也有 100 多年的历史,但使用现代材料建造大型鱼礁开始于 20 世纪 60 年代初。美国的人工鱼礁主要用于沿岸游钓渔业,人工鱼礁规划的主体是州政府,人工鱼礁建设者主要是企业、民间组织(钓鱼协会、潜水协会等)。大西洋沿岸的纽约州、新泽西州、罗得岛州、南卡罗来纳州、佛罗里达州,太平洋沿岸的加州、华盛顿州都建造了大量鱼礁(王志杰,1983;于沛民和张秀梅,2006)。英国、德国、意大利、葡萄牙和前苏联、斯里兰卡、泰国、印尼、菲律宾、朝鲜、古巴、墨西哥以及澳大利亚等许多海洋国家都在 20 世纪 60~70 年代以后陆续动工建设沿海的人工鱼礁渔场,对自然海域鱼虾贝藻等生物资源和环境的修复起到了非常重要的作用(Baine,2001)。

在我国,台湾于 1974 年由农业委员会会同渔业局进行规划与协调,开始有计划地在台湾沿岸水域投放人工鱼礁(易建生,1993),截至 2004 年底,台湾已建成人工鱼礁区 85 处,投放各类礁体 18 万余个,总投资折合新台币 13 亿元,礁区遍布台湾岛四周和澎湖列岛(杨吝等,2005a)。香港特别行政区 1995 年 7 月宣布拨款 1.08 亿港元推行"人工鱼礁计划",此计划是为改善香港海洋生态而优先推行的几个项目之一,连同其他敷设项目涉及投放共 168 700空方的旧船、混凝土、矿石和轮胎人工鱼礁,旨在通过建设人工鱼礁来改善本地的渔业资源和修复海洋生态系统。香港特别行政区立法会于 1998 年 6 月通过议案,5 年内拨款 6 亿港元建设香港水域的人工鱼礁渔场(杨吝等,2005a)。大陆沿海的人工鱼礁建设事业开始于 20 世纪 70 年代末。2002 年,广东沿海 12 个市已完成人工鱼礁建设规划工作。目前,浙江、江苏、福建、海南等省区,都在启动人工鱼礁的规划和建设(张怀慧和孙龙,2001;杨吝等,2005a)。

人工鱼礁水动力学特征研究可以为人工鱼礁的选址和设计的优化提供科学依据。了解人工鱼礁水动力学性能需要首先研究人工鱼礁受水流作用时受力的情况和人工鱼礁内部及其周围流场的实际分布情况,其研究方法主要有理论分析、模型实验和数值模拟等(姜昭阳,2009)。黑木敏郎(1964)与中村充(1979)在回流水槽中,观察和测定了圆筒形、四角形鱼礁模型周围水流的变化;Fujihara 等(1997)运用数值计算法对设置鱼礁后的定常层流水域的流场变化进行研究,得到了鱼礁流场的上升流范围及分布特点;中村充(1991)对人工鱼礁礁体在波浪和潮流的共同作用下的流速及作用力进行了研究,认为流速是潮流速度与波浪速度的合成。国外学者的研究表明:在鱼礁的阻流作用下,鱼礁下游的流场根据紊动程度可分为紊流区、过渡区和未受扰动区 3 个区域,通透性礁体和非通透性礁体所产生的紊流区长度比和高度比均不同,通透性礁体的高度比小于 1,长度比小于 4,而非通透性礁体的高度比一般要大于 1 而略小于 2,而长度比小于 14(Seaman,2000)。

合理的选址是人工鱼礁规划设计的基础。人工鱼礁投放区域的选择是否合理关系到其功能能否正常发挥,投放区域不当会造成人力与财力的损失,并有可能对生态环境造成破坏。李文涛等(2003)认为,人工鱼礁的选址涉及地质科学、海洋科学、气象科学、生物科学、社会学等多个学科,需要考虑海洋物理环境、生物环境和社会等多种因素,其中,国家的海洋功能区划以及海底底质类型、水深、水流等因素在人工鱼礁的选址中是必须首先考虑的。赵海涛等(2006)认为,投礁范围的确定受鱼礁用途、海洋生物、水质、底质、气象水文等诸多因素的影响。王飞等(2008)根据水深、底质类型、地形坡度、生物密度、平均流速、离岸距离等影响人工鱼礁选址的因素,并根据各影响因子的重要性程度确定其权重,建立了舟山海域人工鱼礁选址的多因子综合评价模型。Tian(1996)对台湾省老鼠屿沿岸海区的五个预选礁区进行了综合性的选址研究,研究内容包括了海底地形、地貌、底质特性以及海况,调查中使用了回声测深仪、旁扫声呐、重力岩心提取器、地质测试仪、GPS、ADCP(多普勒流速剖面仪)和ROV(水下机器人)等先进的仪器设备。

适宜的鱼礁规模和礁体布局方式是人工鱼礁取得理想效果的重要保证(陈应华,2009)。鱼礁区的规模至少要达到 4000 空方才能使鱼礁起到应有的作用(刘同渝,2003)。Ogawa 等(1977)研究表明,礁体规模在 400~4000 空方的范围内,鱼礁区的生产力随礁体规模的增加而增大。单位礁体之间的间距也会影响人工鱼礁区的生物量,不同种类及规格的鱼类对相邻单位鱼礁之间的间距有不同的反应,Jordan 等(2005)研究表明,在一定范围内,单位鱼礁区鱼类的种类和丰度随着单位鱼礁间距的增加而增加。

生物诱集效果的评价是验证人工鱼礁功能最直接最有效的方式,也是当前国内外人工鱼礁研究的热点。由于人工鱼礁与自然基质具有很高的表观相似度,因此投放人工鱼礁是缓解鱼类资源自然生境损失的有效手段(Pratt,1994)。之前的很多研究表明,人工鱼礁区域和自然生境之间生物资源的种类有很大的相似度,但不同的研究结果却不尽相同(Clynick et al.,2008)。部分研究表明人工鱼礁区域的生物多样性高于附近的天然礁区(Stephens Jr et al.,1994;Rilov and Benayahu,2000)。刘舜斌等(2007)与张虎等(2005)的研究发现,建成稳定后的人工鱼礁区域具有明显的集鱼效果,礁区内的生物多样性和生产力明显提高、群落结构得到改善,渔获量和经济物种所占比例均高于邻近的天然礁区和自然海区;然而也有一些研究发现附近天然礁区的生物多样性要高于人工鱼礁区域(Burchmore et al.,1985;Rooker et al.,1997)。

(2)生物资源恢复与养护技术

1)人工增殖放流技术。人工增殖放流是恢复渔业资源、优化水生生物群落结构、提高渔业生产力的有效手段,其形式是通过向天然水域投放鱼、虾、蟹、贝类等各类渔业生物的苗种来达到恢复或增加渔业资源种群数量和资源量(刘莉莉等,2008;王晓梅等,2010)。国外较早有记载的人工增殖放流出现在1867年,英国在新英格兰地区进行了鲥鱼(*Alosa sapidissima*)的人工放流试验(王晓梅等,2010)。19世纪中期,美国对加拿大红点鲑进行了移植孵化实验,后来又将一种溯河性鲱鱼从北美大西洋沿岸移植到太平洋沿岸,并形成了有价值的自然种群。挪威、英国、丹麦和芬兰也先后进行了鳕鱼和鲆鲽类的资源增殖工作。日本于20世纪60年代提出"栽培渔业"概念,并在濑户内海进行了对虾、真鲷、梭子蟹和盘鲍的放流增殖工作,至2002年,日本放流水产苗种已达83种。长距离洄游的大麻哈鱼类是目前世界上规模最大、最有成效的增殖种类,前苏联、日本、美国和加拿大等国先后进行了大麻哈鱼的增殖放流,放流数量每年高达30余亿尾,回捕率高达20%(尹增强和章守宇,2008)。目前世界上有94个国家开展的增殖放流工作,其中64个国家开展了海洋增殖放流工作(李继龙等,2009)。

我国近海渔业资源放流工作起步较晚,自20世纪70年代中后期开展对虾增殖放流以来,已经开展了海蜇、三疣梭子蟹、金乌贼、曼氏无针乌贼、梭鱼、真鲷、黑鲷、大黄鱼、牙鲆、黄盖鲽、六线鱼、许氏平鲉等游泳生物,以及虾夷扇贝、魁蚶、海参及盘鲍等底栖生物增殖放流工作,其中,中国对虾的增殖和移植、海蜇的增殖、虾夷扇贝的底播增殖等工作已粗具生产规模和经济效益(张澄茂和叶泉土,2000;赵兴武,2008)。但在增殖放流过程中,存在管理体制不够健全、资金投入相对不足、科学研究相对薄弱,缺乏规范的增殖放流技术规程等问题。2010年底,农业部下发了《全国水生生物增殖放流总体规划(2011~2015年)》,规范和细化了各海域增殖放流任务,提出了渤海、黄海、东海及南海具体适宜增殖放流的种类,对45种经济物种的适宜放流海域进行了规划。

2)多营养层次综合增养殖技术。多营养级的综合养殖模式(integrated multi-trophic aquaculture,IMTA)是近年提出的一种健康、可持续发展的海水养殖理念。对于资源稳定、守恒的系统,营养物质的再循环是生态系统中的一个重要过程。由不同营养级生物,如投饵类动物、滤食性贝类、大型藻类和沉积食性动物等组成的综合养殖系统中,一些生物排泄到水体中的废物成为另一些生物的营养物质来源。因此,这种方式能充分利用养殖系统中的营养物质和能量,可以把营养损耗及潜在的经济损耗降到最低,从而使系统具有较高的容纳量和经济产出。

近年来,作者所在的研究团队针对浅海筏式、底播和岛屿增殖的不同特点以及增养殖对象的生态特征,研发了筏式贝-藻-参综合养殖、浅海藻-鲍-参生态底播增养殖和离岸岛屿藻-参-鱼生态增养殖等多营养层次的综合增养殖新技术。

① 浅海筏式贝-藻-参综合养殖新技术。针对目前筏式养殖技术亟待升级、养殖自身污染亟待解决等问题,建立了北方海域筏式贝-藻-参综合养殖新技术。在滤食性贝类(栉孔扇贝或海湾扇贝)筏式养殖区搭配大型藻类养殖,水温12~27℃时选择龙须菜,贝藻重量搭配

比例为1∶1~1∶2,水温0~18℃时栽培海带、裙带菜等,减轻了养殖区富营养化水平,养殖海域水质保持在Ⅰ~Ⅱ类标准,经济效益提高15%以上。

② 浅海藻-鲍-参底播生态增养殖新技术。针对目前浅海底播养殖方式尚待优化,生态环境效益有待提高等问题,建立了藻-鲍-参生态底播增养殖新技术。通过投放海珍礁、增殖大型藻类、底播皱纹盘鲍和刺参,组建了初级生产者(浮游植物、大型藻类)、初级消费者(鲍)和沉积食性消费者(刺参)等功能群,形成示范区4000亩[①],3年累计底播鲍苗800万头,刺参苗1000万头,获得了良好的经济与生态效益。综合调查结果表明,区域底播刺参密度达9头/m^2,生物量为718.69g/m^2,鲍的密度达7头/m^2,生物量为494.56g/m^2。春季调查区域裙带菜密度达到1182g/m^2。

③ 离岸岛屿藻-参-鱼生态增养殖新技术。作者所在养殖生态工程课题组针对目前岛屿海域生态增养殖技术薄弱的问题,集成利用多层组合式海珍礁、船礁、方形鱼礁等设施和大型藻类沉绳式养殖技术,建立了大型藻类-刺参-鱼类多元立体增养殖新技术。我们采用藻类沉绳式养殖方式解决了风浪较大的海域进行筏式藻类养殖中藻苗损失严重的问题。龙须菜经两个月生长可增重30余倍,提升了海域初级生产力及供饵力。同时我们通过投放海珍礁、底播刺参,投礁增殖恋礁性鱼类,限制捕捞,组建了初级生产者、沉积食性消费者、野生经济鱼类等功能群。海珍礁内部栖息的鱼类主要是许氏平鲉和六线鱼,每个礁体栖息鱼类2~6尾,平均3尾,体长8~20cm。

3)海洋牧场建设技术。海洋牧场(ocean ranching)是一个新型的增养殖渔业系统,即在某一海域内,建设适应水产资源生态的人工生息场。海洋牧场构建是采用增殖放流和移殖放流的方法,将生物种苗经过中间育成或人工驯化后放流入海,利用海洋自然生产力和微量投饵育成,并采用先进的鱼群控制技术和环境监控技术对其进行科学管理,使其资源量持续增长,最终有计划且高效率地进行渔业捕获。建设海洋牧场需要一整套系统化的渔业设施和管理体制,如人造上升流、人工种苗孵化、自动投饵机、气泡幕、超声波控制器、环境监测站、水下监视系统、资源管理系统等(Salvanes,2001;张国胜等,2003;杨金龙等,2004;佘远安,2008)。

海洋牧场的构想最早是由日本在1971年提出。1978~1987年日本开始在全国范围内全面推进"栽培渔业"计划,并建成了世界上第一个海洋牧场——日本黑潮牧场(刘卓和杨纪明,1995)。韩国于1994~1996年进行了海洋牧场建设的可行性研究,并于1998年开始实施"海洋牧场计划",该计划试图通过海洋水产资源补充,形成牧场,通过牧场的利用和管理,实现海洋渔业资源的可持续增长和利用极大化(佘远安,2008)。美国于1968年提出建造海洋牧场计划,1972年付诸实施,1974年在加利福尼亚建立起海洋牧场,利用自然苗床,培育大型藻类,效益显著(杨金龙等,2004)。我国在20世纪80年代曾提出开发建设海洋牧场的设想,90年代又有学者对南海水域发展海洋牧场提出建议,并对南海水域进行了多项综合和专项调查,为开发建设海洋牧场提供了背景资料和技术储备。目前中国海洋牧场的开发还仅限于投放人工鱼礁和人工放流,且由于规模较小,形成的鱼礁渔场对沿岸渔业的影响甚微(张国胜等,2003;佘远安,2008)。

---

① 1亩≈666.67m^2

3. 海洋生境资源修复的监测与评价

(1) 海洋生境资源修复系统的监测

生态系统的监测是海洋生境资源修复的关键部分,监测信息的收集是决定恢复生态系统管理方式的重要环节,通过监测可以确定修复工程是否向既定目标发展。因此,制定监测实施标准和规程对于涉及多人参与以及较为复杂的监测活动十分必要。如美国的加利福尼亚区域海带修复计划制定了海带恢复和监测规程,规程为参与潜水的志愿者列出了详细注意事项,以保证监测的一致性和精确性(Borde et al., 2004);全球海草监测计划(SeagrassNet)也制定了有关海草恢复的监测规程、野外取样和数据处理的注意事项、科学监测手册等。

监测主要分修复前监测和修复的长期监测。通过修复前监测,可以了解生境和生物资源的受损程度,确定现存生态系统的特点,并有助于确定恢复的目标和恢复方式(Borde et al.,2004)。修复的长期监测是自修复计划正式实施以后对修复的全过程进行的监测,通过长期监测可以了解修复生境在生态过程中的作用,同时可以比较修复系统与自然系统的特点,长期的持续监测便于准确确定退化生态系统修复的生态变动过程及变动方向。监测方法和技术的提高对于生境和资源修复效果的评价具有重要意义(Zedler and Callaway,2000)。

(2) 海洋生境资源修复效果的评价

由于在复杂的环境条件作用下恢复的目标和效果可能会偏离既定的恢复轨道,因此对海洋生境资源修复效果进行评价是十分必要的。但当前对恢复和自然生态系统及其功能参数特征的变异性了解还不够深入,因此,海洋生境资源修复效果的评价方法与技术手段也相对复杂(Borde et al.,2004)。

生态修复效果评价的主要方法有直接对比法(direct comparison)、属性分析法(attribute analysis)和轨道分析法(trajectory analysis)。衡量海洋生境修复效果应用最广泛的方法是对比法,即对比恢复的和自然的生态系统的结构与功能参数,包括生物和非生物环境参数。属性分析法是将恢复的生态系统的属性转化为定量和半定量的数据,以确定生态系统中各属性要素的恢复程度。轨道分析法是一种正处于研究过程中但比较有应用前景的方法,该方法通过定期收集恢复数据并绘制成趋势图,以确定恢复的趋势是否沿预定的恢复轨道进行(Group,2004)。

恢复的生态系统的评价标准较为复杂。从生态学角度,恢复的生态系统应包含充足的生物和非生物资源,其能够在没有外界协助的情况下维持自身结构和功能的持续正常运转,且具备能够应对正常环境压力和干扰的抗性(Group,2004)。

国内外在采用系统模型评价修复效果方面的研究取得了一定进展。Madon 等(2001)提出了用于规划湿地恢复的生物能量学模型(bioenergetics model),该模型可以用于评估不同环境条件下鱼类的生长情况,华盛顿大学的研究人员利用该模型评估了河口湿地系统恢复过程中鲑鱼幼鱼的生长情况(Gray et al.,2002)。Pickering 等(1999)运用成本效果分析(CEA)、成本效益分析(CBA)和条件价值评估(CVM)等方法从生态学角度评价了人工鱼礁修复近海生态系统的潜力。Pitche 等(2002)采用生态系统空间模拟技术(ECOSPACE)预测了香港禁捕保护区内人工鱼礁的资源和渔业的效益。

近年来,杨红生研究了耐高温大型藻类的光合作用及对生源要素的吸收能力,揭示了龙须菜在我国北方海域受损养殖环境中的生物修复作用。实验表明,龙须菜在我国北方海区高温季节能够有效吸收贝类养殖系统的营养盐,明显地改善养殖环境。在浅海贝类筏式养殖海区混养的龙须菜每亩可吸收利用182kg碳、15.7kg氮、1.9kg磷,揭示了刺参利用贝类和鱼类养殖系统的生物沉积物的能力。研究还评估了刺参在浅海养殖系统中的生物修复潜力,刺参日摄食量达体重的20%,沉积物有机质含量降低5.2%,有机碳降低4.5%,有机氮降低5.0%,有机磷降低20.7%(Zhou et al.,2006;Yang et al.,2006)。

4. 海洋生境资源修复的综合管理

海洋生境资源修复的管理是海域管理的重要组成部分,涉及对海洋生态系统的全面了解以及对生境资源修复的监测与研究。海洋生境和资源修复的管理应该从规划开始,一直持续到修复效果达到预定目标结束。管理的目标是保障修复行动和修复效果的有效性。

近年来,基于生态系统的管理(ecosystem-based management,EBM)理念得到充分重视与发展。基于生态系统的管理是一种较为先进的资源环境管理方式,其核心内容是维护生态系统的健康和可持续(Link,2002),该理念强调从海洋生态系统整体出发制定渔业管理决策,并运用多学科知识,加强各部门合作,实现资源开发与生态保护相协调(褚晓琳,2010)。许多渔业管理计划均考虑多鱼种管理,并借鉴单一种类管理的经验(晁敏和沈新强,2003)。适应性管理(adaptive management)是海洋生境和资源生态修复中强调的另一种管理模式,该模式承认恢复计划过程中无法预测某些不确定发生的事件,管理的目标是解决实施过程中出现的这些不确定事件。该模式涉及附加恢复计划的实施,恢复地点中部分小区域的实验研究、不同环境条件下的并行研究计划、评估整个过程有效性的实施等。适应性管理的模式广泛应用于海洋生境和资源修复实践中(Borde et al.,2004)。

三、近海受损生境和生物资源恢复发展展望

海洋生境的退化与生物资源的衰退引起了国内外的高度重视,在典型生境的修复、关键物种的保护、修复效果的监测与评价、修复的综合管理等方面取得了较为显著的成效,对缓解海洋生态环境的持续恶化与生物资源的持续衰退起到了重要作用。但在生境修复与生物资源养护原理、生态高效型设施设备、生境修复与生物资源养护新技术、监测评价与管理模型、标准和规范等方面开展的研究与实践工作相对较少,也是制约海洋生境与生物资源持续利用的关键因素,这也必将成为未来研究工作的重点和热点。

1. 生境修复和生物资源养护原理

生境修复与生物资源养护原理是开展生态系统恢复计划的依据。不同环境条件下的演替规律、功能群结构与功能、不同干扰条件下生态系统的受损过程及其响应机制、生态系统退化的诊断及其评价指标体系依然是未来研究工作的重点。

2. 生态高效型生境修复和生物资源养护设施设备

生态高效型设施设备的研发是生境修复与生物资源养护工作的基础。该领域未来工作的热点将主要集中在生态高效型人工鱼礁、藻礁与海珍品增殖礁的研发,资源与环境远程监测设施设备的研制,水下摄像与测量仪器的研制等方面。

3. 环境友好型生境修复和生物资源养护新技术

生境修复与生物资源养护技术是实现预期修复效果的核心。未来研究的重点将集中在生境修复与生物资源养护关键物种的筛选与功能群构建技术，碳汇渔业新技术，海洋牧场构建技术，智能型远程监测与预警预报技术等方面。

4. 海洋生境修复和生物资源养护监测、评价与管理模型

监测、评价与管理是修复行动有效实施的关键。未来研究工作的重点将集中在监测、评价与管理的智能一体化系统，监测、评价与管理的动态模型等方面。

5. 海洋生境修复和生物资源养护标准与规范

标准与规范是修复行动有效实施的保障。针对修复计划的不同阶段，制定涵盖海洋生境修复与资源养护设施、技术、监测、评价、管理等相关的标准和规范，可实现对修复行动的科学指导，充分保障实施效果的有效性，这也必将成为未来该领域研究的重点工作（张立斌和杨红生，2012）。

第二节　近海典型受损生境修复

一、受损海草（藻）床修复

1. 海草（藻）床修复的目的和意义

海草（seagrass）定义为能够在海洋中进行沉水生活的单子叶高等植物，通常生长于热带和温带海域的浅水区及河口区。全世界的海草包括 4 个科 12 个属约 50 多种。海草床，或称海草场（seagrass meadow）是与红树林、珊瑚礁生态系统并称的三大典型的近海生态系统之一，具有极高的生态服务价值，其生态服务价值远高于红树林和珊瑚礁（Costanza et al.，1998）。其生态功能包括：极高的初级生产力，动物栖息地和食物来源，净化水质，护堤减灾，浮生生物群落的附着基，经济文化和药用价值（李文涛和张秀梅，2009）。

海藻床，或称海藻场（seaweed bed），是由在冷温带大陆架区的硬质底上生长的大型褐藻类与其他海洋生物群落所共同构成的一种近岸海洋生态系统。形成海藻床的大型藻类主要有马尾藻属、巨藻属、昆布属、裙带菜属、海带属和鹿角藻属（章守宇和孙宏超，2007）。海藻床具有与海草床类似的生态功能，包括作为海洋生物的栖息地、索饵场和育幼场，附着性生物的附着基质，通过吸收营养盐、重金属来改善水质，对水流、pH、溶解氧及水文的分布和变化具有缓冲作用等（Komatsu，1985；Brinkhuis et al.，1989）。

目前，由于全球气候变化及人类不合理的海洋经济活动，海草床和海藻床退化严重。1993～2003 的 10 年内有大约 26 000km^2的海草床消失，减少了总面积的 15%。美国、日本和中国等国家的海藻床也在遭到破坏。20 世纪 80 年代前，山东省潮间带 2～4m 水区广泛分布大叶藻海草床，如今所剩无几。同时，由于填海造地等人为破坏，石花菜等海藻种群濒临绝迹。近几年，随着海参、鲍鱼养殖的快速发展，作为优质饵料的鼠尾藻也被大量采集，资源量锐减。因此，尽快保护和修复海草床和海藻床，是改善近岸水域生态环境、降低富营养化、治理水域荒漠化、恢复渔业资源的迫切需要（李美真等，2007）。

2. 海草床修复方法及研究进展

越来越多的文献报道世界各地海草床退化或消失的严峻形势下，对以海草床生态系统为主的海岸带生态系统未来发展趋势的预测是非常不乐观的（潘金华等，2012）。资料记载的第一次人工海草床生态修复始于1947年（Addy，1947）。历经半个多世纪的时间，直到20世纪末，海草床生态修复才在世界范围内（主要在发达国家）相继开展（Wear，2006）。其中规模最大、影响范围最广的当属美国国家海洋与大气管理局（National Oceanic and Atmospheric Administration，NOAA）管理下的美国切萨皮克湾（Chesapeake Bay）海草床大规模修复计划（Chesapeake Bay Program，切萨皮克湾计划）。切萨皮克湾是世界上最大的河口湾之一，该计划自2003年开始启动以来至2008年，构建海草床的速率约为13.4hm^2/年，并且本计划大大促进了海草床人工修复新技术和新设备的开发和应用（Shafer and Bergstrom，2008；Shafer and Bergstrom，2010）。

许多国家先后开展研究工作，取得了一些成效。澳大利亚科学家进行了波喜荡草属（*Posidonia*）的移植研究（Kirkman，1998），Balestri 等（1998）在法国和意大利成功移植了大洋波喜荡草（*Posidonia oceanica*），葡萄牙科学家探讨了在欧洲南部移植罗氏大叶藻的最佳季节（Martins et al.，2005），Lee 和 Park（2007）等采用了不同的移植方法来恢复大叶藻海草床。美国学者开展的研究工作最多，主要是针对大叶藻海草床（李森等，2010）。

许多海草床的修复工作是从大叶藻开始进行的。从起初的移植尝试到后来地址选择和移植方法的研究，大叶藻海草床的修复迄今已经形成了较为严格的方法论。方法论中不仅包括简单实用的移植方法，也涉及了成本预算和法律法规的制定。不管是就地保护还是重新移植，都是对海草床生态系统衰退的一个有效补偿方法（Larkum et al.，2006）。

目前国内外在海草床的修复方面相继开展了相关研究，主要的修复方法包括生境修复法、种子修复法和移植修复法（李森等，2010）。

（1）生境修复法

生境的破碎化和丧失是当今世界海草床退化的重要原因之一，确保海草生境适宜是修复海草床的第一步。海草床修复的最早尝试就是生境修复法，即通过保护、改善或者模拟海草的适宜生境，来促进海草的自然繁衍，从而达到逐渐修复整个海草床的目的（李森等，2010）。生境修复法实质上运用了海草生物群落的自然恢复能力，借助的则是当地对海域水质、底质、人为活动等因素的妥善控制和管理。

海草床监测是生态修复法中的必需工作，但海草床一旦开始退化，仅有矫正措施是远远不够的（Short and Burdick，1996）。合理预测已出现和即将出现的各类环境压力的累积效应是至关重要的。目前，海草床未来变化趋势仍处于有限的地理范围研究（Fourqurean et al.，2003）或者定性描述阶段（Short and Neckles，1999）。定量的预测以及对易损区域的风险分析能够让我们更好地制定保护和管理对策，从而完成最优的资源分配。此外，构建与水域径流模型相联系的景观尺度海草动力学模型也将为不同水域人类活动做出管理方面的指导（Orth et al.，2009a）。

未来针对生境修复法的保护工作将包括综合营养盐管理方案、保护区规划建设、公众教育以及资源管理等方面（Kenworthy et al.，2006）。当地或毗邻水域的人类活动将导致营养盐上升和沉积物径流，是目前海草床退化的主要原因。目前控制营养盐和沉积物的修复实验已经证明了该修复方法的潜在效力。生境修复法不仅可以修复海草资源，也修复其相关的生态系统服务，如生物多样性、初级和次级生产力、育幼所等（Orth et al.，2009a）。

20世纪40年代起，科学家们开始通过改善生境来修复海草床。研究发现，加勒比海泰来海龟草（*Thalassia testudinum*）根状茎的生长速率是22.3cm/年（Gallegos et al.，1993），澳大利亚波喜荡草（*Posidonia australis*）海草床的扩张速度为（21±2）cm/年（Meehan and West，2000），西班牙沿岸大洋聚伞藻根状茎的生长速度仅为2.3cm/年（Marbá et al.，1996）。在澳大利亚，波喜荡草根状茎的生长速度为25~29cm/年，受损海草床自然恢复大约需要100年（Meehan and West，2000）。

自然修复不需要大量的人力、物力投入，但是需要很长的时间，是一个比较缓慢的过程。

（2）种子修复法及影响因素

尽管海草种子野外萌发率低，仅为5%~15%，但由于种子修复法有对现有海草床的破坏小、扩散速度快、受空间限制小、提高遗传多样性等优点，越来越受到各国研究者的关注（牛淑娜，2012）。美国切萨皮克湾的实验（Marion and Orth，2010a）中提到，自然条件下的大叶藻种子5月中旬到6月上旬期间被释放。部分种子直接下沉，部分种子会经过一段时间的漂流。一旦接触到底质，就会被覆盖，之后很少移动。夏季与秋季的种子处于休眠状态，直到11月时低于15℃的水温会刺激发芽。近年来，种子被应用于海草床恢复和重建中的例子越来越多。在美国弗吉尼亚州的沿海区域，成功修复了在20世纪90年代因为枯萎病而衰败的海草床（Orth et al.，2006c）。

种子修复法主要包括收集、储存、播种三个步骤。其中收集与播撒是最关键的技术环节。目前，种子的收集工作大多依靠人工完成，后来又发明了海草繁殖枝采集机械船，大大提高了种子收集效率，达到每小时10万粒，这种机械方法不仅能有效收集种子并且对提供种子的海草床破坏较小（Marion and Orth，2010b）。但并非所有的地方都可以采用繁殖枝采集机械船，要考虑海草床繁殖枝的密度以及可供采集繁殖枝的海草床面积的大小，太低的密度和太小的面积都不能真正发挥繁殖枝采集机械船的优势（潘金华等，2012）。同样，种子与生殖株的剥离、种子的储存方面也已有了一定的研究进展（Granger et al.，2002）。而更多研究关注于播种方式，目前已形成了几种比较有效的种子播种方法，包括手工播种法、机械播种法、种子保护法、漂浮播种法等（牛淑娜，2012）。

手工播种是最早应用的种子播种方法，人为地将海草种子埋入底质中，和农作物的播种方法类似（Orth et al.，2009b）。其优点是能够减少种子的分散和被食，缺点是从采集到播种的整个过程费时费力。相比之下，机械播种法更为高效，并且播种速度和密度可以自动控制，在潮下带较深水域得以更好地运用。Traber等（2003）使用了一种可以用硅胶介质包裹种子的机械播种机，但是通过比较发现种子萌发率常常不如手工播种法（Orth et al.，2009b）。Harwell和Orth（1999）使用麻袋将收集到的海草种子埋在修复海区中，使其自然萌发，形成种子保护法。该方法能有效减少种子的分散和被食概率，但也需要巨大的工作量。Pickerell等（2005）将带有成熟种子的海草生殖株装入网袋而后固定漂浮在播种海区等待种子自然的释放、散播和萌发，形成漂浮播种法。该方法的优点在于省去了种子采集和储存两道步骤，节约了成本，缺点在于种子成熟不具有同步性，因此大量未成熟种子会影响修复结果。韩厚伟等（2012）甚至以菲律宾蛤仔作为播种载体，以熟糯米糊为黏附介质，将种子黏附于菲律宾蛤仔贝壳上，使其在潜沙的同时完成对种子的埋植，形成一种经济、有效的蛤仔播种法。此外亦有学者利用实验室培养种子萌发，然后在合适时机将人工培育的一定大小海草苗移栽到需要修复的海草床并取得一定成功。

Orth 等(2006c)在美国泻湖用种子修复法进行了大叶藻的恢复，效果非常明显。然而种子繁殖最大的问题是成活率较低，一般不高于10%，但是实验室条件下种子的成活率却高达90%(Orth et al.,2006a)。所以我们需要更深入地研究种子在野外条件下影响成秧率的因素。影响种子萌发率和成秧率的因素包括：地址选择与播种方式(水动力条件、底质条件、播种季节、掩埋程度、播种方式、遮蔽条件、平均海平面)，生物因素(捕食者的存在、其他海草的生长)以及遗传因素。

水流过快会使海草种子散播到较远或不易生长的水域，造成资源的浪费，影响修复效果。夏季底质中硫化物的浓度过高，会对种子产生毒性。低温低氧的底质条件会刺激种子出芽。Van Katwijk 和 Wijgergangs(2004)发现，泥质的底质是最有利于发芽的。Marion 和 Orth(2010a)发现，未发芽的种子被采集后放入实验室保存，分别于7月与10月播种，结果证明，10月播种的成活率更高。经过实验室保存后的成功率均高于自然条件下的成功率。原因可能是自然条件下种子会受到当地的诸多影响，如被捕食。该实验同时发现，秋季在没有其他海草存在的地区用掩埋的方式播种，成功率明显高于其他，这可能因为掩埋的播种方式使种子免于被捕食。在研究用手播种，用吸管导入和机械播种三种方法时发现，三个实验地点中，只有一个地点中播种机相对于手工播种表现出明显优势。吸管也表现出优势，这与种子的掩埋有关(Orth et al.,2009b)。Van Katwijk 和 Wijgergangs(2004)的实验报告指出，低潮时海草上方的保留水层和遮蔽条件能有效提高成秧率。遮蔽条件下泥沙中值粒径明显小于暴露条件，同时减少水的运动以保护植株，对芽的延伸有积极作用。平均海平面(MSL)直接关系到光照强度和水流强度。Katwijk 和 Wolff(2003)在荷兰瓦登海的修复实验中指出，MSL 小于0.2m 时就有必要对大叶藻进行遮蔽，而超过0.8m 时，光照就可能对其生长造成限制。可利用光照(如 PLW、PLL)是在地址选择时的重要参考指标。

种子发芽前的5~6个月，蓝蟹、泥蟹、寄居蟹等动物的捕食会对种子产生威胁(Orth et al.,2002;Orth et al.,2006b)。川蔓草的存在普遍被认为对大叶藻的成秧有利。在圣乔治岛的试验(Moore,2004;Hengst et al.,2010)中，与川蔓草共同生长的大叶藻修复区比没有川蔓草的区域持续时间长，不易再次衰退。可能因为其他海草的生长增加了底质含氧量，减少了水中的营养和悬浮颗粒，缓解了波浪冲击。但是在切萨皮克湾的试验中几乎没有被证实(Marion and Orth,2010a)，相反，裸地上的成秧率较高。这是由于原有的川蔓草会伴随更多的捕食者，此外，较高的播撒密度会降低成秧率。

遗传因素同样影响着种子修复法的成功。Williams 和 Heck Jr(2001)指出，遗传多样性越高，发芽率越高。移植的种群比没有移植的种群具有更高的遗传多样性，实验结果显示叶芽密度的增加速率是未移植的两倍。

种子修复法的优点就是不破坏现有海草床，一旦收集到足够的种子，可以很快很简单地大面积播种，尤其适用于距离较远而不易使用移植修复法的水域。种子修复法的缺点除萌发率较低外，还包括：种子成熟时间不一致对收集工作造成的困难，利用种子产生的海草年龄结构单一导致海草床的稳定性差(李森等,2010)。目前国外科学家已经在积极研究种子修复法的改进和使用，而国内研究多处于种子成熟、室内萌发、形态观察等阶段，鲜有种子修复法的实际应用（牛淑娜，2012）。

（3）移植修复法及影响因素

移植修复法是指从自然生长茂盛的海草床中采集长势良好的植株，利用某种方法或是装置将其移栽于待修复海域的一种方法，该方法利用了海草的无性繁殖，效果显著，是目前普遍认为简便常用的方法。移植的基本单位称为移植单元（planting unit，PU）。移植修复法主要包括移植单元的采集和移栽两个步骤。根据移植单元的不同可分为两类，一类是将植株连带周围底质一起移植，此法对植株破坏最小，但对天然海草床破坏较大，也耗时耗力，包括草皮法（sod method）和草块法（plug method）；另一类是将植株的根茎移植而不包含底质，称为根状茎法（rhizome method）。此类方法易操作、无污染、更为环保，但是对移植植株的固定要求较高（Davis and Short，1997）。根状茎法可根据移栽方式不同细分为多种方法，目前国际上常用的有直插法、枚钉法、框架法、贝壳法和夹苗法等（张沛东等，2013）。

草皮法（sod method）是将一定面积的草皮直接平铺在移植地点，是最早使用的移植修复法。20 世纪 70 年代，在美国麻省和德州等地使用该方法进行了大叶藻、泰来海龟草及二药藻的移植（Phillips，1974，1976）。草皮法操作简单，移植单元容易成活，但最大的缺点在于对供体海草床的破坏较大，并且草皮并未得到固定，水流较大的情况将影响其移植效果。

草块法（plug method）是通过 PVC 管、铁铲等工具，将圆柱体、长方体等形状的草块移栽到与其同样形状的凹坑内，将其连同周围底质压实。该方法完整保存了海草的地下部分以及周围底质成分，在草皮法的基础上增强了移植单元的固定，减少了机械对地下部分的干扰，成活率很高。Van Keulen 等（2003）在澳大利亚使用该方法进行了 5cm、10cm、15cm 直径的圆柱状海草块移植，结果显示，15cm 直径的海草块成活率最高。Paling 等使用 ECOSUB1 和 ECOSUB2 将草块法的移植工作推向机械化，使大规模大面积的移植工作成为可能（Paling et al.，2001a；Paling et al.，2001b）。该方法的缺点是供给海草床受到破坏，且劳动量很大。

直插法（hand-broadcast method）是 Orth 等（1999）使用一种单株直接移植的方法。以一定角度将根状茎插入底质 2.5～5cm，不对根状茎进行固定。该方法的全部过程（包括采集、整理、移栽）需要劳动投入 21 秒/人/PU，更为快捷，但是一个月后的大叶藻成活率为 73%。直插法操作方便，最大缺点在于移植单位缺少固定。

枚钉法（staple method）是使用金属或木质枚钉将移植单位固定于底质中的移植方法（Judson Kenworthy and Fonseca，1992；Fonseca et al.，1994），该方法的移植成活率很高，移植大叶藻的成活率高达 60%～98%，但工作量较大且不易深水操作。

框架法（transplanting eelgrass remotely with frame systems，TERFS）是使用焊接框架固定移植单位，然后将其直接投放于移植区域的移植修复法，其中框架可以回收利用（Park and Lee，2007）。该方法不仅对移植单位的固定较好，且可以在船舶上完成潮下带的移植操作，不再需潜水操作，唯一的不足在于框架制作和回收工作。

贝壳法（shell method）是用贝壳作为根状茎的载体使其更好固定的移植方法。如 Lee 等使用牡蛎壳作在大叶藻的修复研究中取得成功（Park and Lee，2007；Lee and Park，2008）。Phillips（1976）使用木棒固定移植单位的方法与贝壳法类似。

夹苗法（sandwiched method）是将移植单位的叶鞘部分夹系与网格或绳索等物体的间

隙,然后将其固定于移植区域海底的移植方法(曾星,2013)。该方法操作较简单,成本低廉,但网格或绳索等物质不易回收,遗留在移植海域可能对海洋环境造成污染(Thorhaug,1983;Meehan 和 West,2002;Lepoint et al. ,2004)。

此外,Davis 和 Short(1997)在枚钉法基础上研发了一种水平根状茎法(horizontal rhizome method)并用于大叶藻的移植。Zhou 等(2014)研发了新型的"根茎棉线绑石移植法"(stone anchoring method),对青岛汇泉湾大叶藻进行修复并取得成功。Fishman 等(2004)使用了新型的机械移植船在切斯皮克海湾进行大叶藻移植但效果并不理想,可能由于根茎固定不牢而导致成活率较低。但一些机械性的移植方法已经在波喜荡藻的修复中得以尝试,并取得了一定的成功(Larkum et al. ,2006)。

与生境修复法和种子修复法相比,移植修复法是一种比较推崇的方法,尽管容易受到外界因素的限制,但因其需要的构件少,对海草床的影响较小,又能保持较高的成活率,适合大规模的海草床修复,是今后的重点研究方向(李森等,2010)。移植修复法影响海草成活率的因素包括:移植单元固定、供体种群、移植时间、移植地点以及现场扰动。

移植单元的固定是修复移植法中最大的技术问题,在风浪较大、流速较快或底质较硬的水域格外重要。目前,贝壳法、枚钉法、绑石法等方法已经能够较好地解决这一问题。

供体种群在修复中是非常重要的限制因子。如果供体种群不适应当地环境,很可能出现再次衰退的情况。这是导致美国南部海湾大叶藻修复失败的主要原因(Orth et al. ,2006c)。van Katwijk 等(1998)分析了供体种群与移植地海草的特征对移植成活率的影响,结果发现,当两者有相同或者相近的基因型和表现型时,成活率较高。也就是说,需要有相同或者相似的生殖对策、生活史以及生境。

由于海草的新陈代谢具有明显的季节(温度)变化(Lee et al. ,2007),因此合适的移植时间可以保证海草移植后的快速生长。移植时间一般选择在海草的生长低谷后,与海草种类与地理位置有关(Calumpong and Fonseca,2001)。据报道,美国切斯皮克海湾大叶藻的合适移植时间在秋季(Orth et al. ,1999),而欧洲南部罗氏大叶藻的适宜移植时间在晚秋和早冬(Martins et al. ,2005)。

移植地点的光照、底质、水文条件等因素影响着移植大叶藻的成活率。光照是影响移植后海草存活的首要因子。Paling 等(2001a)使用机械船法移植聚伞藻时发现,冬季昼短夜长、浑浊度高、光照水平低,致使移植海草的存活与密度下降。光照的影响更常体现在移植水深的选择上,Zimmerman 等(1995)报道美国旧金山海湾移植大叶藻的成活率受到了移植水深的影响,水深越大,达到海草叶面的可利用光辐射越少。Wicks 等(2009)指出最适合生长的底质中的有机质含量是0.5%~4.0%。Lee 和 Park(2008)使用牡蛎法移植大叶藻时发现,在泥质底中海草的存活率高达81.3%,而在沙质底中的存活率仅为5.0%,说明泥质底相比沙质底更有利于移植大叶藻植株的固着。潮间带的大叶藻所处的环境更加不稳定,春夏季日间露出水面,冬季夜间露出水面。Yabe 等(1995)指出潮间带偏上部分的大叶藻由于环境压力更大,生物量低于偏下部分。Short 等(2002)曾提出大叶藻移植地点的选择模式:潮下带、泥沙底质、光照适宜。

现场扰动既包括台风和地震等突发自然灾害,也包括捕捞业和养殖业等人类活动。台风会引起径流和底质的变化,Li 等(2007)报道飓风"伊莎贝尔"使得 Piney Point 地区的营养物质严重降低，可能限制当地海草的生长。人类活动中，螺旋桨和拖网也会对草体造成损伤（Katwijk and Wolff，2003）。美国南部的德玛瓦海湾的贝类养殖也影响了大叶藻的生境（Orth et al.，2006c）。因此，对海草移植区域的保护和管理是非常必要的。

3. 海藻床修复方法及研究进展

美国、加拿大、日本、英国等相继对北温带海藻床生态系统进行了研究；20 世纪 90 年代以来，日本、美国等国家用人工修复或重建海藻床生态系统的手段恢复正在衰退或已经消失的海藻床生态系统，或直接在目标海域营造新的海藻床生态系统，从而达到缓解、治理近岸海域环境与生态等问题的目的（章守宇和孙宏超，2007）。而我国近年来虽大力开展了红树林和海草床修复的研究，但海藻床生态资源修复的报告很少。

在沿岸海域，通过人工或半人工的方式，修复或重建正在衰退或已经消失的原天然海藻床，或营造新的海藻床，从而在相对短的时期内形成具有一定规模、较为完善的生态体系并能够独立发挥生态功能的生态系统，这样的综合工艺工程即为海藻床生态工程。海藻床生态工程可大致分为重建型、修复型与营造型 3 种类型。重建型海藻床生态工程为在原海藻床消失的海域开展生态工程建设；修复型海藻床生态工程为在海藻床正在衰退的海域开展生态工程建设；营造型海藻床生态工程为在原来不存在海藻床的海域开展生态工程建设（Chapman，1970；Khumbongmayum et al.，2005；杨京平，2005）。实施步骤大致分为6 个步骤：现场调查与评估、藻种选择、基底整备、培育/制备、移植/播种/投放、养护（章守宇和孙宏超，2007）。

海藻床的修复方式大致可分为 3 种。第一，通过移植母藻，需要进行母藻的采集、母藻的保活及室内培育、母藻的移植。潮间带的移植工作可以在退潮时进行，而潮下带常常需要潜水作业。第二，通过人工散播藻液或藻胶，需要进行藻液或藻胶的制备和散播。第三，通过投放人工藻礁，需要制备带有营养盐和苗种的礁体、运输并投放。

近年来，日本针对近岸海藻床退化开展了大规模的资源调查和保护修复，在全国范围营造了多处人工海藻床。1982~1994 年，熊本县苓北町为了补偿因围垦而退化的天然海藻床，使用“基盘设置法”营造了以昆布和马尾藻为主的岩礁型海藻床，同时为鲍鱼、海螺提供了栖息场所，形成渔业资源生物场。1980~1992 年在爱知田园町有效利用围垦遗留的零碎岩石营造了以昆布为主、生长着 58 种海藻的海藻床。美国自 1996 年起大力开展巨藻床的修复工作，进行了大量的生态系统调查和修复区站位跟踪调查，2000 年在 Redondo 海洋实验室和 UCLA 大洋发展中心建立了海藻养成系统，用于培养待移植的海藻。该项目是海藻床调查技术、人工监控技术、现场评估技术以及海洋植物栽培技术等系统结合的典范（Sharp，1987；Nagelkerken et al.，2000）。

我国的海藻床修复刚刚起步。李美真等 2005~2008 年在山东荣成俚岛海区通过移植 10 种大型海藻取得了显著的修复效果（李美真等，2009）。丁增明等（2012）报道了在日照前三岛海域投放藻类增殖礁体开展自然藻床养护与增殖，同时实施了鼠尾藻、龙须菜和裙带菜的规模化沉绳式养殖的修复方法。孙建璋等（2009）在南麂岛马祖岙下间厂海区重建两个面积大于 $100m^2$ 铜藻场，目前铜藻长势良好，并开始集聚海洋生物。其方案中提到，修复内容不仅包括移植种藻、配撒幼孢子体水和投放藻礁，而且需要清除敌害生物以扩大藻床面积。柴召阳等（2012）通过人工繁殖、幼苗海区投放和培育工程技术对枸杞岛瓦氏马尾藻进行了生态修复。

4. 海草(藻)床修复存在问题与未来展望

我国对海草床和海藻床的研究起步较晚,修复工作大多处于实验阶段,很少大规模地进行,依然面临着较大的困难。

海草床的修复是一项费时费力高成本的综合工程。尽管一些低成本效率高的修复方法不断形成,但美国切萨皮克湾海草床修复工程每天耗费资金仍达数百万美金,如此高额的成本或许是发展中国家较少开展大面积修复实践的原因之一。生境修复法修复速度过慢,种子修复法的野外萌芽率过低,移植修复法虽成活率较高,是目前最常用的修复方法,但也有移植单位固定不牢、对供体海草床造成破坏的缺陷。同样,对于海藻床的修复来说,海藻床的生态调查、藻种的选择和培育、礁体的设计和制作等方面,我国与发达国家尚有相当大的差距。

对于我国海草床和海藻床的修复工作,我们做出以下建议:① 加大我国海草床和海藻床生物资源、种群动态和生态环境的基础调查,为日后的修复工作提供理论指导;② 学习发达国家的经验,继续改良并创新修复技术,通过遗传研究、生理研究和野外实验相结合的方式提高种子的萌发率和移植的成活率;③ 加强海草床和海藻床知识的科学普及,提高政府关注度和公众关注度;④ 增加科研投入,开展生态工程研究和建设,根据不同地理条件、生态环境、污染状况制定合理的修复方案,将物理、化学、生物和经济管理多方面科学技术进行整合;⑤ 坚持保护和修复相结合,对修复海域进行持续的监测、严格的管理和合理的利用,避免二次退化。

二、受损河口湿地修复

河口湿地是海洋、淡水、陆地间的过渡区域,是海洋作用、大气作用、生物作用、地质过程和人类活动相互作用最活跃的耦合带,它位于生态脆弱带,在抵御外部干扰能力和生态系统稳定性等方面表现脆弱,同时,又位于生态系统交错带,生物资源丰富(许学工,1996)。

1. 河口湿地分布及重要性

(1) 河口湿地分布

中国总的地势是西高东低,由于众多的外流水系和东南部漫长的海岸线,形成了滨海区域大量的河口湿地系统。在中国滨海湿地分布的沿海 11 个省(自治区、直辖市)和港澳台地区,海域沿岸有 1500 多条大中河流入海。这些河流在入海处与海水交汇,形成了中国河口湿地系统的主要分布区,自北向南面积较大的有鸭绿江、辽河、滦河、海河、黄河、长江、钱塘江、欧江、闽江、韩江、珠江和南渡江等河口湿地(黄桂林等,2006)。据不完全统计,中国主要河口湿地面积超过 $1.2\times10^6 hm^2$,具有代表性的包括长江口的河口湿地、黄河口的河口湿地、辽河口的河口湿地和珠江口的河口湿地(戴祥等,2009)。

我国的河口湿地大多分布在东部沿海,中国滨海湿地以杭州湾为界,可分成杭州湾以北和杭州湾以南两个区域,两个区域内的河口湿地又各具特点:杭州湾以北的河口湿地主要分布在沙质和淤泥质海岸区,这里植物生长茂盛,潮间带无脊椎动物丰富,浅水区域鱼类较多,为鸟类提供了丰富的食物来源和良好的栖息场所,因而杭州湾以北海岸许多河口及三角洲湿地成为大量珍禽的栖息过境或繁殖地；杭州湾以南的河口湿地主要分布在岩石性海岸区，这里的海湾、河口区的淤泥质海滩上分布有红树林，海南至福建北部沿海滩涂及河口区域均有天然红树林分布。

（2）河口湿地重要性

在河口湿地的保护和利用方面存在着两面性：一方面，若开发得当，形成相对合理的人工生态系统，将全面发展三角洲地区的农林牧渔业和改善城市生态环境；另一方面，不当的人为改造，将导致对自然环境的高强度破坏和干扰，使自然环境面目全非，生态系统的服务功能部分丧失。

湿地保护了生物多样性，我国的河口湿地生境类型众多，其中生长和生活着多种多样的生物，并且有很多物种是中国所特有的，具有重大的科研价值和经济价值。水生生物包括海水（咸水）种、河水（淡水）种和半咸水种，河口附近常伴有大渔场，如舟山渔场、吕四渔场和长江口渔场。因河口中离岸沙洲岛屿被水体包围或三面临水，交通不便，可通达性低，不易受外界干扰，是鸟类迁徙路线上重要的中转站，如长江口的崇明岛、兴隆沙为鸟类栖息地、繁殖地和越冬地（戴祥等，2009）。湿地中还有许多濒危生物类群。湿地还是重要的遗传基因库，对维持生物种群的存续、筛选以及改良具有重要意义。湿地能够调节生态环境，湿地具有涵养水源、抵御洪水、蓄洪防旱、调节气候等功能。如湿地中的沼泽，由于土壤结构特殊，具有很强的蓄水性和透水性，被称为蓄水、防洪的天然“海绵”。此外，湿地水分蒸发可使附近区域的湿度增大，降雨量增加，具有调节区域气候作用，使区域气候条件稳定，对当地农业生产和人民生活产生良好影响。湿地能够降低环境污染，湿地具有强大的净化污水能力，是自然环境中自净能力最强的生态系统之一，同森林相比，它是同等地域森林净化能力的1.5倍（肖素荣等，2003）。湿地水流速度缓慢，有利于沉积物沉降，在湿地中生长、生活着多种多样的植物和微生物。生活和生产污水排入湿地后，通过湿地生物化学过程的转换，水中污染物可被储存、沉积、分解或转化，使污染物消失或浓度降低。据估算，在湿地水生植物体内富集的重金属浓度比水中的浓度高出10万倍以上（张永泽等，2004）。香蒲和芦苇都能有效吸收水中有毒物质，并成功地用来处理含有毒物质的污水。湿地具有极高的生物生产力，就单位土地而言，比其他生境要高得多。调查表明，湿地生态系统每年平均生产蛋白质是陆生生态系统的3.5倍。湿地为我们带来丰富的动植物产品，如水稻、藕、菱、芡、藻类、芦苇、虾、蟹、贝、鱼类等。湿地中还有丰富的林业资源，落叶松、赤杨都有很高的经济价值。湿地中药用植物有200余种，含有葡萄糖、糖苷、鞣质、生物碱、乙醚油和其他生物活性物质。中国有许多重要的旅游风景区分布在湿地区域。滨海的沙滩、海水是重要的旅游资源，不但创造直接的经济效益，还具有重要的文化价值。此外，湿地具有生态系统多样性植物群落、濒危物种等，在科研中都具有重要地位，为科普教育和科学研究提供了广泛的对象（王思元等，2009）。

河口湿地受自然、人为影响较大，其面积处于动态变化之中，由于河口湿地是泥沙淤积的结果，所以河口湿地面积的变化与泥沙运动密切相关。中国河流多沙，河口泥沙淤积较盛，如长江口北支为淤积型河口，且整个北支在向沼泽化发展，湿地资源增长潜力很大。河口湿地普遍受到人类活动的影响，滩涂湿地围垦、干流水利工程建设、红树林砍伐及海岸带挖沙等都对河口湿地产生直接或间接的不利影响，甚至造成毁灭性的破坏。河口湿地植被结构简单,且以草本植物为主,如藻类、水草及芦苇、海三棱草群落等。在沙洲、滩涂湿地发育的相同阶段,湿地植被演替次序相似,再加上水动力引起的泥沙运动和冲淤变化复杂,因此生态环境易受外界干扰,如洪水、台风、围垦、污染等自然及人为活动的影响,可能导致整个生态系统濒临崩溃(戴祥等,2009)。

2. 受损河口现状及主要受损类型

(1) 典型受损河口现状

20 世纪 90 年代以来,我国在湿地保护和利用方面采取了一系列的措施,在一定程度上保护了湿地及其生物多样性。但在人口和经济的压力下,经济快速发展以及人类生产生活对湿地资源依赖程度的提高,直接导致了湿地及其生物多样性的普遍破坏。当前,湿地的多种功能和综合价值仍未被公众以及一些管理者认知,湿地被视为荒地、各类湿地资源是原始性开发利用的主要对象,在一些天然湿地集中分布地区因围垦、污染、泥沙淤积及过度开发利用造成的湿地破坏仍在增加。更值得注意的是,原集中于大中城市的污染现已沿河流流域扩展,将威胁到更多的天然湿地以及野生动植物等资源。从全国总体情况看,天然湿地数量减少、质量下降的趋势仍在继续,湿地生态系统依然面临着严重的威胁。如再不采取强有力的保护措施,湿地资源的破坏将严重威胁当地经济发展和居民的生存环境,保护湿地及其生物多样性已是刻不容缓。

1) 长江河口湿地。长江河口湿地位于海洋、陆地和河流三大生态系统的交汇处,具有独特的环境特征和重要的生态服务功能,被世界自然基金会(WWF)列为全球生物多样性优先保护地区之一(马涛等,2008)。但近年来长江沿岸生境受到很大程度的破坏,长江三角洲潮间带滩涂每年被围垦约 1.72×10^4 hm^2,仅浙江省境内,1950~1999 年年底共围垦沿海滩涂 16.28×10^4 hm^2,平均 3256hm^2/年(姚志刚等,2005),围垦不仅使长江三角洲湿地面积急剧减少甚至消失,也直接减少了一些野生动物的自然栖息地。有关研究表明(乔方利等,2000;沈焕庭,2001;李道季等,2002),作为流域物质的汇聚区,近年来长江河口营养盐输入呈上升的趋势,特别是氮的输入量显著增加,造成区域水质下降,口外水域赤潮频发,邻近水域底层出现严重氧亏。

2) 黄河河口湿地。黄河三角洲广阔的河口原生湿地,是中国暖温带最完整、最广阔、最年轻的湿地生态系统,也是世界上生物多样性最丰富的地区之一(王玉珍,2007)。黄河河口湿地属于新生湿地,面积以 20km^2/年左右的速度增加。长期以来,河口三角洲不断向海淤长,形成了大面积的湿地,但是由于气候变暖变干、中游的水土保持工程,以及大量抽取黄河水支持城市用水和农田灌溉,使得入海的水和沙大幅度减少,原来增长的河口湿地开始受到侵蚀。此外,随着该区域人口的增加,掠夺式经营使自然湿地大面积退化和丧失,湿地调节水热状况、促淤保滩等生态功能被削弱(崔保山等,2001)。

3) 珠江河口湿地。珠江河口是中国七大江河流域河口之一,它自然条件优越,资源丰富,人口密集,经济发达,地位十分重要(廖梓瑾,2006)。近年来,珠江河口的环境不断恶化,赤潮频发,生物多样性降低、生物数量降低等生态退化现象严重,滩涂湿地面积不断减少。据统计(刘岳峰等,1998;树青,2003),1950~1999 年珠江河口开发利用天然滩涂湿地共 6.0×10^4 hm^2,1950~1980 年,开发利用 1.9×10^4 hm^2;1981~1989 年,为 1.5×10^4 hm^2;1990~1999 年,为 2.6×10^4 hm^2。其中红树林减少比较迅速,如深圳福田红树林已从原来建立国家级保护区时的 304hm^2,减少为不足 160hm^2;珠海市境内的天然红树林已从 1454hm^2 锐减到不足 110hm^2(崔伟中,2004)。

4) 辽河河口湿地。辽河三角洲位于辽河平原南部,是由辽河、双台子河、大凌河、小凌河、大清河等河流作用形成的冲海积平原,总体上呈湾状的三角洲。其总面积约 4×10^5hm^2,其中湿地面积为 3.15×10^5hm^2,主要分布在盘锦市(王西琴等,2006)。1977~1986 年,自然湿地面积以每年 0.43% 的速度减少;1986~2000 年,该区沼泽湿地面积由 92 219hm^2 下降到 80 755hm^2(罗宏宇等,2003)。许多自然湿地转变为人工湿地,如水田、虾蟹池等,仅 1986~1994 年,虾蟹养殖占用湿地面积共增加 7.2×10^3hm^2(笃宁等,2001)。盘锦红海滩是双台子河口国家自然保护区的核心区,鸟类种类和数量众多,具有极高的生物多样性研究和保护价值,但近年来,天然翅碱蓬(*Suaeda heterop tera* Kitag)群落面积不断萎缩,2002 年开始大面积消失(台培东等,2009)。目前,虽然辽河三角洲还有相当面积的湿地,但是破碎化较严重,适宜生境大幅减少,带来一定的隐性损失。

(2) 主要受损类型

河口湿地是生态环境条件变化最剧烈和生态系统最易受到破坏的地区之一。高强度的人为干扰,是河口区域生态环境的重要特征(Smith et al.,1998)。世界绝大部分河口都在不同程度上受到人类活动的影响。特别是围垦(Healy et al.,2002)、水利工程建设、红树林砍伐和海岸带挖沙(黄桂林等,2006)以及氮、磷营养盐过剩(Cloern,2001;Howarth et al.,2002;Riedel et al.,2003)等已成为河口地区日益突出的问题。

1) 围垦造田。目前湿地开垦、改变自然湿地用途和城市开发占用自然湿地是造成中国自然湿地面积削减、功能下降的主要原因(雷昆等,2005)。长江河口、黄河河口、辽河河口在一定时期都出现过不同程度的围垦。自 20 世纪 50 年代起到 1997 年长江河口湿地已被围垦的滩涂达 7.85×10^4hm,相当于辖区陆域面积的 12.39%。1950~2000 年,上海市围垦的滩涂面积就达 7.3×10^4hm^2(陈吉余,2000)。黄河三角洲地区由于围滩造田,造成滩涂底栖动物多样性降低,使迁徙鸟类的栖息地和饵料受到破坏;乱捕滥挖,直接导致湿地动植物资源减少,破坏了湿地环境。20 世纪 80 年代以来,辽河三角洲湿地由于大面积围垦,原有湿地面貌发生很大变化,自然湿地面积大量减少,稻田等人工湿地逐渐增加。人类围垦活动除了直接造成湿地面积减少外,还会造成湿地生境质量变差,生物多样性下降,湿地生态功能减退(谷东起等,2003)。大多河口湿地处于东部沿海,土地压力大,土地需求紧迫,在各种因素作用下,对河口湿地的围垦活动持续不断。而且随着湿地面积的减小,湿地生态功能明显下降,生物多样性降低,出现生态环境恶化的现象。

2) 环境污染。湿地环境污染是我国湿地生态系统面临的最严重的威胁之一,不仅对生物多样性造成严重危害,也使水质变坏。污染湿地的因子包括大量工业废水、生活污水的排放,油气开发等引起的漏油、溢油事故,以及农药、化肥引起的面源污染等,而且环境污染对湿地的威胁正随着工业化进程的发展而迅速加剧。由于大多数河口湿地处于东部沿海,经济发展迅速、人口密集必然产生大量生活污水及工业废水,因此河口湿地成了工业污水、生活污水和农用废水的容纳区,引起湿地生物死亡,破坏湿地的原有生物群落结构,并通过食物链逐级富集进而影响其他物种的生存,严重干预了湿地生态平衡(白军红等,2003)。

珠江三角洲是人口和产业的密集区,随着城市化的发展,区内污水排放量逐年增加,尤其是城市生活污水递增速度快(李碧等,2008)。黄河三角洲地区油田开采遍布浅海滩涂,使滩涂大气 SO_2的污染最为突出,对鸟类的种群组成和数量造成一定的影响,同时,城市化和工业化中三废的不合理处理以及农业化学及肥料随径流进入湿地,造成湿地水体污染,水质变差。辽河三角洲河口湿地由于开采石油,造成土壤污染,干扰水生生物的正常生存,对当地的生态环境产生一定影响。

3)水资源的不合理利用。水资源的不合理利用主要表现为:湿地上游建设水利工程,截留水源,以及注重工农业生产和生活用水,而不关注生态环境用水。水资源的不合理利用已严重威胁着湿地的存在,随着水资源市场化的不断进展,并有不断加重的趋势。在河道上兴建大型水利工程可以在防洪、灌溉、发电等方面带来正面效应,但其带来的负面效应,特别是对生态环境的影响却是不能忽视的(王国平等,2002)。修建水库和堤防,拦截水源使得河口湿地与周围的水利联系减少甚至中断,湿地变干、萎缩,使地表盐分难以向下游排泄而加剧湿地盐碱化(吕金福等,2000)。黄河近年来断流频繁,下游生态环境条件恶化主要与黄河干流上梯级水利枢纽的建设有关(李秀莲等,2002)。珠江流域已建水库总库容超过 $46\times10^9 m^3$的电站枢纽水库,水库改变了天然输沙量和径流量,成为珠江河口滩涂湿地萎缩退化的重要原因之一(崔伟中,2004)。辽河河口红海滩的退化也与一些水利工程的建设密切相关,红海滩的主要植被是翅碱蓬,其生长的主要限制因子是盐分,由于拦海大堤的修筑,入海淡水减少,物质沉积使滩涂面积增加,幅度延伸,适宜翅碱蓬生长的范围逐渐缩小(李波,2006),高处土壤积盐加快,翅碱蓬不能生长;一些地势较低的渍涝滩涂的边缘因潮水淹没过深或淹没时间过长,翅碱蓬逐渐枯萎死亡(朱清海等,2004)。

此外,在气候干旱的年份,辽河口拦河大闸关闸断水,没有足够淡水补充,使得河口海水盐度升高,由于翅碱蓬生长区吸附和渗透了大量的潮汐海水,加上土壤水分蒸发,使地表积盐,造成盐渍化,超出了翅碱蓬生长的耐盐极限,从而引起翅碱蓬群落退化死亡(李忠波,2002)。水利工程对河口湿地退化的影响,最根本的原因是水利工程建设改变了流域的水文及水动力条件,从而影响到流域内的生态环境。

4)过度利用。过度砍伐、燃烧湿地植物;过度开发湿地内的水生生物资源;废弃物的堆积(彭少麟等,2003)等也会对河口湿地带来很大影响。

在我国重要的经济海区和湖泊,酷渔滥捕现象十分严重,不仅使重要的天然经济鱼类资源受到很大的破坏,而且严重影响着这些湿地的生态平衡,威胁着其他水生生物的安全。生物资源的过度利用导致资源下降,致使一些物种甚至趋于濒危边缘,湿地生物群落结构改变以及多样性降低。

总之,我国湿地资源面临的威胁和问题很多,其中最主要的是对湿地的盲目开垦、环境污染、水资源及生物资源的过度利用等,这些威胁因素造成了河口湿地面积减少和湿地功能下降。

河口湿地受区域的地质构造、地貌、气候、水文、植被、土壤以及人类活动等多种自然和非自然影响。目前对中国河口湿地退化的研究重要集中在人为因素影响方面,而关于自然因素影响研究明显不足。人为因素导致河口湿地退化往往是迅速的、明显的、明确的,而自然因素影响则是缓慢的、隐性的、不明确的。并且目前的研究大多数是从河口湿地退化过程中景观、生态及功能的变化三个方面来探究退化的主要驱动因子,尚不能全面准确地评价人为及自然因素对河口湿地生态演化过程的影响。许多研究是进行定性的描述，尚缺乏定量的、系统的模型及评价体系，这也导致了对河口湿地退化的影响因子认识不足。

3. 受损修复方式

河口湿地处于江河入海的海陆交界处，是两种截然不同的大生态系统在此强烈作用形成的高物质多样性和多功能的生态边缘区，而且由于河流、潮汐等作用，面积仍在向海扩展或收缩的一种特殊湿地，其土壤多为盐渍土壤或常受内涝渍水的影响。河口湿地对自然灾害和污染起到防御和控制作用。由于滩涂开垦养殖、围海筑堤、海港建设、沿海大通道建设和排汛，以及外来物种入侵等人为活动的影响及生态环境的变化，使生态系统和生态平衡变得极为脆弱，如黄河口湿地耐盐生杞柳、柽柳等木本植物和白草、蒿草、狗尾草等草本植物被砍伐后辟为农垦用地，这不仅使可供农用的土地逐年减少，那些被毁的耐盐植物也很难在短期内得到恢复，而且土壤盐碱化日益严重。采用人工方法恢复和重建湿地是河口湿地生态恢复的重要措施。

（1）植被恢复技术

植被是湿地生态系统的“工程师”，也是湿地恢复的重要组成部分。目前植被恢复技术手段多样，日益成熟，其中通过湿地土壤种子库进行天然恢复研究较受重视。进行植被恢复，重要的是要了解物种的生活史及其生境类型，恢复生物避难所，这对于灾难性干扰后原生种群的存活与恢复至为重要。我国近年在退化湿地植被恢复方面也进行了大量有益探索。

湿地植被能直接吸收湿地中可利用的营养物质，吸附、降解多种有机物，富集重金属和一些有毒有害物质，将它们转化为生物量，许多植物能够在其组织中富集重金属的浓度比周围水中高出10万倍以上，有些湿地植物还含有能与重金属链接的物质，从而参与金属解毒过程。香蒲和芦苇都已被成功地用来处理污水；浮萍凤眼莲可作为含汞、砷、镉污水的净化植物。植物不仅能通过根系吸收难降解的有机化合物，还能将湿地植物光合作用产生的氧气输送至根区，从而在植物根区形成适宜于土壤微生物生长的微生态环境，提高整个湿地生态系统微生物的数量，增强湿地对污染物的去除作用。湿地植物除作为鱼类饵料外，有些还是珍稀水禽的主要食物来源，如苦草、眼子菜、大茨藻、菹草、狐尾藻等，为鹤类、雁类等植食水禽的重要食物来源。湿地周边往往多为农田，农业生产不仅是湿地面源污染的重要来源，同时也容易造成水土流失，导致湿地淤积，在湿地周边一定范围内采取退耕还林措施（即围湿地造林）可减少因农业生产使用的化肥、农药和除草剂随地表径流汇入湿地，减轻湿地农业面源污染。木本植物在生长过程中可吸收土壤中大量的N、P，可减少因农业开垦导致的水土流失；木本植物具有发达的根系，可固沙固土，减缓水流，减少泥沙流入湿地。栽培湿地植被可改变物种单调现象，使湿地生物多样性更加丰富，生态系统更加稳定，生态系统产出率提高。如在岸边种植芦苇、荻、柳、水杉、池杉等中大型植物，使陆地与湿地连成一体，为鸟类繁衍和逃避天敌创造条件。凤眼莲和龙舌草都是很好的湿地监测物种，如凤眼莲对砷（As）极其敏感，当水中含砷（As）达0.06mg/L，2小时后，凤眼莲叶片即出现伤害症状，以此监测水中是否含有砷（As）。大部分水生植物的观赏季节在夏季，冬季时观赏效果普遍较差。因此，在配置水生植物时，可选用一定比例的常绿和半常绿种类，可美化丰富冬季景观。部分水生植物枯萎后，仍具有一定观赏性，配置时应多予考虑。栽种植柳、水杉、池杉等植物，可抵御洪水对湿地堤岸的冲击。

进行植被修复时，尽量选用乡土树种和保护现有湿地植被，选用的修复植物最好源于当地、融入当地、回归当地，这样才容易生存、成本低、不会对当地物种造成破坏、不会酿成物种入侵。对中华水韭、水蕨、莼菜等珍稀物种分布区、湿地植物特别丰富的区域、栽培难度大的区域等，要保护原有湿地植被。注重植被季相变化，合理密植，要形成春花烂漫、夏荫浓郁、秋色绚丽、冬景苍茫的四季景观；不同植物配置要比例适当，以丰富湿地植物种类。同时，栽培密度不宜过大，否则会影响植物的空间伸展。一般叶型较大的，密度较小；反之亦然。普及湿地植物知识和审慎引进外来植物，湿地植物群落构建可与物种保护、民俗、乡土文化、典故或利用价值相结合，打造湿地植物展示园，并进行分科属、分区域介绍，以加强宣传；引进外来物种时，必须先行试验观察，证明其不会对环境造成生态危害时，方可加以推广利用。为确保栽培植被能成活，切实发挥其修复作用，湿地植物栽培前应进行环境现状调查。主要是摸清湿地水环境现状，包括水质、水深、水位、流速、pH、透明度、主要污染物等，以此确定湿地植物种类的选择；掌握湿地动物植物现状，包括种类组成、分布地点、保护物种、珍稀动物食物来源等，避免因植被修复对现有珍稀动植物资源造成破坏。

（2）土壤恢复技术

退化湿地土壤恢复技术主要是通过生物、生态手段达到控制湿地土壤污染、恢复土壤功能的目的。其中利用生物手段修复土壤污染较受重视，尤其在人口密度极大的滨海湿地生态系统应用更为广泛，如利用细菌降解红树林土壤中的多环芳烃污染物、利用超积累植物修复重金属污染土壤。生态恢复主要是在了解湿地水文过程、生物地球化学过程的基础上，通过宏观调控手段达到恢复土壤功能的目的，如通过调控水文周期或改变土地利用方式等以恢复湿地土壤水分状况，促进湿地土壤正常发育，加速泥炭积累过程。但土壤生态恢复影响因素较多，恢复过程不易控制。因此在恢复过程中需要对土壤的各种生物、物理、化学过程进行深入研究以制定合理方案。通过生境管理和生境调整，减轻生境破碎化，补偿受损生境。对废弃油田和农田通过平整土地恢复湿地植物群落，以此改善、减轻生境破碎化的影响，提高生境质量和单位面积的生态承载力，弥补生境的损失。通过合理的替代途径进行补偿，用于补偿的生境与原有生境具备结构与功能上的等同性，是在空间上寻求协调保护和开发的途径。在兴建铁路等工程时，要为湿地动物保留一定的廊道，防止因生境的不连续导致湿地动物生活范围减小，进而导致物种的退化与消亡。保护栖息环境，为水禽及湿地动物创建和谐的活动空间。对于濒危鸟类和水禽迁徙停歇地、栖息和繁殖地，坚决不允许随意开发和破坏。对于已经破坏的生境，要通过生境调整修复一些替代生境。

（3）水环境恢复技术

湿地水环境是由湿地中的水体、水中溶解物质、悬浮物、水生生物、水体下的沉积环境、水体周围的岸边湖滨带以及与其密切相关的各环境要素构成的有机综合体，在一定范围内具有自身的结构和功能，能传输、储存和提供水资源，同时又是水生生物生存、繁衍的栖息地，具有极易受到破坏和污染的特点。水环境决定了植物、动物区系和土壤特征，是湿地恢复的关键。在水环境恢复过程中，通常需要根据湿地退化程度及原因，采用外来水源补给等手段适当的恢复湿地水位，合理控制水文周期，并进一步运用生物和工程技术净化水质，去除或固定污染物，使之适合植物生长，以保持湿地水质。现在有些湿地科学家更提倡在流域尺度上进行退化湿地的恢复，在遵循原湿地水文特征的基础上，人工加以适当的辅助措施，从而达到恢复水文、净化水质的目的。湿地水环境生态恢复主要是通过生态拦截技术、湿地植物净化技术、水生动物净化技术、基于水环境处理的人工浮岛技术等，达到净化水体、恢复湿地水环境结构和功能、美化环境等目的。

1）生态拦截技术：外界环境输入到水体中的营养物质过量，在水体中累积超过了水体自身的容纳能力，而导致水环境结构破坏或功能丧失，是水环境受损的主要原因。控制外来污染物主要采取生态拦截系统，包括设置生态沉降池、生态坝、生态隔离带和投放生物制剂等方法，在入水口处安置生物膜，或种植茭白、慈姑、菖蒲、芦苇和睡莲等部分吸收污染物较强的水生植物，建立滨水植物隔离带，通过植物的截留和纳污等功能，建立生态屏障，割断或减少污染源输入。太湖流域利用生态拦截草带控制面源污染取得了明显的效果（李国栋等，2006；张红举等，2010）。

2）湿地植物净化技术：在受污染水体中，人工种植污染物吸收能力强、耐受性好的植物，利用植物的生物吸收作用、植物与微生物的协同作用，从污染水环境中去除污染物；或者基于水生植物与藻类对光照和营养盐的竞争原理以及植物之间的相生相克作用，抑制藻类的繁茂生长，可以达到净化水体和恢复受损水环境的目的。水生植物应以本土植物为主，也可适当引种本地区其他植物。

3）水生动物净化技术：通过调整水生动物结构，利用滤食性动物对藻类的摄食作用，提高浮游动物对浮游植物的摄食效率；或者优选在水体中吸收、富集重金属的鱼类以及其他水生动物品种，在水体中重建菌→藻类→浮游生物→鱼类的食物链，并对鱼类进行定期捕捞，利用食物链关系对水体内过量的营养物质或重金属回收和利用，可以有效地控制藻类和其他浮游植物的繁殖（Marklundetal，2002），净化水质并引导该区域湿地生态系统尽快进入良性循环。

4）基于水环境处理的生态浮岛技术：生态浮岛在水环境处理中具有净化水质、提供生物生活空间、美化景观、消浪和保护湖岸等功能。生态浮岛的水质净化主要针对富营养化的水体，利用生态工学原理，将植物种植于浮体上，通过植物根系形成的微生物膜及微生态系统，降解、吸附和吸收水中的COD、氮和磷等，贮存在植物细胞中，并通过木质化作用使其成为植物体的组成成分，达到净化水质、提高水体透明度的目的，同时还可以通过遮荫效应、营养竞争等抑制浮游植物的生长。另外，许多浮床植物如凤眼莲、水浮莲、狐尾藻、石菖蒲和芦苇等在生长过程中都能够分泌克藻化学物质，从而有效抑制藻类的生长繁殖。

（4）综合修复技术

将植被修复、土壤修复、水环境修复等多种修复方式综合运用，构建人工湿地是湿地生态恢复的诸多措施中最为有效的。湿地自然保护区及湿地公园的建设即为一个综合修复措施。它不仅保护了生态系统，同时将旅游业引入其中，增强科普教育，真正实现了人与自然的和谐统一。湿地公园本质是在城市或城市附近利用现有或已退化的湿地，通过人工恢复或重建湿地生态系统，按照生态学的规律来改造、规划和建设，使其成为城市绿地系统的一部分，突出主题性、自然性和生态性三大特点，集生态保护、生态观光休闲、生态科普教育、湿地研究等多种功能的生态型主题公园。它是兼具物种及其栖息地保护、生态旅游和生态教育功能的湿地景观区域，体现“在保护中利用，在利用中保护”，是湿地与公园的复合体。

米埔湿地位于中国珠江河口东部,北接深圳,南临香港特别行政区,它是一个鸟类迁徙的驿站,每年冬天,大约有54 000只水禽来这里过冬。该地区有2700hm^2的潮间带浅滩,四周围绕着约400hm^2的潮间带红树林。自20世纪70年代城市开发以来,这些海湾湿地已经退化。1995年,依据《关于特别是作为水禽栖息地的国际重要湿地公约》,这块包括米埔自然保护区在内,面积共1500hm^2的湿地被列为国际重要湿地。

1997年香港政府制定了湿地管理计划,包括对其植被、树木、芦苇床、基围虾等生物资源进行生态调控与管理,调控水位与水的净化,保护恢复泥潭和红树林,进行游客的科普教育和行为管理等。2006年,世界自然基金会香港分会进一步拟定了修复目标:管理自然保护区,并增加其生态多样性;作为学生和大众的教育基地;挖掘保护区作为国际重要湿地的培训潜能,促进东亚或澳大利亚水鸟迁徙线上的合理利用等。

通过对湿地良好的修复控制与管理,香港米埔湿地已成为湿地维护与管理多用途的成功典范,实现了保护区的生态价值与公共观赏之间的协调。同时,通过科普展示工程,游客了解了保护区的生态和文化价值,增强了环境保护意识,从而达到了人与自然的和谐。

三、受损红树林修复

1. 红树林生态系统及其生态价值

(1)红树林生态系统的概念

红树林生态系统是指热带、亚热带海岸潮间带的木本植物群落及其环境的总称。它是红树植物和半红树植物,以及少部分伴生植物与潮间带泥质海滩(稀有沙质或岩质海滩)的有机综合体系(林鹏,1997)。红树林是海岸带极为独特的生态景观,素有海上森林之称,表现出在海陆界面生境条件下诸多重要的生态功能。

(2)红树林生态系统的特点

1)生境特点。为热带、亚热带海岸潮间带环境特点。呈泛热带分布,常见于河口、潟湖湾、岛屿海岸和大陆海湾。在中国最北分布的红树林树种亦是秋茄,其天然分布最北至福建福鼎市,人工种植至浙江乐清县(张忠华等,2006)。低温和潮汐冲刷是其地理分布的两大限制因子,分布区年平均气温大于18.5℃,最低月平均气温8.4℃。土壤多泥质,pH 5.5~6,海水盐度常为10%~30%。

2)外貌特征。向海生态系列:红树林生长的潮汐带为一平缓的坡度地形,植物的淹没深度存在差异,冲刷强度和盐度影响也存在一定差异,故有真红树和半红树之别,形成与海岸线几乎平行的带状分布由半红树至真红树的向海生态系列。

群落空间结构简单:红树林常为单优群落,常绿,外观绿色或灰绿色至银灰色,林高1~30m,卤蕨为常见的林下伴生植物,层间植物仅见鱼藤等几种(韩维栋等,2000)。

3)生态生理特征。具有超强渗透吸水和吸气能力:其气生根在35‰盐度海水的潜在渗透压高达215×10^6Pa,并从海水中吸收氧气。

部分树种具有特化的泌盐组织:如白骨壤有盐腺可分泌出含盐高达4.1%的溶液,10cm^2的叶面积24h能渗出0.2~0.35mg的盐晶。

树皮富含单宁:含量12%~28%,依树种不同而不同,起着协助渗透和防腐的作用。单宁释放海水中可降低海水碱度。

胎生现象：多数红树植物的种子的胚轴在成熟果实脱落前发育，并在传播后迅速生根成苗。

早熟现象：部分红树植物1~3年生即进入开花结实期，而且丰实，提供大量的种子以加强对自然选择的适应能力，如海桑属（*Sonneratia*）（韩维栋和高秀梅，2000；叶勇等，2006）。

（3）红树林生态系统的生态功能

红树生态系统生态价值即指它的生态功能价值，是指红树林生态系统发挥出的对人类、社会和环境有益的全部效益和服务功能。它包括红树林生态系统中生命系统的效益、环境系统的效益，生命系统与环境系统相统一的整体综合效益。红树林生态系统作为一种海岸潮间带森林生态系统，其生态效益可用环境经济学方法来计量，它的生态价值主要表现如下方面：① 本身有机物生产，光合作用固定二氧化碳和释放氧气，减弱温室效应和净化大气，是为近海生产力提供有机碎屑的主要生产者；② 通过网罗有机碎屑的方式促进土壤沉积物的形成，植株盘根错节抗风消浪，造陆护堤；③ 过滤陆地径流和内陆带出的有机物质和污染物，降解污染物、净化水体；④ 为许多海洋动物、鸟类提供栖息和觅食的理想生境，保护生物多样性和防治病虫害；⑤ 有着独特的科学研究、文化教育、旅游、社区服务和环境监测等意义（陶思明，1999；韩维栋等，2000；李庆芳等，2007）。

2. 红树林的受损现状

Farnsworth 和 Ellison（1997）对世界上16个国家和地区38个地点的红树林的分布状况进行考察后认为，村庄扩建、农业、旅游业、建养虾池的砍伐；红树林区居民的生活污水排放；伐木用于薪材、建筑用材、艺术品用材；道路、码头建设；石油污染；船舶交通；垃圾和固体废弃物向红树林区倾倒；暴雨危害等是造成红树林生态系统破坏和面积减少的重要原因（林益明等，2001）。在我国，海岸居民对红树林生态系统开发利用有悠久的历史，有丰富的民间利用经验；围海造田和围塘养殖等经济利益的驱动造成了红树林资源的大面积减少，城市化和海洋环境的污染加剧红树林资源的濒危。20世纪六七十年代，由于我国人口急剧增长，曾大规模有组织地开展围海造田。如我国红树林的主要分布区之一的海南岛，围海造田4667hm^2，破坏了红树林面积2000hm^2，却只利用了667hm^2，其余变成了荒地（陈桂珠，1991）。80年代以后，由于改革开放，沿海地区经济发展很快，海产养殖业成为红树林海岸居民致富的重要途径。在红树林区开辟池塘，养殖虾、蟹、贝类等海产动物或有经济价值的藻类。例如，海南澄迈的东水港，以前有数百公顷的天然红树林分布，除围海造田毁林约120hm^2外，近十几年发展水产养殖又破坏了157hm^2，现在东水港已没有红树林了。城市扩展和海岸工业交通设施的建设，加剧了对红树林的破坏。例如，深圳市在妈湾建造油码头和石油基地，毁林33hm^2。海南岛三亚市，由于新市区的扩建，三亚沿岸红树林滩涂被填平造河堤及高速公路。厦门市海沧投资区为建码头已填去大面积的红树林，大片的白骨壤林只剩下低矮稀疏的灌丛。红树林是较高生产力的生态系统，但对人为扰动极其敏感，在遭到破坏后如果仅仅靠自然恢复的话，在这种具有较高的诱发死亡率的沼泽类型中，森林的恢复非常缓慢。人们从各个方面对人类活动对于红树林生长、森林结构和生态系统生产力的复合影响进行了较为详尽的理论分析与实验研究，其中包括营养物质与污水排放，石油、矿渣和其他污染物，农用杀虫剂和战争期间使用的化学毒品，轮流砍伐森林，城市化、人口增长和垦荒,蓄水、筑路、调水和水位变化以及水产养殖和盐池建造等。人类的扰动将造成红树林森林生态系统的退化。红树林对人类的扰动的反应受以下3个因子的影响: 扰动的范围、强度和持续的时间;有无更新的植株;苗木重新建立和冠层郁闭的速度。尽管红树林可以进行苗木再植,但很多地方,红树林皆伐后,未进行红树林的恢复性造林。皆伐迅速改变了潮汐湿地的地貌学和土壤化学特性;如果造林速度缓慢,海水侵蚀、过度盐化、土壤硫化物的累积和早期先锋生物的入侵就能够阻碍红树林的再生长(林益明和林鹏,2001)。

红树林也由于其与人类活动关系密切,近年来其受重金属与农药污染破坏的情况日趋严重,已经引起人们的广泛关注。

(1) 红树林生态系统重金属污染

郑文教等(1996)研究发现,红树林对土壤沉积物中的重金属污染物吸收能力低,植物体对土壤重金属的累积系数除Cd较大外,大都在0.1以下。同时,红树植物所吸收的重金属主要累积分布在动物不易直接啃食和利用的根、质地较为坚硬的树干和多年生枝,而这些部位累积总量占群落植物体总量的80%~85%(陆志强等,2002)。Tam等(1993)对深圳福田红树林沉积物的研究表明,其中可提取的重金属还不到总量的1%。这表明在自然生境条件下,红树林可为异养生物提供大量洁净的食物,并且避免了通过食物链的不断富集而引起对人类健康的危害。但红树林地的有机残留碎屑对重金属有较强的吸附作用,这对以红树残留物碎屑为食的林区生物是很不利的。

(2) 红树林生态系统石油污染

红树林生态系统石油污染主要来自海底石油、天然气的勘探和开发生产,往来穿梭的船舶排放的含油污水尤其是大型油船的油溢事故。由于事故发生难以预料,带有偶然性和突发性且泄漏量很大,因此对位于潮间带的红树林损害比较严重,并且不易恢复。石油在红树林沉积物中富集,引起沉积物pH、溶解氧含量、氧化还原电位以及间隙水盐度下降,形成一个缺氧的强还原性环境。

(3) 红树林生态系统农药污染

有机氯农药(OCP)主要指六六六、DDT等含氯的有机化合物。OCP各国已禁止使用,但土壤中残留量仍相当大,还将在长时间内发生作用,在红树林有关OCP的报道尚少。林鹏等报道了九龙江口浮宫镇红树林区水体OCP浓度的季节性变化,3次高峰期分别为2~5月、7月和11月。OCP中六六六浓度与7年前九龙江河口测定数据仍处同一水平。从红树植物吸收累积OCP的分布看,秋茄幼苗根、原胚轴累积的OCP含量是幼苗叶及小树的近30倍,说明秋茄吸收OCP大量累积于根及原胚轴部分,而向茎叶输送不多(林鹏等,1989)。

3. 红树林的修复及存在问题

(1) 红树林的修复技术

1991年,国家把红树林造林和经营技术研究列入国家科技攻关研究专题,从而使我国红树林恢复和发展研究进入一个新时期,秋茄红树林的造林技术、福建九龙江口引种红树植物技术研究以及清澜港红树林发展动态研究论文相继发表(郑德璋,1995),为红树林资源恢复和发展提供了一些技术及应用基础理论(郑德璋等,2003)。

1) 主要树种造林配套技术。系统地提出8个树种在不同地带的物候期、适宜的采种时间、不同类型种实采后处理及贮藏方法、苗圃地选择及不同树种育苗技术。研究了红树林树种种子发芽或贮存适宜的光照、生长素、盐度、水分和温度，各树种宜林海滩划分以及提高人工林生产力等新技术。

2）退化次生红树林改造优化技术。定位观测表明，退化次生红树林若不加以改造，将长期保留其低质量和低功能林分组成结构。采用 2m 宽带状和 6m × 8m 块状间伐后在空隙中栽植乔木幼苗的试验表明：引进的幼苗均能在次生灌丛中定居和可持续性更新，组成两层结构林分，块状比带状伐隙中的幼苗生长好，红海榄生长比木榄、海莲快，引进红海榄比引进木榄提早 2 ~ 3 年进入有效防护功能期。进一步试验证明，选用无瓣海桑改造退化灌丛能在 2 ~ 3 年内进入有效防护期，而其他树种则需 7 ~ 10 年，总结出的优化技术为：小块状间伐后引进无瓣海桑。

3）优良速生红树植物北移引种技术。虽然我国引种红树林的历史已逾百年，但引种的仅是抗低温广布种秋茄树、白骨壤和嗜热广布种木榄属植物。经过 10 年的国家科技攻关研究，采用了防寒育苗、抗寒炼苗、逐步北移等措施，分别把嗜热窄布种海桑从海南省引种至粤东汕头市，无瓣海桑引种至福建省九龙江口，使这些种的分布向北推移了约 3°纬度。这两个种适生于红树林前缘低滩，其他红树植物难于在这些低滩扎根生长，利用这两树种在前缘裸滩组建先锋群落，并利用地面上生长密集的笋状呼吸根，降低潮水流，淤积浮泥使地面升高，当地红树植物的种实便能扎根生长，快速组建两层结构的高产高效林分。有关外来种的利和弊的争论由来已久，人们担心引种的红树植物会造成生态入侵的灾害，但根据我国引种红树植物 100 多年的历史情况，尚未发现某种红树植物到处蔓延生长而造成生态灾害的例子。由于各种红树植物有严格的生态位，它们对海水盐度及淹浸等级（水深）的适应能力各异，分别生长在海岸的不同区域（河口、内湾、湾口前缘）和不同水深带内，形成不同深度水平带状分布，因而不能到处蔓延。已研究证实海桑种子是需光种子，只在海水盐度 10‰以下才能发芽，因而限制它的天然更新区域仅在光裸海滩及淡水丰富的滩地上。另据调查，物种多样性较低的裸滩引种海桑和无瓣海桑后，促进了当地红树植物秋茄、白骨壤、桐花树在林下更新，水鸟和陆鸟在林内筑巢孵蛋，泥中出现了鳝鱼，物种多样性比裸滩高。引进树种也可能在较长时间后才产生不良影响，因此还需坚持跟踪观测研究。

4）污染海滩造林技术。随着我国沿海地区经济迅速发展，农村迅速向城市化转变，城市的废水、有机废料、工业废渣、油污物质、重金属废物等大量排放入海，导致海岸潮间带严重污染，近年沿海赤潮灾害频繁发生便是证明。一些污染物对红树林幼苗有毒害作用，导致人工营造的幼林死亡。综合文献、污染海滩调查和定位试验等资料，提出污染海滩造林成功的步骤为：① 测定淤泥及海水污染物含量，确定该海滩能否造林，油污染超过国家海水水质标准的海岸带不适于造林，污染较轻的海滩可选用抗污染能力强的树种造林；② 测定各造林树种的抗污染能力为：无瓣海桑 > 海桑 > 木榄 > 银叶树 > 杨叶 > 肖槿 > 海莲 > 秋茄 > 海膝 > 桐花 > 红海榄；③ 依据海滩污染程度选择适宜造林树种，经试验分析，应选择无瓣海桑和海桑为污染低滩造林树种，选择木榄和海漆为污染中高滩造林树种；④ 采用“八五”国家科技攻关研究成果《红树林主要树种造林和经营技术》进行造林和管理。

5）造林树种优良种源选择技术。为了提高造林成活率和林分生长量，分别在海南省东寨港、广东省湛江市的高桥和深圳市的福田 3 个地点，对低滩的造林树种秋茄和高滩的造林树种木榄进行优良种源选择。对采自海南省琼山、广东高桥和福田、福建省龙海 4 个地区生长于浸水较深与较浅滩地的8个秋茄种源和采自海南省三亚、琼山、文昌、广东省湛江市的高桥和雷州附城、深圳市福田、广西防城7个地区只生长于高滩的木榄进行优良种源选择。测量上述两个树种各地区种源1龄幼苗成活率、苗高、地径、叶含水率、叶绿素、游离脯氨酸、过氧化氢酶、电导率、光合、蒸腾等林学及生理指标，应用坐标综合评定法进行分析，选择出下列地区的优良种源：① 海南省和广东省湛江地区的中低滩地选用海南琼山秋茄种源造林较佳，广东省深圳湾选用当地的秋茄种源造林较佳；② 海南省和广东省湛江地区的高滩选用海南三亚的木榄种源造林较优，深圳湾的高滩选用湛江市的木榄种源造林获得较优效果。

（2）红树林生态修复中存在的问题

1）红树林生态恢复工程的关键是宜林地的选择标准。红树林适生环境经过围垦造田，围海造塘，特别是修建滨海大道，许多滩涂受到侵占和破坏。2002年年初，国家林业局在深圳召开红树林造林工作会议，预定2001~2010年，10年营造$6\times10^4hm^2$（90万亩）的计划，其关键就是宜林地的选择，合理利用滩涂，保护红树林使之有栖身之地。

红树林是海岸潮间带的森林，因此它们不可能生长在陆地岸上，也不可能生长在潮下带海水中，而最适生长在中潮带和高潮带。低潮带浸水时间过长，除先锋树种外，多数不易生长。目前全国尚无一个有效的宜林地标准。经过对厦门海沧投资区滨海大道外侧滩涂红树林恢复工程的可行性研究后认为：在现状情况下，要选择宜林地，必须考虑潮位、浸水时间、潮速、海流速度、土壤和海水盐度（最适在0.5%~2.5%）和种苗特性（不同种类耐浸水能力）等（林鹏，2003）。

2）红树林区海堤修复工程模式的选择。在造堤修堤时，有意识地保护红树林既可以扩大堤内的养殖面积又可以节约投资。在红树林堤岸的建设上，范航清等（1997）比较了海堤维护的传统模式和生态模式的结构与功能，传统模式加高加固海堤需用大量的土石方，并从堤外10~50m处红树林取土，不但损害红树林，也会使滩涂高程下降20~40cm，导致林子破坏，林相退化，演替中后期优良红树林种类如木榄、角果木减少甚至消失，而低矮的灌丛如白骨壤、桐花树增多。若采用生态模式，从堤内距堤脚10~20cm的围垦荒地挖土，挖掘形成与海堤平行的人工凹沟，既可以当排洪沟，又可用于发展水产养殖，如国际上推崇的基围一样，既可以水产养殖又保护了堤外红树林。据范航清两种模式投入产出比的计算结果：传统模式产出/投入比为0.24，生态养护模式达5.44；而传统模式投入比生态养护模式大2.26倍，且产出只有生态养护模式的10%，说明在红树林营造及堤岸养护上必须应用生态养护模式，充分发挥红树林的生态效益和经济效益（范航清，1995）。

3）防止外来有害物种的生态入侵问题。由于人类有意识或无意识地把某些生物带入到适宜其生存和繁衍的地区，其种群数量不断增加，分布区也逐步而稳定地扩大，这种外来有害物种入侵引发严重生态危机简称生态入侵（又称外来有害生物入侵）；当这种入侵对该地生态系统的安全健康造成不良影响时，也可称生物污染。近几十年来，生态入侵随着人类活动范围的扩大和时间的推移而逐步严重。如美国新泽西州的统计，由于生态入侵造成该州的经济损失每年就达十几亿美元。20世纪末，生态入侵问题已列入全球环境变化的重要研究内容之一，并逐步引起世人的重视。防止生物污染和不必要的生态入侵，对环境保护、自然资源保护和生态系统良性循环的维护是很重要的（林鹏，2003）。

4. 红树林修复的发展战略

（1）认真保护和管理现存的天然红树林资源

中国的红树林已属于濒危森林资源，因而林业和海洋主管部门已经在红树林多的港湾建立国家级和省级各 5 个及县市级 8 个自然保护区，但受近期和局部利益驱使，仍有毁林现象，表明保护红树林确是一件相当困难的事。为了更有效地保护这一濒危资源，有必要建立一个多部门（包括当地政府、林业、海洋、环保、农业、公安、法院）的综合管理机构，主管海岸红树林湿地的保护和开发利用，防止物种多样性进一步遭受破坏，从而危及人类本身（郑德璋和李玫，2003）。

（2）努力恢复和重建红树林

过去大面积的红树林已被改为农、渔、盐及其他行业用地，现存林分多为高 1m 左右的退化次生林，地力退化，生产力和生态功能很弱，树种组成单一。这类林分需要改造，林高要达到 4m（大潮差海岸）或 2.5m（小潮差海岸）才能起到有效的防浪护岸作用。经海南和雷州的改造试验已取得适宜的改造技术和选用树种，其他省区可借鉴这些技术和试验选择出改造本地次生林的优良乔木树种。改善人类生存环境已成为国内外的普遍呼声，退耕还林还草是重要措施，在那些需要还林的海岸带要努力重建红树林（林益明和林鹏，2001；郑德璋和李玫，2003）。

（3）大力营造人工红树林

依靠天然更新来扩大红树林资源是极其缓慢的，在中波能及平均海面邻近较深水位的滩地，胚轴苗难于扎根生长，必须以人工造林并辅以保护措施才能成功地组建红树林。我国的海滩经各类开发以后存下的滩地多数为淹浸较深及中高波能海滩，必须人工造林，选用耐水深的树种和种源，才能快速发展红树林资源（林益明和林鹏，2001；郑德璋和李玫，2003）。

（4）加大红树林恢复和发展经费投入

海岸潮间带淤泥海滩是造林困难立地类型之一，如大风、波浪、潮汐动能、移动泥沙、漂浮垃圾、海洋动物等因素对于刚扎根的幼苗危害最大，而各种红树植物均有特殊的生境条件要求，尚待进一步深入研究探讨，因此只能加大经费（包括科研及生产费用）投入，红树林资源才能得到恢复和发展（林益明和林鹏，2001；郑德璋和李玫，2003）。

四、受损珊瑚礁修复

1. 珊瑚礁在全球的分布

（1）珊瑚礁的分布

珊瑚礁是由热带和亚热带海洋中的一些海岸、岛屿、暗礁和海滩大量生长造礁石的珊瑚为主的骨骼堆积及其碎屑沉积形成的礁体。

世界珊瑚礁主要分布在南北半球海水表层水温为 20℃ 的等温线内，在南纬 30°与北纬 30°之间，大约在南北回归线以内的热带和亚热带地区（Achituv et al.，1990）。全球珊瑚礁仅占地球海洋环境的 0.25%，但在珊瑚礁生态系统中却栖居着 1/4 以上的海洋鱼种。珊瑚礁为海洋中一类极为特殊的生态系统，拥有较高的初级生产力，是海洋中生物多样性最高，生物量最丰富的区域（Best et al.，2001），被誉为“海洋中的热带雨林”、“蓝色沙漠中的绿洲”。

一般认为达到了海洋生态系统发展的上限。

（2）珊瑚礁的分类及特点

珊瑚礁有很多类型，根据礁体与岸线的关系，划分出岸礁、堡礁和环礁三种类别。

沿大陆或岛屿边生长发育，亦称裙礁或边缘礁。岸礁是由生长在大陆或岛屿周围浅海海底的珊瑚和其他钙质有机物构成，这种礁体的表面跟低潮潮位的高度差不多，粗糙而不平坦，外缘向海洋倾斜。由于外缘珊瑚生长起来干扰因子少、生长快，所以最早露出水面，从而使珊瑚平台和陆地间出现一条浅水通道或一片潟湖（安晓华，2003），如加勒比海中的部分珊瑚礁及我国的海南岛沿岸的珊瑚礁。

堡礁又称作堤礁，是离岸有一定距离的堤状礁体，外缘和内侧水都较深。和岸礁一样，堡礁基底与大陆相连，但环绕在离岸更远的外围，与海岸间隔着一个较宽阔的大陆架浅海、海峡、水道或潟湖（王丽荣等，2001；安晓华，2003），如澳大利亚大堡礁。

环礁是一种环形或马蹄形的珊瑚礁，中间包围着一片潟湖。礁体呈带状围绕潟湖，有的与外海有水道相通（安晓华，2003），如马绍尔群岛上的夸贾连环礁和马尔代夫群岛的苏瓦迪瓦环礁。

珊瑚礁因其形态优美多变，不同海域礁体具有不同形态特征。根据珊瑚礁形态差异，可以分为台礁、塔礁、点礁和礁滩 4 类。

台礁的礁体呈圆形或椭圆形，中间无潟湖或潟湖已淤积为浅水洼塘，同时礁体边缘隆起明显的大型珊瑚礁为台礁，如我国的西沙群岛中的中建岛。

塔礁是兀立于深海、大陆坡上的细高礁体。

点礁也即斑礁，是位于潟湖中孤立的小礁体。

礁滩是匍匐在大陆架浅海海底的丘状珊瑚礁。

（3）珊瑚礁在中国的分布

中国的珊瑚礁绝大多数分布在南海（傅秀梅等，2009），类型以岸礁为主。此外，台湾海峡南部、台湾岛东岸和台湾岛东北面的钓鱼岛等地，虽位于北回归线以北，但受黑潮暖流的影响水温适宜珊瑚生存也有岸礁。另外，华南大陆不少岸段零星生长活珊瑚，但丛生的很少，聚成岸礁者仅见于大陆南端的雷州半岛灯楼角岬角东西两侧，沿岸离岛的岸礁仅见于北部湾的涠洲岛和斜阳岛（赵焕庭，1998；王丽荣等，2001）。

2. 珊瑚礁的生态特点，生态作用与功能

（1）珊瑚礁的生态结构

1）环境生态因子。珊瑚礁生态系统包括珊瑚礁生物群落、周围的海洋环境及其相互关系（陈国华等，2005）。在表层海水营养盐十分贫乏的热带、亚热带海区，珊瑚礁以其独特的生态体系而拥有丰富的生物资源，其特殊的生态环境是珊瑚礁生态系统结构与功能的基础。造礁珊瑚对生长海域的水温、盐度、深度、光照等自然条件都有严格的要求。

造礁珊瑚适宜生活在平均水温为 24～28℃的水域中，在低于 18℃的水温条件下只能存活而不能成礁。因此，珊瑚礁通常只分布在低纬度的热带、亚热带邻近海域（Palding et al.，1997；Kleypas et al.，1999）。此外，在有强大暖流经过的海域虽然纬度较高但水温较高，也有珊瑚礁存在，例如，中国的钓鱼岛附近（山里清等，1978）。与此相对的情况，在属于热带的非洲和南美洲西岸海域因低温上升流的存在，水温较低，则未发现珊瑚礁的存在（安晓华，2003）。

在盐度约为 34 的海区最宜造礁珊瑚的生存。所以在河口区和陆地径流较大输入的海区，一般因盐度的降低，并无珊瑚礁生态系的存在（Kleypas et al.，1999）。

因与造礁珊瑚及礁体附属生物共生的虫黄藻需要适宜的光照条件以进行光合作用，因此使得光照强度是珊瑚礁生态系的一个重要限制因子。光照的强弱受到日照的强度、海水的浑浊度、海水的深度等条件制约。因此，造礁珊瑚一般在水深为 10～20m 处生长最为繁盛，当水深超过 50m 时，因光照强度较低，与造礁珊瑚共生虫黄藻的光合作用能力下降，珊瑚礁一般也难以存在（Glynn，1996）。

另外，一般波浪和海流因带来丰富的营养盐利于虫黄藻的生长繁殖从而宜于珊瑚的生长，但是波浪过大会折断珊瑚的躯干和肢体，或将附着珊瑚的砾石翻动，使珊瑚体被碾碎或反扣砾下被碎屑物覆盖而死亡，因此潮汐限制了其生长空间的上限（Grigg，1998）。

2）生物多样性。全球约 110 个国家拥有珊瑚礁资源，其总面积占全部海域面的 0.1%～0.5%（Pac，1978；Spalding et al.，1997），但已记录的礁栖生物却占到海洋生物总数的 30%（Reaka-Kudla et al.，1996）。按照其生物功能不同划分为三类，生产者、消费者、分解者。

其中，据王丽荣等（2001）概括，生产者包括硅藻、甲藻、裸甲藻、蓝绿藻、微型藻及自养生活的蓝细菌，以及共生虫黄藻等浮游藻类及底栖藻类。消费者包括有孔虫、放射虫、纤毛虫、水螅水母、钵水母、桡足类、磷虾类和甲壳类等浮游动物，双壳类、海绵类、水螅虫类、苔藓类、多毛类、腹足类、寄居蟹、海星类、海胆类等底栖动物，此外还包括各种鱼类。但珊瑚礁区实际存在的生物种类还远不止这些，很多小型、微型的生物种类未被记录描述。特别是海洋细菌和微型浮游动植物等以前受采样和分析方法限制的种类（赵美霞等，2006），实际报道发现的珊瑚礁生物种类仅为 9.3 万种，还不到 Reaka-Kudla 等估计量的 10%（Reaka-Kudla et al.，1996）。

3）珊瑚礁生态系统的空间特征。造礁珊瑚是珊瑚礁体的最主要贡献者，它的生长和分布对礁区其他生物的栖息和生长起了决定性作用，所以一定程度上，造礁珊瑚的多样性状况即可反映珊瑚礁区生物多样性的整体特征。但由于造礁珊瑚对温度、光照等环境因素要求极其严格，因此，不同区域的珊瑚礁生态系统生物多样性组成也存在很大的差异。全球最主要的珊瑚礁分布区系，大西洋-加勒比海区系和印度洋-太平洋区系为大西洋-加勒比海区系生物多样性包括 26 个属 68 种，而印度洋-太平洋区系物种已发现 86 个属 1000 多种（赵美霞等，2006）。

在同一珊瑚礁区域，因珊瑚礁一般为复杂的垂直结构，不同水层、不同礁体区域的生态因素差异也很大，在不同礁区物种分布也存在很大不同，一般表现出明显的水平差异及垂直差异（Yu et al.，1996）。

4）珊瑚礁生态系统的能量流。在适宜的光照和温度条件下，影响珊瑚礁生态系统能量流通效率的环境因素是由居于其内的生物体之间的相互的生命活动所决定的。而浮游藻类、共生的虫黄藻、底栖大型水生植物、固着生物和底栖植物高水平的光合作用对通过的海水中的溶解有机物的利用、底栖滤食者对悬浮有机物的利用等都对维持高水平的初级生产力具有重要意义（安晓华，2003）。

（2）珊瑚礁的价值功能

因珊瑚礁生态系统由丰富的海洋生物及复杂的生态因素组成，使其具有特有的生态功能及价值。具体包括：提供资源和物理结构功能、生物功能、生物地球化学功能、信息功能和社会文化功能(Moberg,1999)。

1)生态服务功能。珊瑚礁生态系统生态服务功能是指珊瑚礁自身生态过程提供的间接服务,用于维持珊瑚礁生态系统内的生物多样性和生态稳定。

珊瑚礁生态系统可以在低水平的营养供应上产生极高的生产力,极高的初级生产力可以提高系统内的生物多样性。健康的珊瑚礁系统每年每平方公里渔业产量达35t,约占全球渔业产量的10%,为人类提供了丰富的优质蛋白源(Pac,1978)。珊瑚礁的遮蔽性强,饵料丰富也是全球一些重要渔场的产卵场、孵化场,保证全球渔业资源可持续发展的重要场所,同时也为远洋食物链提供了大量的浮游动植物作为优质饵料,为维持海洋生物多样性及基因库稳定提供了避难所及动力源。

其次,珊瑚礁因其可靠地稳定性可以作为海岸的堤坝、栅栏,降低了波浪及海流对海岸的冲击力,对减缓海岸线的侵蚀具有重要意义。珊瑚礁对海流、海风的阻挡作用,为维持沿岸红树林生态系统及海藻床的生长存活提供了保障。

另外,因珊瑚礁生态系统的物质循环主要有C、N、P和Si共计4种元素的生物地球化学循环,本质上同其他海洋生态系统的生物地球化学循环基本一致。珊瑚礁生态系统内的浮游藻类、底栖藻类、自养光合细菌等对于海水中的C、N、P和Si的吸收利用,加速了C、N、P和Si的循环,同时对于沿海富营养化调控及全球二氧化碳循环也有重大意义。

最后,全球变暖造成海水温度上升和二氧化碳浓度增加造成的海洋酸化、海水富营养化造成的海水氮磷含量增高、污水排放造成的海水污染及飓风等自然灾害都会造成珊瑚共生生物虫黄藻的死亡而造成珊瑚出现白化现象。根据珊瑚礁生态系统的生物多样性及损伤程度珊瑚礁可以用来监测和记录气候及污染状态,为人类提供信息。

2)社会服务功能。珊瑚礁的社会服务功能指因珊瑚礁的存在为人类带来的情感服务。珊瑚礁因其具有独特的生境特点、生态多样性及生物多样性,成为研究全球气候变化及海洋污染的理想海洋生态研究对象及海洋知识科普教育基地。珊瑚礁区一般具有风景秀丽、环境宜人的特点,作为海洋中独有而奇异的景观,珊瑚礁为发展滨海旅游业提供了条件。珊瑚礁旅游资源集热带风光、海洋风光、海底风光、珊瑚花园、生物世界于一体,是发展生态旅游的优质地区。珊瑚礁以其形态造型奇特,色彩多姿鲜艳因而很有观赏价值,为人类带来了美学和艺术灵感,并提供文化、精神、道德、信念和宗教等服务价值,是全人类共同的自然文化遗产(Lal,2004)。

3)经济服务功能。珊瑚礁的经济服务功能是指珊瑚礁作为自然资源被人类开发利用而获取商业经济利益。主要包括为人类提供各类渔业产品如鱼虾贝藻等可食用产品,医药用原材料如具有抗癌、抗菌、消炎、抗凝作用的海草、海绵、软体动物、珊瑚和海葵,用于制造人工牙齿和面部改造填充材料、人造骨骼用的珊瑚等原材料,用于工业生产琼脂、角叉胶和肥料的原材料如麒麟菜和某些海藻,具有很高经济价值的珠宝和装饰品、工艺品如使用珠母贝和红珊瑚、观赏性鱼和珊瑚为原材料的雕刻艺术品。另外,在一些地区也使用珊瑚块作为建筑材料用于生产水泥、石灰,用珊瑚和珊瑚礁块作为饲料添加剂,或是用珊瑚砂、珊瑚块等铺垫于养殖观赏用热带鱼的鱼缸中等。

3. 珊瑚礁受损现状与原因分析

珊瑚礁生态系统作为一种稳定的海洋生态系统是所有海洋生态系统中生物多样性最高

的地区,被誉为"海洋中的热带雨林"(Bellwood et al.,2004;赵美霞等,2006)。但近年来因人类活动与海洋生态环境变化等多重压力影响下在全世界范围面临着严重的退化现象。全世界范围内约20%的珊瑚礁已经消失,还有20%以上的珊瑚礁已经退化并没有得到有效的保护修复。其中,尤其以亚洲东南部和印度洋的珊瑚礁生态系统的生物多样性减少最快,仅有位于大洋洲澳大利亚周围的珊瑚礁生态系统处于健康状态(Wilkinson et al.,2004)。由于人类不合理的开发利用活动,全世界近1200种栖息于珊瑚礁的生物已消失,预计短期内有约24%珊瑚礁将遭到破坏(李元超等,2008)。我国近岸海域珊瑚礁生态系统也遭到了严重破坏,海南岛沿岸珊瑚礁破坏率为80%,导致海岸侵蚀、水产资源衰退及生态环境恶化等不良后果(安晓华,2003)。

人类活动范围的扩大、强度的增加及全球气候持续变暖对珊瑚礁造成的损伤程度远远大于珊瑚礁自我修复的速度,使全球珊瑚礁生态系统面临前所未有的威胁。造成珊瑚礁生态系统衰退的具体因素为:全球变暖造成的海水温度增加(Jokiel et al.,1990,1996)、海洋酸化(Hoegh-Guldberg et al.,2007;Pandolfi et al.,2011)、臭氧层被破坏导致紫外线强度上升(Kuffner,2002;Banaszak et al.,2009)、台风海啸等自然机械损伤及珊瑚礁生态系统中的生物被生物敌害捕食(Pratchett,2005;李元超等,2008)、人类过度挖掘开采珊瑚礁礁体(C Dulvy et al.,2002)、礁区渔业不当捕捞(Roberts,1995)、海水污染(Spalding et al.,2001)、以珊瑚礁为盈利的旅游业及海岸带建设等(Bellwood et al.,2004;Dikou et al.,2006)。

(1)全球变暖导致的海水升温

近年来,全球气温变暖已经对珊瑚礁生态系统造成很大的伤害。海水升温会使珊瑚虫释放掉体内的虫黄藻或失去体外共生的虫黄藻,而虫黄藻与珊瑚是共生的关系,其80%的光合作用产出有机物主要提供给珊瑚,同时还给珊瑚带来了丰富的色彩,因此虫黄藻的失去使珊瑚失去了色彩出现白化现象(coral reef bleaching),造成珊瑚礁出现大面积的退化(Jokiel et al.,1990,1996)。

(2)海水二氧化碳浓度增加导致的海洋酸化

自全球进入工业化社会后,石化燃料的使用急剧上升,森林、草原、湿地被大面积破坏,致使大气中二氧化碳含量明显增多,使海水中溶解的二氧化碳增多,海水pH下降,碳酸盐浓度越来越低。碳酸盐浓度的降低使珊瑚富集碳酸盐的能力降低,珊瑚骨骼的钙化速率也降低(Hoegh-Guldberg et al.,2007;Pandolfi et al.,2011),研究发现,20世纪90年代以来大堡礁等海域的珊瑚钙化率明显下降,幅度达到14%~21%(Cooper et al.,2008;De'ath et al.,2009)。

(3)臭氧层被破坏导致的紫外线增加

紫外线辐射(UVR),据波长大小可以将UVR分为UVA(400~320nm)、UVB(320~280nm)和UVC(280~100nm),其中UVA和UVB辐射很容易穿透清澈的海水。因臭氧层被破坏严重,臭氧层变得越来越薄,而臭氧层的变薄会使到达海面的紫外线的强度增大。1993年Gleason正式提出紫外辐射是导致珊瑚礁白化的因素之一(Gleason et al.,1993)。紫外线辐射对于位于浅海区的珊瑚礁伤害尤其严重(Kuffner,2002)。

(4)人类活动对珊瑚礁的破坏

以渔业捕捞为生的渔民不当的捕捞作业方式如投毒、底拖网、使用炸药、海上水产养殖等给珊瑚礁带来毁灭性破坏(Roberts,1995)。以珊瑚礁为核心盈利的旅游业因游客潜水、丢弃垃圾、采摘珊瑚礁体等不当行为会对珊瑚礁造成直接的损害(王国忠,2001;Bellwood et al.,2004;Dikou et al.,2006)。同时,人类在海岸线区域的建筑施工、对入海河流的干扰、对森林树木的砍伐、不当的农业种植、水产养殖行为等如若强度过大会造成水土流失出现大量固体颗粒物流入浅海,而固体颗粒物的覆盖效应会对珊瑚的呼吸造成干扰,使珊瑚礁遭到破坏(Dikou et al.,2006)。

(5) 海水污染

海水中的众多污染源如石油泄漏、生活污水、工业污水及其他有毒物质流入珊瑚礁时,珊瑚礁区N、P等营养盐含量增加,造成有害藻类在合适的温度条件下快速暴发,使礁区出现缺氧、光照降低等不良状况,造成虫黄藻、珊瑚出现死亡,对珊瑚礁造成巨大的伤害(Pastorok et al.,1985;Dubinsky et al.,1996)。

4. 受损珊瑚礁修复技术研究现状

尽管珊瑚礁生态系统具有初级生产力高、生物多样性高的特点,但因为其对于海域内温度、光照、盐度等生态因素要求极其严格,因而其生态健康易受到全球气候变化及人类活动影响(Bellwood,2004)。健康珊瑚礁为了健康人类行动组织(The Healthy Reefs For Healthy People Initiative)将珊瑚礁生态系统健康描述为:“在局部及整个区域范围内,随着时间的推移,珊瑚礁生态系统的所有自然群体以及生态过程仍维持在适当水平,并允许其为后代所利用”(牛文涛等,2009)。进入20世纪90年代以来,因全球变暖、海洋酸化及人类活动影响,全球珊瑚礁生态系统面临前所未有的危机,据2008年统计,全球珊瑚礁已消失19%,且绝大部分面临威胁的珊瑚礁无法得到有效修复(Wilkinson,2008),因此对珊瑚礁生态系统健康状况的评价方法及已受损珊瑚礁修复的研究工作刻不容缓。

(1) 珊瑚礁健康评价方法

The Healthy Reefs For Healthy People Initiative 组织提出以珊瑚礁生态系统内的生态结构、生态功能、生态压力及社会经济几个特征属性对珊瑚礁健康进行评价,并给出每个特征属性包含的具体指标,以及各指标与珊瑚礁健康的相关性(牛文涛等,2009)。根据各特征属性的具体指标提出了“珊瑚礁健康指数”用来指示珊瑚礁自然生态系统自身状况、对人类活动的反应、衰退信号及预警信号等(McField,2005)。

其中,珊瑚礁生态结构具体评价内容包括,礁区生物多样性,礁区生物群落组成及丰度,水质、温度、盐度、透明度等海洋生态因子,礁区生物栖息地范围、空间延展范围等。

珊瑚礁生态功能具体评价内容包括,珊瑚及礁区鱼类、软体动物等繁殖情况,珊瑚白化及其他疾病发生情况、发生范围,珊瑚生长延展情况、死亡情况、礁体增大情况等,礁区生物食物链稳定情况如生产者丰度、消费者种类及数量。

珊瑚礁生态压力具体指标包括,渔业资源捕捞情况,沿岸建设、礁区旅游带来的压力,全球气候变化带来的水温、海水二氧化碳浓度、紫外线强度变化等,海岸带泥沙冲击在礁区沉积情况等。

珊瑚礁社会经济压力具体指标包括,对人类海洋经济贡献价值,对人类文化贡献值等。

(2) 受损珊瑚礁修复技术

当前,珊瑚移植是最有效的修复受损珊瑚礁生态系统的方法。珊瑚移植指将珊瑚整体或部分移植到受损的海域,但移植后的存活率是珊瑚移植技术面临的最大问题。移植珊瑚的存活率受到多种因素影响,如移植海区的水质条件是否适合珊瑚生长、移植区波浪大小是否会将珊瑚冲走、移植区的优势生物对珊瑚的影响等(Clark,1995)。因此,珊瑚移植前对移植区水质、生态因素、生物及被移植珊瑚的健康程度等进行综合评估是必要的。

当前,已经开展的有效的珊瑚移植技术主要有以下几点。

1)人工珊瑚移植技术。移植珊瑚虫至珊瑚礁受损区域:一般指利用珊瑚有性繁殖产生的受精卵在人工条件下培育,并促使其附着,暂养待野外条件适宜将珊瑚幼体放流至受损区域(Arvedlund,2003)。该技术重点在于三个方面:首先是保证珊瑚受精卵发育至浮浪幼虫阶段的存活率,其次要选取合适的附着基增加幼体附着率及附着后的幼体存活率,最后应选择或创造合适的环境条件以提高珊瑚幼体生长率及存活率(黄洁英等,2011)。

将全部的珊瑚移植到珊瑚礁受损区域:直接将健康的珊瑚移植到受损海域,利用珊瑚直接增加受损区域的生物多样性,达到修复目标(Clark,1995)。

将枝状或块状珊瑚片段移植到受损区域:在健康珊瑚取得部分珊瑚体,在适宜条件下移放到受损区域,利用珊瑚繁殖达到礁体逐渐生长而修复受损珊瑚礁的目的(Becker,2001)。

2)投放人工渔礁。某些地区珊瑚礁因被挖掘、炸毁等不可逆损伤被破坏程度极大时,移植珊瑚因波浪冲击等影响下成活率极低,难以达到修复的目的。人工渔礁一般由水泥、废弃船只等制作而成可有效抵抗海底波浪、海流的冲击,可为珊瑚的附着提供有效的基质(Clark,1994)。

3)投放珊瑚附着基质。投放适合珊瑚附着的基质,提高珊瑚附着率及存活率,可在较短时间内使受损礁区得到修复。如冲绳岛地区投放的人工陶瓷、PVC 材料已收到良好生态效果(Omori,2004)。

5. 珊瑚礁保护与管理现状

在人类活动和自然环境变化的双重压力下,如全球变暖、海洋酸化、臭氧空洞等导致珊瑚出现了大面积死亡;而沿岸建筑建设不当导致的泥沙淤积、城市工业污水污染、对礁体的挖掘炸毁等无节制采集珊瑚活体行为、富营养化等人类活动使珊瑚礁生态系统面临着更严重的威胁,尤其是那些靠近沿海城市的珊瑚礁受损状况更为严峻(王丽荣等,2004)。

珊瑚礁退化作为全球性的生态问题,自 20 世纪 80 年代以来已得到越来越多的国家、学者关注。研究关注尺度从全球、不同地区、不同国家至某一特定礁体等。1998 年,由联合国环境保护部与世界自然保护联盟牵头第一次制定了全球 108 个国家的珊瑚礁生态系统的统计状况。1995 年,ICRI(International Coral Reef Initiative)制定了保护全球珊瑚礁的具体行动及计划,并先后建立了全球珊瑚礁监测网络(GCRMN)、国际珊瑚礁信息网络(ICRIN)、印度洋珊瑚礁退化网络(CORDIO)、国际珊瑚礁行动网络(ICRAN),得到了全球不同地区政府与组织的响应关注。经过 20 世纪 90 年代,珊瑚礁全球检测系统得到了基本框架的建设,同时全球保护策略也得到广泛支持。

进入 21 世纪以来,因信息技术、生物技术、卫星遥感技术的发展,在珊瑚礁保护问题上先后建立了全球珊瑚礁数据库等网络数据库对全球珊瑚礁数据实时更新,开发了叶绿素荧光技术等监测虫黄藻及礁区其他植物的健康状况(周洁等,2011)。

在我国,1983 年实施的《海洋环境保护法》和《防治海岸工程建设项目污染损害海洋环境管理条例》都规定禁止破坏珊瑚礁,1990 年国家海洋局在海口市召开全国珊瑚礁自然保护工作座谈会,开始着手制定南海珊瑚礁保护管理办法。至 1990 年国务院批准建立三亚珊瑚礁国家级自然保护区以来,我国先后在南海珊瑚礁区开展了珊瑚移植、珊瑚虫人工培育、珊瑚礁监测等一系列工作。

开展珊瑚礁修复、监测等一系列工作的目的在于珊瑚礁生态系统对海洋生物多样性、海洋生态环境状态稳定及人类渔业资源可持续利用具有的价值。但因全球气候变化的不确定性及不同国家经济、技术的差异,当前珊瑚礁保护远没达到要求(Mora,2006;Carpenter et al.,2008;张乔民等,2006)。

为改进当前珊瑚礁保护中出现的尺度过小、适应性低、可执行性低的局面,要加大珊瑚礁自然生态保护区的面积,保证现存活珊瑚的持续存活能力。协调环境保护与珊瑚礁区人类的关系,保证可持续稳定的渔业产量同时也要保障珊瑚礁区面积及礁区的生物多样性。出台以联合国牵头的法律法规及各个国家地区针对各自实际情况的保护方案等。

五、受损牡蛎礁修复

1. 牡蛎礁的分布

牡蛎(Ostreacea)属软体动物门(Mollusca)双壳纲(Bivalvia)珍珠贝目(Pterioida),一般分布在北纬 64°至南纬 44°,为世界性广布贝类,目前已发现有 100 多种,全世界濒海各国几乎都有生产(董晓伟等,2004)。牡蛎一般生活在潮间带和潮下带水深不超过数十米的范围内,因其具有厚重的贝壳,对干露、阳光暴晒等具有极强的抵抗能力,在海洋中缔造了“牡蛎帝国”(oyster empire)(Stott,2004)。牡蛎从远古时代就被人类所食用,具有很高的经济价值,是世界各国海水养殖业重要的养殖对象,也是目前我国和世界产量最大的经济贝类,据 FAO 统计,2005 年世界牡蛎的消耗量为 460 万 t(FAO,2006)。我国的牡蛎有 23 种(徐凤山等,2008),常见的主要有:长牡蛎(*Crassostrea. gigas*)、近江牡蛎(*C. ariakensis*)、香港巨牡蛎(*C. hongkongensis*)、熊本牡蛎(*C. sikamea*)、葡萄牙牡蛎(*C. angulata*)、棘刺牡蛎(*Saccostrea echinata*)以及另外一种小蛎属牡蛎(*Saccostrea* sp.)(王海艳,2002;Wang et al.,2004,2006;王海艳等,2007)。

牡蛎营固着生活,以左壳附着于其他物体上,一般附着在比较坚硬的底质表面,如福建深沪湾牡蛎礁,直接发育在风化的花岗岩之上或附着在铁锰结壳层及底砾上(俞鸣同,2001);也有发育在泥质基底上的,如渤海湾西北岸牡蛎礁的底床既可以是牡蛎礁的老礁体顶面,也可以是泥质基底(王宏等,2006;范昌福,2006);而位于天津汉沽的活牡蛎礁底质以砂质为主。自然生长的牡蛎有群聚的特性,各个年龄的个体群聚而生,互相作为附着基,长期积累就形成了某些海区独特的生态环境“牡蛎礁”。影响牡蛎礁生物格架生长的因素包括基底条件、干露时间、水流速度、光照强度、溶解氧、营养盐、水温、盐度和悬沙浓度等(Lenihan and Peterson,1998;Dekshenieks et al.,2000;Gangnery et al.,2003;于瑞海,2006)。

牡蛎自从 2 亿年前出现,就在海岸带形成这种独特的地质环境,随着海岸线的变迁,只有在海水中出现的牡蛎礁演变为陆地的古牡蛎礁,地质学家就可以根据古牡蛎礁的位置推测海岸线变迁历史(邵合道,2000;李建芬等,2004)。中国沿海大约有20处现存的活体牡蛎礁(耿秀山等,1991),如辽宁省的大连湾牡蛎礁、天津市的汉沽牡蛎礁(房恩军等,2007)、山东省的大家洼牡蛎礁、福建省的安海湾牡蛎礁(姚庆元,1985)等,其中位于南通东灶港的小庙洪牡蛎礁是现存最大、保存最完整的活牡蛎礁(张忍顺,2004;张磊等,2005)。位于福建深沪湾的牡蛎礁由牡蛎壳(60%)、青灰色砂质黏土(35%)和少量褐红色铁锰结壳(5%)组成,牡蛎壳主要为长牡蛎和近江牡蛎,属于福建沿海晚更新世末次海侵的河口产物(俞鸣同,2001)。耿秀山等(1991)的研究认为,现代牡蛎礁(指目前正在生长及刚停止生长的、裸露于河口洼地中的牡蛎壳堆积体)广泛分布在我国温带及热带沿海的中小河口洼地(表5-1),在世界其他沿海地区也有分布。

表5-1 我国沿海中小河口现代牡蛎礁分布

河口	入海位置	海区	气候带	河口	入海位置	海区	气候带
圩河口	莱州湾	渤海	温带	鸭绿江口	西朝鲜湾	黄海	温带
小清河口				射阳河口	苏北中部海岸		
淄脉河口				甬江口	金塘水道	东海	
永丰河口				白溪口	乐清湾		
弯弯沟口	渤海湾			九龙江口	厦门湾		
杨克君沟口				连江口	海门湾	南海	热带
挑河口				甲子河口	甲子港		
蓟运河口				深圳河口	深圳湾		
盖平西河口	辽东湾			万泉河口	海南博鳌湾		
鸿崖河口							

资料来源:耿秀山等,1991。

2. 牡蛎礁的生态作用与功能

牡蛎礁(oyster reef)是由大量牡蛎固着生长于硬底物表面所形成的一种生物礁系统,是一种特殊的海洋生境,它广泛分布于温带河口和滨海区(Coen and Grizzle,2007)。牡蛎被称为"生态系统工程师"(ecosystem engineer),它能通过不断叠加生长增加生境的异质性。与软相泥(沙)质生境相比,牡蛎礁的复杂生境提高了大型底栖动物的成活率,为许多重要经济鱼类和甲壳动物提供了丰富的优质饵料。除为人类提供大量鲜活牡蛎以供食用外,牡蛎礁还具有十分重要的生态功能与环境服务价值,全为民等(2006)将其生态作用归纳为如下3个方面。

(1) 水体净化功能:牡蛎作为滤食性底栖动物,能有效降低河口水体中的悬浮物、营养盐及藻类浓度,提高水体的透明度,从而增加水生生态系统初级生产力(底栖硅藻、水草和浮游植物),对于控制水体富营养化和有害赤潮的发生具有显著效果(Dame et al.,1993,2000;Nelson et al.,2004)。同时,牡蛎能在其软组织中积累高浓度的重金属和有机污染物,常被作为环境污染的指示生物。全为民等(2007)的研究表明,长江口导堤巨牡蛎对重金属Cu、Zn和Cd的富集能力较强,其生物富集系数BCF(bio-concentration factor)分别为$(14.28 \pm 2.41) \times 10^3$、$(12.75 \pm 2.02) \times 10^3$和$(14.51 \pm 3.71) \times 10^3$,对Cu、Zn和Cd的沉积物生物富集系数BSAF(biota-sediment accumulation factor)分别为26.78 ± 4.53、23.24 ± 3.69和

16.62 ± 4.25，整个长江口导堤巨牡蛎去除营养盐和重金属所产生的环境效益价值约为每年317万元，等同于每年净化河流污水 7.31×10^6t，相当于一个日处理能力约为2104t的大型城市污水处理厂。

（2）栖息地功能：与热带海洋中的珊瑚礁相似，牡蛎礁也构造了一个空间异质性的三维生物结构，为许多重要的底栖无脊椎动物、鱼类和游泳甲壳动物提供了栖息地和避难所（Dame et al.，2000），是具有较高生物多样性的海洋生境。据研究（Anderson and Connell，1999；Coen，1999），在美国切萨皮克湾存在一个以牡蛎为中心、包括多种营养水平鱼类的食物网结构，牡蛎礁上定居性游泳动物有豹蟾鱼（*Opsanus tau*）、无鳞鱼（*Gobiosoma bosc*）和斑纹黏鱼（*Chasmodes bosquianus*）等；过渡性游泳动物有南方羊（*Archosargus probatocephalus*）、草虾（*Palaemonetes pugio*）和白虾（*Penaeus setiferus*）、美国南方鲆（*Paralichthys lethostigma*）、鲶鱼（*Mycteroperca microlepis*）和凤尾鱼（*Anchoa mitchilli*）等；礁体上底栖动物有螺类、贻贝、泥蟹、绿磁蟹、鼓虾和小型甲壳动物等。许多重要的肉食性鱼类也是牡蛎礁系统的重要组成部分，包括条纹石斑鱼（*Meiacanthus grammistes*）、竹筴鱼（*Pomatomus saltatrix*）和犬牙石首鱼（*Cynoscion regalis*）等。远洋的长须鲸（*Balenoptera physalus*）也把牡蛎礁作为取食和育幼场所（Anderson and Connell，1999；Coen，1999；Meyer and Townsend，2000）。全为民等（2012）通过16S rDNA基因序列分析发现，在小庙洪牡蛎礁内分布有3种牡蛎[熊本牡蛎（*Crassostrea sikamea*）、近江牡蛎（*C. ariakensis*）和密鳞牡蛎（*Ostrea denselamellosa*）]，其中分布于潮间带区的造礁活体牡蛎为熊本牡蛎，其平均密度和生物量分别为2199 ± 363ind/m^{2}和12 361 ± 1645g/m^2。在该牡蛎礁内记录到定居性大型底栖动物（不包括3种牡蛎）共计43科66种，礁体大型底栖动物的总栖息密度和生物量分别达到2830 ± 182ind/m^{2}和499.59 ± 35.41g/m^2，显著高于邻近的软相潮间带泥（沙）质滩涂[密度（102 ± 29）ind/m^2；生物量（53.10 ± 22.80）g/m^2]和潮下带泥滩[密度（140 ± 60）ind/m^2；生物量（43.23 ± 22.37）g/m^2]（$P < 0.001$）。耿秀山等（1991）的研究发现，在中小河口现代牡蛎礁的重要种属为长牡蛎和近江牡蛎，共生种属包括蓝蚬（*Corbicula* sp.）、蓝蛤（*Aloidis* sp.）、毛蚶（*Arcasubcrenata lischke*）、密鳞牡蛎（*O. denselamellosa* Lischke）、褶牡蛎（*O. plicatula* Gmelin）、大连湾牡蛎（*O. talienwhanensis* Crosse）、藤壶（*Balanus* sp.）、昌螺（*Umbonium vestiarium* Linnaeus）、青蛤（*Cyclina sinensis* Gmelin）、四角蛤蜊（*Mactra veneriformis* Reeve）、金蛤（*Anomia outicula*）、扁玉螺（*Neverita didyma* Roding）等，另有由潮流带来的、生活于较深水域的软体动物壳体，如贻贝（*Mytilus* sp.）和白樱蛤（*Macoma* sp.）等。所以，牡蛎礁附近水域的生物多样性是非常丰富的。

（3）能量耦合功能：双壳类软体动物是所谓的“双壳动物泵”（b-ivalve pump），能将水体中的大量颗粒物（有机物和无机物）输入到沉积物表面，驱动着底栖碎屑食物链，却抑制着浮游食物链，对控制滨海水体的富营养化具有重要作用。大量研究表明，双壳类软体动物能大量滤食水体-沉积物界面处的颗粒物，在消化过程中，它们通常同化具有高营养价值的颗粒有机物，而将其他低营养价值的食物（颗粒无机物和难降解碎屑物）以（假粪便）（pseudofaeces）形式沉降于表层沉积物中，成为河口底栖动物的重要饵料，增强了水体-沉积物之间的能量耦合关系（Jorgensen et al.，1986；Gerritsen et al.，1997）。

美国近岸活体牡蛎礁能够显著增加邻近海域鱼类及甲壳动物生物量，经估算每修复10m^{2}的活体牡蛎礁增加的渔业产量为2.6kg/年（Peterson et al.，2003）。不含活体牡蛎提供的食品供给服务，其他的生态系统服务价值平均为103万美元/(km^2·年)，变化范围为55万~990万美元/(km^2·年)(未包括对碳的固定、多样性的增加以及休闲渔业的贡献)，其中对海岸带的抗干扰调节为其最大的服务类型，变化范围在8.6万~860万美元/(km^2·年)，这和活体牡蛎礁所处的海区位置有较大关系(Grabowski et al.，2012)。牡蛎壳人工礁同样具有保护海岸带的作用，其干扰调节服务价值采用0.88美元/km^2的经验值，远低于活体牡蛎礁干扰调节价值，所以活体牡蛎礁价值远大于牡蛎壳人工礁。

3. 牡蛎礁受损现状与原因分析

近100多年来，由于过度采捕、环境污染、病害和生态环境破坏等原因(全为民等，2006)，许多温带近岸海域牡蛎种群数量持续下降，近岸海域生态系统的结构与功能受到破坏，富营养化越来越严重。过度采捕是牡蛎减产和牡蛎礁受损的主要原因，以Chesapeake湾为例(Rothschild，1994)，1887年东岸牡蛎收获量达到5万t，1950年收获量为1.4万t，而2004年的收获量仅为39.16t，过度采捕同时也严重破坏了牡蛎礁生境。同时，病害也是导致牡蛎礁受损的重要杀手，在过去的50年里，2种原生动物寄生虫(MSX和Dermo)使Chesapeake湾东岸牡蛎数量迅速下降，现有数量仅为历史水平的1%，美国正在考虑从中国引入近江牡蛎(*Crassostrea ariakensis*)，以恢复Chesapeake湾牡蛎种群(Coen and Luckenbach，2000)。工农业快速发展所导致的环境污染也是牡蛎礁受损的重要因素之一，河口及滨海水体的环境质量日趋恶化，严重影响牡蛎的生长繁殖。其他原因如生境破坏、人为干扰和气候变化等。

位于天津市汉沽大神堂外海的汉沽活牡蛎礁区的沙岗20世纪70年代本来有三道，面积达100km^2，由于人为的破坏，现在只剩下不足30km^2，减少了70%，而且沙岗高度逐年降低，如果不加以管理，任其破坏，不久将变成软泥海底，几千年形成的海洋生态系统很难再恢复，现存的活牡蛎礁体也必将荡然无存。同种的活牡蛎礁体曾在江苏南通海岸带地区发现，当地政府为拯救这唯一的活牡蛎礁体，对其进行了专门保护以恢复其健康的生长发育环境，现今，当地政府旅游部门已经以该牡蛎礁体为核心景区进行了生态旅游规划，取得了较好的经济与社会效益。

4. 受损牡蛎礁修复技术研究

如何修复受损的牡蛎礁是当前面临的主要问题，也是海洋生态与环境修复的重要内容。牡蛎是营固着生活的底栖动物，建造适合于牡蛎幼体生长的栖息生境是牡蛎礁恢复的关键。牡蛎礁恢复通常按以下步骤进行(Hargis and Haven，1999；Lim et al.，1995)。

1）地点选择需要考虑以下因素：①现在或过去有牡蛎的记载；②盐度、水流和沉积速度；③硬底质(软泥是不适合牡蛎生长的)；④坡度(陡度上牡蛎很难生长)；④人为干扰情况。

2）底物准备在牡蛎礁的恢复过程中，通常使用牡蛎壳来构造礁体，足够数量的牡蛎壳成为牡蛎礁恢复的重要因子。在美国许多州，通过宣传鼓励民众循环利用牡蛎壳，将废弃的牡蛎壳上交给有关部门或组织，作为牡蛎礁恢复的底物。其他可替代的底物还有粉煤灰和混凝土结构等。

3）礁体建造将牡蛎壳装入一个圆柱形塑料网袋中，每袋装23L牡蛎壳，每个礁体由100袋并排而成，每个地点构建3个礁体。考虑到牡蛎的繁殖时间，牡蛎礁的建造时间一般在夏季。具体地点为潮间带，在低潮时进行构建。牡蛎礁的大小、形状与空间布局对恢复成败有着重要的影响。

4）补充牡蛎种苗。礁体建成以后，自然牡蛎卵通常会补充到新建的牡蛎礁上，但一般需要另外添加一些牡蛎卵于礁体上，来提高礁体上牡蛎的生长速率（Beirn et al.，2000；Osman et al.，1989）。长江口是牡蛎的天然分布区，但自然种群数量较少。

长江口导堤的建设提供了适合牡蛎固着生长的混凝土结构，构造了面积约75km^{2}人工牡蛎礁体，节约了牡蛎礁恢复的费用成本。经过人工放流巨牡蛎幼体，牡蛎密度和生物量均呈指数增长，同时，放流后长江口导堤附近水域底栖动物物种数、密度和生物量均有所增加。因此，牡蛎增殖放流极大地增长了长江口牡蛎种群的数量，改善了导堤附近水域生态系统结构与功能，已将航道工程中的南北导堤逐步建成一个长达147km，面积约达75km^{2}的自然牡蛎礁生态系统，开创了国内牡蛎礁构建活动的先河，这对我国牡蛎礁的保护与恢复具有重大意义（全为民等，2006）。

5. 牡蛎礁保护与管理

实施海洋牧场建设能修复近海受损海洋生态系统、保护海洋环境、提高渔业资源。投放人工鱼礁为海洋牧场建设的生境构建阶段，为水底能附着生物的水下构造物，对邻近理化环境、生态环境产生影响。过去20多年来，牡蛎礁恢复取得了较大的进展，尤其在美国东海岸，建立了大量人工牡蛎礁，这对牡蛎种群恢复、水环境改善和河口渔业的可持续发展是十分有利的。

从江苏省海门市蛎岈山牡蛎礁海洋特别保护区生态系统进行的评价可以看出，由于保护区近岸海域周边开发活动较少，生态系统健康状况相对较好；而靠近小庙洪水道海域由于各种人类活动的叠加影响，生态系统健康状况相对较差。随着海门市滨海新区、通州滨海新区以及东灶港港口开发活动的不断加强，该海域的生态状况极有可能会不断恶化。因此对于保护区的保护管理，应充分考虑周边海域开发活动的影响，加强海洋环境的监测和管理，在周边海域的开发活动实施之前，应就开发活动对保护区的影响进行评价，对于严重影响和破坏保护区生态系统健康的开发活动应加以限制。同时，亟须加强保护区内部资源环境现状的跟踪调查，及时了解和掌握保护区内资源环境的动态变化，并采取对应的调控措施，以期实现保护区的持续健康发展（王在峰等，2011）。徐勤增（2013）以山东半岛荣成湾附近投放的牡蛎壳人工礁为主要研究对象，研究了其生态效应与其生态系统服务价值评价。主要研究结果如下。

1）牡蛎壳人工礁体生物中甲壳动物栖息密度最大，由于底播刺参的存在，棘皮动物生物量最大。礁体生物群落中无固着生物存在。礁体生物同邻近软泥底质底栖生物群落结构差异显著，引起差异的主要种类为礁体上大量存在的甲壳动物等。根据碳氮稳定同位素，礁体生物（包括鱼类）共分为3个营养级5个功能群，包括以悬浮颗粒物、沉积物为食的初级消费者，以藻类及其他有机碎屑为食的初级消费者，以藻类及其他初级消费者为食的杂食性次级消费者，以初级消费者为食的肉食性次级消费者。刺参位于第二营养级，主要以沉积物为食，与其存在食物竞争关系的主要为甲壳动物。大泷六线鱼及许氏平鲉位于第二、第三营养级，两者存在食性分化，前者为杂食性，后者为肉食性。

2）牡蛎壳人工礁区同非礁区沉积物理化性质相近，且具有明显的季节变化。礁区同非礁区大型底栖动物生物量及栖息密度相近。ANOSIM分析显示两区域部分月份大型底栖动物群落结构差异显著，PERMANOVA分析显示区域（礁区与非礁区）、采样站位与时间的交互对大型底栖动物影响显著，大型底栖动物群落具有明显的时间变化。基于大型底栖动物的生物多样性、生物指数及分类多样性显示，有机质供给较少的冬季，礁区环境质量明显高于非礁区。DistLM 同 AICs 分析结果显示，叶绿素 a、有机氮对礁区大型底栖动物群落影响最大，而非礁区则为总有机质、叶绿素 a。

3）牡蛎壳人工礁区域全年水温最大为 23℃，最低为 2℃。水温为影响刺参生长的主要因素。牡蛎壳人工礁沉降颗粒物总量呈现春季高、夏冬季低的特点。根据沉降颗粒物有机质含量，牡蛎壳海珍礁刺参养殖容量为 527g/(m^2·年)。2011 年 4 月至 2012 年 6 月刺参规格实验表明，中等个体刺参(15~20g/头)由于冬季及春季生长明显，加之夏眠期间成活率较高，为牡蛎壳人工礁海域适宜投放的规格。刺参增殖密度实验显示，793g/m^2 可能为牡蛎壳人工礁区域刺参最大单位增殖量。

4）牡蛎壳人工礁生态系统服务价值平均为 1813 万元/(km^2·年)，直接使用价值为 1378.9 万元/(km^2·年)，间接使用价值为 434.3 万元/(km^2·年)。该区域较高的单位面积服务价值可能与牡蛎壳人工礁系统构建的多营养层次立体养殖模式有关。牡蛎壳人工礁上层水体养殖海带，中层水体为牡蛎壳人工礁诱集而来的各类游泳生物，底层为底播增殖的刺参。投放牡蛎壳人工礁后新增生态系统服务价值为 193.73 万元/(km^2·年)，明显高于其他人工鱼礁区域。这主要与人工礁采用的牡蛎壳具有固定碳、封存碳的作用从而提高了气候调节服务价值有关，同时牡蛎壳人工礁主要增殖对象为刺参，该种类市场价值较高，故牡蛎壳人工礁单位面积上食品供给服务价值增加量也较大。

5）调查研究表明，牡蛎壳人工礁形成了特殊的礁体生物群落，共分为 3 营养级 5 功能群，能够利用水体中丰富的悬浮有机质为刺参及鱼类提供了良好的食物来源及栖息环境，在有机质输入较低的冬季对底栖生态系统影响显著。同时能够供给刺参等食品、调节水质、进行碳封存，具有较高的生态系统服务价值。

6. 展望

今后应在以下几个方面进行系统研究：① 开展牡蛎基础生物学研究，包括繁殖技术、寄主-病原体-环境之间的相互关系、分类及分子系统进化等。② 研究牡蛎礁恢复的关键技术，主要涉及底物组成、礁体构造技术(大小、形状和空间配置)和牡蛎种苗的投放技术等。③ 国内目前对牡蛎礁生态功能的认识不足，牡蛎礁恢复的成功事例很少。应进一步研究牡蛎礁的生态服务功能，提出科学的证据，特别需要研究牡蛎礁对鱼类的服务功能，认识水生动物是如何利用牡蛎礁生境的。在此基础上，科学地评价牡蛎礁的生态服务价值，包括栖息地价值和水质净化价值等。④ 建立一套科学的牡蛎礁恢复程序，包括恢复地点的选择、硬底质的准备、礁体建造、牡蛎投放与培养、病害预防与管理及其跟踪监测等。⑤ 完善牡蛎礁恢复成功的评价标准，对恢复的牡蛎礁种群进行长期的定量监测。

第三节　近海生物资源恢复

一、贝类资源恢复

1. 我国贝类资源现状及其生态学意义

贝类是无脊椎动物中的第二大门类，其种类之多仅次于节肢动物，全球 11 万余种，除陆生和淡水贝类外,约有一半生活在海洋中,中国沿海已发现有4000余种,许多种类是重要增养殖种类,2013年贝类产量占我国海水养殖总产量的73.5%。到目前为止,我国已开发利用的增养殖种类20多种,其中产量较大者有栉孔扇贝、海湾扇贝、虾夷扇贝、贻贝、牡蛎、泥蚶、魁蚶、菲律宾蛤仔、缢蛏、皱纹盘鲍等。

我国贝类养殖始于20世纪70年代初,据农业部渔业局统计,80年代初,年产量约30万t,90年代初增至100万t。随后有了较大发展,自2001年以来的统计资料显示,近10年我国贝类总产量稳定在1100万t以上,有增加的趋势,其中2006年产量最高,达约1261.02万t。2010年,海水贝类养殖总产已达1108万t,主要增养殖种类为牡蛎、蛤类、扇贝和贻贝等,产量分别达约364万t、354万t、141万t、70万t,共约占海水贝类养殖产量的83.84%。

贝类是常用的水体生态修复治理生物,沿海自然贝类种群如牡蛎礁、贻贝床、蛤床,以及其他密集的贝类群体可降低水体中颗粒有机物(藻类和有机碎屑)的浓度,间接控制氮磷营养盐浓度,耦合水层-底栖环境,保护生物多样性和营造生物生境。贝类在海洋固碳中发挥着重要的作用,滤食性贝类通过滤食去除海水中大量的颗粒有机碳,舐食性贝类可以通过刮食消化转移大型藻类内的碳,并且通过吸收形成碳酸钙贝壳从而埋藏大量的碳。贝类的生态服务价值属于生命支持系统维持的范畴,主要分为环境效益、栖息地和固碳等三方面价值。

2. 贝类资源衰退状况

由于环境污染和过度捕捞,我国部分贝类野生资源衰退严重。由于水域环境污染不断加剧以及对生物资源的持续高强度开发,我国海湾环境和生物资源遭到严重破坏,水域生态荒漠化现象日益严重。2012年,我国黄海北部、辽东湾、渤海湾、莱州湾、长江口、杭州湾和珠江口近岸区域均是重度富营养化海域,81%实施监测的河口、海湾等典型海洋生态系统处于亚健康和不健康状态。2012年,全国72条主要河流入海的污染物量分别为:化学需氧量1388万t,氨氮32.8万t,硝酸盐氮228万t,亚硝酸盐氮6.2万t,总磷35.9万t,石油类9.3万t,重金属4.6万t。我国主要河流入海污染物总量总体呈波动式上升趋势,2009年比2002年增加121.3%,2009年我国近海海域一半以上受到污染。

目前,我国大珠母贝、栉江珧、大竹蛏、文蛤、菲律宾蛤仔、魁蚶等贝类野生资源衰退严重。

大珠母贝(*Pinctada maxima*)是世界上生产珍珠的最佳珠母贝,国外分布于澳大利亚沿岸、西太平洋沿岸的东南亚国家附近,我国分布于海南省沿海、雷州半岛、西沙群岛沿岸海域。我国从20世纪60年代开始逐步开发捕捞,到1982年捕捞大珠母贝达100t,使其濒临绝种,现为国家二级保护动物。

栉江珧(*Atrina pectinata*)(Linnaeus,1767)属于软体动物门双壳纲贻贝目江珧科栉江珧属,在中国沿海的自然分布海域较广,是一种经济价值很高的大型食用贝类,广泛分布于温带、热带泥沙质近海海域,我国渤海、黄海、东海、南海均有分布。它的后闭壳肌特别肥大,约占体长的1/4,体重的1/5,而且肉嫩,味道鲜美,营养丰富,是一种名贵的海珍品,可制成名贵的"江瑶柱",备受我国东部沿海和台湾、香港地区,以及日本、韩国、澳大利亚、东南亚国家人民的青睐。栉江珧在国内外市场非常畅销,价格较高。近十几年来,国际市场"江瑶柱"的价格一路攀升,由1991年的不到1美元/kg涨到2002年的15美元/kg,目前的价格为20~

30 美元/kg。另外,国内的鲜品也有很大需求量。由于多年来的滥捕和环境条件的恶化,我国栉江珧的野生资源受到了严重的破坏,再加上人工繁育技术没有过关,目前我国的栉江珧绝大部分是野生的,养殖规模和产量都比较低,2007 年我国所有江珧的养殖面积仅为 $1594hm^2$,产量只有 12 095t(中国渔业统计年鉴,2007),远远不能满足国内外市场的需求。由于栉江珧的苗种繁育技术在世界范围内没有得到很好地解决,栉江珧的采捕绝大部分依赖于野生资源。目前我国的野生栉江珧资源衰竭比较严重。北方沿海如辽宁省的丹东海区和大连海区、山东省的荣成海区和胶州湾以前均是栉江珧的产地,资源量也比较丰富,但目前基本衰竭殆尽,已经形成不了批量产量,南方的浙江沿海和福建沿海也很难采捕到栉江珧。根据调查,山东烟台长岛海区、日照到江苏盐城沿海、广东雷州湾和广西北部湾以及海南省尚有一定的栉江珧资源量。

大竹蛏(*Solen grandis*)广泛分布于我国沿海各地、生活在潮间带至水下 20m 深的浅海。大竹蛏个体较大、出肉率高、肉味鲜美且营养丰富、是人们喜食的埋栖型贝类,经济价值较高。由于狂采滥捕,使其资源锐减,近乎枯竭,是农产品地理标志保护物种,福建省重点保护水上野生动物。

文蛤(*Meretrix meretrix*)分布于我国黄海、渤海、东海、南海沿海,主要产区在辽宁、河北、山东、江苏沿海。居于砂质滩涂,于潮间带及低潮线以下水深 5~6m 处营埋栖生活,埋栖深度数厘米到 10~20cm。文蛤肉质细腻、味道鲜美,属水产珍品,含有蛋白质 10%,脂肪 1.2%,碳水化合物 2.5%,还含有人体易吸收的各种氨基酸和维生素及钙、钾、镁、磷、铁等多种人体必需的矿物质,唐代时曾为皇宫海珍贡品,其肉色玉白、肉质细腻、味道鲜,为蛤中上品,素有“天下第一鲜”的美称。由于环境污染造成的大规模死亡和过度捕捞,我国文蛤野生资源衰退严重,已不能形成批量产量。

菲律宾蛤仔(*Ruditapes philippinarum*)广泛分布于我国南北海区,生长迅速,养殖周期短,适应性强(广温、广盐、广分布),是我国传统四大养殖贝类之一。由于过度捕捞,我国菲律宾蛤仔野生资源衰退严重,另外,由于养殖规模很大,外来苗种对不同海区的种质资源造成严重威胁。辽宁大鹿岛周围海区的土著菲律宾蛤仔品质优良,具有个体大、耐高温、抗冻、色泽亮、出肉率高、口味好等优点,备受日本、韩国等外商欢迎,在日本市场上不仅价格高出其他同类产品,而且供不应求。然而外来苗种对大鹿岛土著菲律宾蛤仔种质资源造成很大冲击,导致品种混杂,不利于培育优良品种及品牌效应。

魁蚶(*Scapharca broughtonii*)俗称大毛蚶、赤贝、血贝等,属冷温性海洋生物,是海洋底栖蚶科贝类中个体最大的一种。一般生活在近岸水深 5~40m 处,喜泥质或泥沙质海底。我国魁蚶主要产地为渤海海域及山东半岛沿海海域。魁蚶具有很高的经济价值,其加工产品“蝴蝶贝”热销日本,供不应求,活贝的出口价格也在 3.5 万元/t 以上。20 世纪 90 年代初,山东省魁蚶年产量达到 20 多万吨,是渔业生产和出口创汇的重要品种。由于对自然资源的过量采捕,山东魁蚶的年产量和出口量逐年降低,目前每年产量不足万吨。

3. 贝类资源恢复策略和措施

(1) 加强贝类健康苗种培育技术研究

我国主要大宗养殖贝类的苗种繁育技术已经突破并较为成熟,从事贝类苗种繁育的厂家和产量都达到了相当规模,但整个苗种产业缺乏计划性和稳定性,各育苗厂家生产种类和数量随意性大,苗种供应量变动很大;由于缺少科学的育苗规范和标准,育苗厂家规模和水平参差不齐,苗种场的生产条件普遍存在标准低、设备落后、配套程度不高的问题,影响了对病害、水质环境和产品质量控制措施的实施,总体技术能力不高,苗种总体质量不高,育苗产业抗风险能力较弱;水产苗种引进、销售缺乏有效监管,市场上以假充真、以劣充优的现象时有发生;育苗企业与科研院所、良种场之间缺少信息沟通和技术交流,优良品种的使用和健康苗种的产出率较低;部分种类苗种繁育技术尚不成熟或未获突破(如大竹蛏和栉江珧等)。

应进一步研究贝类工厂化规模化高效苗种培育技术,提高单位水体的出苗数量和质量;优化浅海、滩涂、池塘和室内保苗技术,建立贝苗分级培育方法,完善大规模苗种培育技术体系,提高贝苗的质量和产量,研究和发掘名特新优经济贝类苗种繁育技术,促进优质贝类种苗生产的良种化和产业化,为资源恢复提供优质健康苗种。

(2) 实施增殖放流,恢复贝类资源

增殖放流是恢复贝类资源的有效手段。日、美等发达国家都把增殖放流作为振兴本国渔业经济的重要举措。美国计划鼎力开展200海里专属经济区的深水养殖,以出产更多的海产品。日本北海道虾夷扇贝分布在底质坚硬、淤沙少、水深不超过40m的沿岸海区。浅海底播4cm苗种,2年后成活率达60%,回捕率达50%,亩产稳定在1000kg以上。

我国近年来增殖放流工作取得了较好效果。2005年实施《山东省渔业资源修复行动》后至2010年,山东省共投入增殖放流资金4.46亿元,在黄渤海共增殖放流鱼虾蟹贝等苗种近上百亿尾(粒),渔业资源已获得相当程度的恢复,为进一步开发浅海底面奠定了坚实的基础。长岛县自20世纪80年代即开展虾夷扇贝、鲍等海珍品种类的底播养殖,目前已经成为全国最大的海珍品底播养殖基地,拥有养殖水域2333km^2(350万亩),年产值11.3亿元,养殖水深达到40余米。2010~2013年山东沿海底播增殖放流壳长1~1.5cm魁蚶苗种18.3亿粒,取得较好效果,部分海域已自然繁殖子一代,并形成资源补充群体。

目前,我国沿海省市已进行增殖放流的其他贝类还有文蛤、四角蛤蜊、大竹蛏、毛蚶、菲律宾蛤仔、青蛤、缢蛏、大珠母贝、栉孔扇贝等。

(3) 加强关键生境修复,恢复贝类产卵场

近年来,由于水域环境污染不断加剧以及长期以来对渔业资源的持续高强度开发利用,我国海洋生物资源和水域环境遭到严重破坏,水域生态荒漠化现象日益严重,珍贵水生野生动植物资源急剧衰退,水生生物多样性受到严重威胁。海洋生境修复和生物资源修复是区域社会经济发展及生态建设的迫切需要,寻找先进实用的关键技术迫在眉睫。

人工鱼礁和人工藻(草)床的构建是实施近海生境修复的重要措施。台湾1974年便开始设置人工鱼礁,至1999年设置人工鱼礁区75处,投放人工鱼礁166 372个,总投资折合新台币13亿元;香港特别行政区立法会1998年6月通过议案,5年内拨款6亿港元建设香港水域的人工鱼礁渔场;大陆沿海的人工鱼礁建设事业开始于20世纪70年代末。2002年,广东沿海12个市已完成人工鱼礁建设规划工作。目前,浙江、江苏、福建、海南等省区,都在启动人工鱼礁的规划和建设。海藻(草)床对海域生境的修复和改良具有重要的生态作用,海藻(草)群落不仅是海洋初级生产者,具有高的生产力和固碳能力,还可起到稳定底泥沉积物、改善水体透明度及净化海水的作用;同时,海藻(草)床还是许多海洋动物重要的产卵场、栖息地、隐蔽场所及直接的食物来源,在全球C、N、P循环中具有重要作用。

针对我国贝类资源衰退的现状，应根据贝类的生态学习性和繁殖特点，结合人工鱼礁建设和海底植被养护与修复，修复和重建重要经济贝类繁殖发育的适宜环境条件，构建贝类产卵场和育幼场；根据重要经济贝类在局部海域的产卵、幼虫发育、随水流移动规律，研究贝类的资源补充募集规律，制定合理的资源捕捞和养护策略。

（4）建立贝类资源保护区

建立保护区是保护和恢复贝类资源的有效举措。我国有关部门和沿海省市建立了许多有关贝类资源的保护区，如马颊河文蛤国家级水产种质资源保护区、国家级黄河口文蛤种质资源保护区、海州湾大竹蛏国家级水产种质资源保护区、天津市大神堂贝类保护区、日照市省级栉江珧种质资源保护区、大竹蛏-西施舌生态系统省级海洋特别保护区、海南省白蝶贝自然保护区、雷州白蝶贝自然保护区、南通文蛤种质资源临时保护区、雷州市东里栉江珧县级自然保护区、广饶县贝类种质资源保护区等。这些保护区的建立对我国贝类资源的保护和恢复起到了非常重要的作用。

二、海参资源恢复

1. 我国海参资源现状及其生态学意义

海参（Holothurian，sea cucumber）属于棘皮动物门，是海参纲动物的泛称。全世界海参约有1200种（McElroy，1990），均属海洋种类，在我国海域分布的有140多种。据统计，全世界有食用价值的海参约有40种，我国约有20种可供食用，如仿刺参（*Apostichopus japonicas*）、糙海参（*Holothuria scabra* Jaeger）、黑乳参（*Holothuria nobilis*）、梅花参（*Thelenota ananas* Jaeger）、花刺参（*Stichopus variegatus* Semper）、绿刺参（*Stichopus chloronotus*）、白底辐肛参（*Actinopyga mauritiana*）、棘辐肛参（*Actinopyga echinites*）、图纹白尼参（*Bohadschia marmorata*）、蛇目白尼参（*Bohadschia argus* Jaeger）等。其中以黄、渤海的刺参（*Apostichopus japonicus*）品质最佳，经济价值较高。

海参体壁含有丰富的胶原成分和蛋白聚糖，并含有钙盐、镁盐及铁、锰等多种微量元素（樊绘曾，2001）。自古以来，我国人民就把海参作为一种滋补食品和中医药膳。现代医学证明，海参含有的酸性黏多糖对人体的生长、愈创、成骨和预防组织老化、动脉硬化等有着特殊功能（张群乐，1998）；五肽及三萜糖苷等成分具有抗肿瘤、抗炎活性和溶血作用（Kalinin et al.，1996；Hatakeyama et al.，1999）。随着人民生活水平的提高和保健意识的增强，海参的医疗保健作用得到了越来越广泛的认同和应用，同时形成了以中国、新加坡、中国香港、日本、韩国、美国、印度尼西亚、菲律宾等国家和地区为中心的贸易和消费市场（Battaglene et al.，1999；Hamel et al.，2003）。然而，世界范围内海参需求量的不断增加引发了近年来海参的过度捕捞问题，尤其在印度洋和东太平洋地区种群数量日益减少，自然资源面临枯竭的危机（Reyes-Bonilla et al.，2003）。

印度洋-西太平洋区是世界上海参种类最多、资源量最大的区域。温带区海参资源呈单种性，分布于太平洋东西两岸，其中东岸以美国红海参（*Parastichopus californicus*）为主，西岸以刺参（*Apostichopus japonicus*）为主；热带区海参资源则呈多样性，分布于太平洋热带区及印度洋（Conand et al.，1993）。由于国际市场特别是亚洲地区消费需求的不断增加，海参价格一路攀升,大大刺激了海参捕捞业的发展。以鲜重计算,全世界海参捕捞总量从1950年的4300t增至2001年的18 859t,增长约4.4倍,并在2000年达到了最高量23 400t(Vannuccini,2003)。由于海参的过度捕捞,许多商业品种的资源都遭到不同程度的破坏。由于过度捕捞,我国的刺参野生资源衰退严重。据估计,目前我国野生刺参资源已经衰退95%以上。

刺参(*Apostichopus japonicus*)又称仿刺参,属棘皮动物门(Echinodermata)海参纲(Holothuroidea)楯手目(Aspidochirotida)刺参科(Stichopodidae)仿刺参属(Apostichopus)。我国自20世纪50年代开展刺参人工育苗及增养殖技术的研究,70年代起在天然海域投放参苗进行人工增殖,80年代进行刺参大水体高密度人工育苗,90年代以后日益完善多形式的养殖模式和养殖技术,为刺参养殖提供了强有力的技术支撑(黄华伟和王印庚,2007)。目前,我国的刺参增养殖主要以池塘养殖和底播增殖为主,各地还因地制宜地发展了围堰养殖、海上沉笼养殖、浅海围网养殖、海底网箱养殖、人工控温工厂化养殖,以及参虾、参贝、参鱼混养等多种养殖模式(黄华伟和王印庚,2007;张春云等,2004)。

我国的刺参增养殖区主要集中在山东半岛和辽东半岛周边沿海地区,养殖规模和产量逐年增高,取得了巨大的经济效益。刺参成为海水养殖产业中单一产值最大的养殖物种,据《中国渔业年鉴》统计,2009年中国海参养殖面积达155 288hm^2,2010年为150 113hm^2,超过牡蛎;2009年海参苗数量达518亿头,2010年为553亿头。2011年养殖面积为15.36万hm^2,占全国海水养殖的7.29%;年产量为13.78万t,占全国海水养殖产量的0.89%;年产值为275亿元,占全国海水养殖产值的14.24%。刺参增养殖现已成为水产养殖业继海带、对虾、扇贝、海水鱼养殖之后兴起的又一新的支柱产业,其发展速度之快、经济效益之好是前所未有的。

刺参是典型的沉积食性动物,在复合海水养殖系统中,刺参能充分利用系统产生的沉积碎屑,起到生物修复的作用。同时刺参还是海水养殖的优良种类,适合与其他养殖生物搭配进行多营养层次综合海水养殖。目前已经被广泛应用到多种综合养殖系统,如与对虾、鲍鱼、海胆及双壳贝类等的综合养殖,且取得了较大的生态和经济收益,尤其是鲍-参潮间带池塘混养。

2. 海参资源恢复策略和措施

(1)加强海参健康苗种培育技术研究

在刺参的增养殖和人工育苗技术研究方面日本开展工作较早。在20世纪初日本政府即号召开展了大量生态调查和投礁增殖刺参的工作,并取得了显著的增殖效果。在人工育苗方面,1937年稻叶傅三郎在刺参人工授精技术上取得突破,培育出了少量大耳状幼虫;1950年今井丈夫等以无色鞭毛虫(*Monas* sp.)作为幼虫饵料在1.9m^3水体中培育出稚参569个;在之后的20年里,刺参苗种繁育工作进展不大,直到1977年,日本福冈县丰前水产试验场在1m^3水体中培育出了7.5万头小稚参,才使刺参人工繁育研究工作重新引起人们的重视(马志珍,1981;隋锡林等,1984)。

在我国,张凤瀛、吴宝铃等于1954年开展刺参人工授精研究并取得初步成功,并于次年在室内培育出少量小刺参。此外,张凤瀛等还试验了将耳状幼虫投放到室外养殖池塘中进行后续培养的养殖模式,成功地在池塘中培育出了刺参苗种(张凤瀛等,1958),最早开展了刺参生态苗种繁育的实践工作。然而与日本类似的是,我国的刺参人工育苗工作在随后的近20年里基本没有实质性进展，直到1974年，陈宗尧等（1978）重新开展刺参苗种繁育的研究工作，其后10年里，许多学者对刺参苗种繁育技术进行了不同方面的有益探索，解决了刺参苗种培育对温度、饵料、附着基的要求，以及对其他一些环境因子的响应等问题，使得这一技术得以不断完善。1983年，以黄海水产研究所为主要负责单位完成的刺参人工育苗技术研究通过专家组现场验收，平均每平方米培育出体长1cm左右幼参3505头；1984年，辽宁省海洋水产研究所完成的"海参人工育苗技术"通过了专家组鉴定，每平方米培育出体长2cm以上幼参4335头（隋锡林等，1985）；1985年，黄海水产研究所在蓬莱海珍品增殖中心培育出幼参323万头，平均每立方米水体出苗量1.6万头，使刺参人工育苗技术达到了一个较高的水平（廖玉麟，1986）。经过几代人的不懈探索，到80年代中期辽、鲁两省刺参苗种大规模培育取得成功，标志着我国刺参人工养殖技术已基本建立。

目前我国刺参苗种大部分来自室内工厂化培育，抗逆性差，底播增殖放流后成活率低，生长慢，而在野外培育的生态苗种能够快速适应底播环境，生长快，成活率高。生态苗种繁育正是基于这一苗种产业需求和室内苗种繁育技术趋于成熟的基础上发展起来的。现阶段我国刺参生态苗种的培育主要有池塘和海区网箱两种方式（王吉桥，2005；马跃华，2006）。池塘培育方式的初始规格一般为300~500头/500g，经过半年到一年的培育，苗种达到30~50头/500g后进行浅海底播增养殖。这种培育方式由于初始规格比较大，苗种前期在室内培育的时间较长（大约需要1年），经过池塘培育后获得的苗种并不是严格意义的生态苗种。海区网箱培育方式由于受场地（内湾，水流畅通且较缓，受台风影响小）的限制而难以大规模推广应用，而且容易造成对环境的污染。

潟湖和池塘刺参生态苗种培育技术得以重视。设计刺参苗种繁育围网设施，适宜于潟湖中进行刺参原生态苗种繁育和中间培育，苗种最大密度为20头/m^2，成活率达97.3%。通过在池塘中研究适宜附着基种类与铺设方式、适宜投放初始规格（最小30 000~50 000/500g）、生态饵料供应、敌害防控和水质调控等关键技术环节，构建刺参生态苗种高效培育的关键技术和工艺，为浅海底播增养殖提供健康、优质、安全的苗种，为我国刺参生态苗种培育提供理论基础和技术支撑，促进我国刺参浅海增养殖产业的持续健康发展。

（2）实施增殖放流，恢复海参资源

增殖放流是恢复我国刺参资源的有效手段。日本早在20世纪30年代就开展了投石移植种参的试验研究，并在一些地区取得明显效果，有的在2~3年内就使产量增加了3~4倍。近年来，开展了对幼参繁育保护场的建设和改造，设置混凝土海参礁等，同时开展了海区采苗及人工放流增殖的研究。我国在20世纪50年代就开展了这方面的研究，近年又相继在山东、辽宁等地大量培育苗种的前提下，积极开展了刺参人工放流试验，并取得了较明显的效果。种参放养在我国虽然仅由科研部门进行了一些小规模试验，但已初步见到较明显的效果。如中国水产科学研究院黄海水产研究所于1976年在山东省崂山县港东大队进行恢复刺参资源的增殖试验，历时5年，增殖效果明显，产量比增殖前提高10~16倍。辽宁省海洋水产研究所于1985年11月10日于长海县海洋岛放流幼参（平均体长1.8cm）35.3万头，1987年调查，此批参苗已形成该区的优势群，体长达10~16cm，成活率达55%，取得了较好的效果。

目前我国对刺参的增殖放流仍处于小规模的试验阶段，发展的速度不快，主要是有以下几个问题：一、有关部门对此重视不够，使人们对刺参放流增殖的认识不足，有现得利的思想；二、对种苗放流后的试验研究还很不够，缺乏完整而系统的科学资料，如对放流规格的选择，即不同规格苗种放流效果的比较，放流后苗种的移动范围及规律，苗种放流后的生长速度，苗种的敌害，渔场环境的调查及海况、底质、海流条件对苗种生长、成活的影响，放流增殖效益的分析等。此外，对划区管理及繁殖保护条例的执行等，都有待于进一步加强。

目前我国对刺参的增殖放流还主要是企业行为，以增养殖为目的，对刺参的资源恢复作用有限。

(3) 加强关键生境修复，恢复海参产卵场，进行海参资源养护

刺参喜栖于水流缓稳、潮流畅通、水质清澈、无大量淡水注入、海藻丰富的岩礁底或沙底海域，具有昼伏夜出的特殊行为习性(常亚青等，2004)。因此，刺参资源恢复过程中经常采用增加人工附着基或礁体的方式来改善其生境。增设人工附着基或礁体的主要作用有：第一，减少敌害生物对刺参及其幼体的侵扰；第二，增加可供刺参摄食的底栖微藻和有机碎屑；第三，为刺参提供夏眠和冬眠等的遮蔽空间和栖息场所(Chen，2003)。通过研究孔径、间隙、颜色、角度等人工参礁关键结构参数对刺参的集聚效果，发现2cm孔径、2cm间距、深色、15°夹角的结构具有较好的刺参诱集作用。目前用于刺参增养殖和资源养护的礁体主要有石块礁、船礁、多层板式立体海珍礁、牡蛎壳海珍礁、多层组合式海珍礁、混凝土构件礁等。

针对我国刺参资源衰退的现状，应根据刺参的生态学习性和繁殖特点，投放适宜人工附着基或礁体，修复和重建刺参繁殖发育的适宜环境条件，构建刺参产卵场和育幼场；根据刺参在局部海域的产卵、幼虫发育、随水流移动规律，研究刺参的资源补充募集规律，制定合理的资源捕捞和养护策略。

(4) 建立海参资源保护区

建立保护区是保护和恢复海参资源的有效举措。我国有关部门和沿海省市建立了许多有关海参资源的保护区，如棒棰岛国家级海参自然保护区、大连獐子岛海域国家级水产种质资源保护区、小石岛刺参国家级水产种质资源保护区、海阳千里岩海域国家级水产种质资源保护区、崆峒列岛刺参保护区等。这些保护区的建立对我国海参资源的保护和恢复起到了非常重要的作用。

三、甲壳类资源恢复

1. 甲壳类自然分布情况

甲壳类是海洋底栖甲壳动物中种类最丰富和最具有多样性的类群，资源蕴藏量十分丰富。其中，大多数种类作为许多海洋经济动物的重要饵料，是海洋生态系统中能量流动和物质传递的重要载体，起着承上启下的关键作用，连接着海洋生态系统中的许多重要生态过程。同时，一些经济价值较高的种类，直接成为人类开发利用的对象，是人类动物蛋白的重要来源，在全球渔业产量中也占有不小的比重。以虾为例，每年有超过300万t的虾在世界各地的市场上出售，这还不包括在捕捞作业过程中作为副渔获物被大量遗弃的虾，它们在海洋渔业和海洋生态系统中都占有着举足轻重的地位。

（1）中国对虾

中国对虾主要分布在黄海、渤海，少量生活在东海北部和南海珠江口附近，是一种暖水性、进行长距离洄游的大型虾类，为一年生、底栖性虾类。其经济价值非常高，曾经是虾拖网和底拖网的主要捕捞对象和支柱产业。中国对虾的主要产卵场在渤海的莱州湾、渤海湾、辽东湾和滦河口附近水域。此外，在黄海北部的海洋岛和鸭绿江口附近水域，黄海西部的山东半岛南岸的靖海湾、五垒岛湾、乳山湾、丁字湾、胶州湾和海州湾等河口附近水域，以及黄海东部朝鲜半岛西海岸的仁川沿岸，也都有中国对虾的产卵场。

在黄海中南部分散越冬的虾群随着水温的回升，3 月初开始集结，3 月中下旬有一支虾群向西北方向移动，4 月中下旬分别到达海州湾和胶州湾产卵场。越冬中国对虾的主群随着 6～7℃等温线的推移基本上沿着黄海中部海沟的西侧 40～60m 等深线向北前进。3 月底 4 月初，进入成山头东北部水深 65m 的海底洼地，虾群在此集结停留几天后，沿 38°00′N 以南的 40m 等深线向西进入烟威渔场，于 4 月上、中旬，穿过渤海海峡 4 天左右的低温区进入水温较高的渤海，并于 4 月下旬分别游至各河口附近的产卵场。产卵场水温大于 12℃。在主群北上洄游越过成山头之前，还要分出几只向西、西北分别游至山东半岛南岸各湾。过成山头之后又分出一支虾群沿 123°00′E 继续北上到达黄海北部沿岸产卵。

渤海近岸出生的中国对虾 6 月初变态成仔虾。仔虾有溯河习性，对盐度有比较严格的要求，在河口附近的仔虾最低盐度为 0.86；最高盐度值为 27.21。溯河距离的远近与河水净流量大小成负相关。仔虾变态为幼虾后，耐低盐能力减弱，加之近岸浅水区水温迅速升高，迫使其游离近岸，逐渐向深水分布，9 月以后，各虾群游向并栖息于辽东湾中南部和渤海中部索饵。11 月上旬，当渤海中部底层水温降至 15℃左右时，虾群开始集结，11 月中、下旬当底层水温降至 12～13℃时，雌虾在前，雄虾在后，分群陆续游出渤海，开始越冬洄游。越冬虾群 11 月中下旬经过烟威外海后于 11 月末和 12 月初绕过成山头，沿黄海中部水深 60m 左右的海沟南下。1～2 月份在黄海中南部（33°00′N～36°00′N，122°00′E～125°00′E）水深 60～80m 的海区分散越冬。越冬虾群适温范围较大，虾群分散，群体密度不大。

（2）日本对虾

日本对虾（*Penaeus japonicus* Bate）隶属节肢动物门（Arthropeda）甲壳纲（Crustacea）软足亚纲（Malacostraea）十足目（Deeapoda）枝鳃亚目（Dendrobranehiate）对虾总科（Penaeoidae）对虾科（Penaeidae）对虾属（*Penaeus*），为暖温性大型虾类，是印度-西太平洋热带区虾类的广泛分布种，在黄渤海区少或没有分布（朱金声等，1998）。日本对虾栖息的水深范围较广，从几米到 100m 深的水域均有分布，但主要栖于水深 10～40m 海区，主要分布于非洲东海岸、红海、印度、马来西亚、菲律宾、日本、朝鲜。我国东海和南海都有分布，以广东省较多。

生活在亚热带的日本对虾，并没有明显的产卵洄游，但产卵时也出现区域性群集现象。冬季，当水温下降时，个体大的对虾游到 30m 或 30m 以上较深的海域越冬。待水温回升时，移向浅水处产卵。长大的幼体逐渐从浅水索饵洄游到深海区。体长 10cm 的日本对虾进入成虾期，栖息于水深 5～6m 海区。体长至 20cm 时，转至 8～9m 深的海域。

（3）三疣梭子蟹

三疣梭子蟹（*Portunus trituberculatus*），又名枪蟹，隶属于甲壳纲（Crustacea）十足目（Decapoda）梭子蟹科（Portunidae）梭子蟹属（*Portunus*），是我国近海一种较大的经济蟹类，同时也是经济价值最大一种。我国常见的有红星梭子蟹、远海梭子蟹和三疣梭子蟹,其中三疣梭子蟹数量最多,产量最大,约占梭子蟹总产量的90%。三疣梭子蟹广泛分布于中国山东半岛、浙江沿海岸、广西、广东、福建、南海,以及日本、朝鲜、马来西亚群岛、红海等水域。

三疣梭子蟹生活在盐度为30~35的水域,其活动地区随季节变化及个体大小而有不同,常成群洄游,具有生殖洄游和越冬洄游的习性。春、夏(4~9月)期间,常在3~5m深的浅海,尤其是在港湾或河口附近产卵,冬季,移居到10~30m深的海底泥沙里越冬。

渤海三疣梭子蟹是一个地方性种群,越冬后在4月上中旬开始生殖洄游,主要游至渤海湾和莱州湾近岸浅水区河口附近产卵;12月初开始越冬洄游,游至渤海深水区蛰伏越冬,越冬期为12月下旬至翌年3月下旬,越冬场几乎遍及整个渤海中部20~25m软泥底质的深水区。

东海三疣梭子蟹的活动范围很广,北可达黄海南部的吕泗、大沙渔场,越冬期为1~2月,越冬场有两处:一处在浙江中、南部渔场水深40~60m一带海区;另一处在闽北、闽中沿岸水深25~50m一带海域。春季随水温回升,性成熟个体自南向北,从越冬场向近岸浅海、河口、港湾作生殖洄游。3~4月,福建沿岸水深10~20m海域;4~5月,浙江中南部沿岸海域;5~6月,舟山和长江口30m以浅海域等都是三疣梭子蟹的产卵期和产卵场;8~9月,随外海高盐水向北推进,三疣梭子蟹向北游至吕泗、大沙渔场索饵;10月后,随水温下降,外海高盐水向南退却,三疣梭子蟹自北向南洄游,但也有部分群体在浙北近海由内侧浅水区向外侧深水区洄游越冬;11月至翌年2月,向南洄游的三疣梭子蟹进入鱼山、温台等浙南渔场较深海区越冬,另有一部分则进入福建的平潭、惠安、晋江和厦门等近海越冬。

(4)日本蟳

日本蟳(*Charybdis japonica*)是我国重要的海洋经济蟹类之一,隶属软甲纲(Malacostraca)十足目(Decapoda)梭子蟹亚科(Portunidae)蟳属(*Charybdis*),在我国俗称赤甲红、靠山红、石蟹等。日本蟳广泛分布于中国渤海、黄海、东海、南海沿岸浅海水域,日本、朝鲜、马来西亚等国也有分布,属广温广盐性蟹类,在温带、热带均有分布,低潮线附近生活,喜栖居浅海的沙质、泥沙质或有水草的水底,属沿岸定居性种类,主要捕食小鱼、小虾及贝类,肉质鲜美营养丰富,是中国常见蟹类之一,具有一定的经济价值。

(5)锯缘青蟹

锯缘青蟹(*Scylla serrata* Forskal),简称青蟹,属节肢动物门(Arthropoda)甲壳纲(Crustacea)十足目(Decapoda)短尾亚目(Brachyura)梭子蟹科(Portunidae)青蟹属(*Scylla*),广泛分布于印度-西太平洋沿岸水域,包括东南亚、澳大利亚、日本、印度、南非等海域的红树林地区及河口内湾区,在我国主要分布于浙江、福建、台湾、广东、广西和海南沿岸水域。蟹除越冬产卵在较深海区外,通常栖息于江河溪海汇集口、海淡水缓冲交换的内湾、潮间带的软泥滩或泥沙质的滩涂上。青蟹是游泳、爬行、掘洞型蟹类。一般白天多潜穴而居,夜间出穴进行四处觅食,特别是涨潮的夜晚更显活跃。青蟹生长适温为14~30℃,最适水温为20~28℃,15℃以下生长明显减慢,水温降至10℃左右,则停止摄食与活动,进入休眠与穴居状态。当水温低于5℃时,就会引起死亡。青蟹对盐度的适应范围较广,生存盐度为2.6~55,最适盐度为12.8~26。青蟹对pH的适应范围为7.5~8.9,最适pH为7.5~8.5。青蟹的食性较杂,以动物性食物为主,食物组成中以软体动物和小型甲壳动物为主。在天然环境中常以小型贝类、鱼、虾等为食，在饲养条件下以贝类为最佳饵料。

2. 主要甲壳类受损原因

人类活动是甲壳类受损的主要原因，人类活动对海洋渔业资源变化的影响主要体现为两方面，一是通过改变渔业资源生物生长环境；二是直接从海洋生态系统中移除渔业资源生物，从而导致渔业资源生物死亡率的增加。其中，人类活动改变渔业资源生物生长环境主要有两种方式：一是通过输入污染物质；二是因人类活动的大量用水导致河流的入海径流量降低，从而改变了渔业资源生物生长环境的水文特征，如温度、盐度等。

（1）环境污染对渔业资源的影响

海洋环境中常见污染物为过量氮磷、重金属和石油类等。这些污染物能够影响渔业资源生物本身或其捕食者及饵料生物，从而直接或间接地对渔业资源生物的生长和繁殖产生影响。

1）氮、磷对渔业资源生物的影响。海水中的氮、磷主要以溶解性无机氮和溶解性无机磷形式存在。溶解性无机氮由硝酸盐、亚硝酸盐和铵盐三种形态组成；溶解性无机磷主要由磷酸盐形态组成。海水中的氮、磷可作为浮游植物生长所必需的营养盐，能够影响浮游植物的生长和繁殖。浮游植物是整个海洋生态系统的基础。通过食物链的传递作用，其生物量和群落结构的改变均可影响高营养级渔业资源生物量及结构。氮、磷浓度及比例可影响浮游植物的生长速率。

不同浮游植物对氮、磷营养盐的需求不同，当环境中营养盐结构发生变化时，浮游植物群落结构将会发生变化。有研究表明氮、磷营养盐浓度越高，氮磷比离 Redfield 比越远，硅藻种类越少，香农维纳多样性指数越低（曲克明等，2000）。伴随海水营养盐结构的变化，最能适应新的生长环境的浮游植物种类将会逐步成为优势种，进而影响高营养级渔业资源生物群落。

2）重金属对渔业资源生物的影响。海洋中常见的重金属污染物有汞、镉、铅、砷、铬和铜等。重金属污染具有来源广、残毒时间长、蓄积性、难以降解、污染后不易被发现并且难于恢复、易于沿食物链转移富集等特征，能够直接或间接地引起渔业资源生物的生长和繁殖，进而导致渔业资源的衰退。重金属可影响渔业资源生物的存活率。对斑节对虾仔虾而言，不同重金属的毒性强弱顺序为：汞 > 镉 > 铜 > 锌 > 铬；铜、汞和铬对长毛对虾幼体的急性毒性强弱顺序依次为：汞 > 铜 > 铬；汞、镉、锌和锰对日本对虾仔虾的毒性强弱顺序依次为汞 > 镉 > 锌 > 锰（高淑英和邹栋梁，1994；邹栋梁和高淑英，1994；高淑英等，1999；王志铮等，2005），以上研究均反映了汞是常见重金属污染物中毒性最强的物质。

3）石油类对渔业资源生物的影响。随着工业的发展，特别是石油开采、运输和海上各类船舶活动所排放的石油污染物质大量增加，使得渔业水域生态环境日趋恶化。石油污染不仅可直接影响渔业资源生物的生长和繁殖，还可对支撑其生产力的低营养级生物的生产和繁殖产生影响，从而间接地导致渔业资源生物生长和繁殖状态的改变。

石油烃可改变浮游植物的生长和繁殖状态，进而影响高营养级渔业资源生物的生物量。低浓度石油烃的存在可促进旋链角毛藻的生长，促进作用随石油烃浓度的增加先增加后降低，添加 0.5mg/L 石油烃的实验组促进作用最大（王修林等，2004b）。另外，当石油烃浓度很高时，其在海面的扩散可导致大面积油膜的产生，这大大降低了光的穿透性，从而对浮游植物的光合作用造成限制。

石油烃污染可通过影响海洋渔业资源生物的生长和繁殖,直接导致渔业资源的衰退。据估算,2006 年 4 月 22 日,舟山沿岸渔场的韩国籍现代独立轮发生溢油事故可造成鱼卵和仔鱼的总损失量分别为 6.7×10^7 个和 1.17×10^9 尾,鱼、虾和蟹类幼体总损失量分别为 515 354 102 尾、2 386 250 520 尾和 56 801 322 尾,潮间带底栖动物总损失量为 81 622 968 个,严重影响了渔业资源生物的生长和繁殖(沈新强等,2008)。

(2) 河流径流输入对渔业资源的影响

河流径流输入可为海洋带来淡水和营养盐等物质。这为渔业资源生物的生长和繁殖提供了必要的条件,因此,河口区域往往成为许多鱼、虾、蟹类的产卵场和索饵场。近几十年来,随着人类活动的大量用水,许多河流的入海淡水量发生了很大变化,河流径流中营养盐结构也发生了显著变化,这必将最终影响渔业资源生物的生长和繁殖。

河流径流可对浮游植物生物量和群落结构产生重要影响。以长江为例,20 世纪 60 年代以来长江向其邻近海域中输入了大量的营养盐,20 世纪 80 年代至 1990~2004 年长江口海域硝酸盐浓度由 59.1μmol/L 转变为 80.6μmol/L,磷酸盐浓度分别由 0.59μmol/L 转变为 0.77μmol/L。伴随着营养盐浓度的变化,1984~2002 年长江口及邻近海域浮游植物生物量也呈现增加的趋势,1984~2000 年浮游植物群落中硅藻的比例呈现降低的趋势,有害藻华的发生次数和规模也显著增加(Zhou et al.,2008)。这必将对长江口及邻近海域渔业资源产量产生重要影响。河流径流可对浮游植物生长的限制性因素产生重要影响。在珠江口海域,受河流径流的影响,浮游植物生长的限制性营养盐由河口向外海依次为河口的潜在磷限制、羽状锋边缘的磷和硅共同限制以及大洋边缘的氮限制(Yin et al.,2001)。

河流径流可影响浮游动物的生物量。浮游动物作为浮游生物,受水流方向和流速的影响显著,其数量变化与海水理化因素有密切关系。统计分析表明,1958 年 4 月至 1959 年 3 月东海近海浮游动物总生物量、1971 年 7 月至 1974 年 6 月北纬 27°~32°东经 127°以西海区的浮游动物总生物量与长江径流量之间存在着显著的相关性。二者之间的对应关系是,一般总生物量随着入海径流量的增大而上升,6~8 月达到高峰,10 月以后随着径流的减少而下降(赵传絪等,1990)。

(3) 渔业捕捞对渔业资源的影响

渔业捕捞不仅能够移除捕捞种类,而且可通过改变生境以及调整行为等方式对非捕捞生物产生间接影响(Crowder et al.,2008)。近年来,随着渔业捕捞业的迅速发展,渔业捕捞已成为影响渔业资源量及结构的重要因素。

1) 渔业捕捞对渔业资源量变化的影响。渔业捕捞可对不同渔业资源生物的生物量产生不同的影响。以北部湾为例,利用 Ecopath with Ecosim 模型研究发现,当降低捕捞强度时,大部分功能组的生物量会上升,尤其是顶级捕食鱼类会急剧上升,而无脊椎动物(虾、蟹等)会有所下降,其中虾类会降低 8%,底栖甲壳类会降低 10%。这可能是因为在 Ecosim 模拟中无脊椎动物受到掠食的上行和下行效应混合控制的结果(陈作志等,2008)。

近十几年来,中国近海渔业资源已捕捞过度。1957~1990 年中国投入近海的捕捞努力量由 74.48 万 kW 增加到 700.72 万 kW。捕捞努力量的迅速增加使许多传统渔业资源遭受严重破坏,只能靠开发利用经济幼鱼资源和小型、低质鱼类资源来维持产量的上升。因此,虽然产量也由 181.48 万 t 上升到 528.91 万 t,但资源已经过度利用,单位捕捞努力量渔获量由 2.44t/kW 下降到 0.75t/kW(邱盛尧等,1993)。另以厦门近海为例,1995 年该海域渔业资源的实际渔获量为 10 751t,已超过估算的最大持续产量平均值(10 431t);1995 年定置网、刺网、小拖网、小围增和小钓等五种作业的总捕捞力量达 21 636kW,已超过估算的最适捕捞力量平均值(28 431kW);1995 年换算为以厦门机刺网渔船功率为标准的总捕捞力量达 43 177kW,也超过了估算的最适捕捞力量(卢振彬等,1998)。这表明厦门近海渔业捕捞已明显过度,应控制捕捞量,以促进渔业资源的可持续利用。

2）渔业捕捞对渔业资源结构的影响。渔业捕捞可导致渔获物平均营养级的变化。在渔业捕捞的影响下,1950~1994 年全球捕捞渔获物的平均营养级每 10 年下降约 0.1,捕捞渔获物由长寿命、高营养级的底层食鱼的种类逐步转变为短寿命、低营养级的中上层、无脊椎动物种类(Pauly et al. ,1998a)。对东海区主要海洋渔业公司 1950~1995 年分品种渔获物产量的研究表明,经过几十年的捕捞开发,东海区渔获物的平均营养级已从 1965 年的 3.5 下降到 1990 年的 2.8。

人类活动通过向海洋环境中排放污染物和降低入海淡水量可引起浮游植物生物量和群落结构的变化,影响浮游动物及其他渔业资源生物的正常生长和繁殖,进而导致渔业资源生物量和群落结构的变化;高强度的渔业捕捞可显著降低渔业资源生物量,并改变渔业资源结构,导致捕捞渔获物平均营养级的降低。综上,人类活动是影响渔业资源量及结构变化的重要因素。

3. 恢复种类与恢复方式

（1）中国对虾

中国对虾是一年生、长距离洄游的大型虾类。每年 10 月中旬至 11 月初进行交尾,翌年春天选择在河口附近海区产卵,虾卵要在盐度较高的海水中孵化并度过变态期。中国对虾以活动性不大的底栖生物为食,其食物组成与其栖息海区的浮游生物、底栖生物的种类和数量分布密切相关。对虾的捕捞群体是由单一世代组成的,其资源量的盛衰或者说补充量的大小,主要取决于世代发生量和成活率。发生量取决于产卵亲体的数量,而成活率的高低则取决于繁殖生长期间外界自然环境条件的好坏和人为的损害程度。中国对虾在 1984 年开展增殖放流前已几乎不成渔汛。

截至 2006 年山东省放流平均体长 25mm 以上中国对虾苗种 131 亿尾,秋汛回捕增殖中国对虾(不包括自然中国对虾)2.75 万 t。到 2005 年总产值达 16.3 亿元,直接投入与产出比达 1∶15.6。中国对虾受降水量和台风影响因素较大。一般在 6 月 15~20 日放流,开捕期为 8 月下旬。8 月 20 日先实施流网捕捞,9 月 1 日开始实施拖网捕捞。在 1994 年以前,由于放流品种少,资源增殖资金相对充裕,放流量一直维持在相对较高的水平,回捕产量多年维持在 1500t 以上,最高年份甚至达到 2500t。1987 年由于虾苗供应紧张,没有放流,1993 年由于虾病暴发导致回捕产量极低,由此也影响了投资中国对虾放流单位的积极性和对放流对虾的信任度。受增殖资金等方面的制约,1994 年之后的对虾放流量一直处在 4 亿尾以下,虽然近几年每年仅放流中国对虾苗种 3 亿尾左右,每年秋汛中国对虾的回捕产量总体维持在 1000t 左右,2006 年达到 1400t 以上。

增殖渔业是一项跨学科、多部门工作相结合的系统工程,是一项既有前途又有难度的事业。经过研究,已查明以下几个因素对中国对虾放流效果有明显影响。一类属于放流技术,如放流数量、放流规格、时间、地点等;另一类属于管理因素,主要有纳潮损害、非法捕捞和提前捕捞等。国内外的实践证明,放流增殖虾苗的成活率和回捕率,不但与放流规格有关,也与放流海区生态环境和放流时间有关,同时还与渔政管理有很大关系。因此,作为大规模的生产性放流,如何确定放流种苗的最佳规格,即成活率较高的最小体长,还需要对拟放流海区生态环境等进行周密调查,并经过多次的一定数量规模的重复试验,才能因地制宜确定。

放流时间主要根据放流海区的水文条件确定,由于放流对虾苗种规格的降低,北方海域放流时间一般选在5月中旬到6月中旬,南方海域一般在4月中旬到5月中旬。池塘开闸放流应选择在天气晴朗,风力小于4级,浪高小于0.5m的时间进行。辽宁省海洋岛1999年研究表明虾苗宜早放,可增加放流效益,10mm仔虾放流宜放一茬苗,时间最好在5月25日左右;福建省东吾洋中国对虾人工放流的时间通常集中在4月中旬至5月中旬,前后一个月左右;山东省中国对虾资源增殖放流由于受降水量和台风影响因素较大,30mm的大规格幼虾一般在6月5~25日放流,大于10mm的小规格对虾一般在5月中下旬放流。适宜的放流时间不仅可以避开敌害生物大量发生的季节,有利于提高仔虾成活率,而且延长了对虾生长时间,开捕时成虾规格增大、效益升高,更为有利的是,利用放流时间可与自然海域野生种群的生长期分开,达到相对标志放流的效果,便于监测调查和统计分析。

人们通常认为最适宜的放流海区应是增殖种类自然种苗分布的密集区。该水域饵料生物丰富、敌害生物少,理化因子和生态环境均较适于放流种苗的栖息生长。放流海区的水质应符合渔业水质标准,以保证放流苗种不受水质污染影响,提高成活率,敌害捕食或环境不适均会造成种苗的大量死亡。

中国对虾喜栖息在泥沙质海底,根据其幼苗“返滩”习性,放流海域应选择在水深小于3m的潮下带海域。尽量避免在有纳水泵站的入海河道和盐田纳水口海域放流。根据中国对虾潜伏表层沙中的生活习性等特点,选择潮流畅通,附近有淡水径流流入、苗种运输方便、无污染的内湾或岸线凹曲的浅海海域,以滩面平缓、底质为沙泥质最佳,对敌害生物应采取“回避”策略。

目前,中国对虾主要增殖放流区为:山东近海(主要有莱州湾、渤海湾、塔岛湾、黄家塘湾、靖海湾、丁字湾等)、河北沿岸(主要有秦皇岛、丰南区、黄骅市、滦南县等)、辽宁海洋岛、浙江象山港和福建东吾洋。其中,浙江象山港和福建东吾洋属于移植放流。

种苗放流规格大小关系到放流增殖的经济效益。从理论上讲,最佳的放流规格应是种苗放流入海存活率较高的最小体长。放流这种规格的种苗,死亡率低、培育的时间较短,有利于降低放流成本,提高放流增殖效益。日本在20世纪60年代开始进行对虾的种苗放流时,认为体长为10mm的种苗处于生态变动大的时期,体长大于30mm以后才是安全期,并且小个体的种苗易被敌害捕食不宜进行放流,必须经过40~50天中间培育体长达到30~40mm时才进行放流。70年代末期,为了进一步提高种苗放流的成活率和回捕率,用防止敌害鱼侵入的网围法和人工潮间带的方法护育种苗体长达到60mm后再放流,80年代末以来有新的资料表明,对虾种苗放流规格降为体长15mm左右。国内中国对虾放流实践中通常放流两种不同规格的虾苗,一是平均体长10mm左右未经中间培育的仔虾,一是经过中间培育的平均体长大于25mm的幼虾。

辽宁省海洋岛渔场自1988年全面实行10mm仔虾放流;河北省放流主要以12mm以上的中国对虾苗种为主;浙江省在象山港放流平均体长大于30mm的虾苗的回捕率为8%~10%,而放流体长为10mm左右的仔虾回捕率只有0.2~0.3%;福建省1988年在东吾洋也曾同时放流体长8.0mm和体长10.0~15.0mm的种苗,而后从1988~1990年间,在三都岛周围水域放流的10~15mm仔虾种苗取得的较好增殖效果,结合连续多年放流小规格仔虾种苗所取得的实际成效,均表明体长10~15mm是仔虾种苗较佳的放流规格;山东省主要以大规格进行放流,2009年才开始放流小规格虾苗实验。依据地方标准:目前主要以大规格幼虾体长不小于25mm或小规格体长大于10mm幼虾进行放流增殖。由于不同放流海区生态条件的差异,以及中国对虾仔虾种苗有溯河习性,故不同放流海区对种苗规格大小应有不同的要求。通常在封闭性较强的港湾、河道、放流的种苗规格可小些,而在较开阔的水域及河口海区,放流规格则要求大些,不能一概而论。

20世纪80年代随着中国对虾产业成为中国水产业中升起的一颗新星,中国对虾增殖渔业也得到发展,给社会带来巨大的效益,然而至20世纪90年代,由于对虾杆状病毒(HHNBV)的暴发和放流规模的减小等原因,导致对虾增殖业逐渐衰退,直到21世纪对虾增殖又得到一定的发展。目前全国形成中国对虾渔业的主要有五处:福建省东吾洋的中国对虾的移植,1986~1995年10年共放流9.79亿尾,回捕1192t,创产值2800.8万元,利润1714.2万元,税收586.2万元,总效益2300.4万元;浙江省象山港移植放流中国对虾1986~1995年10年共放流中国对虾14.91亿尾,回捕2467.8t,总投入1100.73万元,总产出6220.52万元;辽宁省黄海北部海洋岛渔场1985~1992年8年间共放流中国对虾97.25亿尾,回捕18 293t,产值58 554.8万元,渔民获利45 389.4万元,取得社会效益(包括税收、出口关税和加工、育苗)67 747.7万元;山东省近岸(黄海中部和渤海)1984~2010年增殖放流中国对虾苗种159.32亿尾,秋汛回捕增殖中国对虾(包括自然中国对虾)3.72万t,成效也是相当可观;渤海(河北省等)1985~1992年8年放流中国对虾86.45亿尾,由于野生对虾的存在,效果不确认,但2007年河北放流中国对虾也带了巨大效益。

(2)日本对虾

日本对虾未增殖前,黄海中部以北海域未有自然日本对虾分布的报告。2005年以前,日本对虾年放流数量只有数千万尾,秋汛回捕日本对虾100t左右,2005年放流规模猛增至2亿多尾,秋汛回捕产量增加了2倍多,达300万t以上,回捕量随放流量迅速增长。山东省1993年至2006年共放流体长10mm以上日本对虾10亿尾,回捕产量1492.8t,总产值1.165亿元。

日本对虾自移植放流以来,其放流生产一直由省捕捞生产管理站统一组织实施,整个过程较为规范,回捕重量基本上随着各年放流量的增加而呈增长态势。特别是近几年来,由于财政支持力度加大,组织管理得力,日本对虾回捕产量随放流规模的增大而迅速增加,增殖效益显著提高。

由于产卵场的水温、盐度、溶解氧、饵料生物和敌害生物等环境条件对生殖群体的世代补充量及存活率有很大的影响,也为种苗人工放流增殖海区的选择提供了依据。人们通常认为最适宜的放流海区应是增殖种类自然种苗分布的密集区。该水域饵料生物丰富、敌害生物少,理化因子和生态环境均较适于放流种苗的栖息生长。种苗移植性放流海区的选择主要也是考虑海区饵料生物的保障、敌害生物的种类和数量，以及种苗对理化环境的适应性。敌害捕食或环境不适均会造成种苗的大量死亡(张澄茂,2000)。

仔虾期潜居于潮间带浅水洼和1m以内的潮下带泥沙底质中，是日本对虾固有的生物特性。在潮间带不发达的海湾、较深水域的海底也发现有日本对虾仔、幼虾存在，这与其说是它们能适应这种环境，不如说是在环境不良时的被迫生存，当然成活率不高，这已被日本对虾自然种群的资源地理分布所充分证明(李树林等,2000)。

日本对虾生活的条件为砂质底质，泥质或过细的砂质没有产量，因为日本对虾具有潜沙习性，如果是泥质或过细的砂质使日本对虾无法潜入，使对虾无法栖息和生活。岩礁底质也不适合人工放流增殖日本对虾，因为岩礁底质不利于日本对虾的潜藏，进而虾体的游动范围会扩大，流失严重，回捕率低。根据日本对虾活动范围小、具有很强的潜沙生活习性等特点，人工放流增殖日本对虾时，选择水流平缓、有天然屏障、苗种运输方便、无污染的内湾浅海，以滩面平缓、底质为沙泥质最佳，对敌害生物应采取“回避”策略。

日本对虾的最适生长水温为20~30℃，在保证日本对虾最佳生长温度的同时也保证其有最长的生长期，从而获得大规格的商品虾。具体的放苗时间，应选择清晨太阳未出来之前、无风无浪时为好，这样可使虾苗避开高温的影响，无风缓流也可使虾苗迅速潜钻海底。选择落潮将至干潮，海水落到0.2~0.5m深时放苗，可保护虾苗不至于随潮流漂失。此外，水浅也便于虾苗潜砂隐藏(李云飞等,2005)。

放流地点与时间的选择，会对资源增殖产生巨大影响。种苗越小，放流规模越大，影响就越明显。实践已经证明，选择适宜的放流地点和时机，可以大大降低种苗刚刚入海时的自然死亡，从而提高其回捕率

放流苗种的大小与放流效果密切相关，渤海、黄海对虾标志个体重捕的结果表明，放流对虾的回捕率随着种苗规格的增大而增加(邓景耀,1994)，这当然还与小个体挂牌死亡大于大个体有关。在黄海北部放流平均体长为10.4~14.1mm的日本对虾种苗的回捕率为7.45%(邓景耀,1995)。邓景耀(1996)在江苏上海海丰农场模拟自然海区的生态条件，放养不同数量的敌害鱼类(黑鲷)，进行了放流不同规格种苗的试验，求得了体长10mm、20mm和30mm种苗放流因环境突变、机械损伤和敌害捕食导致的自然死亡值，结果表明放流未经中间培育的体长为10mm的虾苗是适宜的。放流大个体苗种，入海成活率较高，回捕率较高，但是，成本也高。放流小个体苗种，放流成本低，但是成活率和回捕率也较低。综合以上因素，放流平均体长为10mm左右的日本对虾是较为适宜的。目前，国内普遍采用的日本对虾放流规格一般为10mm左右。

(3) 三疣梭子蟹

三疣梭子蟹作为传统养殖品种之一，在我国北方有较长的历史，但由于粗放式经营，产量很低，且为港养的辅助品种。利用池塘进行单养或与对虾、鱼、贝类混养始于20世纪90年代初，由于其受自然产量的冲击，养殖规模不太稳定。目前梭子蟹主要以混养为主，也有一些半精养形式。根据养殖设施的不同，梭子蟹养殖分为池塘养殖、海涂围栏养殖和水泥池养殖等几种方式。海涂围栏养殖的特点是利用潮差进行自然流水池养殖，具有成本低和生长快等优点，尤其适宜于梭子蟹的育肥和蓄养。水泥池养殖一般适宜于梭子蟹的短期蓄养与育肥。池塘养殖是梭子蟹最主要的养殖方式，适宜于梭子蟹的养成、育肥和蓄养。三疣梭

子蟹的养殖模式又可分为池塘养殖、蟹贝虾混养、商品蟹暂养、吊笼养殖。

三疣梭子蟹池塘养殖病害少,适应性强,蟹生长速度快,效益较好。池塘养殖过程中,存在着饵料不足而相互残杀严重的问题,应视残饵状况及时调整投饵量,提高养殖成活率。此模式直接投放苗种存活率较低,苗种成本投入较大,应该放养大棚苗,提高成活率,增加效益(于志华,2006)。目前,在池塘养殖基础上发展了小池塘精养模式,该养殖过程分幼蟹培育和养成两部分。此种模式幼蟹采用高密度强化培育,成蟹施行捕大留小的轮养操作,属于高密度高产型。

以梭子蟹养殖为主,以中国对虾、日本对虾或南美白对虾养殖为辅,以缢蛏、杂色蛤、海湾扇贝底播为补充。分季节放苗,轮捕轮放的养殖方式,一年一茬中国对虾或南美白对虾、两茬梭子蟹、两茬日本对虾和一季贝类。此种养殖模式适合面积较大的养殖池塘,责任心较强的养殖户。该模式具有投资少、资金周转快、产量高、养殖风险小、效益高等诸多优点,此模式在半精养大池塘养殖中极具推广价值(牟乃海等,2008;王忠民,2006)。

商品蟹暂养是在每年的10月下旬左右收购已交配的雌蟹,将其放进小面积的暂养池进行人工暂养,经过强化培育,养至体肥膏满的商品蟹,大约在春节前后上市。该模式有一定的风险,但利润高。在舟山,暂养方式以小型土池(或水泥池)铺沙暂养和海水池塘暂养两种居多(吴依津,2005;任宗伟,2000)。

吊笼养殖是将蟹养于笼内,悬挂在大水体中,通过笼体网眼进行笼内外水体交换,在笼内形成一个"活水"环境,养成商品蟹。此模式属高密度高产型,养殖技术含量高,它不仅避开了梭子蟹易自残的特性,还拓展了浅海养殖空间,效益不菲(王文堂等,2002;邵才国等,2002)。

(4)日本蟳

日本蟳肉味鲜美、营养丰富、生长快,并具有清热、滋补、消肿等功效,为经济价值较高的中型海产蟹类。由于近年来的酷采滥捕,其天然资源量日趋衰竭,远不能满足人们的需求,必须大力开展日本蟳的人工增养殖。日本蟳的繁殖期在对虾和河蟹之后,可以利用对虾、河蟹育苗室的空闲时间进行日本蟳的人工育苗,使现有的设施能得到充分利用。

日本蟳摄食范围很广,主要包括双壳类、甲壳类、鱼类、多毛类和头足类等。在人工养殖时,可投喂低值鲜活贝类、杂鱼虾肉及人工配合饲料等。以早上和傍晚为摄食高峰时间。在养殖中、后期,可以混养一些缢蛏及黄鲫、梭鱼等以浮游生物为食的小型鱼类,能起到改善水质的作用。

(5)锯缘青蟹

长期以来,锯缘青蟹商品蟹养殖的苗源全依赖于天然捕捞而获,因数量有限,且丰歉不一,无法满足广大养殖户对苗种的需求,极大地影响了青蟹养殖业的产业化进程,为此,国内外有关科研部门、科技工作者开展了人工育苗的研究试验。关于青蟹人工育苗的研究,自20世纪60年代起,国内外学者进行了大量的试验研究工作,并取得小批量育苗的成功。其中1992年广西已获得人工育苗中试成果,1998年日本小水体人工育苗也获得成功,而工厂化规模育苗还尚未见报道。到目前为止,浙江温岭周友富等进行了生产性育苗技术的研究。浙江省温岭市水产技术推广站在1991年到1995年初试成功的基础上,1996年由浙江省科委正式立题,经过三年努力获得成功,于1998年取得了较好的社会经济效益。

锯缘青蟹的养殖方式主要有池塘养殖、滩涂围栏养殖、笼养、罩网养殖、箱养、罐养、水泥池养殖、混养等。池塘养殖要注意养殖场地的选择，养成池的建造包括蟹池的面积、构造、防逃设施、防斗设施、障碍物、隐蔽物，以及放养前清池、除害的准备工作，进水和饵料生物的培育，蟹苗的放养、养成、育肥越冬、病害防治管理等。

同时，要适时捕获，主要采取轮捕措施，捕大留小，捕肥留瘦的方法，以获得更高的经济效益。9 月份是青蟹的交配季节，要适时将雄蟹收捕，因为雄蟹经多次交配后，肉质消瘦，降低肉蟹的食用价值，并随之出现大批死亡现象，交配后的雌蟹，经 30~40 天的饲养便可成膏蟹，若任其过熟会导致抱卵蟹，也会降低价值。

另外海区水温下降，围养青蟹越冬比较困难，也要求适时收捕，一般年份要求 10 月底前将池内青蟹收捕完毕。围养青蟹的收捕方法有：灯光照捕，根据青蟹在夜晚间喜欢爬池边或潮水习性，可用灯光照明，以抄网捞起的方法；干池手捉和耙捕，徒手摸捕是古老而又实用的捕蟹技术，蟹体不会损伤，但要有熟练的技术；用蟹耙耙蟹，可将蟹基本收净，比较省时，但蟹易受伤，操作时动作要小心轻微。捕起的青蟹要用海水浸湿的草绳进行捆绑，防止互相钳咬致伤。夏天高温时应存放在荫凉潮湿的地方，天冷时则盖上水草保温。

四、鱼类资源恢复

我国是鱼类资源大国，大黄鱼、小黄鱼、带鱼、鲷、石斑鱼等鱼类是我国近海海域经济价值较高的种类，然而过度捕捞、环境污染、海岸带建设等人类活动对鱼类赖以生存的生态环境及其资源结构与数量都造成了严重的影响，程度超出了渔业资源的自适应能力和再生能力。增殖放流是增加鱼类种群数量、恢复渔业资源，再进行合理捕捞的一种渔业方式。

1. 近海鱼类资源恢复进展

我国自北向南均开展了鱼类资源的修复工作，但由于气候与海洋环境的差异，不同海区鱼类资源修复的种类、规模等存在差异。黄渤海沿岸鱼类资源修复种类主要有褐牙鲆（张秀梅等，2009；单秀娟等，2012）、许氏平鲉、花鲈、半滑舌鳎、真鲷、红鳍东方鲀、梭鱼等。1984 年起，辽宁省开始进行海洋渔业资源的增殖放流。目前辽宁海洋增养殖业的投入产出比为 1:10，专业捕捞渔民人均年受益 2000 元以上（孙建富等，2013）。山东省自 1986 年开始对褐牙鲆进行资源修复，2005 年之前放流规模较小，累计约 70 万尾。大规模性放流增殖始于 2005 年，2005~2008 年放流数量分别为 104 万尾、326 万尾、1099 万尾和 952 万尾。放流海域主要在山东半岛沿岸。山东省黄渤海沿岸许氏平鲉、梭鱼和真鲷放流规模均较小，20 世纪 90 年代中期至目前的放流总数量分别为 452.4 万尾、591.7 万尾和 172.1 万尾。河北在秦皇岛海域，如北戴河、山海关进行了牙鲆、真鲷放流，在沧州海域如南排河、岐口进行梭鱼和半滑舌蹋的资源修复工作（周军等，2012）。近年来，环渤海三省一市已初步统一开展了渤海海域增殖放流工作。2009 年农业部与环渤海三省一市人民政府共同发布《渤海生物资源养护宣言》。2012 年 6 月，由农业部和环渤海地区的河北、辽宁、天津、山东省（市）人民政府向渤海投放中国对虾、梭子蟹、海蜇、牙鲆、红鳍东方鲀、许氏平鲉、半滑舌鳎、鲈鱼、黑鲷等生物苗种 1.4 亿尾，并组织渤海沿岸相关市县在此期间放流各类水生生物苗种 34 亿尾。

东海海域鱼类资源修复主要集中在长江口、杭州湾、象山港、福建近海各海湾的近海区域。据报道 2004~2006 年长江口、杭州湾海域共计人工增殖放流大黄鱼、黑鲷苗种 12.02 ×

10^6和2.28×10^6尾（沈新强等，2007），其中放流标志苗种1.40×10^5尾。浙江舟山针对不同鱼类进行分海域资源增殖工作，鮸鱼修复区为白沙海域、洋山港增殖放流保护区；牙鲆放流区域主要分布在朱家尖海域和普陀西闪岛北侧海域；日本黄姑鱼放流区域主要分布在东极和普陀朱家尖东侧人工鱼礁区附近海域（宋飞彪等，2013）。2004～2008年浙江舟山日本黄姑鱼（*Nibea japonica*）和黑鲷（*Sparus macrocephalus*）增殖放流数据结果表明，黑鲷和日本黄姑鱼的回捕率逐年增长，黑鲷在2008年仅游钓回捕率就达到3.68%，手钓率逐年上升，规格逐年变小，补充群体数量有增加的趋势；放流3个月后回捕的黑鲷平均叉长和平均体质量分别增加70.29%和390.25%，而日本黄姑鱼平均体长可增加200%，日均体质量增长速度为1g/天；预计至放流后第4年黑鲷总的投入产出比将达1∶6.55，日本黄姑鱼投入产出比当年就可达1∶12以上（梁君等，2010）。

南海海域鱼类放流种类主要有红鳍笛鲷、鲹鲳、真鲷、黑鲷等。陈丕茂（2009）通过对比1964～1965年与2002～2004年南海北部渔业资源数据，提出了南海北部可供选择的增殖放流种，其中包括大黄鱼、黄姑鱼、真鲷、鮸鱼、尖吻鲈、褐菖鲉、花鲈和平鲷等8种近岸区域底层经济鱼类；海鳗、五点斑鲆、刺鲳、少牙斑鲆、细鳞紫鱼、红笛鲷、二长棘鲷、灰裸顶鲷、断斑石鲈、黄鲷、黑纹条鰤、大斑石鲈等12种大陆架型底层经济鱼类；橙点石斑鱼、青石斑鱼、六带石斑鱼、云纹石斑鱼、勒氏笛鲷、斜纹胡椒鲷、画眉笛鲷、胡椒鲷、线纹笛鲷和紫红笛鲷等10种岩礁、珊瑚礁型经济鱼类。海南省从2001年开始每年在休渔期组织大型增殖放流活动。截至2011年，共计投放海水鱼苗864.9万尾，主要为广西钦州，2014年预计增殖放流红鳍笛鲷50万尾、真鲷43万尾、卵形鲳鲹80万尾（韦瑞华等，2014）。

2. 资源恢复种类

（1）牙鲆

牙鲆是牙鲆属19种中唯一分布在我国的一种，为东北亚特有种，属名贵经济鱼类。牙鲆的生态适温属性为暖温种，但分布中心却在黄渤海水域。

牙鲆作为广温广盐性底层大型经济鱼类，我国20世纪50年代曾有上千吨渔获量，但由于捕捞努力量的剧增，导致了该种资源的迅速衰退。近几年牙鲆的人工养殖业取得迅速发展，并已形成规模生产，仅威海地区工厂化养殖面积就超过20万m^2，且尚有上千亩养殖网箱及池塘养殖。但由于人工养殖成本高、病害多、肉质不如天然牙鲆，人们已经开始进行增殖放流试验，以期取得低成本高效益并使该种渔业资源得以恢复。

（2）真鲷

真鲷（*Pagrosomus major*）是一种优质、高档的岩礁性鱼类，对人工鱼礁具有明显的聚集性（田方等，2012）。真鲷广泛分布于我国南北各海区。张雅芝等（2004）对1990～1998年我国沿海真鲷形态性状进行测量、分析，并结合栖息地环境因素，结果表明我国沿海真鲷可分为4个不同地方种群：黄渤海地方种群、东海地方种群、闽南-南海地方种群和北部湾地方种群。由于以上特征，真鲷在我国各海区均进行了资源修复工作，河北北戴河、浙江玉环、广东大亚湾、广西钦州等地每年进行真鲷的资源修复工作。

1991年中国水产科学院大亚湾水产增殖站与黄海水产研究所分别独立完成了真鲷人工繁育工作。1995年由广东省大亚湾水产资源增殖站完成的“南海真鲷人工繁殖技术”课题获得首届科技进步奖二等奖。黄海水产研究所1991年在山东青岛、烟台等5处放流了7万余尾真鲷幼体(刘世禄,1991)。陈丕茂等(2007)对广东大亚湾2006年真鲷资源修复数据进行了分析,结果显示总回捕率为38.13%~40.98%,放流的真鲷到3龄性成熟时,总回捕率为56.09%~51.93%,产出是投入的2.41~2.43倍。

(3)大黄鱼

大黄鱼(*Larimichthys crocea*)为我国重要的海洋经济鱼类之一,分布于山东半岛以南至雷州半岛以东,其属于典型的第三类群种群。1977年起官井洋、猫头洋、大目洋等大黄鱼产卵场形不成渔汛,20世纪80年代中期起岱衢洋、大戢洋和吕泗洋等产卵场也形不成渔汛(郑元甲等,2013)。20世纪80年代末90年代初,大黄鱼东海区的年产量仅为2000t(张其永等,2010)。福建省和浙江省沿海多年以来开展大黄鱼幼鱼的增殖放流,此举是恢复大黄鱼资源的可行性措施之一(林月明,2006)。

浙江从1998年开始进行大黄鱼的增殖放流,2007~2008年合计放流1.47×10^7尾,调查结果显示大黄鱼在小黄鱼中的比例从无到有,近年已达到了10%,有逐年增加的趋势。经连续8年的放流,使久违了的东海野生大黄鱼又见踪迹,资源量明显增加。社会调查发现,20年不见的舟山渔场四大渔产之一的大黄鱼已经时能捕获,这主要是增殖放流产生的效果(王伟定等,2009)。

1998~2002年期间,在宁波象山港内及港口附近海域共放流大黄鱼苗种383.3万尾,其中标志性放流1.5万尾;2003年度投放218.5万尾;2004年度放流163.6万尾,平均规格全长6.98cm,其中标记放流种苗1万尾;2005年度放流215.8万尾,平均规格全长8.8cm、15.4cm,其中标记放流种苗8万尾。增殖放流试验表明,放流幼鱼在增殖放流附近海区能够存活和生长。放流标志鱼的回捕率达到1.21%~6.45%(1998~2000)。回捕地点主要在象山港内以及象山港口部海区。回捕时间主要集中在放流后的4个月内(即8~11月),由当地的流刺网、张网等捕获,但翌年的回捕率很低。8年共投放981.2万尾苗种,各级政府投入资金近千万(林月明,2006)。

浙江舟山岱衢洋海域2000~2009年放流大黄鱼1288.00×10^4尾,其中挂牌标志鱼62 680尾,回捕标志鱼1432尾,平均回捕率2.73%,当年放流的体长6cm以上大黄鱼鱼苗,10个月可生长至15~20cm,体质量达100g以上,2005~2007年该海域大黄鱼年均捕捞量维持在5000kg左右,2008年以后增加到1×10^4kg左右(丁爱侠等,2011)。

张其永等(2010)对福建省大黄鱼的资源修复工作进行了总结与概括:福建省大黄鱼资源修复开始于1987年,福建省海洋与渔业厅和宁德市海洋与渔业局在官井洋大黄鱼产卵场持续地进行了大黄鱼原种子一代的增殖放流工作,1987~2010年增殖放流大黄鱼计1982.72万尾,平均全长32~150mm,其中2009年和2010年分别增殖放流604万尾和433万尾,大黄鱼幼鱼规格全长50~150mm,增殖放流的规模加大。长期的增殖放流后,2006年8月对官井洋周边的青山海区进行定置网抽样调查,每张定置网的大黄鱼幼鱼平均渔获量为120尾/(网·日),总重量为1.32kg/(网·日);2004年平均渔获量为106尾/(网·日),总重量为1.23kg/(网·日);与1990~1991年平均渔获量为88尾/(网·日)、总重量为0.36kg/(网·日)相比,大黄鱼不同生长阶段的幼鱼尾数和总重量均有显著的提高。增殖放流(包括养殖网箱逃逸)的大黄鱼幼鱼在三都湾内约占大黄鱼幼鱼渔获量的90%以上,野生大黄鱼少于10%。

参 考 文 献

安晓华. 2003a. 珊瑚礁及其生态系统的特征. 海洋信息,3：19－21.

安晓华. 2003b. 中国珊瑚礁及其生态系统综合分析与研究. 青岛：中国海洋大学硕士学位论文.

曾星. 2013. 北方海域典型泻湖大叶藻(*Zosteramarina* L.)植株移植技术的研究. 青岛：中国海洋大学.

柴召阳,霍元子,马家海,等. 2012. 我国典型岛屿瓦氏马尾藻藻场生态系统综合评价与生态修复//中国海洋湖沼学会第十次全国会员代表大会暨学术研讨会论文集,青岛.

晁敏,沈新强. 2003. 水域生态系统修复理论、技术的研究进展. 可持续水产养殖——资源、环境、质量——2003 水产科技论坛论文集. 北京：192－202.

陈桂珠. 1991. 研究保护和开发利用红树林生态系统. 生态科学,1：116－119.

陈国华,黄良民,王汉奎,等. 2005. 珊瑚礁生态系统初级生产力研究进展. 生态学报,24(12)：2863－2869.

陈丕茂. 2009. 南海北部放流物种选择和主要种类最适放流数量估算. 中国渔业经济,2：39－50.

陈丕茂,贾晓平,李纯厚,等. 2007. 大亚湾真鲷增殖放流效果评估//2007 年中国水产学会学术年会暨水产微生态调控技术论坛,桂林.

陈亚琴. 2007. 刺参池塘养殖技术. 水产养殖,28：19－20.

陈应华. 2009. 大亚湾大辣甲南人工鱼礁区的生态效应分析. 广州：暨南大学博士学位论文.

陈勇,于长清,张国胜,等. 2002. 人工鱼礁的环境功能与集鱼效果. 大连水产学院学报,17：64－69.

褚晓琳. 2010. 基于生态系统的东海渔业管理研究. 资源科学,32：6060－611.

单秀娟,金显仕,李忠义,等. 2012. 渤海鱼类群落结构及其主要增殖放流鱼类的资源量变化. 渔业科学进展,06：1－9.

丁爱侠,贺依尔. 2011. 岱衢族大黄鱼放流增殖试验. 南方水产科学,01：73－77.

丁增明,杨淑岭,刘刚. 2012. 海州湾海洋牧场建设修复生境技术的应用浅析. 水产养殖,5：29－31.

董晓伟,姜国良,李立德,等. 2004. 牡蛎综合利用的研究进展. 海洋科学,28(4)：62－65.

范昌福,高抒,王宏. 2006. 渤海湾西北岸全新世埋藏牡蛎礁建造记录中的间断及其解释. 海洋地质与第四纪地质,26(5)：27－35.

范航清,黎广钊. 1997. 海堤对广西沿海红树林的数量、群落特征和恢复的影响. 应用生态学报,8(3)：240－244.

范航清. 1995. 广西沿海红树林养护海堤的生态模式及其效益评估. 广西科学,2(4)：48－52.

房恩军,李雯雯,于杰. 2007. 渤海湾活牡蛎礁(Oysterreef)及可持续利用. 现代渔业信息,22(11)：12－14.

傅秀梅,王长云,邵长伦,等. 2009. 中国珊瑚礁资源状况及其药用研究调查Ⅰ. 珊瑚礁资源与生态功能. 中国海洋大学学报：自然科学版,39(4)：676－684.

耿秀山,傅命佐,徐孝诗,等. 1991. 现代牡蛎礁发育与生态特征及古环境意义. 中国科学 B 辑,8：867－875.

韩厚伟,江鑫,潘金华,等. 2012. 基于大叶藻成苗率的新型海草播种技术评价. 生态学杂志,31(2)：507－512.

韩秋影,施平. 2008. 海草生态学研究进展. 生态学报,28,5561－5570.

韩维栋,高秀梅,卢昌义,等. 2000. 中国红树林生态系统生态价值评估. 生态科学,19(1)：40－46.

韩维栋,高秀梅. 2000. 红树林生态系统及其生态价值. 福建林业科技,27(2)：9－13.

黑木敏郎,佐藤修,尾崎晃. 1964. 鱼礁构造の物理学的研究Ⅰ. 北海道水产部研究报告书. 1964,1－19.

黄洁英,黄晖,张浴阳. 等. 2011. 膨胀蔷薇珊瑚与壮实鹿角珊瑚的胚胎和幼虫发育. 热带海洋学报,30(2)：67－73.

姜昭阳. 2009. 人工鱼礁水动力学与数值模拟研究. 青岛：中国海洋大学博士学位论文.

李吉强,郝小星,高伟,等. 2004. 虾池垒石养殖刺参技术. 科学养鱼,26：33.

李继龙,杨文波,张彬,等. 2009. 国外渔业资源增殖放流状况及其对我国的启示. 中国渔业经济,27：111－123.

李建芬,王宏,李凤林,等. 2004. 渤海湾牡蛎礁平原中部兴坨剖面全新世地质环境变迁. 地质通报,23(2)：169－176.

李鲁晶,霍峻. 2007. 刺参池塘生态养殖模式技术开发. 中国水产,32－33,35.

李美真,詹冬梅,丁刚,等. 2007. 人工藻场的生态作用、研究现状及可行性分析. 渔业现代化,34(1)：20－22.

李美真,詹冬梅,丁刚,等. 2009. 人工藻场的构建及其生态修复技术研究//庆祝中国藻类学会成立 30 周年暨第十五次学术讨论会摘要集,珠海.

李庆芳,章家恩,刘金苓,等.2007 红树林生态系统服务功能研究综述.生态科学,25(5):472-475.

李森,范航清,邱广龙,等.2010.海草床恢复研究进展.生态学报,30:2443-2453.

李文涛,张秀梅.2003.关于人工鱼礁礁址选择的探讨.现代渔业信息,18:3-6.

李文涛,张秀梅.2009.海草场的生态功能.中国海洋大学学报(自然科学版),39(05):933-939.

李元超,黄晖,董志军,等.2008.珊瑚礁生态修复研究进展.生态学报,28(10):5047-5054.

梁君,王伟定,林桂装,等.2010.浙江舟山人工生境水域日本黄姑鱼和黑鲷的增殖放流效果及评估.中国水产科学,05:1075-1084.

林军,章守宇.2006.人工鱼礁物理稳定性及其生态效应的研究进展.海洋渔业,28:258-262.

林培振.2007.池塘编织布造礁海参养殖技术.中国水产,10:49.

林鹏,陈荣华.1989.九龙江口红树林对汞的循环和净化作用.海洋学报(中文版),2:015.

林鹏.1997.中国红树林生态系.北京:科学出版社.

林鹏.2003.中国红树林湿地与生态工程的几个问题.中国工程科学,5(6):33-38.

林益明,林鹏.2001.中国红树林生态系统的植物种类、多样性、功能及其保护.海洋湖沼通报,3:8-16.

林月明.2006.浙江象山港大黄鱼增殖放流的回顾与总结.科学养鱼,6:4.

刘惠飞.2001.日本人工鱼礁建设的现状.现代渔业信息,16:15-17.

刘莉莉,万荣,段媛媛,等.2008.山东省海洋渔业资源增殖放流及其渔业效益.海洋湖沼通报,4:91-98.

刘世禄.1991.黄海所"中日青岛小麦岛真鲷育苗与增殖放流"合作项目首获成功.现代渔业信息,12:25-26.

刘舜斌,汪振华,林良伟,等.2007.嵊泗人工鱼礁建设初期效果评价.上海水产大学学报,16:297-302.

刘同渝.2003.国内外人工鱼礁建设状况.渔业现代化,2:36-37.

刘卓,杨纪明.1995.日本海洋牧场(Marine Ranching)研究现状及其进展.现代渔业信息,10:14-18.

陆志强,郑文教,彭荔红.2002.红树林污染生态学研究进展.海洋科学,26(7):26-29.

牛淑娜.2012.大叶藻(*Zosteramarina* L.)种子萌发生理生态学的初步研究.青岛:中国海洋大学硕士学位论文.

牛文涛,刘玉新,林荣澄.2009.珊瑚礁生态系统健康评价方法的研究进展.海洋学研究,4:77-85.

潘金华,江鑫,赛珊,等.2012.海草场生态系统及其修复研究进展.生态学报,(19):6223-6232.

秦传新,董双林,牛宇峰,等.2009.不同类型附着基对刺参生长和存活的影响.中国海洋大学学报,39:392-396.

全为民,沈新强,罗民波,等.2006.河口地区牡蛎礁的生态功能及恢复措施.生态学杂志,25:1234-1239.

全为民,安传光,马春艳,等.2012.江苏小庙洪牡蛎礁大型底栖动物多样性及群落结构.海洋与湖沼,43(5):992-1000.

全为民,张锦平,平仙隐,等.2007.巨牡蛎对长江口环境的净化功能及其生态服务价值.应用生态学报,18(4):871-876.

山里清,李春生.1978.珊瑚礁生态系.海洋科学,2(4):55-63.

邵合道.2000.福建中南部全新世的森林-牡蛎礁遗迹.第四纪研究,20(3):29.

佘远安.2008.韩国、日本海洋牧场发展情况及我国开展此项工作的必要性分析.中国水产,3:22-24.

沈新强,周永东,2007.长江口、杭州湾海域渔业资源增殖放流与效果评估.渔业现代化,34(04):54-57.

宋飞彪,王伟洪,宋月林,等.2013.舟山市渔业资源增殖放流现状与问题分析.农村经济与科技,24(5):169-170.

孙德禹,陈爱国.2006.浅海底播投石增养殖刺参技术开发.齐鲁渔业,23:3-4.

孙建富,张依琳,程鹏,等.2013.辽宁省海洋增殖业发展的问题及对策研究.农业经济与管理,2:87-91.

孙建璋,庄定根,王铁杆,等.2009.南麂列岛铜藻场建设设计与初步实施.现代渔业信息,24(7):25-28.

孙振兴.2004.刺参养殖技术之三:池塘刺参养殖若干技术问题的探讨.中国水产,5:56-58.

陶峰,贾晓平,陈丕茂,等.2008.人工鱼礁礁体设计的研究进展.南方水产,4:64-69.

陶思明.1999.红树林生态系统服务功能及其保护.上海环境科学,18(10):439-441.

田方,唐衍力,唐曼,等.2012.几种鱼礁模型对真鲷诱集效果的研究.海洋科学,11:85-89.

王飞,张硕,丁天明.2008.舟山海域人工鱼礁选址基于AHP的权重因子评价.海洋学研究,26:65-71.

王国忠.2001.南海珊瑚礁区沉积学.北京:海洋出版社.

王海艳,郭希明,刘晓,等.2007.中国近海"近江牡蛎"的分类和订名.海洋科学,31(9):85-86.

王海艳.2002.中国近海常见牡蛎分子系统演化和分类的研究.青岛:中国科学院海洋研究所博士学位论文.

王宏,范昌福,李建芬,等.2006.渤海湾西北岸牡蛎礁研究概述.地质通报,25(3):316-330.

王丽荣,赵焕庭.2004.珊瑚礁生态保护与管理研究.生态学杂志,23(4):103-108.
王丽荣,赵焕庭.2001.珊瑚礁生态系的一般特点.生态学杂志,20(6):41-45.
王伟定,俞国平,梁君,等.2009.东海区适宜增殖放流种类的筛选与应用.浙江海洋学院学报(自然科学版),4:379-383.
王晓梅,张彬,杨文波,等.2010.水生生物增殖放流效益的实现分析.中国渔业经济,28:82-90.
王义民,张少华,张秀丽,等.2004.可移动式轻便隐蔽物在池塘养参中的应用研究.齐鲁渔业,21:9-10.
王在峰,刘晴,徐敏,等.2011.海门市蛎岈山牡蛎礁海洋特别保护区生态系统健康评价.生态与农村环境学报,27(2):21-27.
王志杰.1983.国外人工鱼礁及其集鱼效果.河北渔业,3:36-40.
韦瑞华,孙凌梅.2014.钦州人工增殖放流真鲷鱼苗43万尾.北部湾晨报:钦州.
徐凤山,张素萍.2008.中国海产双壳类图志.北京:科学出版社.
许强,杨红生,赵鹏,等.2011.一种藻类抗风浪沉绳式养殖设施及方法:中国,ZL200910018386.8.
杨红生,张立斌,刘鹰,等.2010a.一种适用于泥沙底海域的底播式海水养殖设施:中国,ZL200710162550.3.
杨红生,张立斌,曲光伟,等.2010b.一种牡蛎壳海珍礁的配套制作装置及其使用方法:中国,ZL201010113501.2.
杨红生,张立斌,张涛,等.2011.一种以牡蛎壳为材料的刺参增养殖海珍礁及其增养殖方法:中国,ZL200910017420.X.
杨红生,周毅,刘鹰,等.2010c.一种浅海贝类排粪物再利用的养殖装置:中国,ZL200410020966.8.
杨化林,单晓鸾.2007.巧造海参礁.齐鲁渔业,24:29.
杨金龙,吴晓郁,石国峰,等.2004.海洋牧场技术的研究现状和发展趋势.生态养殖,5:48-50.
杨京平.2005.生态工程学导论.北京:化学工业出版社.
杨吝,刘同渝,黄汝堪.2005a.人工鱼礁建设实绩考察.现代渔业信息,20:6-8,20.
杨吝,刘同渝,黄汝堪.2005b.中国人工鱼礁理论与实践.广州:广东科技出版社.
姚庆元.1985.福建金门岛东北海区牡蛎礁的发现及其古地理意义.台湾海峡,4(1):108-109.
叶勇,翁劲,卢昌义,等.2006.红树林生物多样性恢复.生态学报,26(4):1243-1250.
易建生.1993.台湾人工鱼礁的发展现状.南海研究与开发,1:27-33.
尹增强,章守宇.2008.对我国渔业资源增殖放流问题的思考.资源与环境,388(3):9-11.
于广成,张杰东,王波.2006.人工鱼礁在我国开发建设的现状及发展战略.齐鲁渔业,23:38-41.
于沛民,张秀梅.2006.日本美国人工鱼礁建设对我国的启示.渔业现代化,6-7,20.
于瑞海,王昭萍,孔令锋,等.2006.不同发育期的太平洋牡蛎在不同干露状态下的成活率研究.
中国海洋大学学报,36(4):617-620.
俞鸣同,藤井昭二,坂本亨.2001.福建深沪湾牡蛎礁的成因分析.海洋通报,20(5):24-30.
张澄茂,叶泉土.2000.东吾洋中国对虾小规格仔虾种苗放流技术及其增殖效果.水产学报,24:134-139.
张国胜,陈勇,张沛东,等.2003.中国海域建设海洋牧场的意义及可行性.大连水产学院学报,18:141-144.
张虎,朱孔文,汤建华.2005.海州湾人工鱼礁养护资源效果初探.海洋渔业,27:38-43.
张怀慧,孙龙.2001.利用人工鱼礁工程增殖海洋水产资源的研究.资源科学,23:6-10.
张磊,包健.2005.江苏小庙洪牡蛎礁的抢救性保护对策.污染防治技术,18(5):18-19.
张立斌,杨红生.2012.海洋生境修复和生物资源养护原理与技术研究进展及展望.生命科学,24:1062-1069.
张立斌,许强,杨红生,等.2010.一种适用于浅海近岸海域的多层板式立体海珍礁:中国,ZL200810249530.4.
张立斌.2010.几种典型海域生境增养殖设施研制与应用.青岛:中国科学院海洋研究所博士学位论文.
张沛东,曾星,孙燕,等.2013.海草植株移植方法的研究进展.海洋科学,37(5):100-107.
张其永.2010.环三都湾的内海沿岸建设石油化工产业基地,势必破坏官井洋大黄鱼产卵场自然保护区.现代渔业信息,7:3-4,13.
张其永,洪万树,杨圣云,等.2010.大黄鱼增殖放流的回顾与展望.现代渔业信息,12:3-5,12.
张乔民,余克服,施祺,等.2006.全球珊瑚礁监测与管理保护评述.热带海洋学报,25(2):71-78.
张忍顺.2004.江苏小庙洪牡蛎礁的地貌-沉积特征.海洋与湖沼,35(1):1-7.
张秀梅,王熙杰,涂忠,等.2009.山东省渔业资源增殖放流现状与展望.中国渔业经济,27(2):51-58.
张雅芝,洪惠馨,林利民,等.2004.中国沿海真鲷种群鉴别研究.热带海洋学报,23(2):45-54.

张忠华,胡刚,梁士楚. 2006. 我国红树林的分布现状、保护及生态价值. 生物学通报,41(4): 9-11.
章守宇,孙宏超. 2007. 海藻场生态系统及其工程学研究进展. 应用生态学报,18(7): 1647-1653.
赵海涛,张亦飞,郝春玲,等. 2006. 人工鱼礁的投放区选址和礁体设计. 海洋学研究,24: 69-72.
赵焕庭. 中国现代珊瑚礁研究. 1998. 世界科技研究与发展,20(4): 98-105.
赵美霞,余克服,张乔民. 2006. 珊瑚礁区的生物多样性及其生态功能. 生态学报,26(1): 186-194.
赵兴武. 2008. 大力发展增殖放流努力建设现代渔业. 中国水产,4: 3-4.
赵中堂. 1995. 我国沿海海上人工鱼礁参礁的现状及其管理问题. 海洋通报,14: 79-84.
郑德璋,李玫. 2003. 中国红树林恢复和发展研究进展. 广东林业科技,19(1): 10-14.
郑德璋. 1995. 海南岛清澜港红树林发展动态研究. 广州: 广东科技出版社.
郑文教,王文卿,林鹏. 1996. 九龙江口桐花树红树林对重金属的吸收与累积. 应用与环境生物学报,2(3): 207-213.
郑元甲,洪万树,张其永. 2013. 中国主要海洋底层鱼类生物学研究的回顾与展望. 水产学报,37(01): 151-160.
中村充. 1979. 流環境から見る人工礁漁场. 水産土木,15: 5-12.
中村充. 1991. 水产土木学. 东京: 工业时事出版社.
周洁,施祺,余克服. 2011. 叶绿素荧光技术在珊瑚礁研究中的应用. 热带地理,31(2): 223-229.
周军,赵振良,许玉甫,等. 2012. 河北省海洋渔业增殖放流现状、问题及建议. 中国渔业经济,(06): 111-117.
Achituv Y, Dubinsky Z. 1990. Evolution and zoogeography of coral reefs. Ecosystems of the world, 25: 1-9.
Addy C. 1947. Eelgrass planting guide. Maryland conservationist, 24: 16-17.
Alevizon W S, Gorham J C. 1989. Effects of Artificial Reef Deployment on Nearby Resident Fishes. Bulletin of Marine Science, 44: 646-661.
Ambrose R F, Anderson T W. 1990. Influence of an artificial reef on the surrounding infaunal community. Marine Biology, 107: 41-52.
Ambrose R F. 1994. Mitigating the Effects of a Coastal Power Plant on a Kelp Forest Community: Rationale and Requirements for an Artificial Reef. Bulletin of Marine Science, 55: 694-708.
Ammar M S A. 2009. Coral Reef Restoration and Artificial Reef Management, Future and Economic. The Open Environmental Engineering Journal, 2: 37-49.
Anderson M J, Connell S D. 1999. Predation by fish on intertidal oysters. Mar. Ecol. Prog. Ser., 187: 203-211.
Anderson T W, Demartini E E, Roberts D A. 1989. The Relationship Between Habitat Structure, Body Size and Distribution of Fishes at a Temperate Artificial Reef. Bulletin of Marine Science, 44: 681-697.
Arvedlund M, Craggs J, Pecorelli J. 2003. Coral culture — possible future trends and directions. Marine Ornamental Species: Collection, Culture and Conservation, 231-248.
Baine M. 2001. Artificial reefs: a review of their design, application, management and performance. Ocean & Coastal Management, 44: 241-259.
Balestri E, Piazzi L, Cinelli F. 1998. Survival and growth of transplanted and natural seedlings of *Posidonia oceanica* (L.) Delile in a damaged coastal area. Journal of Experimental Marine Biology and Ecology, 228(2): 209-225.
Balestri E, Piazzi L, Cinelli F. 1998. Survival and growth of transplanted and natural seedlings of *Posidonia oceanica* (L.) Delile in a damaged coastal area. Journal of Experimental Marine Biology and Ecology, 228: 209-225.
Banaszak A T, Lesser M P. 2009. Effects of solar ultraviolet radiation on coral reef organisms. Photochemical & Photobiological Sciences, 8(9): 1276-1294.
Becker L C, Mueller E. 2001. The culture, transplantation and storage of Montastraea faveolata, Acropora cervicornis and Acropora palmata: what we have learned so far. Bulletin of marine science, 69(2): 881-896.
Beets J, Hixon M A. 1994. Distribution, Persistence, and Growth of Groupers (Pisces: Serranidae) on Artificial and Natural Patch Reefs in the Virgin Islands. Bulletin of Marine Science, 55: 470-483.
Bellwood D R, Hughes T P, Folke C, et al. 2004. Confronting the coral reef crisis. Nature, 429(6994): 827-833.
Best B, Bornbusch A. 2001. Global trade and consumer choices: coral reefs in crisis//Annual Meeting of the American Association for the Advancement of Science, San Francisco.

Reaka-kudla M L, Wilson D E, Wilson E O, et al. 1996. Biodiversity II: understanding and protecting our biological resources. Joseph Henry Press.

Bohnsack J A, Sutherland D L. 1985. Artificial Reef Research: A Review with Recommendations for Future Priorities. Bulletin of Marine Science, 37: 11 - 39.

Bohnsack J A. 1989. Are High Densities of Fishes at Artificial Reefs the Result of Habitat Limitation or Behavioral Preference? Bulletin of Marine Science, 44: 631 - 645.

Borde A B, O'Rourke L K, Thom R M, et al. 2004. National Review of Innovative and Successful Coastal Habitat Restoration. National Oceanic and Atmospheric Administration Coastal Services Center, 1 - 58.

Breitburg D, Coen L, Luckenbach M, et al. 2000. Oyster reef restoration: Convergence of harvest and conservation strategies. Journal of Shellfish Research, 19: 371 - 377.

Brinkhuis B H, Renzhi L, Chaoyuan W, et al. 1989. Nitrite uptake transients and consequences for *in vivo* algal nitrate reductase assays. Journal of Phycology, 25(3): 539 - 545.

Burchmore J J, Pollard D A, Bell J D, et al. 1985. An ecological comparison of artificial and natural rocky reef fish communities in Botany Bay, New South Wales, Australia. Bulletin of Marine Science, 37(1): 70 - 85.

C Dulvy N K, Stanwell-Smith D, Darwall W R T, et al. 1995. Coral mining at Mafia Island, Tanzania: a management dilemma. Ambio, 358 - 365.

Calumpong H P, Fonseca M S. 2001. Seagrass transplantation and other seagrass restoration methods. *In*: Short F T, Coles R G. (eds.) Global Seagrass Research Methods. Amsterdam, Netherlands: Elsevier Science Bv.

Campos J A, Gamboa C. 1989. An Artificial Tire-reef in a Tropical Marine System: A Management Tool. Bulletin of Marine Science, 44: 757 - 766.

Carpenter K E, Abrar M, Aeby G, et al. 2008. One-third of reef-building corals face elevated extinction risk from climate change and local impacts. Science, 321(5888): 560 - 563.

Chapman V J. 1970. Seaweeds and their uses. 2nd ed. London: Chapman & Hall.

Chen J. 2003. Overview of sea cucumber farming and sea ranching practices in China. SPC Beche-de-mer Information Bulletin, 18: 18 - 23.

Chen J. 2004. Present status and prospects of sea cucumber industry in china. FAO Fisheries Technical Paper, 25 - 38.

Clark S, Edwards A J. 1995. Coral transplantation as an aid to reef rehabilitation: evaluation of a case study in the Maldive Islands. Coral Reefs, 14(4): 201 - 213.

Clark S, Edwards A J. 1994. Use of artificial reef structures to rehabilitate reef flats degraded by coral mining in the Maldives. Bulletin of Marine Science, 55(2 - 3): 2 - 3.

Clewell A, Rieger J, Munro J. 2000. Guidelines for developing and managing eological restoration projects, Publications Working Group.

Clynick B G, Chapman M G, Underwood A J. 2008. Fish assemblages associated with urban structures and natural reefs in Sydney, Australia. Austral Ecology, 33: 140 - 150.

Coen L D, Grizzle R E. 2007. The importance of habitat created by mollusk shellfish to managed species along the Atlantic coast of the United States. Atlantic States Marine Fisheries Commission. Habitat Management Series #8.

Coen L D, Luckenbach M W. 2000. Developing success criteria and goals for evaluating oyster reef restoration: Ecological function or resource exploitation? Ecological Engineering, 15: 323 - 343.

Coen L D, Luckenbach M W, Breitburg D L. 1999. The role of oyster reefs as essential fish habitat: A review of current knowledge and some new perspectives. *In*: Benaka L R, ed. Fish Habitat: Essential Fish Habitat and Rehabilitation. Bethesda: American Fisheries Society, 438 - 454.

Coen L D, Luckenbach M W. 2000. Developing success criteria and goals for evaluating oyster reef restoration: Ecological function or resource exploitation? Ecological Engineering, 15: 323 - 343.

Connell S D, Jones G P. 1991. The influence of habitat complexity on postrecruitment processes in a temperate reef fish population. Journal of Experimental Marine Biology and Ecology, 151: 271 - 294.

Cooper T F, De'Ath G, Fabricius K E, et al. 2008. Declining coral calcification in massive Porites in two nearshore regions of the northern Great Barrier Reef. Global Change Biology, 14(3): 529 – 538.

Costanza R, d'Arge R, de Groot R, et al. 1998. The value of the world's ecosystem services and natural capital. Ecological economics, 25(1): 3 – 15.

Dame R F, Bushek D, Allen D, et al. 1993. The experimental analysis of tidal creeks dominated by oyster reefs: The pre-manipulation year. Journal of Shellfish Research, 19: 361 – 369.

Dame R F, Libes S. 1993. Oyster reefs and nutrient retention in tidal creeks. Journal of Experimental Marine Biology and Ecology, 171: 251 – 258.

Davis R C, Short F T. 1997. Restoring eelgrass, Zostera marina L., habitat using a new transplanting technique: The horizontal rhizome method. Aquatic Botany, 59(1): 1 – 15.

De'ath G, Lough J M, Fabricius K E. 2009. Declining coral calcification on the Great Barrier Reef. Science, 323(5910): 116 – 119.

Dekshenieks M M, Hofmann E E, Klinck J M, et al. 2000. Quantifying the effects of environmental change on an oyster population: A modeling study. Estuaries, 23(5): 593 – 610.

Demartini E E, Roberts D A Anderson T W. 1989. Contrasting Patterns of Fish Density and Abundance at an Artificial Rock Reef and a Cobble-Bottom Kelp Forest. Bulletin of Marine Science, 44: 881 – 892.

Dikou A, Van Woesik R. 2006. Survival under chronic stress from sediment load: spatial patterns of hard coral communities in the southern islands of Singapore. Marine Pollution Bulletin, 52(1): 7 – 21

Dowling R K, Nichol J. 2001. The HMAS Swan Artificial Dive Reef. Annals of Tourism Research, 28: 226 – 229.

Duarte C M. 2002. The future of seagrass meadows. Environmental Conservation, 29, 192 – 206.

Dubinsky Z V Y, Stambler N. 1996. Marine pollution and coral reefs. Global Change Biology, 2(6): 511 – 526.

Edwards A J, Clark S. 1999. Coral Transplantation: A Useful Management Tool or Misguided Meddling? Marine Pollution Bulletin, 37: 474 – 487.

FAO. 2010. The state of world fisheries and aquaculture 2010, Rome, FAO Fisheries and Aquaculture Department.

FAO. 2006. State of world aquaculture: 2006, in Fisheries Technical Paper 500. Inland Water Resources and Aquaculture Service, Fishery Resources Division, Fisheries Department, Food and Agriculture Organization of the United Nations: Rome, Italy.

Fishman J R, Orth R J, Marion S, Bieri J. 2004. A Comparative Test of Mechanized and Manual Transplanting of Eelgrass, Zostera marina, in Chesapeake Bay. Restoration Ecology, 12(2): 214 – 219.

Fitzhardinge R C, Bailey-Brock J H. 1989. Colonization of Artificial Reef Materials by Corals and Other Sessile Organisms. Bulletin of Marine Science, 44: 567 – 579.

Fonseca M S, Kenworthy W, Courtney F, et al. 1994. Seagrass planting in the southeastern United States: methods for accelerating habitat development. Restoration Ecology, 2(3): 198 – 212.

Fourqurean J W, Boyer J N, Durako M J, et al. 2003. Forecasting responses of distributions to changing water quality using monitoring data. Ecological Applications, 13(2): 474 – 489.

Fujihara M, Kawachi T, Oohashi G. 1997. Physical-biological coupled modelling for artificially generated upwelling. Marine Biology, 65(3): 69 – 79.

Gallegos M, Merino M, Marbá N, et al. 1993. Biomass and dynamics of thalassia-testudinum in the mexican caribbean-elucidating rhizome growth. Marine Ecology Progress Series, 95(1 – 2): 185 – 192.

Gangnery A, Chabirand J, Lagarde F, et al. 2003. Growth model of the Pacific oyster, Crassostrea gigas, cultured in Thau Lagoon (M diterran e, France). Aquaculture, 215: 267 – 290.

Gerritsen J, Holland A F, Irvine D E. 1997. Suspension-feeding bivalves and the fate of primary production: An estuarine model applied to the Chesapeake Bay. Estuaries, 17: 403 – 416.

Gleason D F, Wellington G M. 1993. Ultraviolet radiation and coral bleaching. Glynn P W. Coral reef bleaching: facts, hypotheses and implications. Global Change Biology, 2(6): 495 – 509.

Granger S, Traber M S, Nixon S W, et al. 2002. A practical guide for the use of seeds in eelgrass (*Zostera marina* L.) restoration Part I: collection, processing, and storage. Rhode Island Sea Grant, Narragansett, RI. 1-20.

Gray A, Simenstad C A, Bottom D L et al. 2002. Contrasting functional performance of juvenile salmon habitat in recovering wetlands of the Salmon River estuary, Oregon, USA. Restoration Ecology, 10: 514-526.

Green E P, Short F T. 2003. World Atlas of Seagrasses. University of California Press.

Grigg R W. 1998. Holocene coral reef accretion in Hawaii: a function of wave exposure and sea level history. Coral Reefs, 17 (3): 263-272.

Group S F E R I S P W. 2004. The SER International Primer on Ecological Restoration, Tucson, Society for Ecological Restoration International. 1-13.

Harding J M. 2001. Temporal variation and patchiness of zooplankton around a restored oyster reef. Estuaries, 24: 453-466.

Hargis W J, Haven D S. 1999. Chesapeake oyster reefs, their importance, destruction and guidelines for restoring them. *In*: Luckenbach MW, Mann R, Wesson JA, eds. Oyster Reef Habitat Restoration: A Synopsis and Synthesis of Approaches. Gloucester Point: VIMS Press.

Harwell M C, Orth R J. 1999. Eelgrass (*Zostera marina* L.) seed protection for field experiments and implications for large-scale restoration. Aquatic Botany, 64(1): 51-61.

Hemminga M A, Duart C M. 2000. Seagrass Ecology. Cambridge: Cambridge University Press.

Hengst A, Melton J, Murray L. 2010. Estuarine restoration of submersed aquatic vegetation: the nursery bed effect. Restoration Ecology, 18(4): 605-614.

Hoegh-Guldberg O, Mumby P J, Hooten A J, et al. 2007. Coral reefs under rapid climate change and ocean acidification. Science, 318(5857): 1737-1742.

Jorgensen C B, Famme P, Kristensen H S, et al. 1986. The bivalve pump. Mar. Ecol. Prog. Ser., 34: 69-77.

Jensen A. 2002. Artificial reefs of Europe: perspective and future. ICES Journal of Marine Science, S3-S13.

Jokiel P L, Coles S L. 1977. Effects of temperature on the mortality and growth of Hawaiian reef corals. Marine Biology, 43(3): 201-208.

Jokiel P L, Coles S L. 1990. Response of Hawaiian and other Indo-Pacific reef corals to elevated temperature. Coral reefs, 8(4): 155-162.

Jordan L K B, Gilliam D S, Spieler R E. 2005. Reef fish assemblage structure affected by small-scale spacing and size variations of artificial patch reefs. Journal of Experimental Marine Biology and Ecology, 326: 170-186.

Judson Kenworthy W, Fonseca M S. 1992. The use of fertilizer to enhance growth of transplanted seagrasses *Zostera marina* L. and *Halodule wrightii* Aschers. Journal of Experimental Marine Biology and Ecology, 163(2): 141-161.

Katwijk M V, Wolff W. 2003. Reintroduction of eelgrass (*Zostera marina* L.) in the Dutch Wadden Sea: a research overview and management vision.

Kenworthy W J, Wyllie-Echeverria S, Coles R G, et al. 2006. Seagrass conservation biology: an interdisciplinary science for protection of the seagrass biome. Seagrasses: biology, ecology and conservation, Springer: 595-623.

Khumbongmayum A D, Khan M, Tripathi R. 2005. Sacred groves of Manipur, northeast India: biodiversity value, status and strategies for their conservation. Biodiversity & Conservation, 14(7): 1541-1582.

Kim C G I L, Lee J W O O, Park J S U C K. 1994. Artificial Reef Designs for Korean Coastal Waters. Bulletin of Marine Science, 55: 858-866.

Kirkman H. 1998. Pilot experiments on planting seedlings and small seagrass propagules in western Australia. Marine Pollution Bulletin, 37(8-12): 460-467.

Kirkman H. 1998. Pilot experiments on planting seedlings and small seagrass propagules in western Australia. Marine Pollution Bulletin, 37: 460-467.

Kleypas J A, McManus J W, AB MEÑEZ L. 1999. Environmental limits to coral reef development: where do we draw the line? American Zoologist, 39(1): 146-159.

Komatsu T. 1985. Temporal fluctuations of water temperature in a Sargassum forest. Journal of the Oceanographical Society of

Japan, 41(4): 235 - 243.

Kuffner I B. 2002. Effects of ultraviolet radiation and water motion on the reef coral, *Porites compressa* Dana: a transplantation experiment. Journal of Experimental Marine Biology and Ecology, 270(2): 147 - 169.

Lal P. 2004. Coral reef use and management — the need, role, and prospects of economic valuation in the pacific. Economic valuation and policy priorities for sustainable management of coral reefs. 57 - 78.

Larkum A W, Orth R J, Duarte C M. 2006. Seagrasses: biology, ecology and conservation. Springer.

Lee K S, Park J I. 2007. Site-specific success of three transplanting methods and the effect of planting time on the establishment of Zostera marina transplants. Marine Pollution Bulletin, 54(8): 1238 - 1248.

Lee K S, Park J I. 2008. An effective transplanting technique using shells for restoration of *Zostera marina* habitats. Marine pollution bulletin, 56(5): 1015 - 1021.

Lee K S, Park S R, Kim Y K. 2007. Effects of irradiance, temperature, and nutrients on growth dynamics of seagrasses: a review. Journal of Experimental Marine Biology and Ecology, 350(1): 144 - 175.

Lee K S, Park J I. 2007. Site-specific success of three transplanting methods and the effect of planting time on the establishment of *Zostera marina* transplants. Marine Pollution Bulletin, 54: 1238 - 1248.

Lenihan H S, Peterson C H. 1998. How habitat degradation through fishery distrurbance enhances impacts of Hypoxia on oyster reefs. Ecological Applications, 8(1): 128 - 140.

Lepoint G, Vangeluwe D, Eisinger M, et al. 2004. Nitrogen dynamics in *Posidonia oceanica* cuttings: implications for transplantation experiments. Marine pollution bulletin, 48(5): 465 - 470.

Li M, Zhong L, Boicourt W C, et al. 2007. Hurricane-induced destratification and restratification in a partially-mixed estuary. Journal of Marine Research, 65(2): 169 - 192.

Lim P E, Lee C K, Din Z. 1995. Accumulation of heavy metals by cultured oysters from Merbok estuary, Malaysia. Mar. Pollut. Bull., 31: 420 - 423.

Link J S. 2002. What does ecosystem-based fisheries management mean? Fisheries, 27: 18 - 21.

Madon S P, Williams G D, West J M, et al. 2001. The importance of marsh access to growth of the California killifish, Fundulus parvipinnis, evaluated through bioenergetics modeling. Ecological Modelling, 136: 149 - 165.

Manual for restoration and remediation of coral reefs. 2004. Nature Conservation Bureau, Ministry of the Environment, Japan.

Marbá N, Duarte C M, Cebrián J, et al. 1996. Growth and population dynamics of Posidonia oceanica on the Spanish Mediterranean coast: elucidating seagrass decline. Marine Ecology Progress Series, 137(1): 203 - 213.

Marion S R, Orth R J. 2010a. Factors influencing seedling establishment rates in Zostera marina and their implications for seagrass restoration. Restoration Ecology, 18(4): 549 - 559.

Marion S R, Orth R J. 2010b. Innovative Techniques for Large-scale Seagrass Restoration Using *Zostera marina* (eelgrass) Seeds. Restoration Ecology, 18(4): 514 - 526.

Martins I, Neto J, Fontes M, et al. 2005. Seasonal variation in short-term survival of *Zostera noltii* transplants in a declining meadow in Portugal. Aquatic Botany, 82(2): 132 - 142.

Martins I, Neto J M, Fontes M G, et al. 2005. Seasonal variation in short-term survival of Zostera noltii transplants in a declining meadow in Portugal. Aquatic Botany, 82: 132 - 142.

McField M, Kramer P R. 2005. The healthy Mesoamerican reef ecosystem initiative: a conceptual framework for evaluating reef ecosystem health. Proceeding of 10th International Coral Reef Symposium, Okinawa, Japan. 1118 - 1123.

Mcgurrin J M, Stone R B, Sousa R J. 1989. Profiling United States Artificial Reef Development. Bulletin of Marine Science, 44: 1004 - 1013.

Meehan A J, West R J. 2000. Recovery times for a damaged *Posidonia australis* bed in south eastern Australia. Aquatic Botany, 67(2): 161 - 167.

Meehan A J, West R J. 2002. Experimental transplanting of Posidonia australis seagrass in Port Hacking, Australia, to assess the feasibility of restoration. Marine Pollution Bulletin, 44(1): 25 - 31.

Meyer D L, Townsend E C. 2000. Faunal utilization of created intertidal eastern oyster (Crassostrea virginica) reefs in the southeastern United States. Estuaries, 23: 34 - 45.

Moberg F, Folke C. 1999. Ecological goods and services of coral reef ecosystems. Ecological economics, 29(2): 215 - 233.

Moore K A. 2004. Influence of seagrasses on water quality in shallow regions of the lower Chesapeake Bay. Journal of Coastal Research, Special Issue, 45: 162 - 178.

Mora C, Andréfouët S, Costello M J, et al. 2006. Coral reefs and the global network of marine protected areas. Science, 312: 1750 - 1751.

Nagelkerken I, Van der Velde G, Gorissen M, et al. 2000. Importance of mangroves, seagrass beds and the shallow coral reef as a nursery for important coral reef fishes, using a visual census technique. Estuarine, Coastal and Shelf Science, 51(1): 31 - 44.

Nelson K A, Leonard L A, Posey M H, et al. 2004. Using transplanted oyster(Crassostrea virginica) beds to improve water quality in small tidal creeks: A pilot study. Journal of Experimental Marine Biology and Ecology, 298: 347 - 368.

O' Beirn F X, Luckenbach M W, Nestlerode J A, et al. 2000. Toward design criteria in constructed oyster reefs: Oyster recruitment as a function of substrate type and tidal height. J. Shell. Res., 19: 387 - 395.

Ogawa Y, Takeuchi S, Hattori A. 1977. An estimate for the optimum size of artificial reef. Bulletin of the Japanese Society of Fisheries Oceanography (Japan), 30: 39 - 45.

Omori M, Fujiwara S. 2004. Manual for restoration and remediation of coral reefs, Japan, Nature Conservation Bureau, Ministry of the Environment.

Omori M, Aota T, Watanuki A, et al. 2004. Development of coral restoration method by mass culture, transplantation and settlement of coral larvae. Proceedings of the 1st Coral Reef Conference. Palao. 30 - 38.

Orth R J, Carruthers T, Dennison W, et al. 2006. A global crisis for seagrass ecosystems. BioScience, 56: 987 - 996.

Orth R J, Harwell M C, Fishman J R, 1999. A rapid and simple method for transplanting eelgrass using single, unanchored shoots. Aquatic Botany, 64(1): 77 - 85.

Orth R J, Harwell M C, Inglis G J. 2006a. Ecology of seagrass seeds and seagrass dispersal processes. Seagrasses: Biology, Ecology and Conservation, Springer: 111 - 133.

Orth R J, Heck K L, Tunbridge D J. 2002. Predation on seeds of the seagrass Posidonia australis in Western Australia. Marine Ecology Progress Series, 244(1): 81 - 88.

Orth R J, Kendrick G A, Marion S R. 2006b. Predation on Posidonia australis seeds in seagrass habitats of Rottnest Island, Western Australia: patterns and predators. Marine Ecology Progress Series, 313: 105 - 114.

Orth R J, Luckenbach M L, Marion S R, et al. 2006c. Seagrass recovery in the Delmarva coastal bays, USA. Aquatic Botany, 84(1): 26 - 36.

Orth R J, Marion S R, Granger S, et al. 2009b. Evaluation of a mechanical seed planter for transplanting *Zostera marina* (eelgrass) seeds. Aquatic Botany, 90(2): 204 - 208.

Osman R W, Whitlatch R B, Zajac R N. 1989. Effects of resident species on recruitment into a community: Larval settlement versus post-settlement mortality in the oyster Crassostrea virginica. Marine Ecology Progress Series, 54: 61 - 73.

Pac S. 1978. Coral-reef area and the contributions of reefs to processes and resources of the world's oceans. Nature, 273: 18.

Paling E I, van Keulen M, Wheeler K D, et al. 2001b. Improving mechanical seagrass transplantation. Ecological Engineering, 18(1): 107 - 113.

Paling E I, van Keulen M, Wheeler K, et al. 2001a. Mechanical seagrass transplantation in Western Australia. Ecological Engineering, 16(3): 331 - 339.

Pandolfi J M, Connolly S R, Marshall D J, et al. 2011. Projecting coral reef futures under global warming and ocean acidification. Science, 333(6041): 418 - 422.

Park J I, Lee K S, 2007. Site-specific success of three transplanting methods and the effect of planting time on the establishment of *Zostera marina* transplants. Marine Pollution Bulletin, 54(8): 1238 - 1248.

Pastorok R A, Bilyard G R. 1985. Effects of sewage pollution on coral-reef communities. Marine Ecology Progress Series. Oldendorf, 21(1): 175 - 189.

Phillips R C. 1974. Transplantation of seagrasses, with special emphasis on eelgrass, *Zostera marina* L. Aquaculture, 4(2): 161 -176.

Phillips R C. 1976. Preliminary observations on transplanting and a phenological index of seagrasses. Aquatic Botany, 2: 93 -101.

Pickerell C H, Schott S, Wyllie-Echeverria S. 2005. Buoy-deployed seeding: Demonstration of a new eelgrass (*Zostera marina* L.) planting method. Ecological Engineering, 25(2): 127 -136.

Pickering H, Whitmarsh D. 1997. Artificial reefs and fisheries exploitation: a review of the "attraction versus production" debate, the influence of design and its significance for policy. Fisheries Research, 31: 39 -59.

Pickering H. 1996. Artificial reefs of bulk waste materials: a scientific and legal review of the suitability of using the cement stabilised by-products of coal-fired power stations. Marine Policy, 20: 483 -497.

Pickering H, Whitmarsh D, Jensen A. 1999. Artificial Reefs as a Tool to Aid Rehabilitation of Coastal Ecosystems: Investigating the Potential. Marine Pollution Bulletin, 37: 505 -514.

Pitcher T J, Buchary E A, Hutton T. 2002. Forecasting the benefits of no-take human-made reefs using spatial ecosystem simulation. ICES Journal of Marine Science, 59: S17 -S26.

Pratchett M S. 2005. Dynamics of an outbreak population of Acanthaster planci at Lizard Island, northern Great Barrier Reef (1995 -1999). Coral Reefs, 24(3): 453 -462.

Pratt J R. 1994. Artificial Habitats and Ecosystem Restoration: Managing for the Future. Bulletin of Marine Science, 55: 268 -275.

Quan W M, Zhu J X, Ni Y, et al. 2009. Faunal utilization of constructed intertidal oyster(rCrassostrea rivularis) reef in the Yangtze River estuary, China. Ecological Engineering, 35: 1466 -1475.

Raymundo L. 2001. Mediation of growth by conspecific neighbors and the effect of site in transplanted fragments of the coral Porites attenuata Nemenzo in the central Philippines Coral Reefs, 20: 263 -272.

Rilov G, Benayahu Y. 2000. Fish assemblage on natural versus vertical artificial reefs: the rehabilitation perspective. Marine Biology, 136: 931 -942.

Rinkevich B. 1995. Restoration Strategies for Coral Reefs Damaged by Recreational Activities: The Use of Sexual and Asexual Recruits. Restoration Ecology, 3: 241 -251.

Roberts C M. 1995. Effects of fishing on the ecosystem structure of coral reefs. Conservation biology, 9(5): 988 -995.

Rodney W S, Paynter K T. 2006. Comparisons of macrofaunal assemblages on restored and non-restored oyster reefs in mesohaline regions of Chesapeake Bay in Maryland. Journal of Experimental Marine Biology and Ecology, 335: 39 -51.

Rooker J R, Dokken Q R, Pattengill C V, et al. 1997. Fish assemblages on artificial and natural reefs in the Flower Garden Banks National Marine Sanctuary, USA. Coral Reefs, 16: 83 -92.

Rothschild B J, Ault J S, Goulletquer P, et al. 1994. Decline of the Chesapeake Bay oyster population: A century of habitat destruction and overfishing. Mar. Ecol. Prog. Ser., 111: 29 -39.

Sabater M G, Yap H T. 2002. Growth and survival of coral transplants with and without electrochemical deposition of $CaCO_3$. Journal of Experimental Marine Biology and Ecology, 272: 131 -146.

Salvanes A G V. 2001. Ocean Ranching. *In*: John H S, Karl K T, Steve A T. (eds.) Encyclopedia of Ocean Sciences. Oxford: Academic Press.

Seaman W. 2000. Artificial reef evaluation: with application to natural marine habitats, Boca Raton, CRC Press.

Seaman W. 2007. Artificial habitats and the restoration of degraded marine ecosystems and fisheries. Hydrobiologia, 580: 143 -155.

Shafer D, Bergstrom P. 2008. Large-scale submerged aquatic vegetation restoration in Chesapeake Bay: Status Report, 2003 -2006. US Army Corps of Engineers, Engineer Research and Development Center, Vicksburg, MS. 1 -80.

Shafer D, Bergstrom P. 2010. An Introduction to a Special Issue on Large-Scale Submerged Aquatic Vegetation Restoration Research in the Chesapeake Bay: 2003 -2008. Restoration Ecology, 18(4): 481 -489.

Sharp G. 1987. Ascophyllum nodosum and its harvesting in Eastern Canada. FAO Fisheries Technical Paper, 281: 3 -46.

Sherman R L, Gilliam D S, Spieler R E. 2002. Artificial reef design: void space, complexity, and attractants. ICES Journal of Marine Science, 59: S196 - S200.

Short F T, Burdick D M. 1996. Quantifying eelgrass habitat loss in relation to housing development and nitrogen loading in Waquoit Bay, Massachusetts. Estuaries, 19(3): 730 - 739.

Short F T, Neckles H A. 1999. The effects of global climate change on seagrasses. Aquatic Botany, 63(3): 169 - 196.

Short F, Davis R, Kopp B, et al. 2002. Site-selection model for optimal transplantation of eelgrass *Zostera marina* in the northeastern US. Marine Ecology Progress Series, 227(1): 253 - 267.

Soniat T M, Finelli C M, Ruiz J T. 2004. Vertical structure and predator refuge mediate oyster reef development and community dynamics. Journal of Experimental Marine Biology and Ecology, 310: 163 - 182.

Spalding M D, Grenfell A M. 1997. New estimates of global and regional coral reef areas. Coral Reefs, 16(4): 225 - 230.

Spalding M, Ravilious C, Green E P. 2001. World atlas of coral reefs. University of California Press.

Stephens J R, Morris J S, Pondella P A, et al. 1994. Overview of the Dynamics of an Urban Artificial Reef Fish Assemblage at King Harbor, California, USA, 19741991: A Recruitment Driven System. Bulletin of Marine Science, 55: 1224 - 1239.

Stott R. 2004. Oyster. London: Reaktion Book.

Thomsen M S, Mcglathery K. 2006. Effects of accumulations of sediments and drift algae on recruitment of sessile organisms associated with oyster reefs. Journal of Experimental Marine Biology and Ecology, 328: 22 - 34.

Thorhaug A. 1983. Habitat restoration after pipeline construction in a tropical estuary: seagrasses. Marine pollution bulletin, 14 (11): 422 - 425.

Tian W. 1996. Investigation and evaluation of artificial reef sites: Lieu-Chu Yu offshore area. 18th Conference on Ocean Engineering, 878 - 888.

Traber M, Granger S, Nixon S. 2003. Mechanical seeder provides alternative method for restoring eelgrass habitat (Rhode Island). Ecological Restoration, 21(3): 213 - 214.

van Katwijk M M, Schmitz G H, Hanssen L S, et al. 1998. Suitability of *Zostera marina* populations for transplantation to the Wadden Sea as determined by a mesocosm shading experiment. Aquatic Botany, 60(4): 283 - 305.

van Katwijk M, Wijgergangs L. 2004. Effects of locally varying exposure, sediment type and low-tide water cover on Zostera marina recruitment from seed. Aquatic Botany, 80(1): 1 - 12.

van Katwijk M M, Schmitz G H W, Hanssen L S A M, et al. 1998. Suitability of Zostera marina populations for transplantation to the Wadden Sea as determined by a mesocosm shading experiment. Aquatic Botany, 60: 283 - 305.

van Keulen M, Paling E I, Walker C. 2003. Effect of planting unit size and sediment stabilization on seagrass transplants in Western Australia. Restoration Ecology, 11(1): 50 - 55.

Walker D I, Mccomb A J. 1992. Seagrass Degradation in Australian Coastal Waters. Marine Pollution Bulletin, 25: 191 - 195.

Walters K, Coen L. D. 2006. A comparison of statistical approaches to analyzing community convergence between natural and constructed oyster reefs. Journal of Experimental Marine Biology and Ecology, 330: 81 - 95.

Wang H, et al. 2004. Classification of jinjiang oysters Crassostrea rivularis (Gould, 1861) from China, based on morphology and phylogenetic analysis. Aquaculture, 242(1 - 4): 137 - 155.

Wang H, et al. 2006. Distribution of Crassostrea ariakensis in China. J. Shellfish Res., 25(2): 789 - 790.

Wear R. 2006. Recent advances in research into seagrass restoration. Prepared for the Coastal Protection Branch, Department for Environment and Heritage. SARDI Aquatic Sciences Publication, Adelaide, Australia.

Wicks E C, Koch E W, O'Neil J M, et al. 2009. Effects of sediment organic content and hydrodynamic conditions on the growth and distribution of Zostera marina. Marine Ecology Progress Series, 378(12): 71 - 80.

Wilkinson C. 2008. Status of coral reefs of the world: 2008 global coral reef monitoring network and reef and rainforest research centre. Townsville, Australia, 1 - 296.

Wilkinson C. 2008. Status of coral reefs of the world: 2008. Globle Coral Reef Monitoring Network, Reef and Rainfoced Centre, Townsville, Australia, www. gcrmn. org.

Wilkinson Clive R. 2004. Status of Coral Reefs of the World . 2004: Summary. Townsville: Australian Institute of Marine

Science.

Williams S L, Heck Jr K L. 2001. Seagrass community ecology. Marine Community Ecology, 82(10): 317－337.

Yabe T, Ikusima I, Tsuchiya T. 1995. Production and population ecology of Phyllospadix iwatensis Makino. I. Leaf growth and biomass in an intertidal zone. Ecological Research, 10(3): 291－299.

Yang H S., Zhou Y, Liu S L, et al. 2006. Feeding and growth on bivalve biodeposits by the deposit feeder *Stichopus japonicus* Selenka (Echinodennata: Holothuroidea) co-cultured in lantern nets. Aquaculture, 256: 510－520.

Yu D P, Zou R L. 1996. Study on the species diversity of the scleratinan coral community on Luhuitou fringing reef. Acta Ecologica Sinica, 16(5): 469－475.

Zedler J B, Callaway J C. 2000. Evaluating the progress of engineered tidal wetlands. Ecological Engineering, 15: 211－225.

Zhang L, Yang H, Xu Q, et al. 2010. A new system for the culture and stock enhancement of sea cucumber, *Apostichopus japonicus* (Selenka), in cofferdams. Aquaculture Research, DOI: 10. 1111/j. 1365－2109. 2010. 02735. x.

Zhou Y, Liu P, Liu B, et al. 2014. Restoring Eelgrass (*Zostera marina* L.) Habitats Using a Simple and Effective Transplanting Technique. PloS One, 9(4): e92982.

Zhou Y, Yang H, Hu H, et al. 2006. Bioremediation potential of the macroalga Gracilaria lemaneiformis (Rhodophyta) integrated into fed fish culture in coastal waters of north China. Aquaculture, 252: 264－276.

Zimmerman R C, Reguzzoni J L, Alberte R S. 1995. Eelgrass (*Zostera marina* L.) transplants in San Francisco Bay: Role of light availability on metabolism, growth and survival. Aquatic Botany, 51(1): 67－86.

第六章

海洋生物资源评价与保护发展战略

第一节　发展特征与战略地位

一、战略地位分析

海洋生物资源具有巨大的经济、社会和生态价值。以海洋生物资源为主体的海洋生态系统,对维护生物多样性、保持生态平衡至关重要。我国海洋生物资源具有特有程度高、物种数量大、生态系统类型齐全等特点,是发展近海养殖业和海洋牧场,形成具有战略意义食品供应基地的重要资源(贾敬敦等,2014)。

由于过去几十年全球气候变化,特别是缺乏科学指导下的宏观调控,过度开发生物资源,近海污染日益严重,使得我国沿海生态系统遭受到了大规模的破坏,中国海域的重要经济鱼类资源已出现严重衰退,近海水域富营养化严重,有害藻华等灾害频发,造成大量海洋生物死亡,生物群落结构改变,生物多样性下降,所有这些都显示我国海洋生物资源系统正处于显著变动时期,其发展趋势的好坏及掌控与否,对我国数十年至数百年内的战略发展性命攸关。

海洋生物资源评价和保护技术研究已经成为世界海洋科学研究的热点之一,对我国海洋生物资源评价、保护和持续利用更具极大现实意义,相关技术的突破和体系的构建将为合理开发和利用海洋生物资源,维护海洋生态平衡,提供重要的理论和技术支撑(王斌,2002)。

二、体系构成与特征分析

海洋生物资源评价和保护技术体系主要包括重要生物遗传多样性评价与保护技术、海洋关键物种资源评价与保护技术、重要典型生境保护技术。

三、战略意义分析

1. 海洋生物资源是人类生存与可持续发展的重要物质基础

我国海域辽阔,从北到南涵盖温带、亚热带和热带海洋,其中物种、遗传、生境和生态系统的多样性极为丰富,在全球海洋生物多样性研究与保护中占有重要地位。进入 21 世纪,陆地资源的开发利用日趋紧张,人类可持续发展受到威胁。海洋约占地球表面积的 71%,被称为“蓝色的聚宝盆”,其中不仅蕴藏着丰富的能源、矿产等战略资源,还生长着丰富的生物资源,成为人类赖以生存与发展的第二疆土。海洋资源的开发与利用已成为世界主要发达国家竞争的焦点,对海洋生物资源的合理开发与利用也是我国经济和社会可持续发展的重要战略。

2. 海洋生物资源评价与保护是实现资源环境持续利用的重要途径

由于人口增长、经济发展对资源的需求以及全球气候变化等因素的影响,造成我国海洋生物资源过度捕捞,生境受到破坏,环境受到污染,生态系统受到入侵,使海洋物种总量不断减少,濒危物种明显增多,我国的海洋生物多样性受到极为严重的威胁,因此生物资源的健康评价与保护刻不容缓(傅秀梅等,2006)。开展海洋生物种质资源的调查、收集、整理、发掘利用、保存维护等方面的工作,大力开发生物资源鉴定、评价、信息化技术,建设海洋生物物种库和基因库,深入研究重要生物多样性评价与保护相关的理论和方法,建立一系列能反映不同类型海洋生物多样性的指标体系。建立海洋生物关键种资源的监测、评价和保护技术,加大力度推行休渔制度,建立渔业保护区,提高关键种资源增殖力度,控制污染排放和涉海工程建设,实现对海洋生物关键种资源的保护和修复。实施海洋典型生境修复技术,针对典型河口、海湾、滨海湿地、珊瑚礁、红树林、海草与海藻床等生态系统,采用工程和生物技术,构建具有自我维持能力的海洋生物生态系统,以确保海洋生物多样性及其生态系统的平衡,是海洋生物资源评价与保护的基本思路。

3. 海洋生物资源评价与保护对经济社会的长远发展具有重要意义

目前,我国海洋生物资源评价、保护与利用方面存在最突出的问题包括:① 环境恶化、资源破坏、生物多样性下降;② 对海洋生物资源观测的资助不足,缺乏有效的数据及共享平台;③ 缺乏健全的海洋生物资源保护和利用技术体系;④ 海洋生物资源保护意识淡薄,缺乏完善的综合管理体制。如何解决上述问题,有效地保护海洋生物资源和生态环境,科学、合理、持续地开发利用海洋生物资源,是关系到社会、经济长远发展的重要战略问题。

第二节　发展现状与需求分析

一、国内外发展现状

海洋生物包括海洋动物、植物和微生物,具有独特的应用价值,含有多种陆生生物所不可比拟、甚至不具备的生物活性物质。自20世纪60年代初,海洋生物资源便成为各沿海国家关注的热点。进入20世纪90年代,许多沿海国家都加紧开发生物海洋,把利用海洋生物资源作为基本国策。21世纪是海洋世纪,海洋生物资源的开发和利用已成为世界各海洋大国竞争的焦点之一,其中药物、基因和功能蛋白资源的研究和利用是重点。

1. 海洋生物资源保护、评价和发掘已成为国际竞争的焦点

海洋生物资源和生物多样性评价和保护十分迫切。随着全球变化和人类活动对海洋生态系统影响日趋增强,海洋环境污染、生物资源衰退等问题已经引起了世界各国的高度重视,海洋生物多样性研究也已成为研究热点之一。近年来,海洋生物资源修复和生境修复研究效果明显,海洋生物资源保护立法进展迅速。国际上先后推出了 Diversitas Ⅱ研究计划、世界保护联盟(IUCN)2009～2012年战略计划等。全球64个国家开展了水生生物放流工作,都取得了很好的进展。日本每年投入沿海人工鱼礁的建设资金600亿日元。美国启动了耗资78亿美元的佛罗里达大沼泽(Everglades)生态恢复庞大工程计划。日本濑户内海的生境和生物资源曾遭受严重破坏,经历了30多年的修复治理,已恢复成基本清洁的海域。海洋生物资源保护工作深受临海各国政府部门重视,相继颁布实施了系列法律法规,形成了保护海洋生物资源和海洋生态环境法律法规体系(刘丹,2011)。

我国对海洋生物资源评价和保护越来越重视,海洋生物资源和生态监测系列技术、国内湿地生境修复技术等已取得进展。但与我国海洋生物资源所处的严重衰退状态,以及部分水域生态呈现荒漠化迹象的严酷现实相比,我国的资源管理理念还不够现代科学,重视程度还不够高,我们的技术手段还不够先进。

海洋微生物资源开发利用价值日趋凸显。近年来,国际上海洋微生物研究已受到越来越多的重视。美、日、德、法等海洋强国纷纷投入巨大的人力物力,开展系统深入的研究,分别推出了"海洋微生物专项"、"海洋微生物工程"、"深海之星"、"欧洲冷酶计划"等专项计划,投入巨资发展海洋微生物技术,并且已经开始享受海洋微生物酶带来的利益,如PCR酶、ENT酶、碱性酶及极端高温酶已在应用上产生了重要影响。

我国海洋微生物开发利用技术取得了明显的进步,一批具有自主知识产权的微生物产品已进入产业化。尽管我国海洋微生物研究水平和技术成果已接近发达国家水平,但是在深海微生物取样和保存、微生物高密度发酵、海洋共生微生物的共培养与利用技术等方面需要加大研发力度。

深海生物资源利用开发已引起世界海洋强国的高度重视。深海生物技术已成为各国重点发展的技术领域,其中某些技术的复杂性与难度甚至超过航空航天技术,从20世纪60年代起,发达国家争相投入巨资开展相关研究,力求把握深海生物技术的制高点。进入21世纪前后,国际上深海领域的竞争日趋激烈,各海洋强国纷纷制定、调整海洋发展战略计划和科技政策,如《新世纪日本海洋政策框架(2002)》、《美国海洋行动计划(2004)》和《欧盟海洋发展战略指令(2007)》等,在政策、研发和投入等方面采取有效措施,以确保在新一轮海洋生物资源的竞争中占据先机。

海洋生物基因资源开发利用开始呈现应用和商业价值。借助于基因工程技术,对具有特殊应用价值的海洋生物基因进行产业化开发,前景广阔。因此,美国、日本、加拿大、澳大利亚等国先后宣布启动了包括对虾、牡蛎和鲑鱼等海洋水产经济动物基因组研究计划。不过与人类基因组及其他陆上生物基因组计划相比,海洋生物基因组总体来说研究进展缓慢(崔朝霞等,2011)。

我国在海洋生物功能基因研究上取得了突破性进展,获得了一批原创性研究成果,分离、鉴定和克隆了一大批具有药用和工农业用途的我国特有的海洋生物基因,完成了多个重要海水养殖动物细菌和病毒的全基因组测序,筛选到数个具有应用前景的基因工程疫苗,对海水养殖生物重要经济性状有关的功能基因进行了分离克隆,克隆获得了盐地碱蓬耐盐关键基因,克隆和鉴定了珍稀濒危动物文昌鱼的一批功能基因(卫剑文等,2000)。我国虽然在海洋生物功能基因的研究与开发领域取得了突出成绩,但也存在一些不足和问题:① 基因功能研究的广度和深度不够;② 相对于陆生生物,海洋生物的基因组数据资源极为匮乏;

③ 缺乏对良好的海洋功能基因研究体系和平台的培育;④ 研究力量较为分散。

2. 海洋生物资源精深加工和新药创制技术创新方兴未艾

海洋水产品加工技术水平不断提升。发达国家在水产品加工和质量安全研究方面的研究基础扎实,加工仪器设备的自动化程度高,研究思路超前,高水平创新成果不断产生,例如,降低海洋水产品过敏原致敏原活性的研究、致病微生物的快速检测技术和产品等。

我国正在对海洋水产品加工与质量安全相关技术进行较为深入的研究。因此,水产品加工与保鲜的基础理论研究进一步加强,典型危害因子在水产品中的代谢与残留规律逐步被揭示、重金属的形态分布与安全性评价研究愈加深入、检测技术及体系更加完善合理、质量安全控制技术的研究逐渐开展。海洋水产品加工业已逐步形成一个以冷冻加工为主要依托的多样化加工体系。同国外发达国家相比,我国海洋水产品加工在以下几个方面还存在不足: ① 水产品加工与保鲜科技成果转化率有待提高;② 水产加工企业和船上渔获物的保鲜加工技术装备有待提高;③ 水产精深加工比例、综合利用和高值化利用率有待提高;④ 质量保证、标准控制体系技术相对落后。

海洋生物制品已经成为海洋生物资源开发的热点,社会和经济效益明显。目前国际上已获得 140 多种海洋微生物酶,嗜冷、嗜热、嗜碱及耐有机溶剂的极端酶是开发重点。近年来,在酶分子改造和制剂技术方面取得了一些新的突破。海洋酶应用开发向材料和大宗化学品等领域的渗透也日趋明显。海洋生物功能材料产业是高附加值产业,美国强生公司、英国施乐辉公司均投入巨资进行壳聚糖生物医用材料的产品开发。各种鱼类病原的全细胞疫苗是目前世界各国商业鱼用疫苗的主导产品,挪威作为世界海水养殖强国和大国,在以疫苗接种为主导的养殖鱼类病害防治应用实践中取得了显著成效。日本、韩国等国家在海洋饲用抗生素替代物方面的研究取得了较大的进展,已将壳寡糖、褐藻寡糖、岩藻多糖等作为饲用抗生素的替代物。海洋植物制剂是近年来国际上迅速发展起来的一类新型海洋生物制品,其特点为安全、高效、不易产生抗药性。

我国是海洋生物制品原料的生产大国,以壳聚糖、海藻酸钠为例,我国生产量占世界的 80% 以上。海洋微生物酶经过多年研究积累,筛选到多种具有特殊生物活性的酶类,在国内外市场具有较强的竞争优势,其中部分酶制剂已进入产业化实施阶段。在海洋功能材料方面的研究进展,已经发展到了需要实现全面突破的关键时期。针对重要的海洋病原(如鳗弧菌、虹彩病毒等)开展了深入系统的致病机理研究和相应的疫苗开发工作,一批具有产业化前景的候选疫苗已经进入了行政审批的程序。海洋糖链植物制剂开发应用在世界上处于先进水平,海洋生物农药方面的研究已进入应用推广阶段,海洋生物肥料的研究正在茁壮兴起。总体看来,我国海洋生物制品有了明显进展,但产业远远滞后于世界先进水平,产品结构单一,与国际先进水平还有差距。

海洋药物显示出巨大的需求空间和广阔的应用前景。到目前为止,已从海洋生物中发现了 20 000 余种天然产物,其中约 20% 具有可测的生物活性,这其中约千分之一的化合物具有独特的结构和显著的活性,已成为海洋创新药物最重要的来源。Ziconotide 和 ET-743 分别于 2004 年和 2007 年在美国和欧盟上市,目前有 20 余种处于 Ⅰ~Ⅲ 期临床试验中,还有许多先导化合物处于临床前研究阶段。由于海洋药物创制的巨大空间和广阔的应用前景,从海洋生物资源中发现药物先导化合物将长期是世界各海洋大国竞争最激烈的领域之一。

我国在药物的前期研究方面发展迅速，从海洋天然产物中发现新化合物在国际上所占份额呈逐年增加的趋势。据 Natural Product Reports 等国际权威杂志统计，2001～2007 年，中国平均每年从海洋生物中发现 200 多个新化合物，是该领域发展最迅速的国家。在海洋药物的研发方面，取得了一批引人注目的成果，已有 5 个多糖类药物在国内上市，处于Ⅰ～Ⅲ期临床研究的海洋药物有 4 个。以海洋糖化学和糖生物学研究技术为核心内容的海洋药物研究开发平台体系，经过多年的重点建设与积累，于 2009 年度获国家技术发明奖一等奖。

我国在海洋药物研究方面整体上创新能力弱，与世界先进国家的主要差距在于：① 海洋样品采集、鉴定技术落后；② 先导化合物发现技术体系落后；③ 活性化合物的化学修饰和全合成技术薄弱；④ 药物靶标的发现及筛选技术落后；⑤ 规模化制备技术薄弱；⑥ 新药创制链上的缺环。

二、发展需求分析

21 世纪人类社会面临着人口增加和老龄化、资源匮乏、能源短缺、环境恶化和突发疾病蔓延等诸多问题的严峻挑战。随着陆地资源的日益减少，海洋生物资源保护和开发利用已经成为世界海洋大国竞争的焦点。

1. 海洋生物资源亟待评价、保护和发掘

（1）评价和保护生物资源和多样性，夯实开发利用的理论和技术基础

我国海域辽阔，物种、遗传、生境和生态系统的多样性极为丰富，在全球海洋生物多样性研究与保护中占有重要地位。人类经济活动以及全球气候变化等因素的影响，造成我国海洋生物资源开发过度，环境受到污染，生态系统失衡，海洋生物多样性及海洋生物资源受到极为严重的威胁。科学评价和有效保护海洋生物资源和生态环境，对我国社会和经济的可持续发展影响重大。

（2）开发微生物资源，抢占资源利用先机

由于特殊的生存环境，海洋微生物拥有特殊的基因资源和特殊的代谢途径，为研究与开发海洋创新药物和海洋新颖微生物制品提供了丰富的资源。从海洋真菌发现并开发的头孢菌素已成为全球对抗感染性疾病的主力药物，年市值 600 亿美元以上。我国是海洋微生物资源大国，需要抢占先机，对重要海洋微生物资源的研究、保护和开发利用进行战略布局。

（3）开展功能基因研究，积极参与基因资源国际竞争

海洋生物特有的基因资源因其巨大潜在的应用和商业价值，已成为现代生物技术研发的新热点，成为世界各沿海大国投入巨资竞争的制高点之一。利用生物化学与分子生物学等现代高技术手段对海洋生物进行基因组与功能基因的研究，不仅有利于对海洋生物基因资源进行保护，为海洋生物产业发展储备基因资源和高技术，还能深层次地探究海洋生命的奥秘。

（4）发掘深海生物资源，提升国际公海资源获取竞争力

深海海域（水深大于 300m 的海域）约占世界海洋总面积的 88%，蕴藏着丰富的生物资源。近年来，深海生物资源的竞争日趋激烈。随着我国综合国力的不断提升，走向深海已成为我国面对全球化发展的必然选择，深海高技术是实现我国参与国际深海生物资源竞争的

关键。因此,着眼长远,超前、统筹规划部署我国深海生物高技术研究开发及产业化应用,对于我国在新一轮深海竞争中占有一席之地,并对进一步拓展我国未来的生存和发展空间具有重大现实意义。

2. 海洋生物资源开发利用技术亟待创新和升级

(1) 创新产品加工与质量安全技术,保障食品安全和人民健康

海洋蓝色食品作为我国粮食来源的重要部分,越来越受到人们的青睐,海洋水产品加工和食品安全也越来越受到人们的关注和重视,特别是现代生活方式对加工海洋水产品提出了新的要求,方便、安全、营养、健康的海洋水产品已经成为人们新的需求。

(2) 推进海洋生物制品精制,形成我国海洋经济新增长点

近年来,国际上以各种海洋微生物、海藻、海洋动物等为原料,研制开发海洋酶制剂、功能材料及农用制品等海洋生物制品已成为海洋资源开发的热点。我国开发海洋生物制品的资源丰富,研究基础坚实,产学研结合密切,将成为我国海洋经济的新增长点。

(3) 开展海洋药物创制,提升我国医药产业国际竞争力

海洋生物中发现的大量结构新颖、活性多样的特殊产物使世人意识到海洋生物已成为最后、也是最大的一个极具新药开发潜力的生物资源。因此,从海洋生物资源中发现药物先导化合物将长期是国际竞争最激烈的领域之一,"重磅炸弹"级新药最有可能源于海洋。建立起我国符合国际规范的海洋药物创制体系,产生一批具有自主知识产权和市场前景的海洋药物,将有效提升我国医药产业的国际竞争力。

综上所述,加大对我国海洋生物资源的保护和开发利用力度,研发系列海洋药物、海洋生物制品、海洋功能基因产品和海洋水产食品,形成一批具有显著海洋资源特色、自主知识产权和国际市场开发前景的海洋生物产品,对于提升我国在国际上海洋生物资源开发利用领域的科技竞争力、增强我国的海洋生物技术的研究实力和形成我国海洋生物高技术产业具有重要的战略意义(唐启升,1999)。

第三节 发展规划与战略布局

一、目标与思路

面向资源环境、人口健康、农业领域的国家重大需求,瞄准关键技术和重大产品的国际前沿,为我国海洋生物资源和多样性评价、保护、发掘与高效持续利用提供技术支撑;攻克一批海洋资源保护与高效、持续利用的核心和关键技术;形成一批具有显著海洋资源特色、自主知识产权和国际开发前景海洋药物和生物制品等产品;建立国际先进的资源评价、保护与开发利用技术、符合国际规范的产品创新体系、功能完备的产品研发技术平台;形成在国际技术前沿具有创新能力和影响力的研发队伍;在海洋生物资源保护与开发利用领域跻身国际先进行列。

二、战略任务

目前亟待解决的主要问题和关键技术包括:海洋生物资源和生物多样性评价技术、生

物资源保护关键技术、生物资源修复关键技术、生境修复和海洋牧场构建技术以及生物资源与生境保护效果评估技术。

1. 重要生物遗传多样性监测、评价与保护技术

重点研发遗传多样性相关分子生物学技术，研究中国海洋生物种质保存技术、遗传多样性检测、评价和保护关键技术等。

（1）重要生物遗传多样性监测与评价技术

海洋生物资源和遗传多样性信息调查和获取，对南海海盆、东海大陆坡的深海海洋生物进行物种资源调查分析，分析重要资源性物种的生物多样性；发展中国海洋生物多样性数据库和信息系统的建设技术，解释、监测和评价中国近海生物多样性的历史、现在和未来，建立中国海域海洋生物多样性时空格局与发展模式，了解气候变化和人类活动胁迫下的海洋生物多样性的变化趋势，确定珍稀濒危物种目录、等级和保护优先顺序；建立重要海洋资源性物种点生物多样性检测的生化、分子、表型等分析技术，通过与遥感、全球卫星定位和地理信息技术的有机结合，建立重要海洋生物资源点或典型生境的生物多样性数据库及评价指标。

（2）重要盐土植物种质保存与利用技术

发掘和筛选我国野生盐土植物资源，培育滩涂适生的耐盐植物新品种，优化耐盐植物新品种栽培技术；在开展耐盐经济植物种植研究的基础上进行技术集成，建立海洋滩涂污染退化生境的生态修复技术，建立典型滩涂耐盐能源等经济植物示范种植基地，加强滩涂生态环境保护。

（3）种质异体保存新技术

构建海洋生物转基因导入技术，建立具有物种可适性、新型高效、规模化的转基因技术体系；建立海洋生物基因的高效整合系统，建立适合不同海洋生物的表达载体系统；探索原生生殖细胞移植技术，建立保护濒危物种新手段。

（4）种质鉴定的基因条形码技术

采集和建立重要海洋生物类群的DNA条形码标本资源库，选择有代表性的重要生物类群，获取用于DNA条形码的DNA序列。根据不同生物类群的特点，筛选用于DNA条形码的分子标记；系统并规模化测定获取相应物种的DNA条形码记录，建立完善的DNA条形码技术规范体系。

2. 海洋关键物种资源监测、评价与保护技术

选定中华哲水蚤、太平洋磷虾、日本鳀、中国对虾、大黄鱼、栉江珧、西施舌等关键种，重点发展资源监测、评价与保护技术。

（1）海洋生物资源监测传感系统

以典型海洋生物资源区域（南海、东海、黄海等资源区域）和红树林、珊瑚礁、鱼礁及海草床等典型生境为主要研究对象，确定3～5个生物多样性丰富的观测区域，摸索确定可能影响资源量、渔获量和种群数量的各项指标；研制能满足对上述站点开发定位定时观测的海洋传感系统，逐步建立起监测和评价海洋生物资源、环境的观测平台以及指标体系。

（2）关键物种资源环境监测技术

建立渔业资源综合监测和评价的运行体系；采用包括原位观测的传感器技术、标记技术、遥感技术、鱼礁自动化检测技术、海洋生物栖息地成像及图像分析技术、信号传输接收等技术，开展高、中、低分辨率，短、中、长覆盖周期的遥感数据源及实时监控数据源的综合集成应用，提高海洋资源、湿地、珊瑚礁、海洋牧场、河口栖息地、湿地及污染和荒漠化等生态环境的监测水平，对生态系统中生物、物理、化学等特征的多参量因子进行实时立体观测并实现实时信息传输和分析。

（3）关键物种资源分子评价技术

开展关键海洋生物种群数量及分布研究，了解海洋珍稀物种的生存现状；开展海洋珍稀物种栖息地人类活动状况以及海洋环境状况的调查研究，分析影响海洋珍稀物种种群数量的主要因素。针对特定的海洋珍稀物种，利用现代分子评价技术，结合表型特征分析、3S技术及生物多样性信息学技术建立其物种资源分子评价技术体系。

（4）关键物种繁殖与驯化技术

开展珍稀物种繁殖生物学技术，通过解决亲本的生殖调控技术、幼体培育技术和大规格苗种育成技术、生殖发育调控技术、人工驯化技术，建成海洋珍稀生物繁育体系和人工驯化体系；通过改进海洋珍稀动物配子和早期幼体鉴定和识别技术，提高海洋珍稀物种的繁殖速率和效率。

（5）关键物种放流与标记技术

研究海区物种组成和群落结构特征，筛选适宜增殖物种；开发适宜增殖种类和增殖区域特点的放流增殖和底播增殖技术，改进和开发新的放流标志技术，建立合理放流规模、放流规格；底播密度和苗种规格、放流和底播区域及放流和底播方式等规范性技术，初步实现监测、鉴定的数字化。

（6）关键物种放流遗传和生态风险评估技术

探讨放流群体和野生群体的遗传异质性及放流群体的遗传瓶颈效应。分析并构建增殖放流生态风险评价指标体系和方法。系统模拟并预测作为增殖放流活动与水域环境容量相互作用下的生态稳定性指标、病害、遗传风险指标、检验检疫标志，群体补充效应，生态承载力，及提高水域生态承载力的途径。

（7）生物入侵种危害评价和控制技术

加强建立引进品种危害评估体系、生物入侵种生态评估和监测技术，明确危害效应；建立重要危害生物入侵种的防控技术，开展人为引入和随远洋运输船只携带引入的外来物种调查，探索海洋外来生物入侵机理，建立外来生物入侵风险评估方法和预警技术，提出外来入侵生物治理技术和防治对策。

3. 典型生境监测、评价与保护技术

选择中国沿海的典型生境，如重要河口、典型海湾、红树林、珊瑚礁、海草床，研发典型生境监测、保护与构建技术，构建中国海洋生物物种及地理信息共享平台。

（1）重要河口生境监测、评价与保护技术

研究无线标志跟踪技术与数据接收技术，对河口代表物种进行标志，摸清其洄游滞留河口期间对栖息地的选择取向和活动规律，构建水生动物栖息地区划定位技术。研究无线传感器网络（WSN）技术和卫星遥感（RS）技术，对典型水生动物栖息地生态环境因子进行连续监测，并建立区域水生动物栖息地生态环境因子信息平台。依据栖息地环境因子监测结果，采用室内模拟试验方法，开展代表动物生态因子适应性试验研究，筛选组成代表动物典型栖息地的关键生态因子。通过分析代表动物对关键生态因子的需求,建立栖息地评价和预警技术体系。研究代表动物对饵料生物的需求,筛选并培育适口饵料生物,在其典型栖息地进行饵料生物的适量放流,补偿栖息地内的饵料生物资源,建立水生动物栖息地补偿技术;根据代表动物对关键生态因子的选择需求,选择适宜水域作为替代栖息地,改善替代栖息地的底质、水流等关键环境因子,补充饵料生物,培育替代代表动物的亲本栖息地和幼鱼庇护场,创新水生动物就地保护综合技术。

（2）典型海湾生境监测、评价与保护技术

建立海湾生物的资源量、分布及其季节的变动,种间关系以及重要种类的洄游分布规律研究技术;研究海湾生态环境如水环境、沉积环境、生物环境等的现状及变动的实时观测技术;开发海湾生物的生物量、种群动态以及群落结构调查分析技术;建立以生物集合群的组成成分和结构为基础的海湾生态系统健康状况的评价手段;建设典型海湾生境海洋生物多样性数据库与地理信息系统;构建典型生态系统生物多样性状况的评估体系及重要生物类群结构与数量变动的分析模型;构建海湾生态环境质量综合评价模型、评价指标和预测体系;针对不同类型的海湾生境建立健康状况评价技术,进行生态系统承载力及相关模式研究,进而更新海洋监测规范,建立规范的海洋生态环境的评价标准和评价体系。

（3）红树林生境监测、评价与保护技术

建立以压力-状态-反应(PSR)模型为基础的红树林生态系统健康评价体系,初步建立红树林生态系统健康评价技术。建立红树林监测体系,监测红树林植物的叶片指数、丰度、分布面积,鸟类种类、种群数量,底栖动物群落结构等。重点构建受外来物种入侵红树林生态系统生物修复技术,筛选主要入侵种薇甘菊和互花米草的克星植物或替代植物控制其生长扩散。在实践上为外来入侵种的防治,以及受损红树林生态系统的恢复提供理论指导。建立受损红树林生态系统植物修复技术,筛选不同的抗污染修复植物,修复水环境污染物(包括重金属、无机和有机污染物)。受损红树林生态系统微生物修复技术,主要是选择降解氮、磷、有机污染物等的微生物,对已经遭受污染的红树林环境进行治理。建设典型红树林生境海洋生物多样性检测、数据库及地理信息系统。

（4）珊瑚礁生境监测、评价与保护技术

建立珊瑚礁生境实时监测系统,收集包括珊瑚种类、规格、盖度、发病率、死亡率及补充状况,藻类盖度、厚度、种类,鱼类群落结构等检测讯息;建立并重点监测与珊瑚礁生长、生存相关的生物学指标,以及水温、酸度、有害沉积物、悬浮物、透光度等环境指标,建立典型珊瑚礁生境海洋生物多样性数据库与地理信息系统,建立环境与珊瑚生长存活状态的数据分析模型。针对珊瑚礁系统,进行立体结构重建和幼体有效补充机制研究,建立造礁石珊瑚的人工培植和移植技术,开发造礁石珊瑚的人工繁殖种苗的移植放流技术,探索珊瑚移植与迁地保护技术。重点开发基于有性繁殖的珊瑚增殖技术和规模化人工培育护养管理技术体系。重点研发珊瑚礁结构生态修复与生态系统恢复技术,珊瑚礁礁体结构的修复技术体系。

（5）海草(藻)床监测、保护与构建技术

建立海草床健康状况监测指标体系,重点监测海草床植被盖度、厚度、种类,以及底栖动物种类多样性、群落结构。选择典型海域,研究海草栖息地改造技术、海草移植技术、种子保存与萌发技术、组织培养等技术,构建海草床生态系统修复技术体系,促进我国受损海草床生态系统的修复和功能恢复。开展海草生态功能研究，测评影响我国海草床分布与衰退的主要因素，选育大型海藻优良品系，建立大型海藻生态修复技术，海底规模化人工栽培技术，构建"海底森林"；构架"海底森林"效应评价体系，建立"海底森林"生态修复模型，利用海藻形成海洋动物栖息地，最终建立稳定的生态系统。建设典型海草（藻）床生境生物多样性数据库与地理信息系统。

4. 海洋生物资源评价与保护技术研究平台

建立具有中国海域特色的海洋生物物种地理信息系统的构建技术、集成技术、数据融合技术、信息空间技术和软件开发，使该信息系统具有空间可视性、空间导向和空间思维特点，全方位为海洋生物多样性的信息提取和保护提供技术支持。针对不同部门、不同单位的需求，设计共享平台结构，包括数据库管理系统、数据采集系统、地理数据库、地理分析系统、制图显示系统、数据输出系统，使终端用户能够从任何平台接口获得所需要的数据。

建立数据的自动管理系统，针对海洋生物种质资源不同属性数据库、监测站中的数据信息的处理、管理、发布、更新所需软件系统以及相应网络软硬件设施，进行资料收集和整理，包括物种信息、图集信息、地理环境信息、生态生境信息，建立数据库并搭建共享平台。开发包括从监测到处理的数据自动化收集及管理流程，为生态系统的结构、功能和动态变化研究提供先进的硬件支撑环境，提供一个网络设计一体化，可以随时对接组合的通用交流平台。

三、发展路线

在分析和前瞻海洋生物资源评价和保护技术发展态势的基础上，作者绘制了海洋生物资源评价与保护至2030年发展方向路线图（图6－1）、关键技术和平台建设技术路线图（图6－2）。

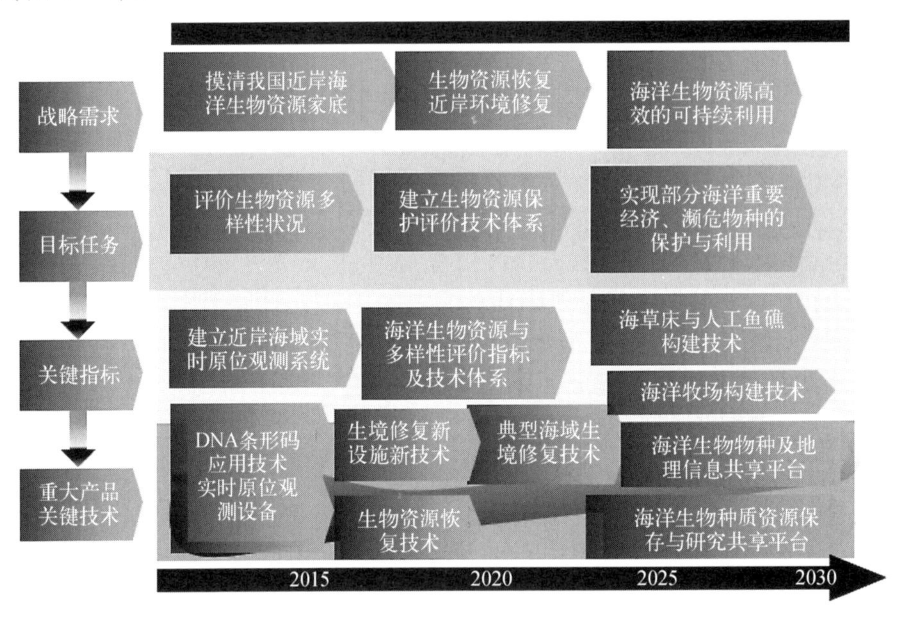

图6－1　研究方向技术路线图

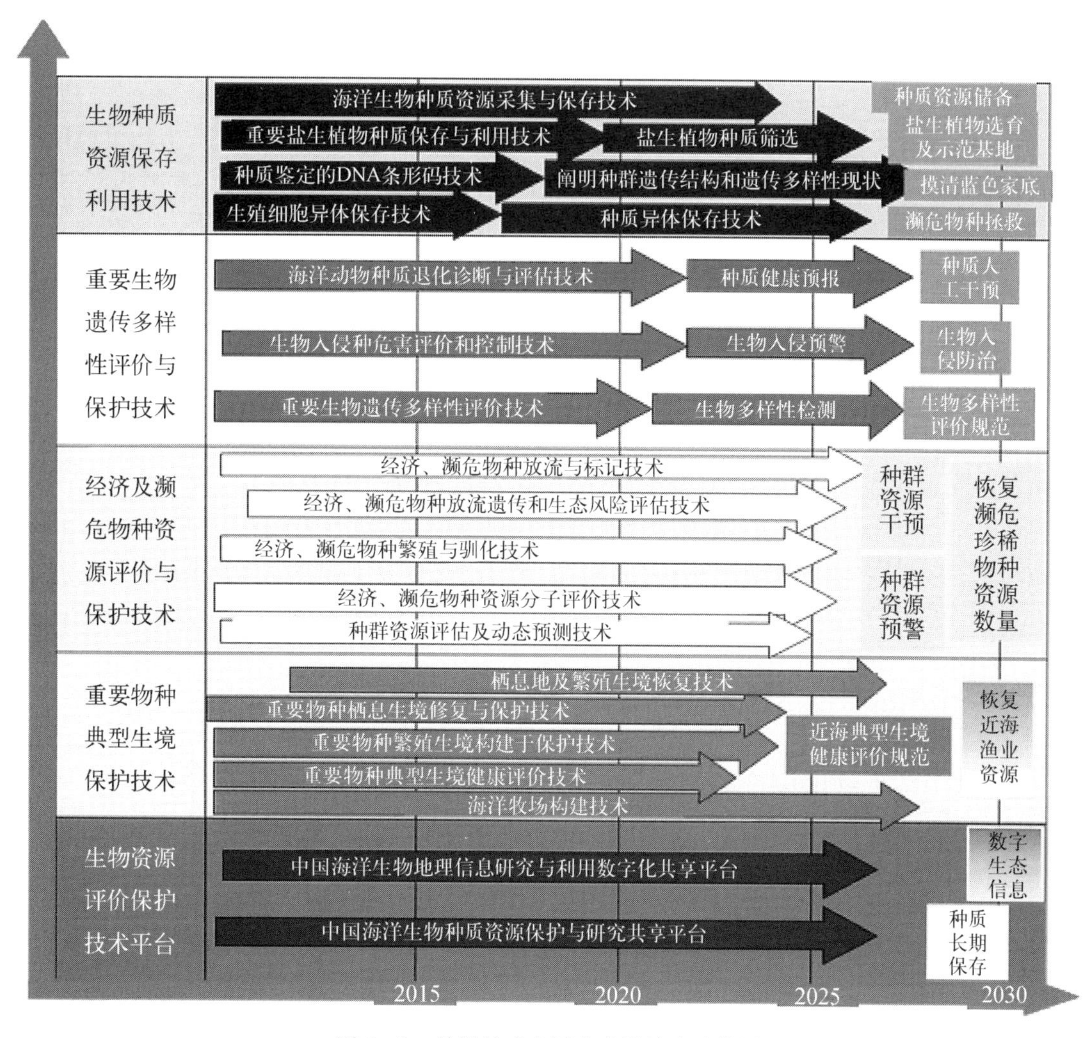

图6-2 关键技术和平台建设技术路线图

第四节 战略举措与支撑保障

一、建立多渠道投融资体系,促进成果转化和应用

我国海洋生物资源保护和利用技术虽然取得了长足的进步,但有一些关键的技术瓶颈尚待突破,有许多科学问题需要深入探究,一些海洋生物产品有待进一步完善和推广应用。在"十三五"期间,国家应加大科技投入力度,建立多渠道投融资体系,以国家项目为导向,引导地方、企业资金走向,开拓科研资金的多渠道投入机制,促进重大成果的转化和产业化应用。

二、提高自主创新能力,完善创新管理机制

自主创新能力是发展海洋生物技术的迫切要求。在课题管理政策上,应当注重鼓励探索,灵活应变。要建立有效机制,根据研究进展,允许对研究思路及内容进行大胆修订,并简化相应手续。同时,要大力提倡和鼓励学科交叉与合作,针对未来国际上科技前沿和我国科技及产业发展的需求,导向性地资助具有学科交叉特色的相关研究。

三、创建产业技术创新联盟,促进重大成果产业化

企业作为创新主体既是国家制定的科技发展战略,也是国际科技发展趋势,应该在国家政策的鼓励下发挥更大作用。要积极推动大学科研机构、企业和政府合作建立产业创新联盟,以企业为主体,坚持海洋生物技术创新的市场导向,激发科研机构的创新活力。同时,通过该联盟,使企业获得持续创新的能力,拓展产业链,增加产业价值,逐步形成具有国际竞争力的海洋生物技术产业。

四、培养高层次和成果转化技术人才,加强创新团队建设

人才是自主创新的主体。要在项目实施过程中,培养带动一批海洋生物资源保护与利用技术人才的成长,锻炼和培养一批具有国际竞争力的学科带头人,建立专注于某一领域海洋生物资源保护和利用的创新团队。以培养杰出人才、营造创新和开放合作的学术氛围为宗旨,加强对优秀科学家和有潜在研究价值项目的连续和长期资助。培养创新学术团队,造就一批具有国际竞争力的研究队伍,进一步提升我国海洋生物技术研究的水平(管华诗,1998)。

五、构建海洋生物技术研发共享平台,建设产业化示范基地

创新和集成对于海洋生物资源保护和利用具有关键作用的核心技术,必须集中全国科学家的共同智慧,攻关突破,建设海洋生物技术研发的共享平台,发挥科技力量的更高效益,并且作为开展国际合作的重要载体。高技术产业化示范基地是促进重大成果产业化的重要媒介,是实现技术与产业衔接的桥梁。遴选海洋生物资源保护与利用技术的重大目标产品,集成重大技术成果,建成成果产业化示范基地,将研究、开发、应用和产业化工作有机结合起来,引导和带动我国具有自主知识产权的技术产业健康快速发展。

参考文献

崔朝霞,张峘,宋林生,等. 2011. 中国重要海洋动物遗传多样性的研究进展. 生物多样性,19(6):815-833.
傅秀梅,王长云,王亚楠,等. 2006. 海洋生物资源与可持续利用对策研究. 中国生物工程杂志,6(7):105-111.
管华诗. 1998. 我国海洋生物技术的发展与展望. 世界科技研究与发展,20(4):12-14.

贾敬敦，蒋丹平，杨红生，等. 2014. 现代海洋农业科技创新战略研究. 北京：中国农业科学技术出版社.
刘丹. 2011. 海洋生物资源国际保护研究. 上海：复旦大学博士学位论文.
唐启升. 1999. 海洋生物技术研究发展与展望. 海洋科学，1：33－35.
王斌. 2002. 我国海洋生物多样性保护的进展. 海洋开发与管理，3：28－32.
卫剑文，吴文言，钟肖芬，等. 2000. 海洋生物功能基因组研究. 高技术通讯，10：85－90.